WUFEISHUI ZHILI JISHU

污废水治理技术

主　编　廖权昌　殷利明

主　审　万美春　赵永成

副主编　白昌建　吴　栋　杨　春

　　　　邹　晶　巫宇岑

重庆大学出版社

图书在版编目(CIP)数据

污废水治理技术/廖权昌,殷利明主编. --重庆:重庆大学出版社,2021.12

ISBN 978-7-5689-3056-7

Ⅰ.①污… Ⅱ.①廖…②殷… Ⅲ.①污水处理②废水处理 Ⅳ.①X703

中国版本图书馆 CIP 数据核字(2021)第 240211 号

污废水治理技术

主　编　廖权昌　殷利明

策划编辑:章　可

责任编辑:张红梅　　版式设计:章　可

责任校对:谢　芳　　责任印制:赵　晟

*

重庆大学出版社出版发行

出版人:饶帮华

社址:重庆市沙坪坝区大学城西路 21 号

邮编:401331

电话:(023) 88617190　88617185(中小学)

传真:(023) 88617186　88617166

网址:http://www.cqup.com.cn

邮箱:fxk@cqup.com.cn(营销中心)

全国新华书店经销

重庆巍承印务有限公司印刷

*

开本:787mm×1092mm　1/16　印张:20.25　字数:482 千

2021 年 12 月第 1 版　2021 年 12 月第 1 次印刷

ISBN 978-7-5689-3056-7　定价:54.00 元

前言
QIANYAN

为了更好地践行和落实习近平总书记“绿水青山就是金山银山”的“两山”理念,加强污废水处理技能型人才的培养,进一步防止水环境受到严重污染,保障环境污染治理设施稳定运行、污废水达标排放,让我国的江河湖海变得更清更蓝,减少资源与能源消耗,降低运行成本,维护操作管理人员的健康和安全,规范运行管理和操作,我们组织编写了本书。

本书以项目为引领、以任务为载体、以知识点为抓手,融合先进的污废水治理技术,力求贴近生产实际。全书从认识项目的典型装置入手,引领学习者了解或掌握项目用途、认识典型设备、熟悉操作原理、熟知操作规程,最终总结提高(完成任务评价与自我检测),真正实现了做中学、学中做,体现了“理实一体”的教学理念。

本书突出一线技能需求,重视学生的操作能力培养,并以够用为度,将内容细化分散于每一个具体任务中。同时为便于学习者学习,全书以知识点的形式将应会操作技能列于相应任务之后,配套自我检测,提升一体化教学的效率。本书还注重理论联系实际,强调职业素养的培养,融入安全生产、生产组织与管理的要素,纳入污废水治理的新技术、新设备、新工艺等,以适应污废水治理岗位的技术人员或职业院校学生的使用需求。

本书共5个项目,每个项目下又分若干任务。本书由重庆市工业学校廖权昌、殷利明主编,由重庆市工业学校万美春、赵永成主审,具体编写分工如下:项目1由杨春编写,项目2由殷利明、廖权昌编写,项目3的任务1—3由白昌建编写,项目3的任务4—9由廖权昌、吴栋(重庆市环境保护产业协会)编写,项目4由邹晶编写,项目5由巫宇岑编写,全书由廖权昌、殷利明统稿。

在本书的编写过程中,我们多次到污废水治理企业、科研机构调研,得到了相关企业、领导及同行的支持和帮助,尤其得到了重庆市环境保护产业协会、重庆中标环保集团有限公司等单位的大力支持,在此一并致谢!由于编者水平有限,疏漏之处在所难免,敬请读者和同人批评指正,以便今后不断充实和完善。

编　者

2021年8月

目 录

MULU

项目1 走近污废水处理

▶情境设计

随着社会的发展,大量工业、农业和生活污废水排入水体,导致水体受到污染。受污染的水体,既影响了水体生物的生存,也影响了人类的生产、生活及身体健康。如:2008 年 1 月,辽宁省阜新市太平区高德街高德花园小区发生自来水受污染事件,造成该小区千余名居民出现上吐下泻的中毒症状;同年 3 月,广州白云区钟落潭镇白沙村因饮用水受到工业废水污染,造成 41 名村民不约而同地出现呕吐、胸闷、手指发黑及抽筋等中毒症状。

▶项目描述

本项目主要从我国水污染的现状与危害、污废水水质指标与相关标准、污废水处理技术与处理工艺、污废水处理系统运行管理与安全生产等几个方面进行了介绍。通过本项目的学习,学习者可以了解我国水污染的现状,从而认识到环境保护与水污染治理的必要性与重要性;初步了解污水处理技术、工艺及污水处理系统的运行管理。

▶项目目标

知识目标

- 了解污废水水质指标与标准;
- 了解污废水处理技术与处理工艺;
- 了解污废水处理系统的运行管理;
- 了解污废水处理过程中的安全生产。

技能目标

- 通过了解标龄,明确现用的标准应是有效期内的标准;
- 能大致了解污废水处理工艺。

情感目标

- 培养爱护环境的意识;
- 树立安全第一的生产意识。

任务1　了解我国水污染现状与危害

▶情境设计

自2007年5月29日开始，江苏省无锡市城区的大批市民家中自来水水质突然发生变化，散发出难闻的气味，无法正常饮用，市民纷纷抢购纯净水和面包。各方监测数据显示：该年入夏以来，天气连续高温少雨，无锡市区域内的太湖出现50年以来最低水位，太湖水体严重富营养化，导致蓝藻大面积生长，影响了自来水水源地的水质。

▶任务描述

近年来，我国水污染事故频繁发生，使得我国本来就十分紧张的水资源供给形势更加严峻。通过本任务的学习，了解我国水污染的现状与危害，了解水污染防治的相关法规，了解相关标准。

▶任务实施

知识点1　水污染现状与危害

一、我国水污染现状

我国是一个水资源相对短缺的国家，人均水资源已不足世界人均水平的1/4，被联合国确立为13个贫水国之一。随着我国工业化、城市化进程逐步加快，工业排放和城市生活污水不断增加，水环境问题日益严重，使原本就短缺的水资源形势更加严峻。城市水污染已经成为当前严峻水污染形势的主导因素之一，这种情形严重影响了我国社会、经济的发展。

我国水环境存在的主要问题之一就是水污染。水污染可以分为自然污染和人为污染。自然污染是指自然规律的变化和土壤中矿物质对水源造成的污染；人为污染是指人类的生产和生活造成的污染，主要是生活污水和工业废水的随意排放造成的。在过去30余年里，无论是地表水还是地下水都受到了不同程度的污染，有些污染还相当严重。据相关部门监测，目前全国城镇每天约有1亿t污水未经处理直接排入水体；全国七大水系中一半以上河段的水质受到污染；全国1/3的水体不适于鱼类生存，1/4的水体不适于灌溉，90%的城市水域污染严重，50%的城镇水源不符合饮用水标准，40%的水源已不能饮用；南方城市总缺水量的60%～70%是水源污染造成的。

二、水污染的危害

水污染的危害大体表现为以下几个方面。

1.威胁人类健康和生命

城市生活污水、医院污水、垃圾及地面径流等含有大量的病原微生物，如致病菌霍乱、痢疾等;寄生虫,如蛔虫、肝吸虫等;病毒,如肠道病毒、传染性肝炎病毒等。这些病原微生物的水污染危害历史最久,至今仍是危害人类健康和生命的重要水污染类型。

2. 影响农业生产的发展

用污水灌溉农田会污染农田土壤,造成农作物枯萎死亡,使农作物减产。同时,污水还会污染农作物,增加残留在农作物中的痕量有机物,如农药、重金属等,危害人体的健康。

3. 影响渔业生产的发展

一方面,污水中含有大量碳水化合物,如蛋白质、油脂等需氧有机物,这些有机物要消耗水中的溶解氧,造成水体缺氧,致使鱼类死亡,影响鱼类产量;另一方面,污水中的一些污染物使鱼类或其他水生生物发生变异,或是进入鱼类或其他水生生物体内,降低其食用价值。

4. 制约工业生产的发展

一方面,水污染导致的水质恶化,会使工业生产的原材料质量受到影响,进而影响产品的质量;另一方面,水体受污染出现的酸化、硬化,造成工业用水过程中出现冷却水循环系统腐蚀、堵塞和结垢问题严重,大大增加了工业用水的成本,制约了工业生产的发展。

5. 加速生态环境的退化和破坏,造成经济损失

污水的恶臭和水体的富营养化,严重影响人类的正常生产和生活;污染对水体中的水生生物造成严重的危害,导致水体的生态平衡遭到破坏,生态平衡一旦被打破,便会形成污染进一步加重的恶性循环,造成直接和间接的经济损失。

知识点2 法 规

一、水污染防治法

广义的水污染防治法是指国家为防治水环境的污染而制定的各项法律法规及有关法律规范的总称。狭义的水污染防治法指国家为防止陆地水(不包括海洋)污染而制定的法律法规及有关法律规范的总称。

《中华人民共和国水污染防治法》(以下简称《水污染防治法》)是为了保护和改善环境,防治水污染,保护水生态,保障饮用水安全,维护公众健康,推进生态文明建设,促进经济社会可持续发展而制定的法律。我国于 1984 年 5 月 11 日颁布了首部《水污染防治法》;1996 年 5 月 15 日根据第八届全国人民代表大会常务委员会第十九次会议《关于修改〈中华人民共和国水污染防治法〉的决定》进行了第一次修正;2008 年 2 月 28 日第十届全国人民代表大会常务委员会第三十二次会议修订通过,自 2008 年 6 月 1 日起施行;2017 年 6 月 27 日,第十二届全国人民代表大会常务委员会第二十八次会议通过《全国人民代表大会常务委员会关于修改〈中华人民共和国水污染防治法〉的决定》,自 2018 年 1 月 1 日起施行。

《水污染防治法》大致提出了以下要求:

①国家在开发、利用和调节、调度水资源时,应当统筹兼顾,维持江河的合理流量和湖泊、水库以及地下水体的合理水位,维护水体的自然净化能力。

②国家施行水环境质量标准和污染物排放标准及地方补充排放标准,控制水污染,保护水环境。

③按流域或者区域进行统一规划,防治水污染。

④合理规划工业布局,对造成水污染的企业进行整顿和技术改造,采取综合措施,提高水的重复利用率,合理利用水资源,减少废水和污染物排放量。

⑤建设项目必须进行环境影响评价,对可能产生的水污染物和对生态环境的影响做出评价,规定防治的措施。在运河、渠道、水库等水利工程内设置排污口,应经水利部门同意。建设项目中防治污染的设施必须执行“三同时”规定,即建设项目的水污染防治设施,应当与主体工程同时设计、同时施工、同时投入使用。

⑥实行排污申报登记制度。直接或间接向水体排放污染物的企事业单位必须向生态环境部门登记。

⑦实行向水体排放污染物缴纳排污费和超标排污费制度。

⑧对实现水污染物达标排放仍不能达到国家规定的水环境质量标准的水体,实施重点污染物排放的总量控制制度。

⑨对造成水体严重污染的排污单位,限期治理。

⑩城市污水应当进行集中处理。城市污水集中处理设施按照国家规定向排污者提供污水处理的有偿服务,收取污水处理费。

二、水污染防治计划

《2015 年国务院政府工作报告》提出实施水污染防治行动计划,加强江河湖海水污染、水污染源和农业面源污染治理,实行从水源地到水龙头全过程监管的工作任务。同年 4 月 16 日,国务院发布《水污染防治行动计划》(简称“水十条”),在污水处理、工业废水、全面控制污染物排放等多方面进行强力监管并启动严格问责制,铁腕治污将进入“新常态”。

《水污染防治行动计划》重拳打击违法行为,要求加大执法力度,完善国家督查、省级巡查、地市检查的环境监督执法机制;实行“红黄牌”管理,对超标和超总量的企业予以“黄牌”警示,一律限制生产或停产整治;对整治仍不能达到要求且情节严重的企业予以“红牌”处罚,一律停业、关闭。国家严惩环境违法行为,对违法排污零容忍:对偷排偷放、非法排放有毒有害污染物、非法处置危险废物、不正常使用防治污染设施、伪造或篡改环境监测数据等恶意违法行为,依法严厉处罚;对违法排污及拒不改正的企业按日计罚,依法对相关人员予以行政拘留;对涉嫌犯罪的,一律迅速移送司法机关。对超标超总量排污的违法企业采取限制生产、停产整治和停业关闭等措施。

积极推行国家督查、省级巡查、地市检查,坚持联合执法、区域执法、交叉执法,加大暗查暗访力度,研究建立常规监察、突击抽查、公众监督新机制,充分调动社会力量监督环境违法。抽查并公布排污单位达标排放情况,定期公布环保“黄牌”“红牌”企业名单,形成“过街老鼠,人人喊打”的强大震慑,形成“齐抓共管”排污企业的新局面。

任务2　了解污废水水质指标与标准

▶情境设计

由于水质的污染，污水已成为人类健康的隐形杀手，而水污染可能会引起一系列疾病，如癌症、结石、心脑血管硬化、氟中毒、消化系统疾病、超标重金属引发的疾病等。1956 年日本九州南部熊本县发生的“水俣病事件”，主要就是金属汞中毒造成的。

▶任务描述

污水中有各种有害成分，我们要了解有哪些有害成分及被污染的程度，就要了解污水的水质指标，确定水体受污染的程度需要测定相关指标。

▶任务实施

知识点1　水质指标

一、城镇污水的来源及特点

城镇污水为城镇下水道系统收集到的各种污水，通常由生活污水、工业废水和降雨径流 3 部分组成，是一种混合污水。城镇污水的来源及特点如表 1-1 所示。

表 1-1　城镇污水的来源及特点

组成	来源	特点
生活污水	城镇居民日常生活排放的污水，包括居民家庭、饭店、机关单位、学校、商场等排放的污水	(1)有机污染物含量较高，约占 60%，如蛋白质等； (2)含有病原微生物和寄生虫卵等
工业废水	各工业生产过程中排放的废水，主要包括生产工艺废水、循环冷却水、冲洗废水以及综合废水	废水排放量较大、污染物含量高、较难进行处理、对环境危害大(废水是城市污水的重要组成部分，是有毒有害污染物的主要来源。进入城市污水处理系统之前，各企业必须进行预处理)
降雨径流	城镇降雨或冰雪融化水	水量、水质差别较大，常受气候、时间、地理位置及周边环境的影响

注：降雨径流在城镇污水中还没有占到很大的比例。对于分别敷设污水管道和雨水管道的城镇，降雨径流汇入雨水管道而得不到处理；对于采用雨污合流排水管道的城镇，虽然可以使一部分降雨径流与生活污水一同处理，但在雨量较大时，由于水量超过截流干管的输送能力或污水处理厂的处理能力，可能造成大量的雨污混合水溢流，对水体造成更严重的污染。所以，在对这类污水进行处理时，应针对具体污水水质选择是否需要与其他污水混合稀释后处理。

二、污水的水质指标

污水的水质指标是用来衡量水在使用过程中被污染的程度,也称污水的水质污染指标。下面介绍最常用的几项水质指标。

1. 生物化学需氧量

生物化学需氧量是指在好氧条件下,微生物分解水中有机物质的生物化学过程中消耗的溶解氧的量,用 BOD 表示,单位为 mg/L。BOD 是反映水体被有机物污染程度的综合指标。BOD 越高,可降解的有机物越多。污水中可降解有机物的转化与温度、时间有关,一般采用 20 ℃时第 5 d 的生物化学需氧量作为衡量污水有机物含量的指标,记作 BOD_5。BOD 不仅包括水中好氧微生物的增长繁殖或呼吸所消耗的氧量,还包括水中还原性无机物所耗的氧量,但占比很小。

由于现有技术难以分别测定污水中种类繁多的有机物质的含量(一般情况下也没有必要),但污水中大多数有机物质在相应的微生物及有氧存在的条件下,氧化分解时皆需要氧,且有机物质的数量同耗氧量的多少成正比,因此生物化学需氧量成为广泛使用的污水水质指标。但该指标也存在如下缺点:①测定时间较长,难以及时指导实践;②难降解生物多时误差大;③测定结果受水质影响(工业废水中往往含有抑制微生物生长繁殖的物质)。

2. 化学需氧量

化学需氧量是指在酸性条件下,用强氧化剂氧化污水中的有机物质所消耗的氧量,用 COD 表示,单位为 mg/L。常用的氧化剂有高锰酸钾($KMnO_4$)和重铬酸钾($K_2Cr_2O_7$)。由于 $K_2Cr_2O_7$ 氧化能力很强,能使污水中 85% ~95% 以上的有机物被氧化,因此我国规定的污水检验标准是用重铬酸钾作为氧化剂,在酸性条件下测定耗氧量,记作 COD_{Cr}。

COD_{Cr} 的测定较简便、迅速,测定时间只需 2 h,用来指导生产较为方便,而且不受水质限制,能更精确地表示污水中有机物的含量。但 COD_{Cr} 也有其缺点,即不能表示出微生物氧化的有机物量,部分无机物也被氧化。

一般来说,对一定的污水而言,$COD>BOD_5$,BOD、COD 之间的差值大致反映了不能被生物降解的有机物含量。当 $BOD_5/COD>0.3$ 时,宜采用生化处理工艺。

3. 悬浮物

悬浮物(SS)是指悬浮在水中的固体物质,包括不溶于水的无机物、有机物及泥沙、黏土、微生物等未溶解的非胶态的固体物质。悬浮固体在条件适宜时可以沉淀,悬浮物的多少反映污水汇入水体后将发生的淤积情况,其含量的单位为 mg/L。因悬浮固体在污水中肉眼可见,能使水浑浊,属于感官性指标。悬浮固体代表了可以用沉淀、混凝沉淀或过滤等物化方法去除的污染物,也是影响感观性状的水质指标。

4. pH 值

酸碱度是污水的重要污染指标,用 pH 值来表示。pH 值对保护环境、污水处理及水工构筑物都有影响。一般生活污水呈中性或弱碱性,工业污水多呈强酸性或强碱性,城市污水呈中性,pH 值一般为 6.5 ~7.5。pH 值的微小降低可能是由城市污水输送管道中的厌氧发酵引起的;雨季时,较大的 pH 值降低往往是城市酸雨造成的,这种情况在合流制系统尤其突出。pH 值的突变(大幅度变化,不论是升高还是降低)通常是工业废水的大量排入造成的。

5. 总氮(TN)、氨氮(NH_3-N)、凯氏氮(TKN)

(1)总氮(TN)

总氮是有机氮、氨氮、总氧化氮(NO_2^-、NO_3^-)的总和,用来表征水中植物营养元素的多少,也能反映水的有机污染程度。

总氮=有机氮+无机氮

无机氮=氨氮+总氧化氮

总氧化氮=硝态氮+亚硝态氮

有机污染物分为植物性有机污染物(主要成分是 C,以 BOD 表征)和动物性有机污染物。动物性有机污染物包括人畜粪便、动物组织碎块等,其化学成分以氮(N)为主。氮属植物性营养物质,是导致湖泊、海湾、水库等缓流水体富营养化的主要物质,是废水处理的重要控制指标。

(2)氨氮(NH_3-N)

氨氮是指在水中以 NH_3 和 NH_4^+ 形式存在的氮,它是有机氮化物氧化分解的第一步产物。其主要危害是:促进藻类繁殖;对鱼类有毒、耗氧。游离的 NH_3 对鱼类有很强的毒性,致死鱼类的浓度为 0.2 ~2.0 mg/L。NH_3 也是污水中重要的耗氧物质,在硝化细菌的作用下,NH_3 被氧化成 NO_2^- 和 NO_3^- 所消耗的氧量称为硝化需氧量。

(3)凯氏氮(TKN)

凯氏氮是指氨氮和有机氮的总和。

6. 总磷(TP)

总磷是指有机磷和无机磷的总和。与总氮类似,磷也属植物性营养物质,是导致缓流水体富营养化的主要物质。它也是一项重要的水质指标。

7. 非重金属无机物质有毒化合物

(1)氰化物(CN^-)

氰化物在水中的存在形式有无机氰化物(如氢氰酸 HCN、氰酸盐 CN^-)及有机氰化物(腈)。氰化物是剧毒物质,急性中毒时抑制细胞呼吸,造成人体组织严重缺氧,对人的经口致死量为 0.05 ~0.12 g。

排放含氰废水的工业主要有电镀、焦炉和高炉的煤气洗涤,金、银选矿和某些化工企业等,含氰浓度为 20 ~70 mg/L。

我国饮用水标准规定,氰化物含量不得超过 0.05 mg/L,农业灌溉水质标准规定为不高于 0.5 mg/L。

(2)砷(As)

砷中毒属于累积性中毒,当饮水中砷含量高于 0.05 mg/L 时就会导致中毒。砷化物在污水中存在的形式有无机砷化物(如亚砷酸盐、砷酸盐)以及有机砷化物(如三甲基砷)。三价砷(亚砷酸盐)的毒性远高于五价砷(砷酸盐),三甲基砷的毒性比三价砷盐更大,近年来发现砷还是致癌元素(主要是皮肤癌)。

工业中排放含砷废水的有化工、有色冶金、炼焦、火电、造纸、皮革等行业，其中以有色冶金、化工排放砷量较高。

我国饮用水标准规定，砷含量不应大于0.04 mg/L，农田灌溉标准是不高于0.05 mg/L，渔业用水不超过0.1 mg/L。

8.重金属

重金属是指密度大于4.5 g/cm^3 的金属。其中汞(Hg)、镉(Cd)、铬(Cr)、铅(Pb)毒性最大，危害也最大。

(1)汞(Hg)

汞是重要的污染物质，也是对人体毒害作用比较严重的物质。汞是累积性毒物，无机汞进入人体后累积在肝、肾和脑中，在达到一定浓度后毒性发作。

含汞废水排放量较大的是氯碱工业。此外，在仪表和电气工业中也常使用金属汞，因此也排放含汞废水。

我国饮用水、农田灌溉水都要求汞的含量不得超过0.001 mg/L，渔业用水要求更为严格，不得超过0.000 5 mg/L。

(2)镉(Cd)

镉也是一种比较广泛的污染物质。镉是一种典型的累积富集型毒物，主要累积在肾脏和骨骼中，引起肾功能失调，骨质中钙被镉所取代，使骨骼软化，造成自然骨折，疼痛难忍。这种病潜伏期长，短则10年，长则30年，发病后很难治愈。

每人每日允许摄入的镉量为0.057～0.071 mg。我国饮用水标准规定，镉的含量不得大于0.01 mg/L，农业用水与渔业用水标准则规定要小于0.005 mg/L。镉主要来自采矿、冶金、电镀、玻璃、陶瓷、塑料等生产企业排出的废水。

(3)铬(Cr)

铬也是一种较普遍的污染物。铬在水中以六价和三价两种形态存在，三价铬的毒性低，作为污染物质所指的是六价铬。人体大量摄入六价铬能够引起急性中毒，长期少量摄入也能引起慢性中毒。

六价铬是卫生标准中的重要指标，饮用水中的浓度不得超过0.05 mg/L，农业灌溉用水与渔业用水应小于0.1 mg/L。排放含铬废水的工业企业主要有电镀、制革、铬酸盐生产以及铬矿石开采等。

(4)铅(Pb)

铅对人体也是累积性毒物。成年人如每日摄取量超过1.0 mg，将在体内产生明显的累积作用，长期摄入会引起慢性中毒，可危及神经系统、造血系统、循环系统和消化系统。

我国饮用水、渔业用水及农田灌溉水都要求铅的含量小于0.1 mg/L，铅主要含于采矿、冶炼、蓄电池、颜料工业等排放的废水中。

9.微生物指标

(1)大肠菌群数

大肠菌群数是指每升水样中所含有的大肠菌群的数目，以个/L计。大肠菌群数是反映污水被粪便污染程度的卫生指标。

大肠菌群指数是指查出一个大肠菌群所需的最少水量,以毫升(mL)计。

$$大肠菌群指数=\frac{1\ 000}{大肠菌群数}$$

如:若大肠菌群数为500个/L,则大肠菌群指数为1 000/500等于2 mL。

(2)病毒

污水中已被检出的病毒有100多种。检出大肠菌群,可以表明肠道病原菌的存在,但不能表明是否存在病毒及其他病原菌。因此还需要检验病毒指标。

(3)细菌总数

细菌总数是指大肠菌群数、病原菌数及其他细菌数的总和,以每毫升水中的细菌菌落总数表示。细菌总数越多,表示病原菌与病毒存在的可能性越大。因此用大肠菌群数、病毒及细菌总数3个卫生指标来评价污水受生物污染的严重程度就比较全面。

知识点2　标准

一、标准介绍

《中华人民共和国标准化法》将标准划分为4种,即国家标准(GB、GB/T)、行业标准、地方标准(DB)、企业标准(QB),并将标准分为强制性标准、推荐性标准和指导性技术文件。

1.国家标准代码

GB——强制性国家标准代码。

GB/T——推荐性国家标准代码。

GB/Z——国家标准化技术指导性文件。

2.分类

(1)国家标准

对需要在全国范围内统一的技术要求,应当制定国家标准。国家标准代号为GB和GB/T,其含义分别为强制性国家标准和推荐性国家标准。国家标准的编号(标准号)由国家标准的代号、国家标准发布的顺序号和国家标准发布的年号(发布年份)构成,即标准代号顺序号—年号,如:GB 8978—1996、GB/T 5051—2013等。

(2)行业标准

行业标准是对没有国家标准而又需要在全国某个行业范围内统一的技术要求所制定的标准。行业标准不得与有关国家标准相抵触。行业标准之间应保持协调、统一,不得重复。行业标准在相应的国家标准实施后即行废止。

(3)地方标准

对没有国家标准和行业标准而又需要在省、自治区、直辖市范围内统一要求的,可以制定地方标准。地方标准也分强制性与推荐性。凡有国家标准、专业(部)标准的不能制定地方标准。

(4)企业标准

企业标准是对企业范围内需要协调、统一的技术要求、管理要求和工作要求所制定的标准。企业标准的要求不得低于相应的国家标准或行业标准的要求。企业标准由企业制定，由企业法人代表或法人代表授权的主管领导批准、发布。企业标准应在发布后30日内向政府备案。企业标准一般以“Q”开头。

3. 标龄

标龄是指自标准实施之日起，至标准复审重新确认、修订或废止的时间，又称为标准的有效期。我国国家标准的标龄一般为5年。

4. 标准复审

标准复审是对已经发布实施的现有标准（包括已确认或修改补充的标准），经过实施一定时期后，对其内容再次审查，以确保其有效性、先进性和适用性的过程。标准复审结论分为3种：继续有效、修订和废止。

①继续有效：标准的技术内容仍符合当前技术水平，满足行业发展和市场需求。继续有效还包括修改和限用。修改是指标准内容经少量修改仍能满足需要，以标准修改单的形式予以确认；限用是指标准内容适用于现役产品，不得在新设计、新产品中使用。

• 确认（继续有效）——标准编号、年代号不变，在封面标准代号下方写明：××××年确认。

②修订：标准的技术内容需作较大修改才能符合当前技术水平，满足行业发展和市场需要，或需要改变标准性质。

• 修订——标准编号不变，改年代号。

③废止：标准适用的产品已退出市场，涉及的主要技术已被淘汰；标准内容被其他标准所涵盖或替代；标准的主要技术内容属于企业内部规定等。

• “替代”就是新的标准替代原来的旧标准，即自新标准发布之日起，旧标准作废。另外一种情况是某项标准废止了，没有新的标准替代。

5. 实施日期

标准实施日期是指有关行政部门对标准批准发布后生效的时间。

污水处理后的排放都要达到相应标准，使用标准者注意应使用现用标准，不要使用不适用的标准，标准使用到一定时间要复审，随时关注标准的复审状态。

二、污水排放标准与再生利用水质标准

1. 污水排放标准

目前，我国城镇污水处理厂污染物的排放均执行原国家环境保护总局和国家质量监督检验检疫总局批准发布的《城镇污水处理厂污染物排放标准》（GB 18918—2002）。该标准分年限规定了城镇污水处理厂出水、废气和污泥中污染物的控制项目和标准值，规定了城镇污水处理厂出水、废气排放和污泥处置（控制）的污染物限值。该标准适用于城镇污水处理厂出水、废气排放和污泥处置（控制）的管理。居民小区和工业企业内独立的生活污水处理设施污染物的排放管理，也按该标准执行。

(1)控制项目及分类

该标准根据污染物的来源及性质,将城镇污水污染物控制项目分为两类:

第一类为基本控制项目。基本控制项目主要是对环境产生较短期影响的污染物,包括环境和城镇污水处理厂常规处理工艺能去除的主要污染物,包括 BOD_5、COD、SS、动植物油、石油类、阴离子表面活性剂、总氮、氨氮、总磷、色度、pH 和粪大肠菌群数共 12 项,包括总汞、烷基汞、总镉、总铬、六价铬、总砷、总铅共 7 项。基本控制项目必须执行。

第二类为选择控制项目。选择控制项目主要是对环境有较长期影响或毒性较大的污染物,如甲醛、苯胺类、总硝基化合物、三氯乙烯、四氯化碳等 43 项。选择控制项目由地方环境保护行政主管部门根据污水处理厂接纳的工业污染物的类别和水环境质量要求选择控制。

(2)标准分级

根据城镇污水处理厂排入地表水域环境功能和保护目标,以及污水处理厂的处理工艺,将基本控制项目的常规污染物标准分为一级标准、二级标准、三级标准。一级标准分为 A 标准和 B 标准。一类重金属污染物和选择控制项目不分级。一级标准是为了实现城镇污水资源化利用和重点保护饮用水源,适用于补充河湖景观用水和再生利用,应采用深度处理或二级强化处理工艺。二级标准是以常规或改进的二级处理为主的处理工艺为基础制定的。三级标准是在一些经济欠发达的特定地区,根据当地的水环境功能要求和技术经济条件,可先进行一级半处理,适当放宽的过渡性标准。

一级标准的 A 标准是城镇污水处理厂出水作为回用水的基本要求。当污水处理厂出水引入稀释能力较小的河湖作为城镇景观用水和一般回用水等用途时,执行一级标准的 A 标准。

城镇污水处理厂出水排入符合《地表水环境质量标准》(GB 3838—2002)的地表水Ⅲ类功能水域(划定的饮用水水源保护区和游泳区除外)、符合《海水水质标准》(GB 3097—1997)的海水二类功能水域和湖、库等封闭或半封闭水域时,执行一级标准的 B 标准。

城镇污水处理厂出水排入 GB 3838—2002 地表水Ⅳ、Ⅴ类功能水域或 GB 3097—1997 海水三、四类功能海域,执行二级标准。

非重点流域和非水源保护区的建制镇的污水处理厂,根据当地经济条件和水污染控制要求,采用一级强化处理工艺时,执行三级标准。但必须预留二级处理设施的位置,分期达到二级标准。

城镇污水处理厂水污染排放基本控制项目执行表 1-2 和表 1-3 的规定。

表 1-2　基本控制项目最高允许排放浓度(日均值)

单位:mg/L

序号	基本控制项目	一级标准		二级标准	三级标准
		A 标准	B 标准		
1	化学需氧量(COD)	50	60	100	120①

续表

序号	基本控制项目		一级标准		二级标准	三级标准
			A标准	B标准		
2	生化需氧量(BOD_5)		10	20	30	60①
3	悬浮物(SS)		10	20	30	50
4	动植物油		1	3	5	20
5	石油类		1	3	5	15
6	阴离子表面活性剂		0.5	1	2	5
7	总氮(以N计)		15	20	—	—
8	氨氮(以N计)②		5(8)	8(15)	25(30)	—
9	总磷(以P计)	2005年12月31日前建设的	1	1.5	3	5
		2006年1月1日起建设的	0.5	1	3	5
10	色度(稀释倍数)		30	30	40	50
11	pH		6~9			
12	粪大肠菌群数/(个·L^{-1})		10^3	10^4	10^4	—

注:①下列情况按去除率指标执行:当进水COD>350 mg/L时,去除率应大于60%;当BOD>160 mg/L时,去除率应大于50%。

②括号外数值为水温>12 ℃时的控制指标,括号内数值为水温≤12 ℃时的控制指标。

表1-3 部分一类污染物最高允许排放浓度(日均值)

单位:mg/L

序号	项目	标准值
1	总汞	0.001
2	烷基汞	不得检出
3	总镉	0.01
4	总铬	0.1
5	六价铬	0.05
6	总砷	0.1
7	总铅	0.1

2. 污水再生利用水质标准

污水再生利用水质标准应根据不同的用途具体确定。用于城市用水中的冲厕、道路清扫、消防、城市及车辆冲洗、建筑施工等城市杂用水的,再生水水质应符合《城市污水再生利用 城市杂用水水质》(GB/T 18920—2020)的规定。用于景观环境用水的再生用水水质应符合国家标准《城市污水再生利用 景观环境用水水质》(GB/T 18921—2019)的规定。用于农田灌溉的再生用水水质应符合国家标准《农田灌溉水质标准》(GB 5084—2021)的规定。再生水用于工业用水中的洗涤用水、锅炉用水、工艺用油田注水时，其水质应达到相应的水质标准。

任务3　了解污废水处理技术与工艺

▶情境设计

图1-1所示是一污废水处理典型流程图，从这个流程图可以看出污废水处理工艺有一级处理、二级处理和三级处理。所用的处理技术有物理处理技术、化学处理技术、生物处理技术及物理化学处理技术等。

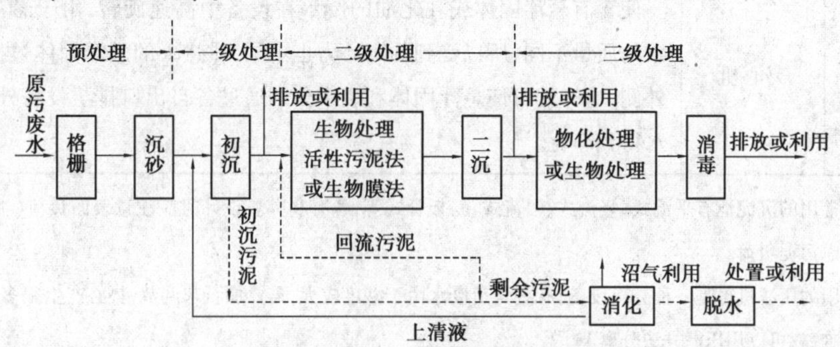

图1-1　污废水处理典型流程图

▶任务描述

受污染的水体要进行污废水处理。本任务通过学习污废水处理，了解污废水处理的工艺流程及其作用。

▶任务实施

知识点1　污废水处理技术

城市污废水处理技术通常有物理处理技术、化学处理技术、物理化学处理技术、生物处理技术等。下面就几种典型的污废水处理技术进行介绍。

一、典型的物理处理技术

物理处理技术是指利用物理作用分离污水中呈悬浮状态的固体污染物质的处理方法，主要有筛滤法、沉淀法、气浮法、离心与旋流分离法等。在城市污水处理中应用的典型物理处理技术有沉淀技术、过滤技术、气浮技术等。几种典型的物理处理技术的主要设备及作用原理如表1-4所示。

表1-4　典型的物理处理技术

处理方法	主要设备	作用原理
筛滤法	格栅、筛网	截留污水中的大块漂浮物;保护后续处理构筑物或废水提升泵站等设备
沉淀法	沉砂池、沉淀池	降低废水在池内的流速,使废水中的固体物质在其本身的重力作用下下沉,使固体物质与水分离。沉淀池主要去除废水中呈颗粒状的悬浮固体;沉砂池主要去除废水中比重较大的固体颗粒
气浮法	气浮装置	对一些比重接近于水的细微颗粒,可利用气浮装置,采取技术措施使空气以细小气泡的形式散布于水中,并与颗粒附聚在一起,形成悬浮体,上浮到水面而与水分离
离心与旋流分离法	离心机	使含有悬浮固体或乳化油的废水在设备中高速旋转,由于悬浮固体和废水的质量不同,所以受到的离心力也不同,质量大的悬浮固体被抛甩到废水外侧,这样就可使悬浮固体和废水分别通过各自出口排至设备外,从而使废水得到净化

注:①工程中常用的沉淀池有平流式、竖流式、辐流式、斜板管式等,各有利弊。设计时应注意表面负荷(上升流速),同时要　考虑污泥负荷。

②平时使用的压滤机也是一种分离设备,有些化工废水由于酸度较大,需要加石灰调节,势必产生很多的污泥,直接沉淀很难,就可以用压滤方法分离。

二、典型的化学处理技术和物理化学处理技术

化学处理技术是利用化学反应分离废水中的污染物质的处理方法。典型的化学处理技术主要有中和处理法、化学沉淀法、氧化还原法、混凝处理法等。典型的物理化学处理技术有吸附法、离子交换法、膜分离法等。

(1)中和处理法

中和处理法是一种利用酸碱中和反应处理污水中的酸或碱的方法。处理酸性废水以碱为中和剂,处理碱性废水以酸作中和剂,酸或碱均指无机酸和无机碱。中和处理应考虑“以废治废”原则,亦可采用药剂中和处理,中和处理可以连续进行,也可以间歇进行。

(2)化学沉淀法

化学沉淀法是一种向废水中投加某种化学物质,使它和其中某些溶解物质发生反应,生成难溶盐沉淀下来的方法。化学沉淀法一般用以处理含重金属离子的工业废水。根据所投加的沉淀剂,化学沉淀法又可分为氢氧化物沉淀法、硫化物沉淀法、钡盐沉淀法等。

(3)氧化还原法

氧化还原法是一种利用溶解于废水中的有毒、有害物质在氧化还原反应中能被氧化或被还原的性质,将其转化为无毒无害的新物质的方法。在废水处理中使用的氧化剂有空气中的氧、纯氧、臭氧、氯气、次氯酸钠、三氯化铁等;使用的还原剂有铁、锌、锡、锰、亚硫酸氢

钠、二氧化硫、焦亚硫酸盐、石灰等。

(4)混凝处理法

混凝处理法是一种向水中投加一定量的药剂，后经脱稳、架桥等反应过程，使水中呈胶体状态的污染物质形成絮凝体，再经沉淀或气浮过程，使污染物从废水中分离出来的方法。通过混凝能够降低废水的浊度、色度，去除高分子物质、呈胶体的有机污染物、某些重金属毒物（汞、镉）和放射性物质等，也可以去除磷等可溶性有机物，应用十分广泛。混凝处理法可以作为独立处理法，也可以和其他处理法配合，作为预处理、中间处理，甚至深度处理工艺。

我们发现许多污水处理设施的沉淀效果不好，在实际运行过程中存在问题，混凝沉淀有3个过程：加药反应（快速搅拌，200 r/min、时间1～2 min）、絮凝反应（慢速搅拌，30～50 r/min、时间15～20 min，这个过程很重要）、沉淀（时间100～120 min），有条件的可加高分子物质，效果更好。很多沉淀设备往往少了配套的反应设备，其实，反应设备一定要有，而且最好分开。另外，药剂的选择、pH值对沉淀效果的影响较大。

(5)吸附法

吸附法就是利用吸附作用进行废水处理的方法。吸附作用就是发生在不同相界面上的物质传递，废水处理主要是固体物质表面对废水中污染物质的吸附。吸附可分为物理吸附、化学吸附和生物吸附等，其中化学吸附选择性较强。在废水处理中常用的吸附剂有活性炭、磺化煤、活化煤、沸石、硅藻土、焦炭、木屑等。

(6)离子交换法

离子交换法在废水处理中应用较广。使用的离子交换剂分为无机离子交换剂（天然沸石和合成沸石）、有机离子交换树脂（强酸阳离子树脂、弱酸阳离子树脂、强碱阴离子树脂、弱碱阴离子树脂、螯合树脂等）。采用离子交换法处理废水时，必须考虑树脂的选择性，树脂对各种离子的交换能力是不同的，这主要取决于各种离子对该种树脂亲和力的大小，又称选择性的大小，另外还要考虑树脂的再生方法等。

(7)膜分离法

渗析、电渗析、超滤、反渗透等技术都是通过一种特殊的半渗透膜分离水中离子和分子的技术，统称为膜分离法。电渗析、反渗透主要用于废水的脱盐，回收某些金属离子等，反渗透与超滤虽均属膜分离法，但其本质又有所不同，反渗透中主要是膜表面化学本性起作用，它分离的溶质粒径小，除盐率高，所需工作压力大；超滤所用材质可以和反渗透相同，但超滤是筛滤作用，分离溶质粒径大，透水率高，除盐率低，工作压力小。

其他工艺还有电解、气浮、铁碳还原等。另外，废水调节（调节池）也是很重要的。

三、典型的生物处理技术

生物处理技术是指利用微生物的代谢作用，使污废水中呈溶解性、胶体状态的有机污染物转化为稳定的无害物质的处理方法，主要可分为两大类：利用好氧微生物作用的好氧氧化法和利用厌氧微生物作用的厌氧还原法。好氧氧化法广泛用于城市污水处理，主要有活性污泥法（氧化沟、曝气池等）、生物膜法（生物转盘、生物滤池、接触氧化法等）；厌氧还原法主要有厌氧塘、污泥的厌氧消化池等。

城市污水处理工艺实际上是以上这些技术的应用与组合。

知识点2 污废水处理工艺

城市污水处理工艺按流程和处理程序划分,可分为一级处理工艺、二级处理工艺、三级(深度)处理工艺和污泥处理工艺,以及最终的污泥处理。

一、城市污水一级处理

城市污水一级处理主要是去除污水中呈悬浮状态的固体污染物质,物理处理法大部分只能完成一级处理的要求。城市污水一级处理的主要构筑物有格栅、沉砂池和初沉池。一级处理的工艺流程如图1-2所示。格栅的作用是去除污水中的大块漂浮物,沉砂池的作用是去除密度相对较大的无机颗粒,沉淀池的作用主要是去除无机颗粒和部分有机物质。经过一级处理后的污水,一般可去除SS 40% ~55%,去除BOD 30%左右,达不到排放标准。一级处理属于二级处理的预处理。

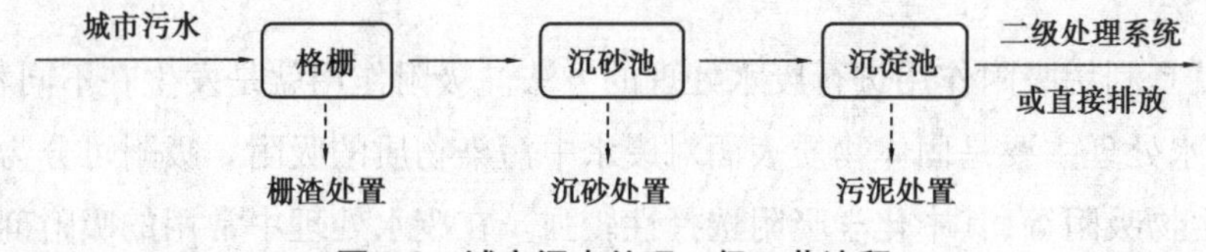

图1-2 城市污水处理一级工艺流程

二、城市污水二级处理

城市污水二级处理在一级处理的基础之上增加了生物处理方法,其目的主要是去除污水中呈胶体和溶解状态的有机污染物质。生物处理法利用微生物的代谢作用,将污水中呈溶解性、胶体状态的有机污染物转化为无害物质,从而达到排放的要求。二级处理采用的生物方法主要有活性污泥法和生物膜法,其中采用较多的是活性污泥法。经过二级处理,城市污水中有机物的去除率可达90%以上,BOD_5 可降至20 ~30 mg/L、SS等指标能够达到排放标准。

二级处理是城市污水处理的主要工艺,应用非常广泛。图1-3为城市污水二级处理典型工艺流程。

三、城市污水三级处理

城市污水三级处理是在一级、二级处理后,进一步处理难降解的有机物、磷和氮等能够导致水体富营养化的可溶性无机物。城市污水三级处理的主要方法有生物脱氮除磷法、混凝沉淀法、砂滤法、活性炭吸附法、离子交换法和电渗析法等。通过三级处理,BOD_5 能进一步降到5 mg/L以下。

三级处理是深度处理的同义语,但两者又不完全相同,三级处理常用于二级处理之后。而深度处理则以污水回收、再利用为目的,是在一级或二级处理后增加的处理工艺。

四、污泥处理

污泥是污水处理过程中的产物,城市污水处理产生的污泥中含有大量有机物,可作农肥使用，但是又含有大量细菌、寄生虫卵以及从生产污水中带来的重金属离子等有害成分，需做污泥减量、稳定、无害化处理。污泥处理的主要方法是减量处理（浓缩、脱水等）、稳定处理（消化等），最后达到可综合利用的目的（堆肥或农用填埋）。

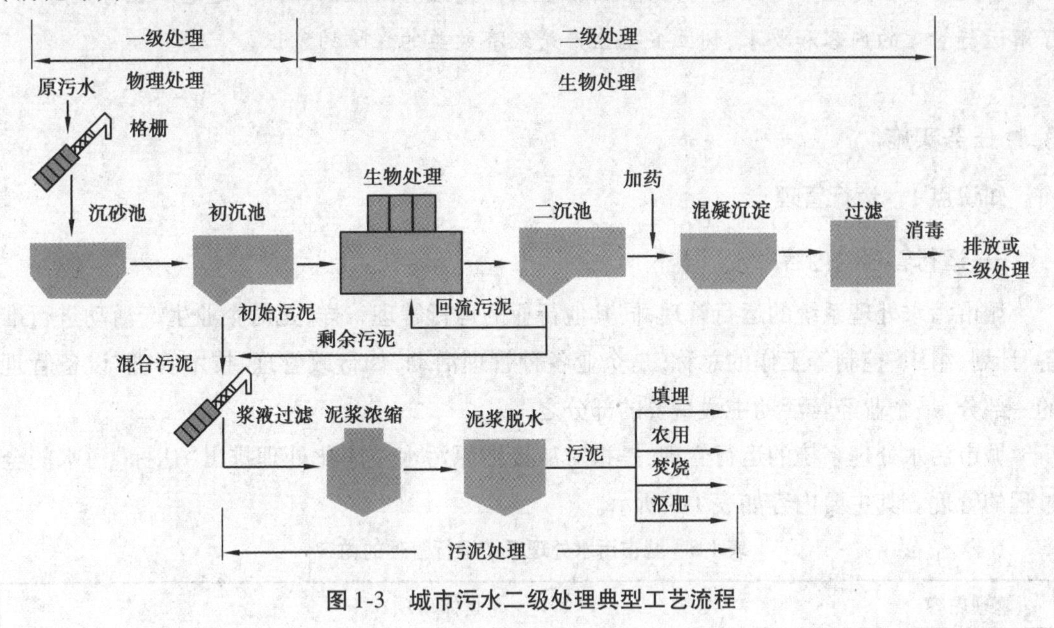

图1-3　城市污水二级处理典型工艺流程

任务4　了解污废水处理系统的运行管理与安全生产

▶情境设计

某地工业区某污水处理厂在进行清淤施工时，发生了一起有毒气体中毒事件，该事件导致清淤工人一死两伤（图1-4）。

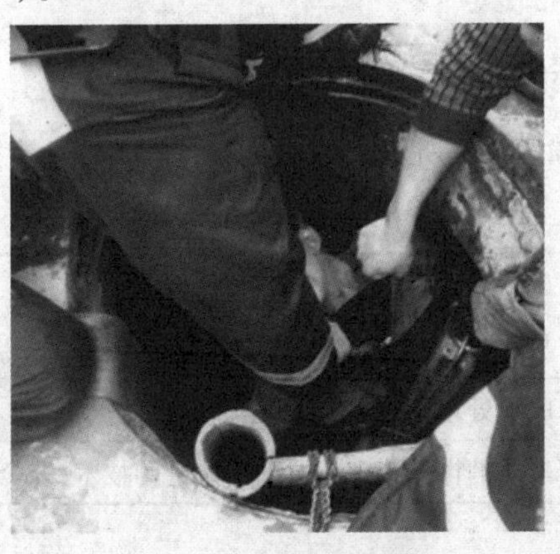

图1-4　清淤施工事故

▶任务描述

有效的管理是生产有序进行的保障,安全生产是经济效益的保障。通过本任务的学习,了解运行管理的内容和要求,树立安全生产是经济效益的保障的意识。

▶任务实施

知识点1　运行管理

一、运行管理的内容

城市污水处理系统的运行管理,同其他行业的运行管理一样,是对企业生产活动进行准备、计划、组织、控制等工作的总称,是企业各种管理活动,如行政管理、技术管理、设备管理的一部分,是企业经营活动中最重要的部分之一。

城市污水处理系统的运行管理,是指对从接纳原污水至净化处理排出"达标"污水的全过程的管理。其主要内容如表1-5所示。

表1-5　城市污水处理系统运行管理的内容

管理内容	具体事项
准备	物资、人力、资金、能源等的准备
计划	编制污水、污泥处理的运行控制方案和阶段执行计划,以便生产有据可依,也有利于企业节能降耗、提高管理效益
组织	合理安排运行过程中的操作岗位,并做好各岗位之间的协调,制订好岗位责任制和岗位操作规程
控制	是运行计划的实施,是对运行过程实行全面控制,包括进度、消耗、成本、质量、故障等的控制

二、运行管理的基本要求

运行管理的基本要求如表1-6所示。

表1-6　运行管理的基本要求

基本要求	含义
按需生产	满足城市与水环境对污水厂(站)运行的基本要求,保证处理后的污水达标
经济生产	以最低的成本处理好污水,使其达标
文明生产	具有全新素质的操作管理人员采用先进的技术,安全地完成文明生产

三、运行管理对人员的要求

污水处理厂操作管理人员的任务是充分发挥各种处理设备、处理工艺的优点,根据设计要求进行科学的管理,在水质条件和环境条件发生变化时,利用各种工艺手段进行适当的调整,及时发现并解决各种问题,使处理系统高效、低耗地完成净化处理工作,以达到理想的环境效益、经济效益和社会效益。

1. 熟练掌握本职业务

运行管理人员必须掌握本厂的工艺流程及处理设施、设备的规格、性能、技术参数,同时还必须熟悉设备、设施的运行要求和技术指标。操作人员应该明确本岗位的工作性质、目的和操作方法。对不同工种的工人都有不同级别的业务知识和能力要求。但不论是哪一个岗位、哪一个工种的运行管理人员,均应知本厂(站)污水的水质特征、处理系统的工艺流程、各岗位在系统中的作用,熟悉如何互相配合和协调。

2. 遵守规章制度

为了保证污水处理厂(站)稳定地运行,操作管理人员除应具备业务知识和能力外,还应严格遵守一系列规章制度,如岗位责任制度、设备巡视制度、设备保养制度、交接班制度、安全操作制度等。

操作人员除了负责工艺反应池和车间的正常工作外,还应按工艺流程和各池、各设施的管理要求,定时进行巡视。

各种机械设备应保持清洁,无漏水、漏气等情况。根据不同机电设备的要求,各种机电设备要定期检查、保养及维修。对所有设备应有足够的零配件、易耗损材料的备件。

在运行过程中,操作人员应及时准确地填写运行记录。记录要求内容完整,并由专人检查原始记录的准确性和真实性,同时应做好收集、整理、汇总等工作。

除以上共同的职责外,对每个岗位都应制订专门的职责范围、操作规程、奖惩条例等。

四、维护管理的任务和要求

1. 维护管理的主要任务

污水处理厂(站)维护管理的主要任务是:

①确保所排放的污水符合排放标准或再生利用的水质标准;

②使污水处理设施和设备经常处于最佳运行状态;

③减少能源和资源的消耗,降低运行成本。

2. 维护管理对人员的基本要求

在维护管理过程中,维护管理人员应达到的基本要求有:

①确保自身的安全与健康;

②按有关规程和岗位责任制的规定进行管理;

③发现异常时,能指出产生的原因和应采取的措施,并确保污水处理设施、设备能正常运行,充分发挥作用。

城镇污水处理厂(站)维护管理的技术,应达到《城镇污水处理厂运行、维护及安全技术规程(征求意见稿)》中的要求。

五、运行管理的技术、经济指标和运行记录报表

1. 技术、经济指标

运行管理的技术、经济指标如表1-7所示。

表1-7 运行管理的技术、经济指标

指标类别	具体内容
技术指标	处理污水量
	污染物去除指标
	出水水质达标率
	设备完好率和设备使用率
	污泥、渣、沼气产量及其利用指数
经济指标	电耗
	药剂和材料消耗指标
	维修费用指标
	产品收益指标
	处理成本指标

2. 运行记录与报表

污水厂(站)的运行记录及报表能够反映一个污水厂(站)每日或全年污水处理量、处理效果、节能降耗情况、处理过程中出现的异常现象和采用的解决方式与结果等,污水厂(站)的原始记录与报表是一项重要的文字记录与档案材料,可为管理人员提供直接的运转数据、设备数据、财务数据、分析化验数据等,可依靠这些数据对工艺进行计算与调整,对设施设备状况进行分析、判断,对经营情况进行调整,并据此提出设施、设备维修计划,或据此进行下一步的生产调度。

原始记录主要有值班记录、工作日志和设备维修记录,包括各种测试、分析或仪表显示数据的记录。统计报表则是在原始记录基础上汇编而成的,可分为年统计、季统计、月统计等。一般由工段每月向科室或处室抄送月统计报表,科室或处室每季度或每年向厂抄送季度或年度统计报表,各操作岗位每日、每旬或每周向工段抄送日或旬统计报表。

原始记录或统计报表又可以按专业划分为运行、化验、设备、财务等几类。

运行值班人员在填写原始记录时,一定要及时、清晰、完整、真实、准确,而统计报表的编制则应定时、系统、简练地反映污水处理过程不同时期、不同专业的运行管理状况的主要信息。

知识点2 安全生产

安全生产是企业发展的重要保障,只有抓好自身安全生产、保一方平安,才能促进社会大环境的稳定,进而也为企业创造良好的发展环境。对企业来说“安全第一”是一个永恒的

主题,企业只有安全地发展才是健康的发展、和谐的发展,企业才会走得更远。通过本任务的学习,可了解安全生产的重要性,掌握必要的安全知识与技能。

一、安全教育

在污水处理厂(站)的运行生产过程中,会因为一些不安全、不卫生的因素导致人身伤亡、设备损坏事故,影响环境效益、社会效益、经济效益,所以应在生产运行中采取必要的防护措施,防止事故发生。污水处理工艺生产运行中需要的工种多,发生事故的隐患多。如污水处理用的电机、水泵多,不注意用电安全可能会出现触电事故;不注意搬抬泵的安全则可能出现摔坏设备和砸伤人员的事故;厌氧消化池、浓缩池、检查井及地下闸门井内容易产生和积累毒性很大的 H_2S 气体,不提前通风,不检测 H_2S 含量和不采取有效措施就下井、下池将会造成人员中毒,甚至死亡,还可能出现连续下井、下池救人而发生群死群伤的恶性事件。污水中含有各种各样的病毒、病菌和寄生虫卵,污水处理厂(站)工人接触污水,不注意卫生,可能感染上寄生虫病或其他疾病。因此,制订、建立、健全安全生产规定,确保安全生产,是污水处理厂(站)正常运行的前提条件。加强安全教育是贯彻落实各项安全生产规章制度、确保安全生产的重要保证。

①全体职工要自觉学习安全操作技术,提高业务技能。

②企业每月组织一次全厂(站)性的安全学习,每年进行两次安全技能考核。

③新职工必须经过厂(站)、车间或科室、岗位三级安全教育,合格后方可上岗。

④调换工种人员、复工人员,必须经过车间或科室、岗位二级安全教育,合格后方准上岗。

⑤电工、金属焊接(气割)工、机动车辆驾驶工、锅炉司炉工、压力容器操作工等特种作业人员,必须经安全生产监督管理部门进行专门的安全技术培训,经考试合格取得操作证后,方可上岗。

取得操作证的特种作业人员,必须按规定定期进行复审。

二、安全生产

1. 安全生产的一般要求

污水处理厂(站)的生产工艺涉及许多方面,设备的种类也非常多,比如污水处理厂(站)有高压电路、高速风机、易燃气体和压力容器等,安全生产特别重要。因此,为了保证处理厂(站)的高效正常运转,每座厂(站)必须有相应的运行管理、安全操作和维护保养条例。下面仅归纳了污水处理厂(站)安全生产的一些基本要求。

污水处理厂(站)各岗位操作人员和维修人员必须经过技术培训和生产实践,只有掌握了该岗位所需要的理论知识和管理知识,且掌握了岗位上的各种机电设备的性能和特点,具备操作和维护的技能,并经考试合格后方可上岗。

对具有有害气体或可燃性气体的构筑物或容器进行放空清理和维修时,必须采取通风、换气等措施,待有害气体或可燃性气体含量符合规定时,方可操作。通常应将 CH_4 含量(体积分数,下同)控制在5%以下,H_2S、HCN 和 CO 的含量分别控制在4.3%、5.6%和12.5%以下,同时含氧量不得低于18%。

污泥处理区域、沼气鼓风机房、沼气锅炉房等地严禁烟火,并严禁违章明火作业。有有害气体、易燃气体、异味、粉尘和环境潮湿的车间必须通风,防止有害气体含量超标,危害人体健康。有电气设备的车间和易燃易爆的场所,应按消防部门的有关规定设置消防器材和消防设施,以减少火灾所造成的损失。

启动设备应在做好启动准备工作后进行。电源电压大于或小于额定电压5%时,启动电机会使电机过热,不宜启动电机。操作人员在启闭电器开关时,应按电工操作规程进行,各种设备维修时必须断电,并应在开关处悬挂维修标牌后方可操作。

雨天或冰雪天气,操作人员在构筑物上巡视或操作时应注意防滑。

污水处理厂(站)各种机械设备应保持清洁,无漏水、漏气等,水处理构筑物堰口、池壁应保持清洁、完好。根据不同机电设备的要求,应定时检查、添加或更换润滑油或润滑脂。各种闸井内应保持无积水。清理机电设备及周围环境卫生时,严禁擦拭设备运转部位,冲洗水不得溅到电缆头和电机带电部位及润滑部位。

厂(站)内各岗位操作人员应穿戴齐全劳保用品,做好安全防范工作。起重设备应由专人负责操作,吊物下方严禁站人。要在处理构筑物护栏的明显位置上安放救生圈或救生衣等,为落水人员提供救护用品。严禁非岗位人员在运行中启闭该岗位的机电设备。

当污水处理厂(站)的变、配电装备在运行中发生气体继电器动作或继电保护动作跳闸、电容器或电力电缆短路跳闸时,在未查明原因前不得重新合闸运行。在电气设备上进行倒闸操作时,应遵守“倒闸操作票”制度及有关的安全规定,应严格按程序操作。变压器、电容器等变、配电装置在运行中发生异常情况不能排除时,应立即停止运行,电容器在重新合闸前,必须使断路器断开,使电容器放电。如隔离开关接触部分过热,应断开电路,切断电源,不允许断电时则应降低负荷,加强监视。在变压器台上停电检修时,应使用工作票,如高压则不停电,但工作负责人应向全体工作人员说明线路有电,并加强监护。

所有高压电气设备应有标示牌。

2. 防毒气

污水处理厂(站)内存在有毒有害气体,应注意预防。

①污水处理厂(站)的进水渠(管道)中,各种浓缩池、地下污水、污泥闸门井、不流动的污水池内以及消毒设施内都能产生或存在有毒有害气体,这些有毒有害气体虽然种类繁多,成分复杂,但根据危害方式不同,可将它们分为有毒气体,腐蚀性气体和易燃、易爆气体三大类。

a. 有毒气体是通过人的呼吸器官对人体内部其他组织器官造成危害的气体,如 H_2S、HCN、CO 等气体。

b. 腐蚀性气体一般是消毒气体,如 Cl_2、O_3、ClO_2 等发生泄漏时,对呼吸系统有腐蚀作用。

c. 易燃、易爆气体通过与空气混合达到一定比例时遇明火引起燃烧甚至爆炸而造成危害,如 CH_4、H_2 等。

②在污水处理厂(站)内产生有毒有害气体的部位设置通风装置和检测报警装置,并给相关工作人员配备个人防护器具,如空气呼吸器,防酸、碱工作服和工作靴,防毒气的呼吸滤罐等。

③必须对职工长期不间断地进行防 H_2S 等毒气的安全教育,让每一个人都熟知毒气的性质、特征,泄漏或报警后采取正确的、有保护的抢险措施和中毒后自救或他救的方法,避免盲目地抢险,导致伤亡事故扩大。另外,还要用已经发生过的、全国各地已有的中毒事故案例教育职工。

3. 安全用电

污水处理厂(站)生产的所有工艺都要使用电机并接触到高、低压电,都不可避免地要与电打交道。因此,为避免触电事故发生,用电安全知识是污水处理厂(站)职工必须掌握的。对电气设备要经常进行安全检查,包括电气设备绝缘有无破损,设备裸露部分是否有防护,保护接零线或接地线是否正确、可靠,保护装置是否符合要求,手提式灯具和临时局部照明等电压是否安全,安全用具、绝缘鞋、手套是否配备,电器灭火器材是否齐全,电气连接部位是否完好等。对污水处理厂(站)职工来说,必须遵守以下安全用电要求。

①电气设备岗位的职工必须持证上岗,到指定的培训点学习电工知识,取得合格证后,才能操作电气设备。

②操作电气设备必须穿绝缘鞋,操作高压设备还应穿相应等级的绝缘靴,戴绝缘手套。

③损坏的电气设备应请专业电工及时修复。

④电气设备金属外壳应有效接地。

⑤移动电工具要有三孔(四孔)插座,要有三芯(四芯)坚韧橡皮线或塑料护套线,室外移动性闸刀开关和插座等要装在安全电箱内。

⑥手提行灯必须要用36 V以下电压,特别是在潮湿的地方(如站在水沟或管道沟槽内有水的地方)不得超过12 V。

⑦注意使电气设备在额定容量范围内使用。各种临时线不能私拉乱接,应请电工专门接线。用完后立即拆除,避免有人触电。

⑧电气设备的控制按钮应有警告牌,以备电气设备修理时用。

⑨要遵守安全用电操作规程,特别是遵守保养和检修电气的工作票制度,以及操作时使用必要的绝缘工具。

⑩要有计划地进行安全活动,如学习安全用电知识,分析发生事故的隐患,进行防触电演习和操作。学习触电急救法,特别是触电者呼吸停止,脉搏、心搏停止时必须立即施行人工呼吸及胸外心脏按压法,这些都需要电工在平常训练时熟练掌握,以备在突然发生人员触电时抢救得当、及时。

⑪污水处理厂(站)职工还应懂得电气灭火知识。当发生电气火灾时,首先应切断电源,然后用不导电的灭火剂灭火。不导电的灭火剂有粉末灭火剂、二氧化碳灭火剂等。这些手提灭火剂绝缘性好,但射程不远,所以灭火时,不能站得太远,并且应站在上风向灭火。

4. 防溺水和防高空坠落

污水处理厂(站)构筑物大都是有水的池子,如曝气池、沉砂池、预浓缩池、消化池等,防止掉入池中溺水尤为重要。这些池子离地面有一定的高度,因此防坠落问题也应特别注意。

①水池周边必须设置若干救生圈,大部分救生圈拴上足够长的绳子,以备急救时方便取用。

②在水池周边工作时,应穿救生衣,以防落入水中。

③水池周边必须设置可靠护栏,栏杆高度高于1.2 m。在需要职工工作的通道上要设置开关可靠的活动护栏,方便工作。

④水池上的走道不能有障碍物、突出的螺栓或其他横在道路上的物品,防止巡视时不小心被绊倒。

⑤水池上的走道面不能太光滑,也不能高低不平,给工作人员一条安全的行走通道。

⑥在水池周边不要单独一人工作,应至少两人,有一人监护。在曝气池上工作时,还要求扎上安全带,因曝气池的浮力比水池小,坠入曝气池很难浮起。坠落曝气池时,必须马上拽出水面,以确保安全。

⑦污水处理厂(站)内的钢隔板、铁栅栏、检查井盖、压力井盖容易被腐蚀,发现有腐蚀严重、缺失、损坏时应及时更换和维修,以免工作人员不慎坠入井中或地下。

⑧污水处理厂(站)职工有时需要登高作业,如更换水池上的灯泡和到水池的桥上工作等。放空水池后要进出空池作业也相当于登高工作。这两类登高作业应牢记“三件宝”(安全帽、安全带、安全网),并遵守登高作业的其他一系列规定。

⑨遇恶劣天气,如刮风、雷雨、大雪、结冰、下冰雹等时,不应登高作业,确因抢险要登高作业时,必须采取特别的安全措施,确保不发生危险。

5. 防雷

①雷雨天不宜使用电话、无线电话,不宜使用水龙头等,避免高压电流沿接收信号线或金属管道进入人体造成危害。

②污水处理厂(站)职工在户外工作遇雷雨天气应尽量进入室内,必须在户外工作时应穿不透水的防水雨衣和绝缘水靴,离开空旷场地和水池。要远离树木、电线杆、灯杆等尖耸物体,更不能站在楼顶或凸出的物体上。

③切勿接触金属门窗、电线、带电设备或其他类似金属装置。

④在室内避雷时应关闭门窗,防止球形雷侵入,最好不要看电视、听收音机、操作计算机等,也不要接触室内的金属管道、电线等。

⑤构建筑物及变、配电站都要设避雷装置。

6. 防火防爆

①污水处理厂(站)应划出重点防火防爆区(如污泥消化区),重点防火防爆区的设备设施都要用防爆型的,并安装检测器和报警器,进入该区禁止带火种、打手机,禁穿铁钉鞋或易产生静电的工作服等。重点部位应设置防火器材。

②学习有关安全生产法规,掌握防火防爆安全技术知识,学会操作防火防爆器材。平常

按计划要求严格训练，定期或不定期进行安全检查，及时发现并消除安全隐患。做到“安全第一、预防为主”。配备专用、有效的消防器材、安全保障装置和设施，专人负责确保其随时可用于灭火。

③消除火源，易燃易爆区域严禁吸烟。维修动火严格实行危险作业填写动火票制度。易产生电气火花、静电火花、雷击火花、摩擦和撞击火花处应采取相应的防护措施。

④控制易燃、助燃、易爆物，少用或不用易燃、助燃、易爆物。用时要加强密封，防止泄漏。加强通风，降低易燃、助燃、易爆物浓度，使之达不到爆炸极限或燃烧条件。

知识点3　实验室安全管理

一、实验室的基本安全守则

①实验室人员进入实验室，应穿着实验服、实验鞋、实验帽。

②严格遵守劳动纪律，坚守岗位，精心操作。

③实验人员必须学习安全防护及事故处理知识。

④实验人员必须熟悉化验仪器设备的性能和使用方法，并按要求进行实验操作。

⑤凡进行有危险性的实验，工作人员应先检查防护措施，确认防护妥当后，才可以开始实验。在实验进行中，实验人员不得擅自离开，实验完成后应立即做好清理善后工作。

⑥凡有有毒或有刺激性气体发生的实验，应在通风柜内进行，并要求加强个人防护。实验中不得把头部伸进通风柜内。

⑦酸、碱类等腐蚀性物质，不得放置在高处或实验室试剂架的顶层。开启腐蚀性和刺激性物品的瓶子时，应佩戴护目镜；开启有毒气体容器时，应佩戴防毒用具，并禁止裸手直接拿取上述物品。

⑧不使用无标签（或标志）容器盛放的试剂、试样。

⑨实验中产生的废液、废渣和其他废物，应集中处理，不得任意排放。酸、碱或有毒物品溅落时，应及时清理、除毒。

⑩严格遵守安全用电规程。不使用绝缘不良的电气设备，不准擅自拆修电器。

⑪实验完毕，实验人员必须洗手后方可进食，并不得把食物、食具带进实验室。实验室内禁止吸烟。

⑫实验室应配备足够的消防器材，实验人员必须熟悉其使用方法，并掌握相关的灭火知识和技能。

⑬实验结束，人员离开前应检查水、电、燃气和门窗，以确保安全。

⑭禁止无关人员进入实验室。

二、中毒预防

1. 毒物种类

毒物种类如表1-8所示。

表 1-8　毒物种类

种类	物质
一级毒害品(剧毒品)	氰、砷、汞及其化合物,硫酸二甲酯、有机磷、有机铅,某些生物碱等
二级毒害品(有毒品)	卤代烃、芳香烃,硝基、氨基化合物,醛类,铅、铬、钡、锑、铜等盐类,硝酸盐,亚硝酸盐,氯酸盐等

2. 中毒程度分类

中毒程度分类如表 1-9 所示。

表 1-9　中毒程度分类

分类	症状
急性中毒	大量毒物突然进入体内,迅速造成中毒,很快引起全身症状,甚至死亡
慢性中毒	少量毒物经多次接触而逐渐侵入人体,因积累而中毒,进程缓慢,症状不明显,容易被忽视
亚急性中毒	症状介于急性与慢性之间,常因介于二者之间的毒物进入人体(或因积累)而引起;有时也因为其他原因引起身体的健康状况恶化,"不敌"侵入体内的毒物所导致

3. 实验室中毒的预防措施

①严格执行毒物管理制度,有毒物品由专人管理,避免有毒物质扩散。剧毒物品要执行"五双"管理制度。

②尽量用无毒或低毒物质代替有毒或高毒物质,以减少人员的中毒机会。使用有毒物质时,工作人员应充分了解毒物的性质、注意事项及急救方法。

③使用毒物的实验室应有良好的通风条件,并具有适用的排毒设施,以防止毒物在室内积聚。万一发生毒性物质泄漏,应立即关闭其发生装置,停止实验,切断电源,熄灭火源,撤出人员。

④避免有毒物质污染扩散。

⑤做好人员的防护。

⑥根据实验室使用有毒物品的情况,编写《实验室毒性物品的毒性、中毒表现及急救规范》,并公布于众。

⑦根据需要配备适当的解毒、除毒和急救药物。

⑧认真执行职工劳动保护条例,尽量减少人员接触有毒物品的时间,并定期进行针对性体检,及早发现病情并治疗。

三、化学腐蚀的预防

①使用有腐蚀性物质时,要穿戴好防护用品,包括使用防护眼镜、橡胶手套等,皮肤上有伤口时要特别注意防护。

②实验室内应备有充足水源,并配备 20 ~ 30 g/L 的稀碳酸氢钠及稀硼酸(或稀醋酸)溶液,以备急救时使用。

③大瓶腐蚀品应使用手推车或双人担架搬运；移动或打开大瓶液体时，瓶下应垫以橡胶，防止与地板直接碰撞而破裂；开启用石膏封口的大瓶药物时，应先用水把石膏泡软，再用锯子小心地把石膏锯开，严禁锤砸敲打。

④禁止使用浓酸（或浓碱）直接进行中和操作，必要时，应先予稀释再行操作。

⑤稀释浓酸（特别是浓硫酸）必须在耐热的容器（如烧杯）中进行，边搅拌边缓缓地将浓酸倒入水中，绝不允许相反操作（即不允许将水倒入浓酸中），且不许用摇动代替搅拌。溶解固体氢氧化钠（或其他强碱）时，也应该在烧杯中进行，稀释浓碱可以参照上述方法执行。

⑥压碎或研磨有腐蚀性的物品时，要防止碎块飞溅伤人。

⑦使用有挥发性、腐蚀性物品或进行有腐蚀性气体产生的实验时，应在通风柜或抽气罩下进行，以限制其影响范围。

⑧对于同时具有其他危险性质的腐蚀性物质，实验时要同时做好相应的防护措施，防止发生连带伤害。

⑨使用有腐蚀性的物品时要特别加强对眼睛的防护。

四、实验室用电要求

为了确保实验室工作人员不致受到电的危害，实验室工作人员必须遵守如下安全用电基本规定：

①严格遵守电气设备使用规程，不得超负荷用电。

②使用电气设备时，必须检查无误后才开始操作。

③开、关电气开关，要使用绝缘手柄，动作要迅速、果断和彻底，以避免形成电弧或火花而造成电灼伤。

④发生电气开关跳闸、漏电保护开关开路、熔丝熔断等现象时，应先检查线路系统，消除故障，并确认电气设备正常无损后，才能按规定恢复线路，更换熔丝，重新投入运行。

⑤电器或线路过热，应停止运行，断电后检查处理。

⑥电器接线必须保持干燥和绝缘，不得有裸露线路，以防漏电及伤人。

⑦实验过程中发生停电，应关闭一切电器，只开一盏检查灯。恢复供电后，再按规定进行必要的检查后，重新送电进行实验工作。

⑧需要使用高压电源时，要按规定穿戴绝缘手套、绝缘靴，并站在橡胶垫上，用专用工具操作。

⑨所有电气设备不得私自拆动、改装、改接或修理。

⑩室内有可燃气体或蒸气时，禁止开、关电器，以免发生电火花而引起燃烧、爆炸事故。

⑪定期检查漏电保护开关，确保其灵活可靠。

⑫电气开关箱内不准放置杂物，并定期进行清洁。禁止用金属柄刷子或湿布清洁电气开关。

⑬发现有人员触电，应立即切断相关电源，并迅速抢救。

⑭每天的实验工作结束后，应切断电源总开关。

五、实验室的防火防爆

1. 控制易燃、易爆物品的使用和储存

尽可能不用或少用易燃、易爆物品(尤其是爆炸性物质),并避免在实验室内存放超过使用需要量过多的易燃、易爆物品。储存易燃、易爆物品的仓库,必须符合安全防火规范,严格控制易燃、易爆物品储存量。

2. 避免易燃物与助燃物的接触

经常检查易燃物品的储存器,确保易燃物的密封保存,避免泄漏和扩散,注意防止爆炸性混合物的形成和积聚。一些具有强挥发性的易燃物品,必要时可以充氮,以降低其危险性。

3. 控制和消除点火源

①在易燃、易爆环境中使用防爆电器,避免电火花并禁止明火。

②防止易燃、易爆物品与高温物体表面接触。

③避免摩擦、撞击产生火花及热的作用。

④避免光和热的聚焦作用。

⑤采取措施做好静电泄放,防止静电积聚。

⑥做好通风、降温工作,避免易燃、易爆物品储存和使用环境达到着火温度。

【任务评价】

根据任务完成情况,如实填写表 1-10。

表 1-10　任务过程评价表

<table>
<tr><th>考核内容</th><th>考核标准</th><th>小组评</th><th>教师评</th><th>考核结果</th></tr>
<tr><td rowspan="3">理论知识
(30 分)</td><td>不能掌握理论知识得 0 分</td><td></td><td></td><td></td></tr>
<tr><td>基本掌握理论知识得 20 分</td><td></td><td></td><td></td></tr>
<tr><td>掌握理论知识得 30 分</td><td></td><td></td><td></td></tr>
<tr><td rowspan="3">操作技能
(60 分)</td><td>不能掌握污废水处理工艺流程、污废水处理技术、相关水质指标、相关法规、运行管理及安全生产得 0 分</td><td></td><td></td><td></td></tr>
<tr><td>基本掌握污废水处理工艺流程、污废水处理技术、相关水质指标、相关法规、运行管理及安全生产得 40 分</td><td></td><td></td><td></td></tr>
<tr><td>掌握污废水处理工艺流程、污废水处理技术、相关水质指标、相关法规、运行管理及安全生产得 60 分</td><td></td><td></td><td></td></tr>
<tr><td rowspan="3">团队协作
(10 分)</td><td>无全局观及团结协作能力,无职业道德素养及敬业精神得 0 分</td><td></td><td></td><td></td></tr>
<tr><td>具有一定的团结协作能力、一定的职业道德素养及敬业精神得 6 分</td><td></td><td></td><td></td></tr>
<tr><td>分工明确,协作配合,各尽其职得 10 分</td><td></td><td></td><td></td></tr>
</table>

▶自我检测1

一、选择题

1. 水体富营养化主要是由(　　　　)元素引起的。(多选)

A. 氮　　B. 磷　　C. 铬　　D. 汞

2. 标准复审结论有(　　　　)。(多选)

A. 继续有效　　B. 修订　　C. 废止　　D. 确认

3. 我国国家标准的标龄一般是(　　)年。

A. 2　　B. 3　　C. 4　　D. 5

4. 沉淀池的形式按(　　)不同,可以分为平流式、竖流式和辐流式3种。

A. 池子的结构　　B. 水流的方向

C. 池子的容积　　D. 水流的速度

5. 城市污水处理技术通常有(　　　　)。(多选)

A. 物理处理技术　　B. 化学处理技术

C. 物理化学处理技术　　D. 生物处理技术

二、判断题

1. 国家标准分为强制性标准、推荐性标准和指导性技术文件,其代码分别为GB、GB/T、GB/Z。(　　)

2. 污废水处理厂(站)常见事故与危害有触电、缺氧与中毒、机械人身伤害、致病菌感染、噪声与振动污染等。(　　)

三、简述题

1. 城市污水由哪几部分组成?

2. 简述BOD与COD的区别。

3. 简述污水处理厂(站)对维护管理人员的基本要求。

4. 画出一般城市污水处理厂的工艺流程简图。

项目2　物理化学处理技术

▶情境设计

生活污水是水体的主要污染源之一，主要包括粪便和洗涤污水。城市每人每日排出的生活污水量为150~400 L，其量与生活水平有密切关系。生活污水中含有大量有机物，如纤维素、淀粉、糖类和脂肪蛋白质等；也常含有病原菌、病毒和寄生虫卵等；还含有无机盐类，如氯化物、硫酸盐、磷酸盐、碳酸氢盐和钠、钾、钙、镁盐等。生活污水总的特点是含氮、含硫和含磷高，在厌氧细菌作用下，易生恶臭物质。

工业废水污染主要有有机需氧物质污染、化学毒物污染、无机固体悬浮物污染、重金属污染、酸污染、碱污染、石油炼制工业废水中含酚污染、农药制造工业废水中含各种农药污染、病原体污染等。许多污染物有颜色、臭味，易生泡沫。

生活污水与工业废水常呈现使人厌恶的外观，造成水体大面积污染，直接威胁人们群众的生命和健康。因此生活污水与工业废水没有经过处理是不能直接排放的，生活污水与工业废水必须经过严格的治理，达到废水的二级排放要求或三级回用要求。本项目主要针对以上问题用各种物理化学处理技术来进行解决。

▶项目描述

本项目主要从物理化学处理技术的原理、典型工艺及特点、典型工艺的运营管理要点等几个方面，对物理法、化学法、物理化学法三大类处理技术进行介绍。通过本项目的学习，学习者可掌握物理化学处理技术方法的原理、处理工艺的构成及特点等基本知识，具备污水处理典型物理、化学技术工艺运营管理的基本技能，即针对工业废水与生活污水的污染情况，知道如何运用一级、二级及三级的物理化学技术进行主要处理。

▶项目目标

知识目标

- 掌握物理法、化学法及物理化学法的运用范围；
- 认识物理法、化学法及物理化学法的运用条件；
- 掌握物理法、化学法及物理化学法能够达到的处理要求。

技能目标

- 认识物理法、化学法及物理化学法的设备构造；
- 掌握物理法、化学法及物理化学法的工艺参数；
- 掌握物理法、化学法及物理化学法的设施运营操作。

情感目标

- 培养全局观及团结协作的能力；
- 培养职业道德素养及敬业精神。

任务1 掌握处理污废水的物理技术

▶情境设计

小杨是污水处理厂一名新进员工，今天跟随师傅去格栅、隔油及一沉淀池等处巡检，小杨看到乌黑发臭的污废水里面有大量果皮、毛发、卫生纸等各种漂浮物、悬浮物，不知该如何进行预处理（一级处理）。师傅下面就来给小杨讲解用物理处理技术对污废水进行的一级处理。

下面我们先来了解生产或生活污废水的污染情况。

生活污水包含大量的油脂、食物残渣等，悬浮物较多，色度较大；污水包含大量的残留食物等，导致污水气味较大，容易发臭，如图2-1所示。

图2-1 生活污水图

▶任务描述

本任务主要学习通过物理技术对污废水进行一级处理，即借助物理作用使污废水发生变化，与其他技术相比，物理技术具有设备简单、成本低、管理方便、效果稳定等优点，它主要用于去除污废水中的漂浮物、悬浮物、砂、盐和油类等物质。格栅与筛网、均质调节、沉淀与隔油、过滤等物理技术就是对污废水进行处理使达到清澈要求的具体技术。

▶任务实施

知识点1　格栅与筛网

一、格栅

1. 格栅的功能

格栅是截流污废水中粗大污物的处理设施，由一组平行的金属棒或栅条制成的框架组成。格栅被安装在污水渠道、泵房及水井的进口处或污水处理厂的前端，用以截留污废水中粗大的悬浮物或漂浮物，如毛发、木屑、果皮、树叶、塑料制品等，以防止水泵、管道和处理设备堵塞，并减轻后续构筑物的处理负荷。被截留的物质称为栅渣。格栅通常设置在格栅井中。

2. 格栅的分类

(1)按格栅的栅距分类

格栅按栅条之间的净间距(即栅距)划分，可分为粗格栅(50～100 mm)、中格栅(10～40 mm)、细格栅(3～10 mm)3种。为了更好地拦截废水中的颗粒物，有时采用粗、中两道格栅，甚至采用粗、中、细3道格栅。另外栅条的断面形状有方形、圆形、矩形等几种，其中矩形栅条因刚度好、不易变形而常被采用。

(2)按栅渣的清除方式分类

格栅按照栅渣的清除方式划分，可分为人工格栅和机械格栅两种。人工格栅适用于中小型污水，所需截留的污染物量较少，与水平面的倾角为45°～60°。当倾角小时，清理较省力，但占地较大。图2-2所示为人工格栅示意图。

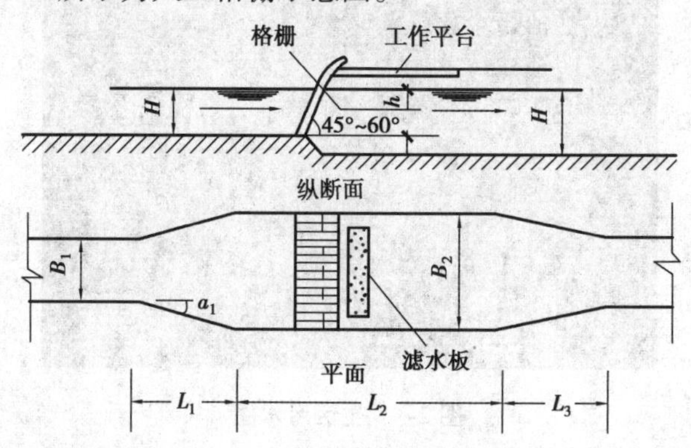

图2-2　人工格栅示意图

机械格栅与水平面的倾角大于人工格栅，通常为60°～80°。我国常用机械格栅有圆周回转式、钢丝绳牵引式、移动式、链条式等几种。对于大型污水处理厂宜采用机械格栅，以减轻人工劳动。机械格栅除污机的形式多种多样，图2-3所示为链条式格栅除污机，图2-4所示为是循环齿耙式除污机。

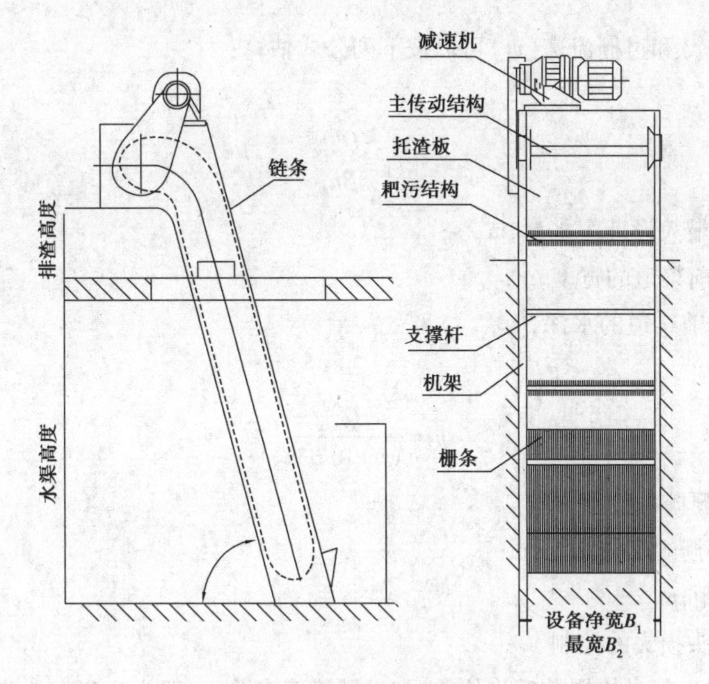

图 2-3　链条式格栅除污机

3. 运行控制条件

格栅运行管理和设计的主要参数包括栅距、过栅流速、过栅水头损失、栅渣量。

(1)栅距的选择

栅距将直接影响格栅的截污效果。栅距的选择可根据污废水中悬浮物和漂浮物的大小和组成等实际情况而定。运行人员可在实际运行管理中,根据所测数据及管理经验摸索出适合本单位污废水处理的栅距。

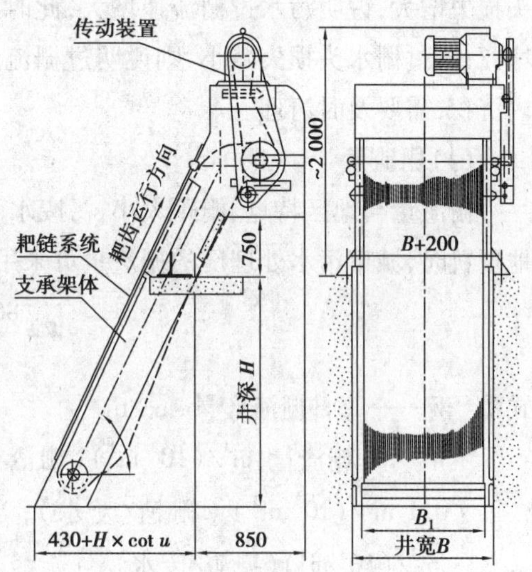

图 2-4　循环齿耙式除污机

在污废水处理工艺流程中,格栅一般按照先粗后细的原则进行设置。粗格栅一般设置在泵站集水池中(提升泵前),而后在沉砂池前设置细格栅。泵前格栅的栅条间距以稍小于水泵的叶轮间隙为宜。一般离心泵叶轮间隙较小,相应选择的栅条间距也要小;轴流泵的叶轮间隙较大,选用的栅条间距也相应增大;混流泵居中。

(2)过栅流速的控制

污废水在栅前渠道流速一般应控制在 0.4 ~ 0.8 m/s。过栅流速应控制在 0.6 ~ 1.0 m/s。过栅流速太大,则容易把需要截留下来的软性栅渣冲走;过栅流速太小,污水中粒径较大的粒状物质则有可能在栅前渠道内沉积。运行人员在操作过程中可根据实际情况对过栅流速进行控制。

栅前流速(v_1)和过栅流速(v_2)可以按下列公式估算:

栅前流速:

$$v_1=\frac{Q_{max}}{Bh_1} \tag{2-1}$$

式中 Q_{max}——最大设计污水量,m^3/s;

B——栅前渠道的宽度,m;

h_1——栅前渠道的水深,m。

过栅流速:

$$v_2=\frac{Q_{max}}{(n+1)B\delta h_2} \tag{2-2}$$

式中 n——格栅栅条数量,个;

h_2——格栅的工作水深,m;

δ——栅距,m。

(3)过栅水头损失的控制

过栅水头损失就是格栅前后水位差,与过栅流速有关,一般为0.08~0.15 m。若过栅水头损失增大,说明污水过栅流速增大,此时有可能是过栅水量增加,更有可能是格栅局部被堵死;若过栅水头损失减小,则说明过栅流速降低,此时很可能是较大颗粒物质在栅前渠道内沉积,需要及时清理。

(4)栅渣量

栅渣量与地区特点、栅距大小、污废水流量以及下水道系统的类型等因素有关。在无当地资料时,城市污水处理厂的栅渣量可采用下式计算:

$$W=\frac{86\ 400Q_{max}W_1}{1\ 000K_Z} \tag{2-3}$$

式中 W——每日栅渣产量,m^3/d。

W_1——栅渣量,$m^3/(10^3\ m^3)$(栅渣/废水)。当栅距为16~25 mm时,W_1= 0.05~0.1 $m^3/(10^3\ m^3)$(栅渣/废水);当栅距为30~50 mm时,W_1=0.01~0.03 $m^3/(10^3\ m^3)$(栅渣/废水)。

K_Z——城市污水流量总变化系数。

4.格栅除污机的种类、结构

常用的格栅除污机有臂式格栅机、链式格栅机、钢绳式格栅机、回转式格栅机等。它们的适用范围及特点如表2-1所示。

表2-1 常用的格栅除污机适用范围及特点

类型	适用范围	优点	缺点
臂式格栅机	中等深度的宽大格栅	维护方便、寿命长	构造较复杂、耙齿与栅条对位较难

续表

类型	适用范围	优点	缺点
链式格栅机	深度不大的中小型格栅，主要清除长纤维、带状物	构造简单、占地小	杂物可能卡住链条和链轮
钢绳式格栅机	固定式适用于深度范围大的中小型格栅，移动式适用于宽大格栅	适用范围广、检修方便	防腐要求高、检修时需停水
回转式格栅机	深度较小的中小型格栅	结构简单、动作可靠、检修容易、质量轻。	制造要求高、占地较大

(1)臂式格栅机

臂式格栅机主要由驱动机构、机架、链轮、导轨、耙齿和卸污装置等组成，如图2-5所示。臂式格栅除污机适用于中等深度的宽格栅，一般用于粗格栅出渣，少数用于较粗的中格栅出渣。

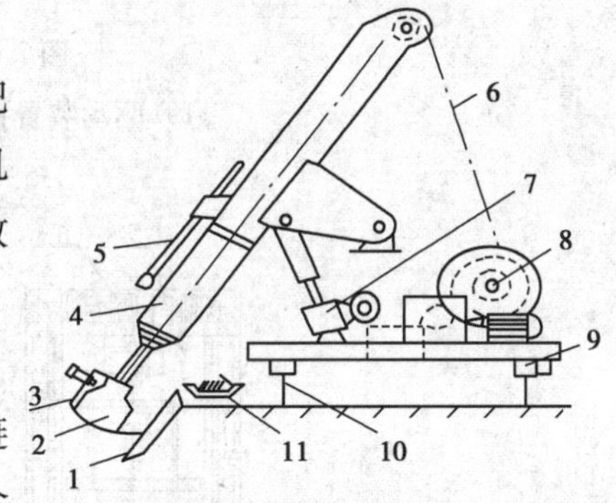

图2-5　臂式格栅机

1—格栅；2—耙斗；3—卸污板；4—伸缩臂；5—卸污调整杆；6—钢丝绳；7—臂角调整机构；8—卷扬机构；9—行走轮；10—轨道；11—皮带运输机

(2)链式格栅机

链式格栅机主要由电动减速机装置、机架、回转链条、齿耙、栅条等部件组件。链式格栅除污机装有单个齿耙，齿耙在链条的驱动下做回转运动，即当链条由顶部的驱动装置带动做顺时针运转时，齿耙架受链条和导轨的约束做平面运动，在链条运行一周内完成齿耙闭合取渣、输渣、卸渣及换位等一整套循环动作，并通过顶部卸渣装置和除污耙的相对运动，将污物卸至输送机运走。工作时，污水从栅条的栅隙流过，截留在栅条上的垃圾在回转链的带动下由下向上输送，耙斗到出料口时，由机架下方的橡胶除污耙板刮下。SGL型高链式格栅机如图2-6所示。

链式格栅机链条及链轮全部在水面以上工作，防腐性好，便于维护保养。

(3)钢绳式格栅机

钢绳式格栅机(图2-7)主要由机架，导轨，栅条，钢丝绳卷筒，驱动装置及检修平台，齿耙(耙斗)，升降装置，开闭装置，刮渣机构，限位、过载、断绳保护装置以及爬梯等组成。

钢绳式格栅机的工作原理：当到达预定格栅除渣位置后，利用卷扬机工作原理，除污机上的提升机构按照指令启动，带动两组钢丝绳卷筒，使除渣齿耙在钢丝绳牵引下实现上下运动；同时采用液压装置或差动电机实现耙斗的开闭运动。当除渣齿耙抵达格栅底部时，预设高程控制系统发出停机和闭耙工作指令，使除渣齿耙按照预定的闭合角度关闭弧形齿耙捞渣，同时发出提升电机提升除渣齿耙指令；齿耙到达预设提升高度后，将污物送入垃圾箱内，由此完成一个格栅清污的过程。

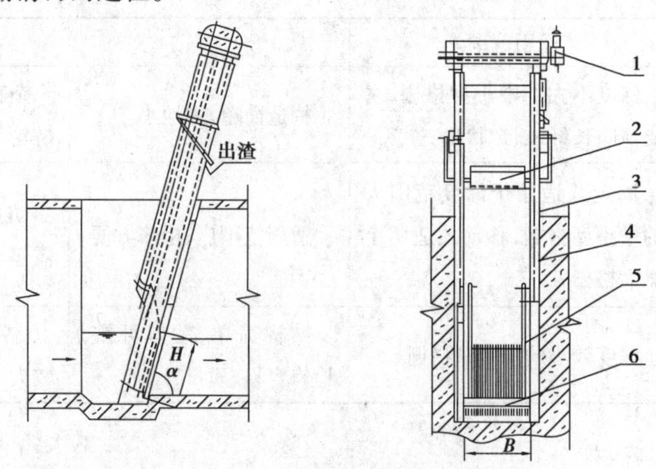

图 2-6 SGL 型高链式格栅机

1—驱动装置;2—撇渣机构;3—链条;4—机架;

5—格栅条;6—除污耙板

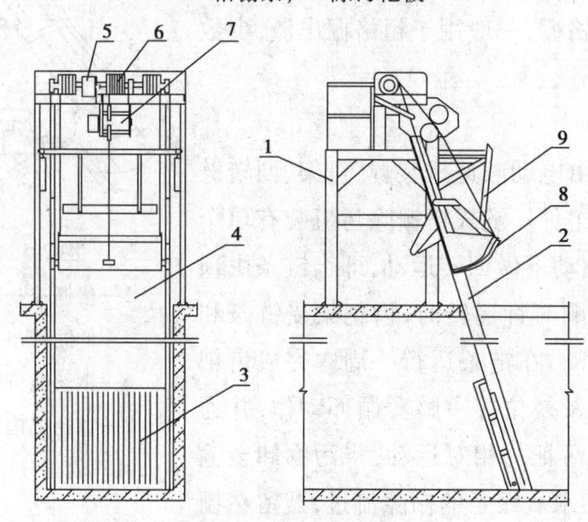

图 2-7 钢绳式格栅机

1—机架;2—导轨;3—栅条;4—挡水板;5—卷筒驱动装置;

6—钢丝绳卷筒;7—差动机构;8—耙斗;9—撇渣机构

钢绳式格栅机的主要特点是:

①无永久性浸泡部件,耐腐蚀性强,使用寿命长;

②整机结构紧凑,检修维护方便;

③整机运行能耗低,操作控制方便,能实现完全自动化;

④除渣齿耙在使用中直接将污物集中在收集处,效率高,无渣物回落现象;

⑤清渣齿耙的开闭采用电动或液压系统控制,性能稳定,结构简单可靠;

⑥开放式结构使工作平台洁净,工作环境好;

⑦适用范围广,特别适用于多渠道或宽渠道进水的格栅清渣状况。

(4)回转式格栅机

回转式格栅机(图2-8)主要由电机减速机装置、机架、架转链条、齿耙、栅条等部件组成。回转式格栅机采用齿耙板和固定栅条组成过水面的结构形式,在渠道的过水水位面处至渠道底部,设备上安装有竖向过水栅条(其间隙按用户需要选用),当污水流过时,大于栅间的污物或悬浮物被挡在栅条面上,齿耙板的耙齿深入栅条的间隙,当驱动装置带动牵引链做回转运动时,耙齿把截留在栅面上的污物自下而上带至出渣口,当耙齿自上向下转向运动时,污物依靠重力自行脱落,从出渣口落入污物收集车或输送机上,然后外运或做进一步处理。

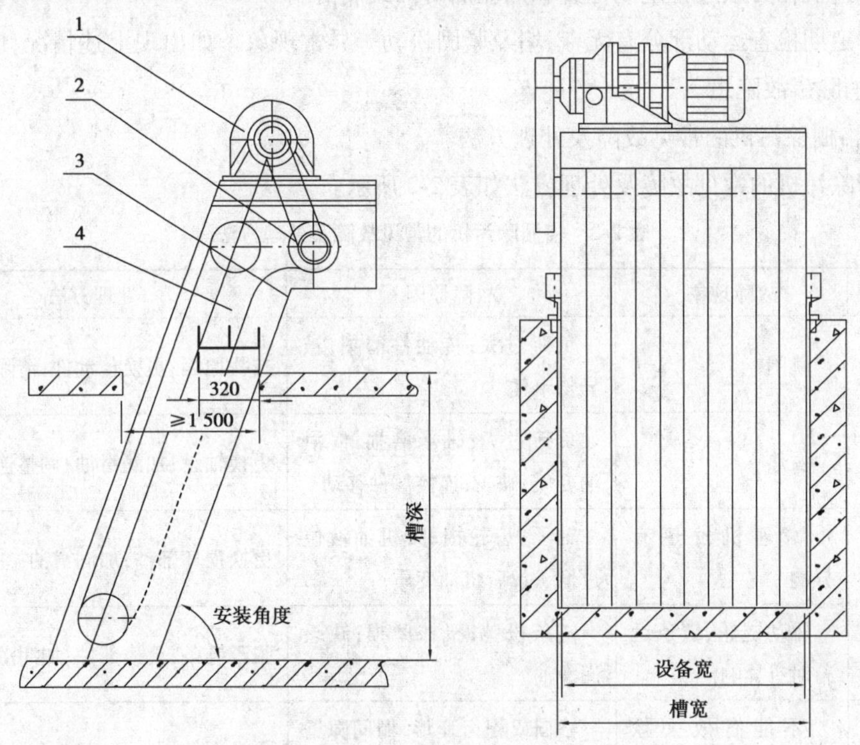

图2-8　回转式格栅机

1—减速机;2—链轮;3—清污机构;4—机架

5. 格栅除污机的运行管理

(1)格栅的维护

①格栅工作台数的确定。通过污水厂前部设置的流量计、水位计可得知进入污水厂的污水流量及渠内水深,再按设计推荐或运行操作规程设计的入流污水量与格栅工作的关系,确定投入运行的格栅数量。也可通过最佳过栅流速的计算来确定格栅投入运行的台数。一般情况下设备为自动控制运行,如需手动控制,只需按控制要求按下手动控制按钮即可进行操作,但运行管理人员必须经常巡视。

②栅渣的清除。格栅除污机每日什么时候清污,主要利用栅前液位差来控制,必要时结合时开时停方式来控制。不管采用什么方式,值班人员都应经常巡视,以手动开停方式积累的栅渣发生量决定于很多因素,一天、一月或一年中什么时候栅渣量大,管理人员应注意摸索总结,以利于提高操作效率。此外,要加强巡查,及时发现格栅除污机的故障,及时压榨、

清运栅渣,做好格栅间的通气换气。

③定期检查渠道的沉砂情况。由于污水流速减慢,或渠道内粗糙度加大,格栅前后渠道内可能会积砂,应定期检查清理积砂或修复渠道。

④做好运行测量与记录。应测定每日栅渣量的质量或容量,通过栅渣量的变化判断格栅运行是否正常。

⑤定期保养维护。格栅水下运动部件均为不锈钢,无须进行定期防护保养,但机械传动部分及减速机构必须进行定期检查和加注润滑油或润滑脂。

⑥应定期检查运动部分有无卡、堵及紧固松动等异常现象。如出现上述情况,应立即解决,及时消除事故隐患。

(2)格栅除污机的常见故障及处理方法

格栅除污机的常见故障及处理方法如表2-2所示。

表2-2　格栅除污机的常见故障及处理方法

故障点	故障现象	故障原因	处理方法
电动机	跳闸	负荷过大;传动件磨损;被异物卡住	查找原因;更换传动件;清除异物
	发热	负荷过大;轴承磨损;润滑油变质、缺少;连接部件移动	更换轴承;加润滑油;调整连接件
传动件	减速机发热有异响	轴承、齿轮损坏;机油液位过低、过高,机油变质	更换损坏部件;加润滑油
	驱动链轮、链条运行时有异响	链条松弛;机械磨损;缺乏润滑油	张紧链条;更换部件;加润滑油
主体结构	不能有效去除杂物	格栅或耙齿变形,栅间隙增大或损坏	更换部件
	运行时异响、振动	行走链条、链轮、主轴导轨、托杆、轴承和密封等磨损	更换部件;加润滑油

二、筛网

1.功能

一些工业废水含有较细小的悬浮物,尤其是废水中的纤维类悬浮物和食品工业的动植物残体碎屑,它们不能被格栅截留,也难以用沉淀法去除。为了去除这类污染物,工业上常用筛网。

筛网是用金属丝或纤维丝编织而成的,孔径一般为0.15~1 mm,一般用于规模较小的废水处理。选择不同尺寸的筛网,能去除和回收不同类型和大小的悬浮物,如纤维、纸浆、藻类等。用筛网分离,具有简单、高效、运行费用低廉等优点。

2. 常见类型

筛网有很多种,如振动筛网、水力筛网、转鼓式筛网、转盘式筛网等,下面简单介绍前两种。

(1)振动筛网

振动筛网由振动筛和固定筛组成,如图 2-9 所示。污水通过振动筛网时,悬浮物等杂质被留在振动筛网上,并通过振动卸到固定筛网上,以进一步脱水。

(2)水力筛网

水力筛网由运动筛网和固定筛网组成,如图 2-10 所示。运动筛网水平放置,呈截顶圆锥形。进水端在运动筛网小端,废水在从小端到大端流动过程中,纤维等杂质被筛网截留,并沿倾斜面卸到固定筛以进一步脱水。水力筛网的动力来自进水水流的冲击力和重力作用,因此水力筛网的进水端要保持一定压力,且一般采用不透水的材料制成。

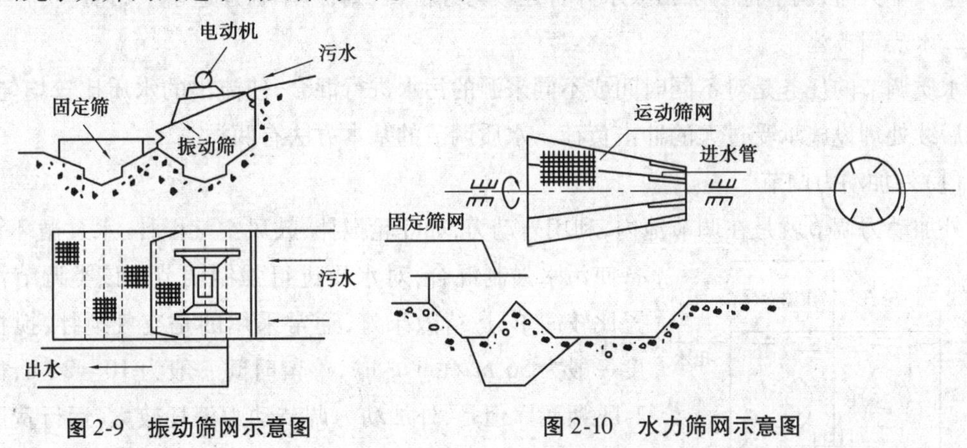

图 2-9　振动筛网示意图　　图 2-10　水力筛网示意图

3. 维护管理

筛网的维护管理主要注意以下几点:

①当废水呈酸性或碱性时,筛网的设备应选用耐酸碱、耐腐蚀材料制作。

②在运行过程中要合理控制进水流量,做到进水均匀,并采取措施尽量减少进水口来料对筛面的冲击,以确保筛网的使用寿命并减少维修量。

③筛网尺寸应按需截留的微粒大小选定,最好通过试验确定。

④当废水含油类物质时,会堵塞网孔,应进行除油处理。另外还需要定期采用蒸气或热水对筛网进行冲洗。

知识点2　均质调节

一、功能

工业废水与城市污水的水量、水质都是随时间的推移不断变化的,有高峰流量和低峰流量,也有高峰浓度和低峰浓度。流量和浓度的不均匀往往给处理设备带来困难,或者使其无法保持在最优的工艺条件下运行;或者使其短时无法工作,甚至遭受破坏(在过大的冲击负荷条件下)。为了改善废水处理设备的工作条件,一般需要对水量进行调节,对水质进行均和。实际应用中将具有以上功能的构筑物称为调节池，调节池的形状可为圆形、方形、多边形，可建在地下或地上（根据地区和企业具体地形而定）。

"调节"和"均和"的目的是为处理设备创造良好的工作条件，使其稳定运行，并能减小设备容积，降低成本。

二、常见类型

调节池按功能可分为以下3种：水量调节池、水质调节池、事故调节池。下面主要介绍前两种。

1. 水量调节池

水量调节池一般只是调节水量，只需设置简单的水池，保持必要的调节池容积并使出水均匀。调节池进水管应等于或高于最高水位，调节池可设于泵站前。当进水管埋得较浅而废水量又不大时，调节池与泵站吸水井合建较为经济，否则，应单独建造于泵站前。

2. 水质调节池

水质调节的任务是对不同时间或不同来源的污水进行混合，使流出的水质比较均匀，以避免后续处理设施承受过大的冲击负荷。水质调节的基本方法有两类。

(1)外加动力调节

外加动力调节就是在调节池内，利用外动力，如叶轮搅拌、鼓风空气搅拌、水泵循环等设备使污水强制混合，对水质进行强制调节。该类调节池设置比较简单，运行效果好，通常采用的是空气搅拌，搅拌强度一般为56 $m^3/(m^2 \cdot h)$，停留时间一般为10～24 h，如图2-11所示。但是，外加动力调节动力消耗较大，运行费用较高，且设备及管道由于长期浸在水中，腐蚀较严重（防腐蚀措施通常是采用玻璃钢、ABS塑料等材料）。另外，当采用空气搅拌时，污水中的挥发性有害气体会对周围环境造成二次污染，对此采取的措施通常是将均质池加盖密闭，以使有害气体高空排放或经过处理后排放。

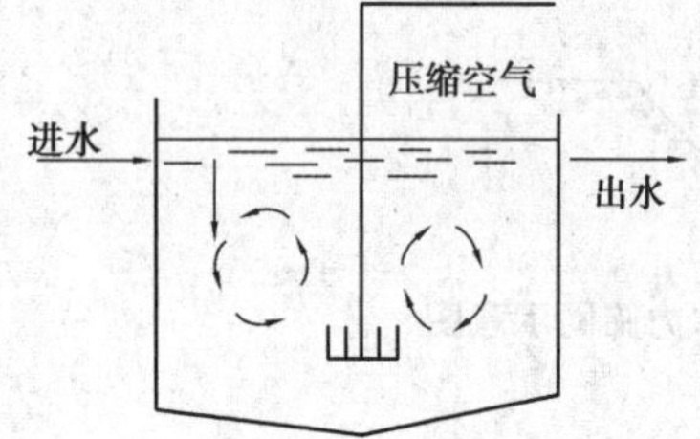

图2-11　外加动力水质调节池

(2)差流方式调节

采用差流方式进行强制调节，使不同时间和不同浓度的污水进行水质自身水力混合，这个混合过程通常是通过调节池的特殊结构使进入池内的污水流动行程发生变化，形成流差来实现的。这种调节池为常水位、重力流，在池中水流每一质点的流程不同，再结合进、出水槽的布置，达到均质效果。这种方式基本上没有运行费用，但设备较复杂。该类调节池主要有对角线出水调节池、折流调节池和圆形调节池3种类型。

①对角线调节池。对角线调节池（图2-12）是常用的差流方式调节池。对角线调节池的特点是出水槽沿对角线方向设置，污水由左右两侧进入池内，经不同的时间流到出水槽，从而使先后过来的、不同浓度的废水混合，达到自动调节、均和的目的。

为了防止污水在池内短路，可以在池内设置若干纵向隔板。污水中的悬浮物会在池内沉淀,对于小型调节池,可考虑设置沉渣斗,通过排渣管定期将污泥排出池外;如果调节池的容积很大,那么需要设置的沉渣斗就很多,这样管理太麻烦,可考虑将调节池做成平底,用压缩空气搅拌,以防止沉淀,空气用量一般为 1.5 ~3 $m^3/(m^2 \cdot h)$,调节池的有效水深采取 1.5 ~2 m,纵向隔板间距为 1 ~1.5 m。

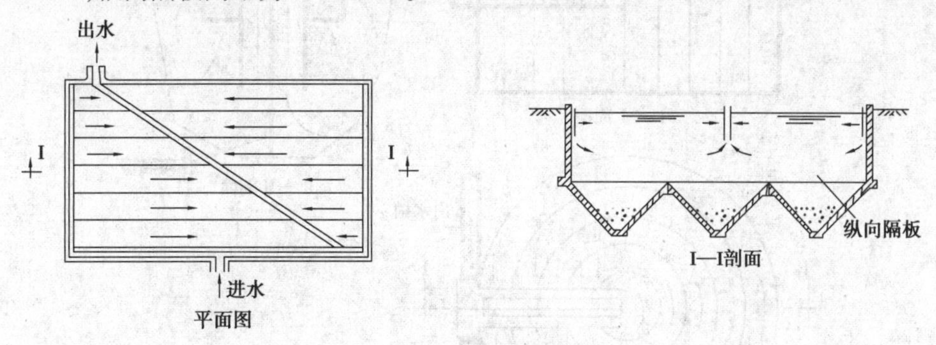

图 2-12　对角线调节池

如果调节池采用堰顶溢流出水,则这种形式的调节池只能调节水质,而不能调节水量和水量的波动。如果后续处理构筑物要求处理水量比较均匀和严格,则可把对角线出水槽放在靠近池底处开孔,在调节池外设水泵吸水井,通过水泵把调节池出水抽送到后续处理构筑物中,水泵出水量可认为是稳定的;或者使出水槽能在调节池内随水位上下自由波动,以便储存盈余水量,补充水量短缺。

②折流调节池。折流调节池(图 2-13)内设有许多折流隔墙,使废水在池内来回折流,以便充分混合,配水槽设于调节池上,通过许多孔口溢流投配到调节池的各个折流槽内,使废水在池内均匀混合。调节池的起端(入口)流量可控制在总流量的 1/4 ~1/3,剩余流量可通过其他各投配口等量地投入池内。

图 2-13　折流调节池

③圆形调节池。圆形调节池(图 2-14)在池内设有许多折流隔墙,一侧为配水槽,一侧为集水槽。废水从配水槽流出沿隔墙向下流入调节池,在调节池中做圆周运动,然后沿隔墙上升进入集水槽。废水通过在池内做圆周运动,使周期内先后到达的废水充分混合,进而使出水中污染物的浓度比较稳定。

另外,利用部分水回流方式、沉淀池沿程进水方式也可实现水质均和调节。在实际生产中,可结合具体情况选择一种合适的调节方法。

三、调节池的设计

调节池的设计主要是确定其容积,可根据污水浓度和流量变化的规律,以及要求的调节、均和程度来计算。对于水量调节，计算平均流量作为出水流量，再根据流量的波动情况计算出所需调节池的容积。

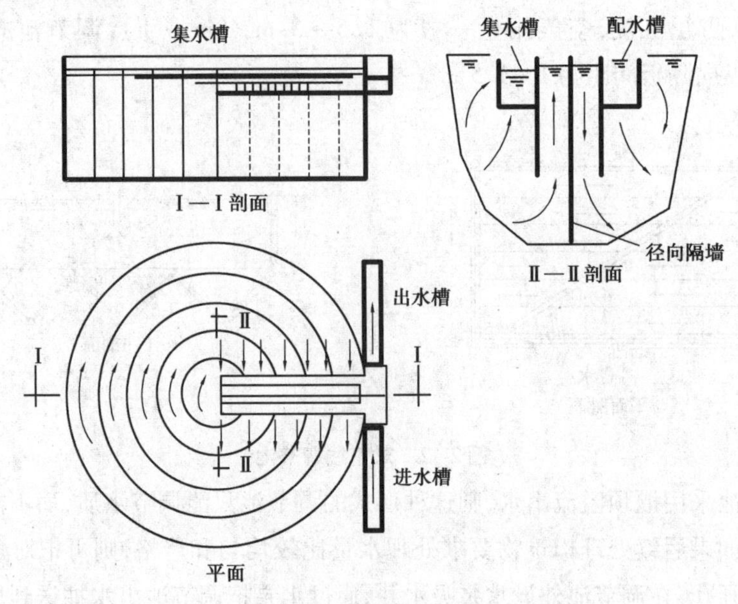

图 2-14 圆形调节池

在一般场合，往往水质和水量都要考虑，而且有时水质的均和更重要一些，此时调节池容积可按流量和浓度比较大的连续 4 ~ 8 h 的污水水量计算。若水质水量变化大，则可取 10 ~ 12 h 的流量，甚至采取 24 h 的流量计算。采用的调节时间越长，污水水质越均匀，但调节池的容积也大，工程造价也高。因此应根据具体条件和处理要求来选定合适的调节时间。

四、调节池的运行管理

1. 调节池的运行控制

①调节池的有效容积应能够容纳水质、水量变化一个周期所排放的全部废水量，为同时获得要求的某种预处理（如生物水解酸化、脱除某种气体等）效果，应适当增加池容。

②调节时间越长，调节效果越好，废水水质越均匀。但应根据实际情况来选定合适的调节时间，一般为 10 ~ 24 h，特殊情况下可延长到 5 d。

③在下列条件下不宜选用空气搅拌：废水中含有有毒的挥发物或溶解气体时；废水中的还原性污染物能被空气中的氧气氧化成有害物质时；空气中的二氧化碳能使废水中的污染物转化为沉淀物或有毒挥发物时。

④废水中如果有发泡物质，应设置消泡设施；废水中如果含有挥发性气体或有机物，应当加盖密闭，并设置排风系统定时或连续将挥发出来的有害气体高空排放。

2. 调节池的维护管理

①尽管调节池前一般都设置有格栅等除污设施，但池中仍然有可能积累大量沉淀物，因此应及时将这些沉淀物清除，以免减小调节池的有效容积，影响调节的效果。

②经常巡查、观察调节池水位变化情况，定期检测调节池进、出水水质，以考察调节池运行状况和调节效果。

③事故调节池的阀门必须能够实现自动控制，以保证事故发生时能及时将事故废水排入池中。另外，事故池应保持排空状态，以保证事故发生时能够容纳所有的事故废水。

知识点3　沉淀与隔油

一、沉淀的功能和原理

1.沉淀的功能

废水中密度大于水的悬浮物可以在重力的作用下，通过沉降作用得以分离。通过这种作用去除废水中悬浮物的方法称为沉淀法。沉淀法的主要去除对象是悬浮液中粒径在10 μm以上的可沉固体，即在2 h左右的自然沉降时间内能从水中分离出去的悬浮固体。沉淀法通过对废水中这些颗粒物的去除，不仅降低了废水中污染物的浓度，同时对保证整个废水处理系统的正常运行也起到了重要作用。

沉淀过程简单易行，分离效果较好，是水处理的重要过程之一，也几乎是所有水处理过程不可缺少的基本单元之一。

在实际应用中，进行重力沉降分离的构筑物有以下两种：

(1)沉砂池

沉砂池的功能是从水中分离出相对密度较大的无机颗粒，如砂子、煤渣等。沉砂池一般设在泵站、沉淀池之前，这样能保护水泵和管道免受磨损；还能使沉淀池中的污泥具有良好的流动性，能防止排放管道和输送管道堵塞。

(2)沉淀池

沉淀池的功能是分离水中的可沉性悬浮物，包括无机悬浮物和有机悬浮物。

2.理想沉淀池的原理

为了分析悬浮颗粒在沉淀池内的运动规律和沉淀效果，提出了理想沉淀池概念。理想沉淀池的假定条件是：

①污水在池内沿水平方向作等速流动，水平流速为v，从入口到出口的流动时间为t。

②在流入区，颗粒沿截面AB均匀分布并处于自由沉淀状态，颗粒的水平分速等于水平流速v。

③颗粒沉到池底即认为被去除。图2-15是理想平流沉淀池示意图。理想沉淀池分为流入区、流出区、沉淀区和污泥区4个部分。从点A进入的颗粒，它们的运动轨迹是水平流速v和颗粒沉速u的叠加。这些颗粒中必存在着某一粒径的颗粒，其沉速为u_0，刚巧能沉至池底。因此可得关系式：

$$\frac{u_0}{v}=\frac{H}{L} \tag{2-4}$$

式中　u_0——颗粒沉速，m/s；

v——污水水平流速，m/s；

H——沉淀区水深，m；

L——沉淀区长度，m。

从图 2-15 可知，沉速 $u_i \geqslant u_0$ 的颗粒，都可在 B' 点前沉淀掉，如轨迹Ⅰ所代表的颗粒。沉速 $u_i < u_0$ 的颗粒，视其在流入区所处的位置而定，若处在靠近水面处，则不能被去除，如轨迹Ⅱ实线所代表的颗粒；同样的颗粒若处在靠近池底的位置，就能被去除，如轨迹Ⅲ虚线所代表的颗粒。

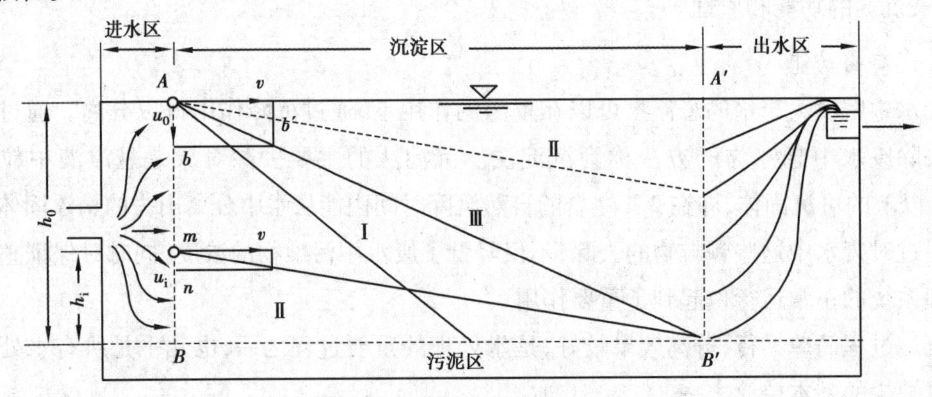

图 2-15　理想沉淀池示意图

根据理想沉淀池的原理，可知颗粒在池内的沉淀时间为

$$t=\frac{L}{v}=\frac{H}{u_0} \tag{2-5}$$

设处理水量为 $Q(\mathrm{m^3/s})$，沉淀池的宽度为 B，水面面积为 $A=B\cdot L(\mathrm{m^2})$，沉淀池容积为 $V=Q\cdot t=H\cdot B\cdot L(\mathrm{m^3})$。所以

$$Q\leqslant u_0\cdot B\cdot L$$

$$\frac{Q}{A}=u_0=q \tag{2-6}$$

式中，$\frac{Q}{A}$是沉淀池设计和运行的一个重要参数，表示单位时间内通过单位面积的流量，称为水力负荷，通常以 q 表示，单位为 $\mathrm{m^3/(m^2\cdot h)}$，可简化为 m/h。由式(2-6)可知，表面负荷的数值等于颗粒沉速。若需要去除的颗粒的沉速 u_0 确定，则沉淀池的表面负荷 q 值同时被确定。

二、沉砂池

沉砂池的工作原理以重力分离为基础，将进入沉砂池的污水流速控制在只能使比重大的无机颗粒下沉，而有机悬浮物颗粒则随水流走。

1. 沉砂池的常见类型

沉砂池可分为平流沉砂池、曝气沉砂池、旋流沉砂池 3 种。

(1)平流沉砂池

平流沉砂池(图 2-16)实际上是一个比入流渠道和出流渠道宽而深的渠道。当污水流过时，由于过水断面增大，水流速度下降，污水中夹带的无机物颗粒在重力的作用下下沉，从而达到分离无机物颗粒的目的。

平流沉砂池具有工作稳定、构造简单的特点。池的上部近似于一个加宽的明渠，两端设有闸门以控制水流，在池的底部设置1～2个贮砂斗，下接排砂管，可利用重力排砂，也可用射流泵或螺旋泵排砂。

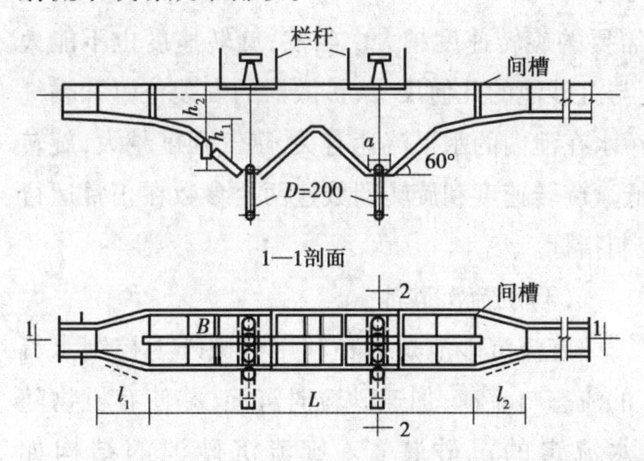

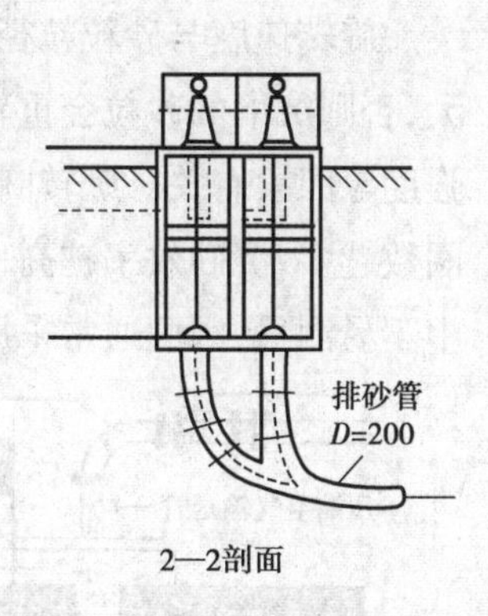

图2-16　平流沉砂池示意图

平流沉砂池的运行操作主要是控制污水在池内的水平流速和停留时间。运行时，采用的主要参数如下：

①池内水平流速最大为0.30 m/s，最小为0.15 m/s；

②在池内停留时间一般为30～60 s，最大流量时停留时间不应小于30 s；

③有效水深不应大于1.2 m，每格宽度不宜小于0.6 m。

水流速度的具体控制取决于沉砂粒径的大小。若沉砂组成以大砂为主，水平流速应大些，使有机物沉淀最少；反之必须放慢流速才可以使砂粒沉淀下来，这时大量有机物也随即一起沉淀下来。具体到每个单位沉砂池流速的最佳范围，运行人员应根据实际运行的除砂率和有机物沉淀情况确定。

(2)曝气沉砂池

普通平流沉砂池的主要缺点是沉砂中含有约15%的有机物，增加了后续处理的难度。采用曝气沉砂池可以在一定程度上克服此缺点。

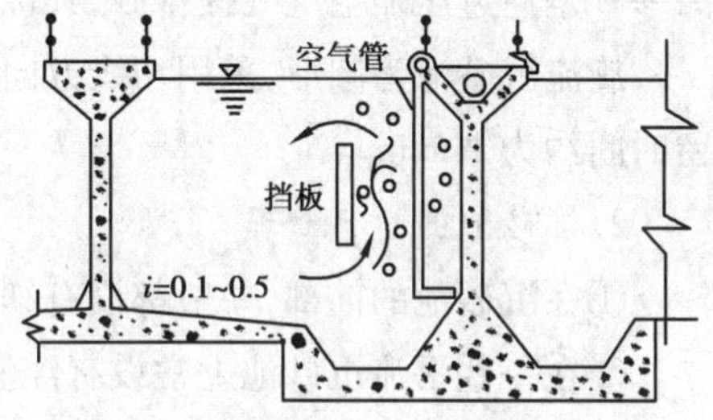

图2-17　曝气沉砂池的断面示意图

曝气沉砂池是一长形渠道，池表面呈矩形，池底一侧有0.1～0.5的坡度，坡向另一侧的集砂槽，曝气沉砂池的断面如图2-17所示。曝气装置设在集砂槽侧，距池底0.6～0.9 m，使池内水流做旋流运动，无机物颗粒之间的互相碰撞与摩擦机会增加，把表面附着的有机物除去；旋流产生的离心力把比重较大的无机物颗粒甩向外层而下沉，比重较小的有机物旋至水流的中心部位随水带走，如此可使沉砂中的有机物含量低于10%，称为清洁沉砂。另外，由于池中设有曝气设备，因此它还具有预曝气、脱臭、防止污水厌氧分解、除泡、加速污水中油类的分离等作用。

曝气沉砂池的运行操作主要是控制污水在池中的旋转流速和旋转圈数。一般运行参数如下：

①曝气沉砂池的水流在流量最大时的停留时间为1～3 min，水平流速为0.1 m/s；

②空气量应保证池中水的旋转速度在 0.3 m/s 左右，处理每立方米污水的曝气量为 0.1～0.2 m^3，有效水深为 2～3 m，宽深比为 1∶1.5。

旋转速度与砂粒粒径相关，粒径越小，需要的旋转速度越大。当然，旋转速度也不能太大，否则沉下的砂粒会重新泛起。旋转速度与沉砂池的几何尺寸、扩散器的安装位置和曝气强度等因素有关。旋转圈数与曝气强度及污水在池内的水平流速有关，曝气强度越大，旋转圈数越多，沉砂效率越高；反之沉砂效率降低。旋转速度和旋转圈数这两个参数在正常运行中不易测量，因此通常采用曝气强度作为控制指标。

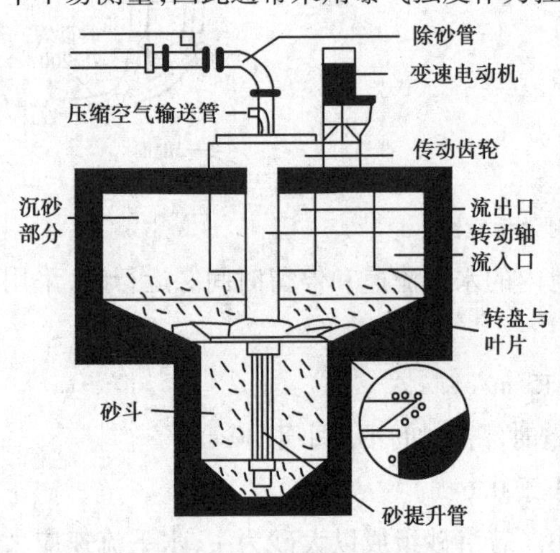

图 2-18　旋流沉砂池

(3)旋流沉砂池

旋流沉砂池是一种利用机械外力控制水流的流态与流速，加速砂粒时沉淀，并使有机物随水流走的沉砂装置。旋流沉砂池的结构如图 2-18 所示。在旋流沉砂池中，污水由流入口沿切线方向进入沉砂区，利用转盘和斜坡式叶片的旋转作用产生离心力，使砂粒被甩向池壁并下落到砂斗，剥落下来的有机物则回到污水中。对于旋流沉砂池，通过调节转盘和叶片的转速，可以调节沉砂效果。

旋流沉砂池具有池型简单、占地小、运行费用低、除砂效果好等优点。旋流沉砂池排砂目前采用两种形式：一种是靠砂泵排砂，其优点是设备少、操作简便，但砂泵的磨损问题较严重；另一种是通过压缩空气气提排砂，其优点是系统可靠、耐用，但设备相对较多。

旋流沉砂池为圆形，采用切线方向进水、切线方向出水。进水流速一般为 1 m/s，水力停留时间约为 1 min。

2. 沉砂池的运行管理

①在沉砂池的前部，一般都设有细格栅，细格栅上的垃圾应及时清捞。

②在一些平流沉砂池上常设有浮渣挡板，挡板前的浮渣应每天清捞。

③沉砂池最重要的操作是及时排砂。对于利用砂斗重力排砂的沉砂池，一般每天排砂一次。

④排砂机械应经常运转，以免积砂过多超负荷，排砂机械的运转间隔时间应根据砂量及机械的能力而定。排砂间隙过长，会堵塞排砂管、砂泵，堵卡刮砂机械。排砂间隙过短，会使排砂量增大，含水率增高，增加后续处理难度。用重力排砂时，排砂管堵塞，可用气泵反冲洗疏通排砂管。

⑤曝气沉砂池的空气量应每天检查和调节，调节的依据是空气计量仪表。如果没有空气计量仪表，可测表面流速。若发现情况异常(如曝气变弱)，应停车排空检查。清理完毕重新投运，先通气后进水(防止砂粒进入扩散器)。

⑥每周都要对进、出水闸门及排渣闸门进行加油、清洁保养，每年定期油漆保养。

⑦沉渣应定期取样化验，主要项目是含水率及灰分，沉渣量也应每天记录。

⑧刚排出的沉渣含水率很高，一般应在沉砂池下面或旁边设集砂池。集砂池的墙从上到下有箅水孔或缝，用竹箅或带孔塑料板挡住。水分通过小孔或缝流走，含水率可降到60%～70%。沉渣用于填洼或放于空地。

⑨沉砂池由于截留大量易腐败的有机物质，恶臭污染严重，特别是夏季，恶臭强度很高，操作人员一定要注意，不要在池上工作或停留时间太长，以防中毒。堆砂处应用次氯酸钠溶液或双氧水定期清洗。

三、沉淀池

1. 沉淀池的组成

沉淀池由以下4个功能区组成：流入区、沉降区、流出区、污泥区。流入区的作用是进行配水。沉降区的作用是分离可沉颗粒与水。流出区的作用是进行集水，流入区和流出区使水流均匀地分布在各个过流断面，为提高容积利用系数和固体颗粒的沉降效果提供尽可能稳定的水力条件。污泥区是污泥贮存、浓缩和排放的区域。

2. 沉淀池的常见类型

沉淀池根据在生物处理系统中所处的位置，可分为初次沉淀池和二次沉淀池两种。前者设于生物处理前，后者设于生物处理后，用于沉淀活性污泥或脱落生物膜。城市污水处理厂(站)的初次沉淀池和二次沉淀池的结构和运行管理将在项目5中详细介绍。

根据水流方向，沉淀池可以分为以下4种类型：平流式、竖流式、辐流式、斜板(管)式，前3种沉淀池的结构原理对比图如图2-19所示。

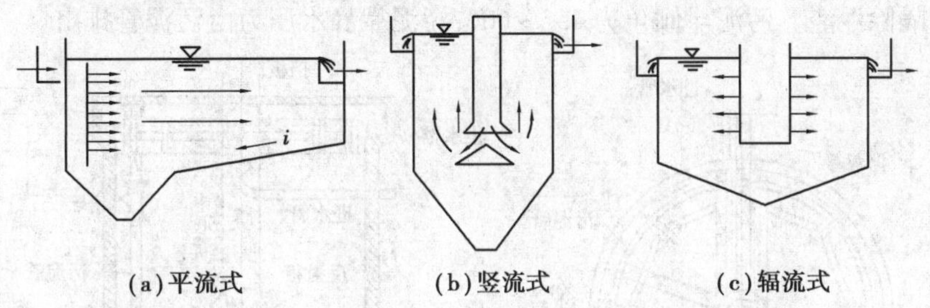

图2-19　根据水流方向划分的3种沉淀池的结构原理对比图

(1)平流式沉淀池

平流式沉淀池呈长方形，水按水平方向流过沉降区并完成沉降过程。平流式沉淀池的结构如图2-20所示。

废水由进水格经淹没孔口进入池内。在孔口后面设有挡板或穿孔整流墙，用来消能稳流，使进水沿过流断面均匀分布。入流处的挡板一般高出池水水面0.1～0.5 m，挡板的浸没深度不应小于0.25 m，并距进水口0.5～1.0 m。

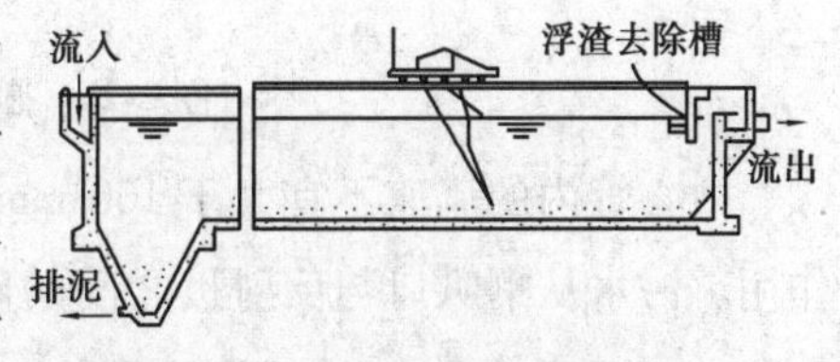

图2-20　平流式沉淀池结构示意图

在沉淀池末端设有溢流堰(或淹没口)和集水槽，澄清水溢过堰口，经集水槽排出。在溢流堰前也设有挡板,用以阻挡浮渣,浮渣通过可转动的排渣管收集和排除。溢流堰常采用锯齿形三角堰,水面位于齿高的1/2处。为了减小负荷、改善出水水质,溢流堰可采用多槽沿程布置。出流挡板入水深0.3~0.4 m,距溢流堰0.25~0.5 m。

池体下部靠进水端有泥斗,斗壁倾角为50°~60°,池底以0.01~0.02的坡度坡向泥斗。当刮泥机的链带由电机驱动缓慢转动时,嵌在链带上的刮泥板就将池底的沉泥向前推入泥斗,而位于水面的刮板则将浮渣推向池尾的排渣管。泥斗内设有排泥管,开启排泥阀时,泥渣便在静水压力作用下由排泥管排至池外。排泥的水净压力大于1.5 m,排泥管直径通常不小于200 mm。为保证沉入池底和泥斗中的泥不再浮起,缓冲区深度为300~500 mm。

为了不设置机械刮泥设备,可采用多斗式沉淀池,在每个贮泥斗内单独设置排泥管,独立排泥,互不干扰。

平流式沉淀池的沉淀区有效水深一般为2~3 m,废水在池中停留时间为1~2 h,表面负荷1~3 m/h,水平流速一般不大于5 mm/s。为了保证废水在池内分布均匀,池长与池宽比以(4~5):1为宜。

平流式沉淀池的主要优点是:有效沉淀区大,沉淀效果好,造价较低,对废水流量的适应性强。缺点是占地面积大,排泥较困难。

(2)竖流式沉淀池

竖流式沉淀池可以是圆形或正方形。直径或边长为4~7 m,一般不大于10 m。沉淀区呈圆柱体,污泥斗为截头倒锥体。图2-21所示为圆形竖流式沉淀池结构示意图。污水从中心管自上而下流入,经反射板折向上升,澄清水由池四周的锯齿堰溢入出水槽。出水槽前设挡板,用来隔除浮渣。污泥斗倾角为45°~60°,污泥靠静水压力由污泥管排出。

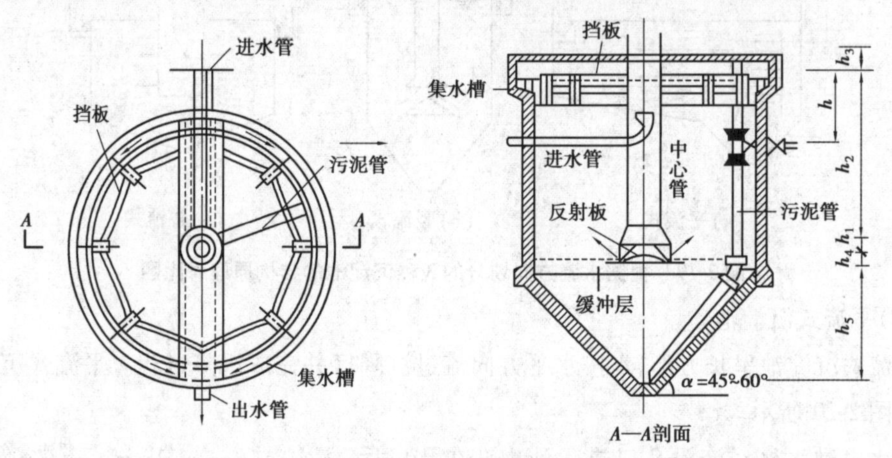

图2-21 圆形竖流式沉淀池结构示意图

中心管内的流速不宜大于100 mm/s,末端设喇叭口及反射板,起消能及折水流向上的作用。污水从喇叭口与反射板之间的间隙流出的速度不应大于40 mm/s。另外,为了保证水流自下而上垂直流动,径深比$D:h_2 \leqslant 3:1$。

竖流式沉淀池的优点是:排泥容易,不必设置机械刮泥设备,占地面积小;缺点是:造价高、单池容量小,池深大,施工困难。竖流式沉淀池一般适用于中小型污水处理厂。

(3)辐流式沉淀池

辐流式沉淀池呈圆形或正方形,直径或边长为6~60 m,最大可达100 m。池周水深为1.5~3 m,用机械排泥,池底坡度一般为0.05。辐流式沉淀池可用作初次沉淀池或二次沉淀池。其工艺构造如图2-22所示,为中心进水,周边出水,中心传动排泥。为了使布水均匀,进水管设穿孔挡板,穿孔率为10%~20%。出水堰亦采用锯齿堰,堰前设挡板,拦截浮渣。

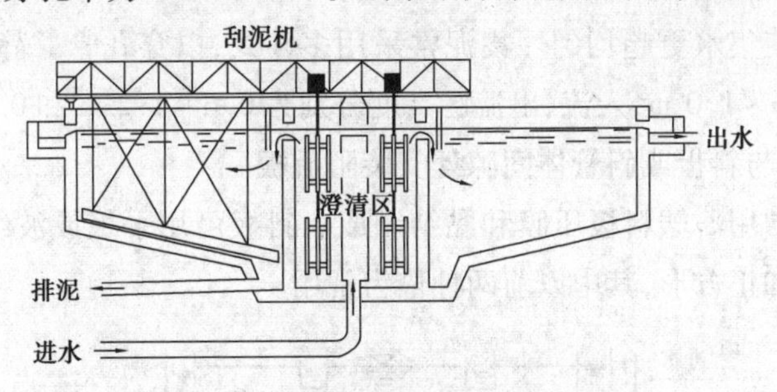

图2-22　辐流式沉淀池结构示意图

刮泥机由桁架及传动装置组成。当池径小于20 m时,辐流式沉淀池采用中心传动;当池径大于20 m时,辐流式沉淀池采用周边传动,转速为1~1.5 m/min(周边线速),将污泥推入污泥斗,然后用静水压力或污泥泵排除。

辐流式沉淀池的优点是:容量大,采用机械排泥,运行较好,管理简单;缺点是:池中水流流速不稳定,机械排泥设备复杂,造价高。辐流式沉淀池适用于处理水量大的场合。

(4)斜板(管)式沉淀池

斜板(管)式沉淀池是根据浅层沉淀理论设计的新型沉淀池。与普通沉淀池比较,它具有容积利用率高和沉降效率高的优点。浅层沉淀理论示意图如图2-23所示。

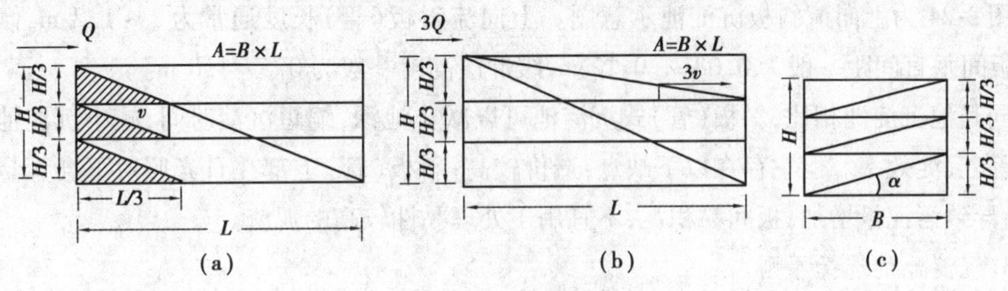

图2-23　浅层沉淀理论示意图

如前所述,池长为L,池深为H,池中水平流速为v,颗粒沉速为u_0的沉淀池中,在理想状态下,

$$u_0 = v\frac{H}{L}$$

当L与v不变时,池深H越浅,u_0越小,说明可被沉淀去除的悬浮物颗粒也越小。若用水平隔板将H分为3等层,每层深$H/3$,如图2-23(a)所示,在u_0与v不变的条件下,只需$L/3$就可将沉速为u_0的颗粒去除,总容积可减小到1/3。如果池长L不变,如图2-23(b)所示,由于池深为$H/3$,水平流速可增加3倍,仍能将沉速为u_0的颗粒沉淀掉,处理能力可提高3倍。把沉淀池分成n层就可把处理能力提高n倍。这就是浅层沉淀理论。

斜板(管)式沉淀池就是通过在沉淀池中设置斜板(管),达到浅层沉淀的目的。水从斜板之间或斜管内流过,沉淀在斜板(管)底面上的泥渣靠重力自动滑入泥斗。斜板倾角通常按污泥的滑动性及其滑动方向与水流方向是否一致来考虑,一般取30°~60°。为了安装和检修方便,通常将许多斜板或斜管预制成模块,然后安装在沉淀池内。

斜板(管)式沉淀池常用穿孔整流墙布水,以穿孔管或淹没孔口集水,也可在池面上增设潜孔式中途集水槽使集水更趋均匀。集泥常采用多斗式,以穿孔管靠静压或泥泵排泥。沉降区高度大多为0.6~1.0 m,入流、出流区高度分别为0.6~1.2 m和0.5~1.0 m。为防止水流短路,须在池壁与斜板或斜管体间隙处安装阻流板。

斜板和斜管体常用薄塑料板压膜和黏结制成。斜板可用平板或波纹板;斜管断面有正六边形、菱形、圆形和正方形,其中以前两种最为常用。

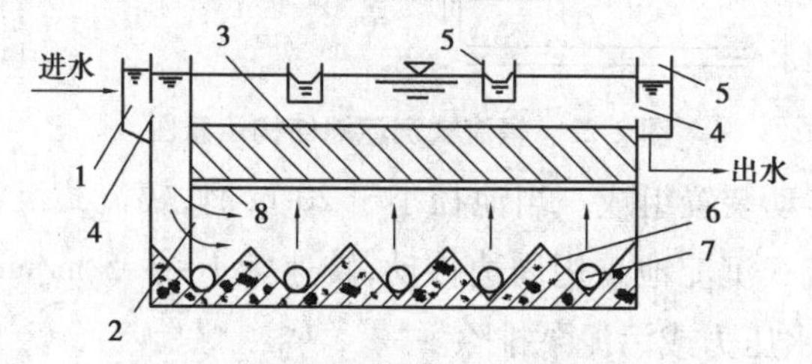

图2-24　上向流斜板沉淀池结构示意图

1—配水槽;2—整流墙;3—斜板斜管体;4—淹没孔口;

5—集水槽;6—污泥斗;7—穿孔排泥管;8—阻流板

斜板沉淀池按水流方向,可分为上向流(又称异向流)、平向流(又称侧向流)、下向流(又称同向流)3种。斜管沉淀池只有上向流与下向流两种。

图2-24为上向流斜板沉淀池示意图。上向流斜板(管)长度通常为1~1.2 m,倾角为60°,板间垂直间距一般为0.08~ 0.12 m,缓冲层高度一般为0.5~1.0 m。

同其他沉淀池相比,斜板(管)式沉淀池可以减小池深,缩短沉淀时间,减小沉淀池的体积,提高沉淀效率。但它存在以下缺点:造价较高;斜板(管)上部在日光照射下会大量繁殖藻类,导致污泥量增加,板间易积泥,不宜用于处理黏性较高的泥渣。

3. 沉淀池的选择原则

(1)根据废水量的大小来选择

如废水量大,可考虑采用平流式或辐流式沉淀池;如废水量小,可考虑采用竖流式或斜板(管)式沉淀池。

(2)根据悬浮物质的沉降性能与泥渣性能来选择

流动性差、比重大的污泥,不能用水静压力排泥,需用机械排泥,因此不宜采用竖流式沉淀池,可考虑采用平流式、辐流式沉淀池。对于黏性大的污泥,不宜用斜板(管)式沉淀池,以免发生堵塞。

(3)根据总体布置与地质条件来选择

用地紧张的地区,宜采用竖流式、斜板(管)式沉淀池。地下水位高、施工困难地区,不宜采用竖流式沉淀池,宜采用平流式沉淀池。

(4)根据造价高低与运行管理水平来选择

平流式沉淀池的造价低,而斜板(管)式、竖流式沉淀池造价较高。从运行管理方面考虑,竖流式沉淀池的排泥较方便,管理较简单;而辐流式沉淀池排泥设备复杂,要求具有较高的运行管理水平。

4. 沉淀池的运行管理

(1)沉淀池的工艺参数

沉淀池的工艺控制参数包括水力表面负荷、水力停留时间、出水堰负荷。

①水力表面负荷。水力表面负荷是指单位沉淀池面积,单位时间内处理的污水的量,通常用 q 表示,单位为 $m^3/(m^2 \cdot h)$,是决定沉淀效果的主要参数。

②水力停留时间。水力停留时间是指水通过沉淀池所需要的时间,是沉淀池控制的另一个重要参数,只有保证足够的停留时间,才能保证良好的分离效果。

③出水堰负荷。出水堰负荷是指单位堰板长度在单位时间内所能溢流的水量,通常用 q' 表示,单位为 $m^3/(m \cdot h)$。q' 能控制水在池内,特别是在出水端保持一个均匀而稳定的流速,防止污泥及浮渣流失,计算公式如下:

$$q' = \frac{Q}{L} \tag{2-7}$$

式中　q'——出水堰负荷,$m^3/(m \cdot h)$;

Q——污水量,m^3/h;

L——沉淀池堰板总长度,m。

(2)工艺控制

沉淀池的工艺控制包括以下几项内容:控制流量、增减沉淀池数量、排泥除渣。

①控制流量。当废水流量在短期(数小时)内发生变化时,可利用上游的排水渠道进行短期储存,以保证沉淀池进水的稳定。

②增减沉淀池数量。一般废水处理站都设有备用沉淀池,当水量发生较大变化时,可通过增减投入运行的沉淀池数量来使各个工艺参数控制在最佳范围。

③排泥除渣。沉淀池的类型不同,刮泥设备和操作方式就不同,其中刮泥操作有连续刮泥和间歇刮泥两种方式。刮泥周期长短取决于泥量和泥质,当泥量较大时,周期应该缩短;当污水和污泥腐败时,也应缩短刮泥周期。

排泥是沉淀池运行中最重要也最难控制的一个操作,有连续排泥和间歇排泥两种方式,每次排泥的时间长短取决于污泥量的大小。对于处理量较小的处理站,可采用人工排泥,而对于大型的污水处理厂一般采用自动排泥。

机械排渣一般用排泥机的刮板收集浮渣并将其推送到浮渣槽,操作时应注意刮板和浮渣槽的配合问题,浮渣难以进入浮渣槽时,应进行调整,浮渣槽内的浮渣应及时用水冲至浮渣井。

四、隔油

1. 隔油的功能与原理

含油废水的来源非常广泛，如石油开采及加工工业会排出大量含油废水。此外固体燃料加工、洗毛工艺、制革工艺、铁路及交通运输业、屠宰、食品加工以及机械工业中的车削工艺等也会产生含油废水。其中以石油工业及固体燃料热加工工业中排出的含油废水为主要来源。

一般油类物质在水中存在的状态分为可浮油、乳化油和溶解油3类。可浮油的油珠粒径较大，可以利用油比水轻的性质，通过自然上浮法从水中分离去除。乳化油的油珠粒径为0.5～25 μm，难以利用自然上浮法进行分离，需要采用气浮法去除。溶解油在水中含量甚小，一般每升水中只有几毫克。

采用自然上浮法去除废水中可浮油的方法称为隔油，使用的构筑物称为隔油池。在隔油池中，比重小于水的油上浮至池面，而比重大于水的悬浮杂质则下沉到池底部。

2. 隔油池的常见类型

目前常用的隔油池有以下两种：平流式隔油池、斜板式隔油池。

(1)平流式隔油池

平流式隔油池的结构示意图如图2-25所示。平流式隔油池在我国应用较为广泛。废水从池的一端流入，从另一端流出，粒径较大的浮油上浮到池表面，利用刮油刮泥机（或设备）推动水面浮油和刮集池底沉渣。在出水一侧的水面处设置集油管，集油管常用直径为200～300 mm的钢管（在管壁一侧开有宽度60°或90°角的切口）制成。在构造上，集油管可以绕轴线转动。池底应用坡向污泥斗的坡度(0.01～0.02)，泥斗倾角45°。排泥管直径一般为200 mm。

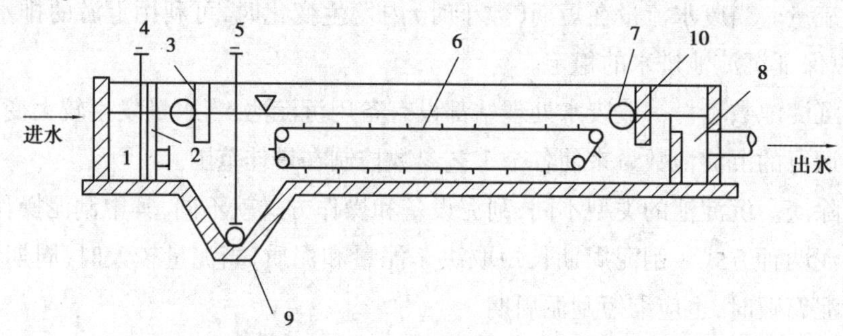

图2-25　平流式隔油池结构示意图

1—配水槽；2—布水隔墙；3,10—挡油板；4—进水阀；5—排渣阀；

6—链带式刮油刮泥机；7—集油管；8—集水槽；9—排泥管

废水在这种隔油池内的停留时间为1.5～2 h，池内水流流速一般取2～5 mm/s，可以除去的油粒粒径一般不小于100～150 μm。它的优点是结构简单、管理方便、除油效果稳定；缺点是池体庞大、占地多。

(2)斜板式隔油池

斜板式隔油池是根据浅层沉淀原理设计的，其结构示意图如图2-26所示。斜板倾角通常采用45°，较多采用塑料波纹板，板间距30～40 mm。被分离的油粒沿斜板上升，汇集到集油池顶部，再由集油管进入池子一侧的油回收槽。处理水沿斜板之间由池首水平流向池尾，经溢流堰汇入出水槽。由于分离面积的增大和水力条件的改善，这种隔油池可以将粒径60 μm以上的油粒去除，容积仅为普通隔油池的1/4～1/2。

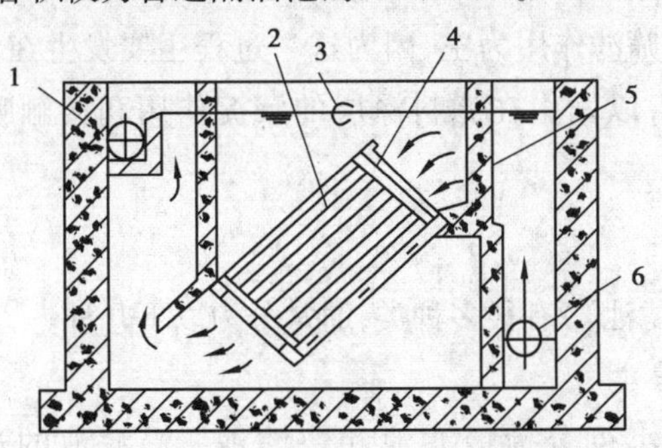

图2-26　斜板式隔油池结构示意图

1—出水管；2—斜纹滤板；3—集油管；

4—布水板；5—穿空墙；6—进水管

3. 隔油池的运行管理

①隔油池必须同时具备收油和排泥设施。

②隔油池应密闭或加活动盖板，以防止油气对环境的污染和火灾的发生，同时可以起到防雨和保温的作用。

③寒冷地区的隔油池应采取有效的保温防寒措施，以防污油凝固。为确保污油流动顺畅，可在集油管及污油输送管下设置热源为蒸汽的加热器。

④隔油池周围一定范围内要确定为禁火区，并配备足够的消防器材和其他消防手段。隔油池内防火一般采用蒸汽，通常是在池顶盖以下200 mm处沿池壁设一圈蒸汽消防管道。

⑤隔油池附近要有蒸汽管道接头，以便接通临时蒸汽扑灭火灾，或在冬季气温低时因污油凝固引起管道堵塞或池壁等处粘挂污油时清理管道或去污。

知识点4　过　滤

一、功能与原理

过滤是指通过具有孔隙的颗粒状滤料层截留废水中细小固体颗粒的处理工艺。在废水处理中，主要用于去除悬浮颗粒和胶体杂质，特别是用重力沉淀法不能有效去除的微小颗粒（固体和油类）和细菌。颗粒材料过滤对废水的BOD和COD等也有一定的去除作用。

在过滤过程中，水中的污染物颗粒主要通过筛滤、沉淀、接触吸附3种作用去除：

①筛滤作用。滤料之间的孔隙就像一个筛子，污水中比孔隙大的杂质很自然地会被滤料筛除，从而与污水分离。

②沉淀作用。可以把滤料抽象成一个层层叠起来的沉淀池，则该沉淀池具有巨大的表面积，污水中的部分颗粒会沉淀到滤料颗粒的表面上而被去除。

③接触吸附作用。由于滤料的表面积非常大，因此必然存在较强的吸附能力。污水在

滤层孔隙中曲折流动时,杂质颗粒与滤料有着非常多的接触机会,会被吸附到滤料颗粒表面,从污水中去除。被吸附的杂质颗粒一部分可能会由于水流而被剥离,但它马上又会被下层的滤料所吸附截留。

在实际过滤过程中,上述3种作用往往同时起作用,只是随条件不同而有主次之分。对粒径较大的悬浮颗粒,以筛滤作用为主,因为这一过程主要发生在滤料表层,通常称为表面过滤。对于细微悬浮物,以发生在滤料深层的沉淀作用和接触吸附作用为主,称为深层过滤。

二、过滤池常见类型

过滤池(以下简称"滤池")有很多种类,通常分为以下几种。

1.按照滤速的大小分类

滤池按照滤速的大小可分为慢滤池和快滤池。慢滤池的过滤速度一般为0.1~0.2 m/h,而快滤池的滤速则一般在5 m/h之上。慢滤池虽然出水水质较好,但因其处理能力太小,实际中已很少采用。

2.按照滤料的分层结构分类

滤池按照滤料的分层结构可分为单层滤料滤池、双层滤料滤池和三层滤料滤池,三者的结构示意图如图2-27所示。

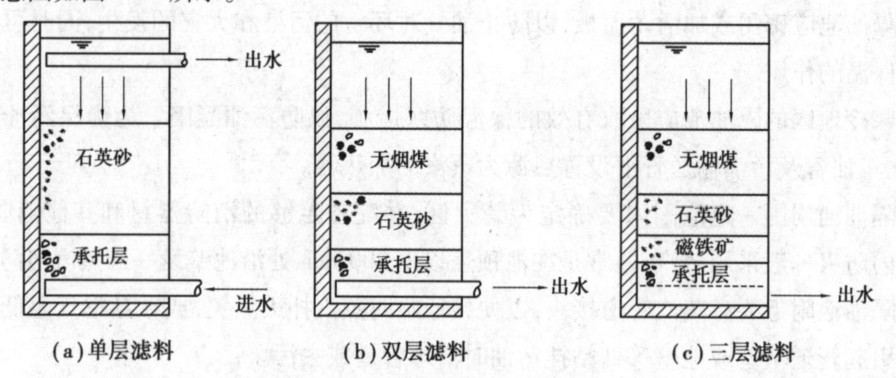

图2-27 滤料的分层结构示意图

(1)单层滤料滤池

单层滤料滤池一般单池面积较大,出水水质较好,目前已有成熟的运行经验。其缺点是滤池阀门多,易损坏,而且必须配备成套反冲洗设备。当这类滤池用于处理给水和较清洁的工业废水时,滤料一般用细粒石英砂;当生物处理单元出水时,滤料一般用粗粒石英砂和均质陶粒。

(2)双层滤料滤池

双层滤料滤池的滤料上层可采用无烟煤,下层可采用石英砂;其他形式的滤层还有陶粒—石英砂、纤维球—石英砂、活性炭—石英砂、树脂—石英砂、树脂—无烟煤等。

双层滤池属于反粒度过滤,即废水先流经粒径较大的滤料层,再流经粒径较小的滤料层。大粒径的滤料层孔隙率较大,可以截留废水中较多的污物;小粒径的滤料层孔隙率较小,可以起到进一步截留污物强化过滤效果的作用。这样布置滤料可以充分发挥过滤床的截污能力,避免了仅在滤料表层发挥过滤作用的缺点。双层滤料滤池具有截留杂质能力强、产水能力大、出水水质较好等特点,适用于在给水处理和废水处理中使用,其滤速可达到4.8 ~24 m/h。

(3)三层滤料滤池

在双层滤料滤池的双层滤料下再加一层密度更大更细的石榴石或磁铁矿石,便构成了三层滤料滤池。三层滤料滤池也属于反粒径过滤。三层滤料滤池更能使整个滤层都发挥截留杂质的作用,减少过滤阻力,保持很长的过滤时间。三层滤料滤池一般用于中型给水和二级处理出水,这种滤池的截污能力大、出水水质较好。

3.按照水流过滤层的方向分类

滤池按照水流过滤层的方向可分为上向流、下向流、双向流等。一般的单层滤料滤池,经水反冲洗,砂层的粒径分布自上而下逐渐增加,因为粒径小的细滤料被浮选到最上层,这样废水经过滤料时,污染物颗粒基本上被截留在最上层,使下部滤料不能发挥过滤作用,因而会造成下向流滤池工作周期缩短。采用上向流滤池,可以使滤池的截污能力加强,水头损失减小。废水首先通过粗粒径滤层,再通过细粒径滤层,这样能较充分地发挥滤层的作用,可以延长滤池的运行周期,配水均匀,易于观察出水水质,但污染物被截流在滤池下部,滤料不易冲洗干净。这种池型较适合用于中小型给水和工业废水的处理。双向流滤池在废水处理中很少采用。

4.按照作用水头分类

滤池按照作用水头可分为重力式滤池和压力式滤池。压力式滤池有立式和卧式两类,一般具有如下特点:允许水头损失高,重力式滤池允许水头损失一般为2 m,而压力式滤池可达6 ~7 m;各滤池的出水管可连起来,可互为冲洗水,从而省去了反冲洗罐和水泵;由于池体密封,可防止有害气体从废水中逸出,但清砂不方便。压力式滤池一般用于小型水厂或工业废水处理厂。普通重力式滤池和压力式滤池的结构示意图如图2-28和图2-29所示。

三、滤池组成

滤池主要由滤料层、承托层、配水系统、冲洗系统组成。

1.滤料层

滤料是过滤池内的过滤材料,它是承担过滤功能的主要部分。滤池内常用的滤料是石英砂和无烟煤,但目前陶粒、磁铁矿石、石榴石、炉渣、纤维球等各种滤料也都有较广泛的应用。各种滤料必须满足以下几个条件:

①具有足够的机械强度。如果滤料强度不足,在反冲洗过程中,会由于相互之间剧烈的摩擦而被磨损甚至破碎。

②具有足够的化学稳定性。滤料不应与污水中的杂质发生化学反应,否则会造成滤料损失或产生新的污染物质。

③具有适当的粒径级配。首先,粒径的大小要满足过滤要求。如果粒径太小,就会缩短滤池的工作周期,如果粒径过大,则污染物颗粒会穿过滤层,降低出水水质。其次,滤料粒径

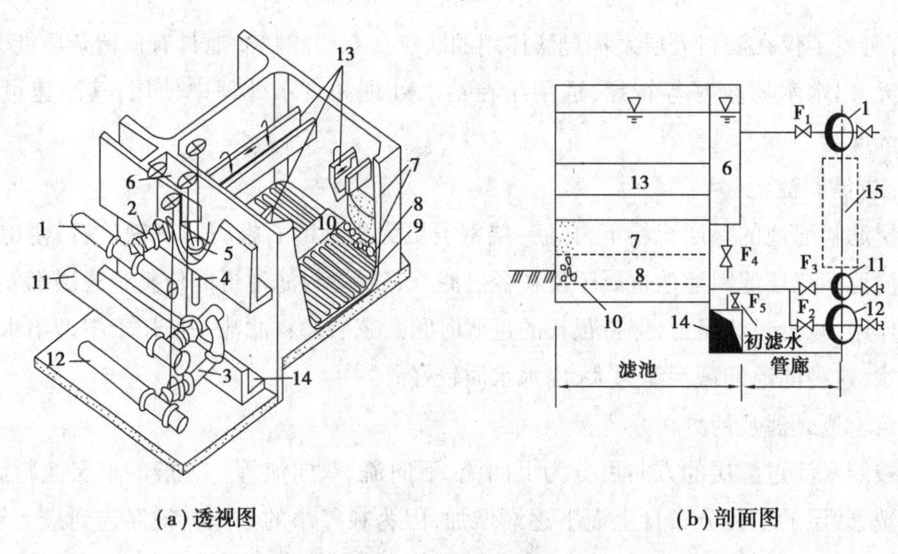

(a)透视图　　(b)剖面图

图 2-28　重力式滤池结构示意图

1—进水干管;2—进水支管;3—清水管;4—排水管;5—排水阀;6—集水渠;7—滤料层;8—承托层;9—配水支管;10—配水干管;11—冲洗水管;12—清水总管;13—排水槽;14—废水渠;15—走道空间

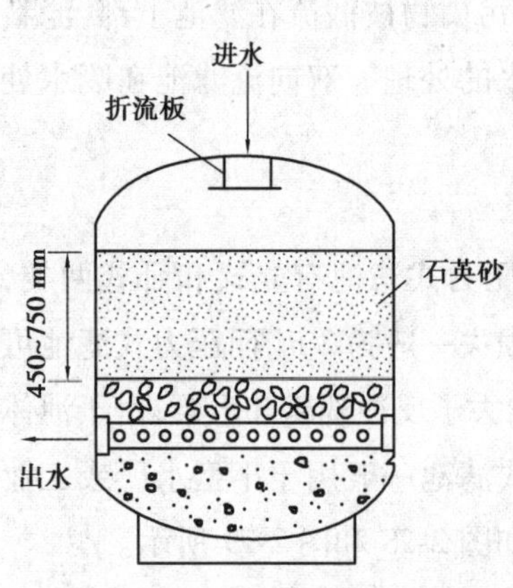

图 2-29　压力式滤池结构示意图

要尽量均匀,如果滤料粒径不均匀,则会给冲洗带来困难:冲洗强度满足大颗粒要求时,小颗粒可能被冲走;冲洗强度仅满足小颗粒的要求时,大颗粒又会由于膨胀不起来而冲洗不彻底。

④在实际运行中,一般用粒径范围表示滤料粒径的大小,用不均匀系数表示滤料的均匀程度。不均匀系数是指通过滤料样品质量 80% 的筛孔孔径与通过同一样品质量的 10% 的筛孔孔径之比。滤料的另外一个指标是滤层厚度。滤层厚度取决于水质、滤料种类以及滤料的级配等因素。单层、双层和三层滤料滤池的滤料组成及滤速如表 2-3 所示。

表 2-3　单层、双层和三层滤料滤池的滤料组成和滤速

类别	滤料组成			滤速/$(m \cdot h^{-1})$
	粒径/mm	不均匀系数	厚度/mm	
石英砂单层滤料滤池	0.5~1.2	≤2.0	≥700	8~12
双层滤料滤池	无烟煤			4.8~24 (12)
	0.8~1.8 (1.2)	1.3~1.8 (1.6)	300~600 (450)	
	石英砂			
	0.4~0.8 (0.5)	1.2~1.6 (1.5)	150~300 (300)	

续表

类别	滤料组成			滤速/(m·h^{-1})
	粒径/mm	不均匀系数	厚度/mm	
三层滤料滤池	无烟煤			4.8~24(12)
	1.0~2.0(1.4)	1.4~1.8(1.6)	200~500(400)	
	石英砂			
	0.4~0.8(0.5)	1.3~1.8(1.6)	200~400(250)	
	石榴石			
	0.2~0.6(0.3)	1.5~1.8(1.6)	50~150(100)	

注:括号内为典型值。

2. 承托层

承托层位于滤池的底部,由大颗粒材料组成。承托层的作用主要是承托滤料,防止滤料进入底部配水系统造成流失,同时保证反冲洗配水均匀。

对承托层一般有两个基本要求:一是在最大强度的反冲洗时,不能松动;二是孔隙要尽量均匀,以便配水均匀。常用的承托材料为天然卵石或碎石,有时也用大粒径的粗砂。承托材料的粒径大小取决于滤料的粒径和反冲洗的配水形式。承托层的组成如表2-4所示。

表2-4　承托层的组成

层次(从上到下)	粒径/mm	厚度/mm
1	2~4	100
2	4~8	100
3	8~16	100
4	16~32	100

3. 配水系统

配水系统的作用是将反冲洗水均匀地分配到整个滤池中。如果配水不均匀,在配水量小的部位,滤料就会冲洗不干净,在配水量大的部位又会扰动承托层,导致滤料流失。常用的配水系统有大阻力配水系统和小阻力配水系统两种。

(1)大阻力配水系统

大阻力配水系统由穿孔的主干管及其两侧一系列支管以及卵石承托层组成,每根支管上钻有若干个布水孔。此配水系统配水均匀,工作可靠,基建费用低,但反冲洗水水头大,动力消耗大,一般在快滤池中被广泛采用。穿孔管大阻力配水系统如图2-30所示。

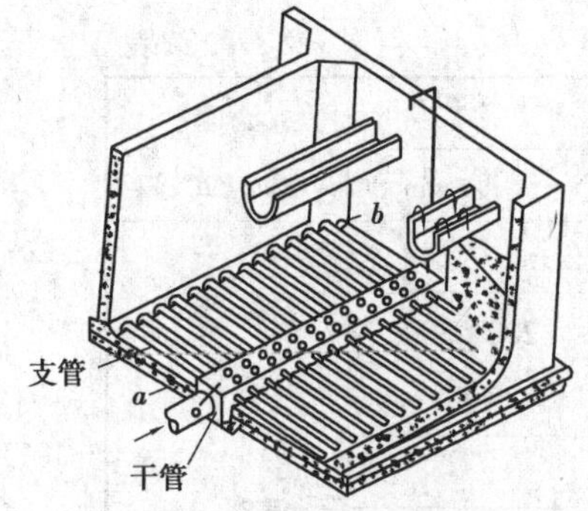

图 2-30　大阻力配水系统

(2)小阻力配水系统

小阻力配水系统在滤池底部设有较大的配水室,配水室上铺设有阻力较小的多孔滤板、格栅、滤头等。此种配水系统反冲洗水头小,但配水不够均匀,一般适用于反冲洗水头有限的虹吸滤池和压力式无阀滤池等。图 2-31 所示为两种小阻力配水系统的示意图。

4. 冲洗系统

滤池工作一段时间之后,滤料截留的污染物质趋于最大容量,此时如继续工作,污物则会穿透滤层,失去过滤效果。因此,滤池工作一段时间之后,要定期进行冲洗。滤池冲洗主要有 3 种方法。

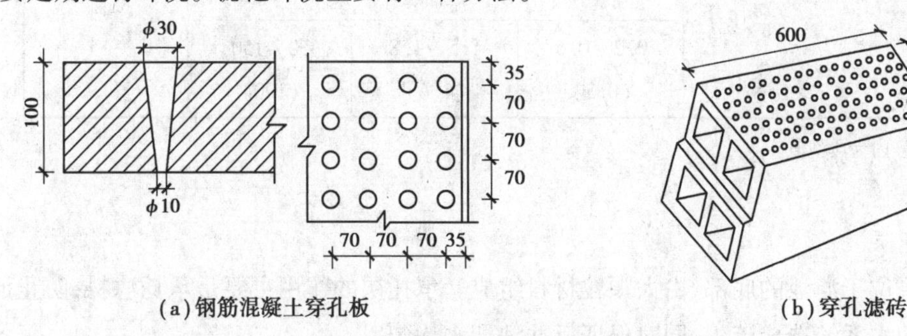

(a)钢筋混凝土穿孔板　(b)穿孔滤砖

图 2-31　两种小阻力配水系统

(1)反冲洗

反冲洗是指从滤料层底部进水,通过逆工作的水流对滤料进行冲洗。反冲洗是冲洗的主要方法。

(2)反冲洗加表面冲洗

在很多情况下,反冲洗不能保证足够的冲洗效果,此时可辅以表面冲洗。表面冲洗是在滤料上层表面设置喷头,对膨胀起来的表层滤料进行强制冲洗。

(3)反冲洗辅以空气冲洗

反冲洗辅以空气冲洗常称为气水反冲洗。气水反冲洗常用于粗滤料的冲洗。因粗滤料要求的冲洗强度很大,如果进行单纯的反冲洗,用水量会很大,还会延长反冲洗的时间。实践证明,污水深度处理的过滤必须采用气水反冲洗。这是因为污水中的有机物与滤料黏附较紧,因此要求用较高的冲洗强度。

反冲洗水一般采用滤池正常工作时的出水,供水方式有塔式供水和泵式供水两种。实际常用的为泵式供水,即直接用泵抽水对滤池进行反冲洗。

四、过滤的工艺控制与维护

1. 滤速的控制

滤速是滤池单位面积在单位时间内的过滤水量,计算公式如下:

$$u=\frac{Q}{A} \tag{2-8}$$

式中 u——滤速，m/h；

Q——单位时间内的过滤水量，m^3/h；

A——滤池的过滤面积，m^2。

滤速过大过小都会影响滤池的正常工作能力。当滤速过大时，一方面会使出水质量下降，另一方面会使滤池穿透加快，工作周期缩短，冲洗水量增大；滤速过小，会使处理能力降低，截污作用主要发生在表层，深层滤料未能发挥作用。在滤料粒径与级配一定的条件下，最佳滤速与入流污水水质有关，当入流污水水质恶化，污染物升高时，需降低滤速以保证出水水质。

每个滤池都有最佳滤速。所谓最佳滤速，就是滤料、入流污水水质及滤料深度在一定的条件下，保证出水要求前提下的最大滤速。通常最佳滤速需在实际运行中确定。

在实际运行中，一般采用等速过滤和变速过滤两种方式。在等速过滤中，必须不断提高滤层上的水位，以克服滤层阻力的增加，保持滤速的恒定。采用变速过滤，其工作周期和出水水质均优于等速过滤。变速过滤要时刻注意单个滤池的滤水量变化和总进水量之间的平衡，因此运行调度较为麻烦。

2. 工作周期的控制

滤池工作周期是指开始过滤至需要冲洗所持续的时间。一般情况下，滤池按已确定的工作周期运行，但是当滤池水头损失增至最高允许值或出水水质低于最低允许值时，应提前对滤池进行冲洗。

在滤速一定的前提下，过滤周期的长短受水温影响较大。冬季水温低，水的黏度较大，杂质不易与水分离，易穿透滤层，周期短，使得反冲洗频繁，此时应降低滤速。夏季水温高，周期长，但滤料空隙间的有机物易产生厌氧分解，故应适当提高滤速，缩短工作周期。

3. 冲洗效果的控制

滤池冲洗效果可以从冲洗强度、冲洗历时和滤层膨胀率 3 个方面进行控制。

(1)冲洗强度

冲洗强度是指单位滤池面积在单位时间内消耗的冲洗水量，可用下式计算：

$$q=\frac{Q'}{A} \tag{2-9}$$

式中 q——冲洗强度，$L/(m^2 \cdot s)$；

Q'——冲洗水量，L/s；

A——滤料的表面积，m^2。

(2)冲洗历时

冲洗历时是指冲洗所用的时间。如冲洗历时不足，滤料得不到足够的水流剪切和碰撞摩擦时间则清洗不干净。一般普通快滤池冲洗历时不少于 5 ~ 7 min，普通双层滤池的冲洗历时不少于 6 ~ 8 min。但冲洗时间过长，又会造成产品水的浪费。

(3)滤层膨胀率

滤层膨胀率是指反冲洗时，滤层膨胀后所增加的厚度与膨胀前的厚度之比，可用下式计算：

$$e=\frac{L-L_0}{L_0}\times 100\% \tag{2-10}$$

式中 e——滤料的膨胀率，%；

L——滤料层膨胀后的厚度，m；

L_0——滤料层膨胀前的厚度，m。

膨胀率 e 与反冲洗强度及滤料的种类和粒径有关。对于一定种类和粒径的滤料来说，e 与 q 成正比，即冲洗强度越大，膨胀率也越大。在污水深度处理中，过高的膨胀率不一定有较好的冲洗效果。因为污水中的有机物与滤料黏附较紧，当膨胀率较高时，滤料之间的间隙较大，且这些有机物会牢牢地黏在滤料表面与滤料一起膨胀和下降，达不到冲洗效果。相反，将膨胀率控制在10%以下，使滤料处于微膨胀状态，则可使滤料颗粒之间增加相互挤撞摩擦的机会，使其表面黏附的有机物去除，这也是污水深度过滤必须采用气水反冲洗的原因。

4. 日常维护

①定期放空滤池进行全面检查。例如，检查过滤及反冲洗后滤层表面是否平坦，是否有裂缝，滤层四周是否有脱离池壁现象，并应设法检查承托层是否松动。

②对表层滤料定期进行大强度表面冲洗或更换。

③各种闸、阀应经常维护，保证开启正常。喷头应经常检查是否堵塞。

④应时刻保持滤池池壁及排水槽清洁，并及时清除生长的藻类。

⑤出现以下情况时，应停池大修：滤池含泥量显著增多，泥球过多并且靠改善冲洗已无法解决；砂面裂缝太多，甚至已脱离池壁；冲洗后砂团凹凸不平、砂层逐渐降低，出水中携带大量砂粒；配水系统堵塞或管道损坏，造成严重冲洗不匀；滤池已连续运行10年以上。

滤池的大修包括以下内容：将滤料取出清洗，并将部分予以更换；将承托层取出清洗，损坏部分予以更换；对滤池的各部位进行彻底清洗；对所有管路系统进行完全的检查修理，水下部分予以防腐处理。

⑥将滤料清洗或更换后，重新铺装时应注意以下问题：

a. 应遵循分层铺装的原则，每铺完一层后，首先检查是否达到要求的深度刮匀，再进行下一层铺装。

b. 如有条件，应尽量采用水中撒料的方式装填滤料。装填完毕之后，将水放干，将表层的过细沙粒或杂物清除刮掉。

c. 对于双层滤料，装完底层滤料后，应先进行冲洗，刮除表层的极细颗粒及杂物，再进行上层滤料的装填。

d. 滤层实际铺装高度应比设计高度高出50 mm。

e. 对于无烟煤滤料，投入滤池后，应在水中浸泡24 h以上，再将水排干进行冲洗刮平。

f. 更换完的滤料，初次进水时，应尽量从底部进水，并浸泡8 h以上，方可正式投入运行。

任务2　掌握处理污废水的化学技术

▶情境设计

小杨问师傅："污废水是不是经过物理处理技术处理后变成清澈的水就行了呢?"师傅说:"肯定不行！在工业发展初期,对废水里面的可溶性有害污染物处理达标的不重视造成了大量的疾病及环保事件的发生。"世界卫生组织相关调查表明,全世界80%的疾病和50%的儿童死亡都与饮用水水质不良有关,由于水体污染,全世界每年有5 000万儿童死亡,3 500万人患心血管疾病,7 000万人患结石病,9 000万人患肝炎,3 000万人死于肝癌和胃癌……,主要由水质污染引发的疾病有:各种癌症,各种结石,心脑血管硬化疾病(高血压、心脏病、脑血栓),造成人体骨质疏松和软化的氟中毒,消化系统疾病,重金属超标引发的疾病,如铅肾病、神经痛、麻风病、有机磷中毒、痛风等,其他污染疾症,如荧光物致癌、亚硝酸盐累积中毒、中毒性肝炎、中毒性肾炎等。

人体内的水每5~13 d更新一次,如果占人体比重70%的水分是洁净的,那么人体内的细胞也就有了健康清新的环境;健康、洁净的水可使人体的免疫能力增强,有利于促进细胞新陈代谢,那么体内的细胞的恶变及毒素的扩散也就丧失了条件。而真正健康、洁净的水绝不仅仅是指清澈的水,更应该是经过化学处理技术处理的水。师傅接下来就给小杨讲解如何用化学处理技术对污废水进行二级处理。

接着师傅又向小杨介绍了生产或生活污废水的污染情况:

如果工业废水渗透到土壤里,就会影响植物的生长,如果这些植物是蔬菜,人食用后势必对人体造成伤害;工业废水还可能渗透到地下,污染地下水,如果地下水作为生活用水的话,后果可想而知。所以说污水没有经过严格的化学处理是不能达标排放的,如图2-32与图2-33所示。

图2-32　甘肃省徽县血镉水污染废水

图2-33　云南曲靖铬渣污染导致珠江源头南盘江附近水质受到严重污染

▶任务描述

本任务主要学习中和处理与 pH 调节、化学沉淀法、化学氧化还原法及电解法等化学处理技术,以除去清澈的废水中的可溶性有害污染物。化学处理技术就是借助或通过化学反应完成废水处理的过程,化学处理技术的处理对象主要是水和废水中的无机或有机(难以生物降解的)溶解性污染物。

▶任务实施

知识点 1　中和处理与 pH 调节

一、功能与原理

酸性工业废水和碱性工业废水来源广泛,如化工厂、化纤厂、电镀厂、煤加工厂及金属酸洗车间等都会排出酸性废水;印染厂、金属加工厂、炼油厂、造纸厂等都会排出碱性废水。酸性废水中常见的酸性物质有硫酸、硝酸、盐酸、氢氟酸、磷酸等无机酸及醋酸、草酸、柠檬酸等有机酸,并常溶解有金属盐。将酸和碱随意排放不仅造成污染、腐蚀管道、毁坏农作物、危害渔业生产、破坏生物处理系统的正常运行,而且也是极大的浪费。对酸、碱废水,首先应该考虑回收和综合利用。当酸、碱废水的浓度较高(达到3% ~5%)时,往往存在回收和综合利用的可能性,例如用以制造硫酸亚铁、硫酸铁、石膏、化肥等,也可考虑供其他工厂使用;当浓度较低(小于2%)时,回收或综合利用的经济意义不大,可考虑中和处理。

中和处理是利用碱性药剂或酸性药剂将废水从酸性或碱性调整到中性附近的处理方法。中和处理发生的主要反应是酸与碱生成盐和水的中和反应,即 $H^+ + OH^- = H_2O$。另外,由于酸性废水中常溶解有重金属盐,所以在用碱进行中和处理时,还可生成难溶的金属氢氧化物。中和药剂的理论投量,可按等当量反应的原则进行计算。实际废水的成分比较复杂,干扰酸碱反应的因素较多。例如酸性废水中往往含有重金属离子,在用碱进行中和时,由于生成难溶的金属氢氧化物而消耗部分碱性药剂。这时可通过实验绘制中和曲线,以确定中和药剂的投药量。

在工业废水处理中,中和处理与 pH 调节常常用于以下几种情况:

①在废水排入水体之前,由于水生生物对 pH 的变化较为敏感,所以,当大量废水排入后使水体偏酸或偏碱时,会产生不良影响。

②在废水排入城市排水管道前,由于酸、碱对排水管道产生腐蚀作用,因此,一般城市排水管道对排入工业废水的 pH 都有明确的规定。

③在废水需要进行化学或生物处理之前,对于化学处理(如混凝、化学沉淀、氧化还原等),要求废水的 pH 升高或降低到某一需要的最佳范围。对于生物处理,废水的 pH 值通常维持在 6.5 ~8.5,以保证处理系统内的微生物有较强的活性。

酸性废水中和处理采用的中和药剂通常有石灰、石灰石、白云石、苏打、苛性钠等。碱性废水中和处理则通常采用盐酸和硫酸。苏打(Na_2CO_3)和苛性钠($NaOH$)具有组成均匀、易于贮存和投加、反应迅速、易溶于水而且溶解度较高的优点，但是由于价格较贵，通常很少采用。石灰来源广泛，价格便宜，所以采用较广，但是它具有以下缺点：

①石灰粉末极易飘扬，劳动卫生条件差。

②装卸、搬运劳动量较大。

③成分不纯，含杂质较多。

④沉渣量较多，不易脱水。

⑤石灰溶液的配制和投加需要较多的机械设备。

石灰石、白云石是石料，在产地使用是便宜的，除劳动卫生条件比石灰较好外，其他情况和石灰相同。

二、中和处理的方法

中和处理的方法分为酸性废水的中和处理和碱性废水的中和处理。

1. 酸性废水的中和处理

酸性废水的中和处理方法可分为以下 3 种：碱性废水或废渣中和法、投碱中和法、过滤中和法。

(1)碱性废水或废渣中和法

在工厂里同时存在酸性废水和碱性废水的情况下，可以以废治废，互相中和，减少对中和药剂的消耗。两种废水互相中和时，若碱性不足，应补充药剂。

由于废水的水量和浓度均难以保持稳定，因此，应设置均和池及混合反应池(中和池)。如果混合水需要水泵提升，或者有相当长的出水沟管可以利用，也可以不设混合反应池。

利用碱性废渣中和酸性废水也有一定的实际意义。例如，电石渣中含有大量的 $Ca(OH)_2$、软水站石灰软化法的废渣中含有大量 $Ca(OH)_2$、锅炉灰中含有 2% ~20% 的 CaO，利用它们处理酸性废水，均能获得一定的中和效果。

采用碱性废水和废渣中和酸性废水时，除必须设置均和池外，还必须考虑碱性废水和废渣中断来源时的应急措施。

(2)投碱中和法

投碱中和法最常用的药剂是石灰(CaO)，有时也选用苛性钠、碳酸钠、石灰石、白云石、电石渣等。选择药剂时，不仅要考虑药剂本身的溶解性、反应速度、成本、二次污染、使用方便等因素，还要考虑中和产物的性状、数量及处理费用等因素。当投加石灰进行中和处理时，$Ca(OH)_2$ 还有凝聚作用，因此，对杂质多、浓度高的酸性废水尤其适用。

(3)过滤中和法

酸性废水流过碱性滤料，可使废水得到中和，这种中和方法称为过滤中和法。过滤中和法仅适用于中和酸性废水，主要的碱性滤料有石灰石、大理石和白云石。前两种的主要成分是 $CaCO_3$，后一种的主要成分是 $MgCO_3 \cdot CaCO_3$。

滤料的选择与中和产物的溶解度有密切的关系。滤料的中和反应发生在颗粒表面，如果中和产物的溶解度很小，就会在滤料颗粒表面形成不溶性的硬壳，阻止中和反应的继续进行，使中和处理失败。例如中和处理硝酸、盐酸时，滤料选用石灰石、大理石或白云石都行；中和处理碳酸时，含钙或镁的中和剂都不行；中和处理硫酸时，最好选用含镁的碱性滤料（白云石）。但是，白云石的来源少，成本高，反应速度慢，所以，如能正确控制硫酸浓度，可使中和产物（$CaSO_4$）的生成量不超过其溶解度，也可以采用石灰石或大理石。以石灰石为滤料时，硫酸的允许浓度为1～1.2 g/L。如硫酸浓度超过上述允许值，可使中和后的出水回流，用以稀释原水，或改用白云石滤料。

采用碳酸盐做中和滤料时，均有CO_2产生，它能附着在滤料表面，形成气体薄膜，阻碍反应的进行。酸的浓度越大，产生的气体就越多，阻碍作用也就越严重。采用升流过滤方式和较大的过滤速度，有利于消除气体的阻碍作用。另外，过滤中和产物CO_2溶于水，使出水pH值约为5，经曝气吹脱CO_2，pH值可上升到6左右。脱气方式有穿孔管曝气吹脱、多级跌落自然脱气、板条填料淋水脱气等。

为了进行有效过滤，还必须限制进水中悬浮杂质的浓度，以防堵塞滤料。滤料的粒径也不宜过大。另外，失效的滤渣应及时清除，并随时向滤池补加滤料，直至倒床换料。

2. 碱性废水的中和处理

碱性废水的中和处理方法可分为以下3种：酸性废水或废渣中和法、投酸中和法、酸性废气中和法，其中，前两种与酸性废水的中和处理相同，这里不再论述。下面着重介绍酸性废气中和法。

烟道气中含有高达24%的CO_2，有时还含有少量SO_2及H_2S，故可用来中和碱性废水。其中和产物Na_2CO_3、Na_2SO_3、Na_2S均为弱酸强碱盐，具有一定的碱性，因此，酸性物质必须超量供应。

用烟道气中和碱性废水时，废水由接触筒顶淋下，或沿筒内壁流下，烟道气则由筒底朝上逆流通过，在逆流接触过程中，废水与烟道气都得到了净化。接触筒中可以装填料，亦可不装填料。

用烟道气中和碱性废水的优点是可以把废水处理与烟道气除尘结合起来；缺点是处理后的废水中，悬浮物、硫化物、色度和耗氧量均显著增加。

污泥消化时获得的沼气中含有25%～35%的CO_2气体，如经水洗，可部分溶入水中，再用以中和碱性废水，也能获得一定的效果。

知识点2　化学沉淀法

一、功能和原理

向废水中投加某些化学药剂，使其与废水中的污染物发生化学反应，形成难溶的沉淀物的方法称为化学沉淀法。化学沉淀法的工艺流程通常包括：化学药剂（沉淀剂）的配制和投加；混合、反应；通过沉降、浮上、过滤、离心等进行固液分离；泥渣的处理和回收利用。

废水中含有一些危害性很大的重金属（如Hg、Zn、Cd、Cr、Pb、Cu等）和非金属（如As、F等），这些物质都可以用化学沉淀法去除。

水中的难溶盐类服从溶度积原则，即在一定温度下，在含有难溶盐M_mN_n（固体）的饱和溶液中，各种离子浓度的乘积为一常数，称为溶度积常数，记为 $K_{sp}(M_mN_n)$：

$$M_mN_n \rightleftharpoons mM^{n+} + nN^{m-}$$

$$K_{sp}(M_mN_n) = [M^{n+}]^m [N^{m-}]^n \tag{2-11}$$

式中　$[M^{n+}]$——M^{n+}的摩尔浓度，mol/L；

$[N^{m+}]$——N^{m+}的摩尔浓度，mol/L。

式(2-11)对各种难溶盐都成立。当 $[M^{n+}]^m[N^{m-}]^n > K_{sp}(M_mN_n)$ 时，溶液过饱和，超过饱和的那部分溶质将析出沉淀，直到符合 $[M^{n+}]^m[N^{m-}]^n = K_{sp}(M_mN_n)$ 为止；如果 $[M^{n+}]^m[N^{m-}]^n < K_{sp}(M_mN_n)$，溶液不饱和，难溶盐还可以继续溶解，直到符合 $[M^{n+}]^m[N^{m-}]^n = K_{sp}(M_mN_n)$ 为止。

为了去除废水中的 M^{n+}，可以向其中投加有 N^{m-} 的某种化合物，使 $[M^{n+}]^m[N^{m-}]^n > K_{sp}(M_mN_n)$，形成 M_mN_n 沉淀，从而降低废水中的 M^{n+} 浓度。通常称具有这种作用的化学物质为沉淀剂。

从式(2-11)可以看出，为了最大限度地去除 M^{n+}，可以考虑增大 N^{m-} 的浓度，也就是增大沉淀剂的用量；但是沉淀剂也不宜加得过多，否则会导致相反的作用，一般不超过理论用量的1.2～1.5倍。

二、常见化学沉淀法的类型

根据使用的沉淀剂不同，常用的化学沉淀法有以下几种。

1.氢氧化物沉淀法

氢氧化物沉淀法是采用氢氧化物作沉淀剂，使工业废水中的重金属离子生成氢氧化物沉淀而去除的方法。

采用氢氧化物沉淀法去除金属离子时，沉淀剂为各种碱性物料，常用的有石灰、碳酸钠、氢氧化钠、石灰石、白云石、电石渣等，可根据金属离子的种类、废水性质、pH值、处理水量等因素来选用。石灰的优点是经济、简便、药剂来源广，因而应用较多，但石灰品质不稳定，管道易结垢($CaSO_4$、CaF_2)及被腐蚀，沉渣量大且多为胶体状态，含水率高达95%～98%，脱水困难，一般适用于不准备回收金属的低浓度废水处理。当处理水量较小时，采用氢氧化钠可以减少沉渣量。

实际废水处理中，共存离子体系十分复杂，影响氢氧化物沉淀的因素很多，必须控制pH值使其保持在最优沉淀范围内。对于具体废水，因干扰因素较多，最好通过试验确定。

此外，值得特别注意的是，有些金属(如Zn、Pb、Cr、Al等)的氢氧化物是两性化合物，既可在酸性溶液中溶解，又可在碱性溶液中溶解，因此，只能在一定的pH值范围内才能以不溶性沉淀物存在。例如处理含锌废水时，在pH值为9～10时，Zn以不溶性的 $Zn(OH)_2$ 沉淀存在；当pH<9时，Zn以溶解性 Zn^{2+} 存在；当pH>10.5时，Zn以溶解性的 $[Zn(OH)_4]^{2-}$ 存在。这说明pH值不足或过高，均不能得到好的处理效果。表2-5给出了某些金属氢氧化物沉淀析出和溶解的pH值范围。

表 2-5　某些金属氢氧化物沉淀析出和溶解的 pH 值范围

金属离子	Fe^{3+}	Al^{3+}	Cr^{3+}	Cu^{2+}	Zn^{2+}	Sn^{2+}	Ni^{2+}	Pb^{2+}	Cd^{2+}	Fe^{2+}	Mn^{2+}
沉淀的最佳 pH 值	6～12	5.5～8	8～9	>8	9～10	5～8	>9.5	9～9.5	>10.5	5～12	10～14
加碱溶解的 pH 值	—	>8.5	>9	—	>10.5	—	—	>9.5	—	>12.5	—

下面以某铅锌冶炼厂的废水处理实际工程为例来说明氢氧化物沉淀法的应用。该厂的废水排放量为 400 m^3/h，废水中含有大量的铅、锌、镉、汞、砷、氰等有害物质。采用石灰乳为沉淀剂去除金属离子，采用漂白粉氧化法除氰，废水处理工艺流程如图 2-34 所示。废水经泵提升送入第一沉淀池，初步分离悬浮固体后进入反应池，向反应池内投加石灰乳和漂白粉溶液，控制反应池 pH 值 9.5～10.5，然后送到第二沉淀池进行沉淀，上清液再送到第三沉淀池进一步沉淀，出水基本达到排放标准。各沉淀池沉渣送烧结系统。每年可从废水中回收铅、锌约 384 t，回收价值基本与废水处理费用持平。

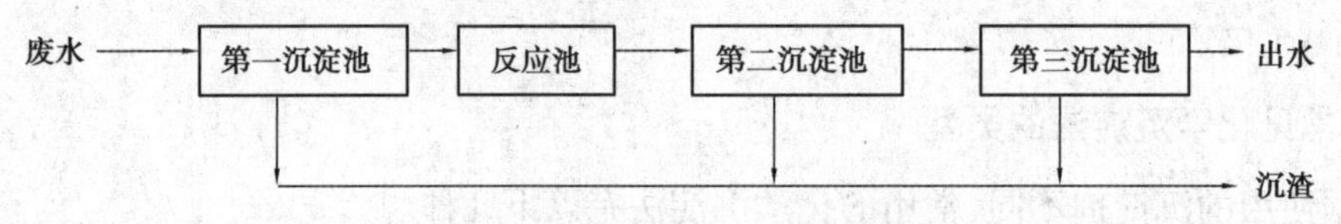

图 2-34　铅锌冶炼废水处理工艺流程

2. 硫化物沉淀法

许多重金属离子可以与硫离子形成不溶性沉淀物，因此，将通过投加硫化物沉淀废水中金属离子的方法称为硫化物沉淀法。由于大多数金属硫化物的溶度积要比其氢氧化物的溶度积小得多，因此，采用硫化物沉淀法可以使重金属更为完全地去除。常用的沉淀剂有 H_2S、Na_2S、NaHS、$(NH_4)_2S$ 等。

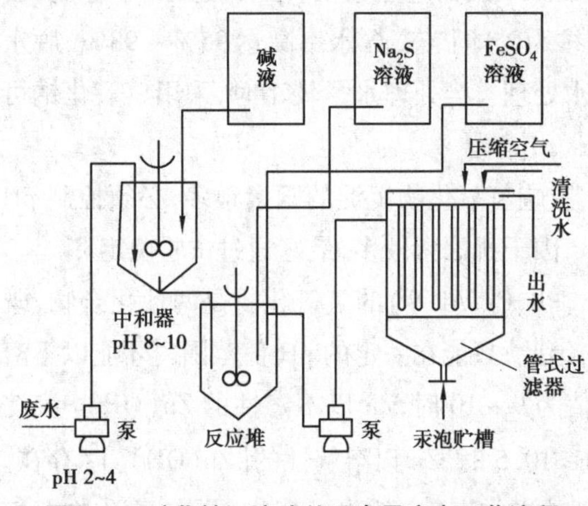

图 2-35　硫化钠沉淀法处理含汞废水工艺流程

硫化物沉淀法处理重金属废水，具有去除率高，可实现分步沉淀分离，沉渣中金属品位高，便于回收利用，适用 pH 值范围大等优点。硫化物沉淀法的缺点是：处理费用较高；金属硫化物颗粒细小，如 Hg_2S 颗粒粒径只有 7 μm，沉淀困难，通常需要投加凝聚剂来加强去除效果；硫化物投加过量时可使处理水的 COD 增加；当 pH 值降低时，可产生有毒的 H_2S。

鉴于以上缺点，硫化物应用得并不广泛，有时仅作为氢氧化物沉淀法的补充方法使用，而且在使用过程中还应注意硫化物的二次污染问题。

某化工厂采用硫化钠沉淀法处理含汞废水，处理工艺流程如图 2-35 所示。废水量为 200 m^3/d，汞浓度为 5 mg/L，pH 值为 2 ~ 4。先用石灰将原水的 pH 值调至 8 ~ 10，然后投加 30 mg/L 的硫化钠，混合搅拌 10 min，随后投加 60 mg/L 的硫酸亚铁，再搅拌 15 min，最后静沉 30 ~ 60 min，处理后，水中含汞约 0.2 mg/L。对于产生的硫化汞沉渣，应该妥善处理，以防再次污染环境。

3. 碳酸盐沉淀法

金属离子的碳酸盐溶度积很小，对于高浓度的重金属废水，可以采用投加碳酸盐的方法加以回收。此外，碳酸盐沉淀法比氢氧化钠沉淀法易于脱水。

(1) 含锌废水

某些化工厂排出的废水中含锌离子，若不进行处理将污染环境。用碳酸钠与之反应，生成碳酸锌沉淀。沉渣用清水漂洗后，再经真空抽滤筒抽干，可以回收或回用生产。其化学反应方程式为：

$$ZnSO_4 + Na_2CO_3 \rightleftharpoons ZnCO_3 \downarrow + Na_2SO_4$$

(2) 含铜废水

某些含铜工业废水也可以采用碳酸盐沉淀法回收，对于其沉淀下来的铜，一般还应进一步回收利用。其化学反应方程式为：

$$2Cu^{2+} + CO_3^{2-} + 2OH^- \longrightarrow Cu_2(OH)_2CO_3 \downarrow$$

(3) 含铅废水

对于某些含铅工业废水也可利用碳酸盐沉淀法进行处理，对于沉淀下来的废渣，应送固体废物处理中心或在本单位进行无害化处理，以保证不对环境造成二次污染。其化学反应方程式为：

$$Pb^{2+} + CO_3^{2-} \longrightarrow PbCO_3 \downarrow$$

4. 钡盐沉淀法

钡盐沉淀法主要用于处理含六价铬的废水，采用的沉淀剂有碳酸钡、氯化钡、硝酸钡、氢氧化钡等。以碳酸钡为例，它与废水中的铬酸根进行反应，生成难溶盐铬酸钡沉淀：

$$BaCO_3 \downarrow + H_2CrO_4 \rightleftharpoons BaCrO_4 \downarrow + CO_2 \uparrow + H_2O$$

$$2BaCO_3 \downarrow + K_2CrO_4 \rightleftharpoons 2BaCrO_4 \downarrow + K_2CO_3$$

碳酸钡也是一种难溶盐，它的溶度积 $[K_{sp}(BaCO_3) = 8.0 \times 10^{-9}]$ 比铬酸钡的溶度积 $[K_{sp}(BaCr_4) = 2.3 \times 10^{-10}]$ 要大。碳酸钡饱和溶液中的钡离子浓度比铬酸钡饱和溶液中的钡离子浓度约大 6 倍。这就是说，$BaCO_3$ 饱和溶液的钡离子浓度对于 $BaCrO_4$ 溶液已成为过饱和了。因此，向含有 CrO_4^{2-} 的废水中投加 $BaCO_3$，Ba^{2+} 就会和 CrO_4^{2-} 生成 $BaCrO_4$ 沉淀，从而使 $[Ba^{2+}]$ 和 $[CrO_4^{2-}]$ 降低，$BaCO_3$ 溶液未饱和，$BaCO_3$ 就会逐渐溶解，直到 $[CrO_4^{2-}]$ 完全沉淀。这种由一种沉淀转化为另一种沉淀的过程称为沉淀的转化。

由于碳酸钡是难溶盐，反应速度很慢，因此，通常需要数天才能进行到底。为了加快反应速度，提高除铬效果，应投加过量的碳酸钡。$BaCO_3$ 理论投量为六价铬量的 3.8 倍，工程上实际投加 10 ~ 15 倍，反应时间应保持 25 ~ 30 min。另外，采用钡盐法处理含铬废水时应注意以下几点：

①投加过量的碳酸钡后，废水中钡的残存浓度在 50 mg/L 以上，钡也有害，通常采用石膏过滤法去除残钡。

②要准确掌握废水的 pH 值，pH 值以控制在 4.5 ~ 5 为好，因为 pH 值太小，铬酸钡溶解度大，对除铬不利；而 pH 值过大，CO_2 气体难以析出，不利于除铬反应的进行。

③调整废水的 pH 值时，宜使用硫酸或乙酸，而不使用盐酸，原因是当处理后水回用时，残氯离子对镀件质量有影响。

钡盐沉淀法的优点是处理后水清澈透明，可回用于生产；缺点是碳酸钡来源少，且引进了二次污染物 Ba^{2+}。此外，处理过程控制要求严格。

三、化学沉淀的运行管理

采用化学沉淀法处理工业废水时，由于产生的沉淀物经常为不带电荷的胶体，因此沉淀过程将变得简单，一般采用普通平流式沉淀池或竖流式沉淀池即可。具体的停留时间由实验获得，一般情况下比生活污水和有机废水处理中的沉淀时间短。

当用于不同的处理中时，所需的投药及反应装置也不相同。比如同一种药剂，在有些处理中采用干式加入，而在另一些处理中则可能先将药剂溶解并稀释到一定浓度，然后再按比例投加。对于这两种方法，可参考采用相关的投药设备，另外，还应注意设备的防腐问题。

知识点 3　化学氧化还原法

一、功能与原理

废水中溶解性物质包括无机物（CN^-、S^{2-}、Fe^{2+}、Mn^{2+}、汞、铅、铜、银、金、六价铬、镍等）和有机物，可以通过化学氧化还原反应转化成无害的物质，或者转化成容易从水中分离出来的形态（气体或固体），从而达到处理的目的，这种处理方法称为化学氧化还原法。

对于无机物的化学氧化或还原过程，原子（离子）失去或得到电子，引起化合价升高或降低。失去电子的过程称为氧化，得到电子的过程称为还原。得到电子的物质称为氧化剂，失去电子的物质称为还原剂。

对于有机物的化学氧化或还原过程，往往难以用电子的转移来分析判断。一般将加氧或去氢的反应称为氧化，或者将有机物与强氧化剂相互作用生成 CO_2、H_2O 等的反应判定为氧化反应；将加氢或去氧的反应称为还原。

废水处理中常采用的氧化剂有空气、臭氧、氯气、次氯酸钠及漂白粉等，常用的还原剂有硫酸亚铁、亚硫酸氢钠、硼氢化钠、水合肼及铁屑等。投药氧化还原法的工艺过程及设备比较简单，通常只需一个反应池，若有沉淀物生成，尚需进行固—液分离及沉渣处理。

在电解氧化还原法中，电解槽的阳极可作为氧化剂，阴极可作为还原剂。电解氧化还原法的工艺过程及设备均有特殊性，将另辟专节讨论。

二、氧化法处理工业废水

向废水中投加氧化剂，氧化废水中的有害物质，使其转变为无毒无害或毒性小的新物质的方法称为氧化法。

常用的氧化法有以下3种:空气氧化法、氯氧化法、臭氧氧化法。

1. 空气氧化法

空气氧化法目前主要用于含二价硫[(硫Ⅱ)]废水的处理。硫(Ⅱ)在废水中以S^{2-}、HS^-、H_2S的形式存在。在碱性溶液中,硫(Ⅱ)的还原性较强,且不会形成易挥发的硫化氢,空气氧化效果较好。

氧与硫化物的反应在80~90 ℃下按如下反应式进行:

第一步:$2HS^- + 2O_2 = S_2O_3^{2-} + H_2O$;

$$2S^{2-} + 2O_2 + H_2O = S_2O_3^{2-} + 2OH^-$$

第二步:$S_2O_3^{2-} + 2O_2 + 2OH^- = 2SO_4^{2-} + H_2O$

在废水处理中,接触反应时间约为1.5 h,第一步反应几乎完全进行,而第二步反应只能进行约10%。综合这两者,氧化1 kg硫(Ⅱ)总共约需1.1 kg氧,约相当于4 m^3 空气。如果能向废水中投加少量的氯化铜或氯化钴作催化剂,则几乎全部$S_2O_3^{2-}$被氧化为SO_4^{2-}。

2. 氯氧化法

氯氧化法在废水处理中主要用于氰化物、硫化物、酚、醇、醛、油类的氧化去除,还用于消毒、脱色、除臭。常用的氯系氧化剂有液氯、漂白粉、次氯酸钠、二氧化氯等。这里主要介绍碱性氯化法处理含氰废水和氯化脱色两个内容。

(1)碱性氯化法处理含氰废水

氯氧化氰离子的反应分为两个阶段。第一阶段,CN^-被氧化为CNO^-:

$$CN^- + ClO^- + H_2O \xlongequal{pH<2.5} CNCl + 2OH^-$$

$$CNCl + 2OH^- \xrightarrow{pH \geqslant 10} CNO^- + Cl^- + H_2O$$

第二阶段,CNO^-可在不同pH下,进一步氧化降解或水解:

$$2CNO^- + 3ClO^- + H_2O \xrightarrow{pH=7.5\sim9} N_2\uparrow + 3Cl^- + 2HCO^{3-}$$

$$CNO^- + 2H^+ + H_2O \xrightarrow{pH<2.5} NH_4^+ + CO_2\uparrow$$

第一阶段反应生成的氯化氰有剧毒,在酸性条件下稳定,易挥发;只有在碱性条件下才容易转变为毒性极微的氰酸根CNO^-。

第二阶段的氧化降解反应,在低pH下可加速进行,但产物为NH_4^+,且有重新逸出CNCl的危险,当pH>12时,反应终止。通常将pH值控制在7.5~9。采用过量氧化剂,将第二阶段的反应进行到底,叫完全氧化法。如果只进行第一阶段反应,叫不完全氧化法。

(2)废水氯化脱色

氯能氧化破坏有机物的发色官能团,使废水色度消除,因此,氯可用于印染废水、TNT废水等的脱色处理。另外,在脱色的同时还有可能进一步降低废水的COD。脱色效果与pH值以及投氯方式有关,在碱性条件下效果更好。在pH值相同时,用次氯酸钠比液氯更加有效,操作也更加安全。

3. 臭氧氧化法

臭氧是一种强氧化剂,其氧化能力仅次于氟,比氧、氯及高锰酸盐等常用的氧化剂都高。在废水处理中,可用于除臭、脱色、杀菌、除铁、除氰化物、除有机物等。

废水中的很多有机物都易于与臭氧发生反应,例如蛋白质、氨基酸、有机胺、链式不饱和化合物、芳香族和杂环化合物、木质素、腐殖质等。例如酚与臭氧反应,首先被氧化成邻苯二酚:

$$\text{OH} + O_3 \longrightarrow \begin{matrix}\text{OH}\\ \text{OH}\end{matrix} + O_2$$

接着邻苯二酚继续氧化成邻醌:

$$\begin{matrix}\text{OH}\\ \text{OH}\end{matrix} + O_3 \longrightarrow \begin{matrix}\text{O}\\ \text{O}\end{matrix} + H_2O + O_2$$

如果在处理过程中有足够的臭氧,则氧化反应将继续进行下去。在反应中只有少量的酚能完全氧化为二氧化碳和水。

臭氧不仅能够氧化有机物,也可用来氧化废水中的无机物。例如氰与臭氧反应为:

$$2KCN + 2O_3 = 2KCNO + 2O_2\uparrow$$

$$2KCNO + H_2O + 3O_3 = 2KHCO_3 + N_2\uparrow + 3O_2\uparrow$$

影响臭氧氧化法处理效果的主要因素有污染物的性质、浓度、O_3 的投加方式和投加量、溶液 pH、温度、反应时间等。臭氧的实际投加量应通过试验确定。

臭氧氧化法的主要优点:

①臭氧对臭味、色度、细菌、有机物和无机物都有显著的去除效果。

②废水经处理后,残留于废水中的臭氧容易自行分解,一般不产生二次污染,并且能增加水中的溶解氧。

③制备臭氧用的电和空气不必储存和运输,操作管理也较方便。

但这种方法也存在一些缺点:

①臭氧发生器耗电量较大,运行成本较高。

②高浓度臭氧是有毒气体,对眼及呼吸器官有强烈的刺激作用,因此,在操作时应注意个人防护,并加强通风。

③臭氧具有强腐蚀性,与之接触的容器、管路等均应采用耐腐蚀材料或作防腐处理,耐腐蚀材料可用不锈钢或塑料。

④臭氧的利用率较低,造成投加量增加。

这些缺点限制了臭氧在废水处理中的应用,目前,臭氧氧化法主要用于低浓度、难降解有机废水的处理和消毒杀菌。

三、还原法处理工业废水

向废水中投加还原剂还原废水中的有害物质,使其转变为无毒无害或毒性小的新物质的方法称为还原法。

目前还原法主要用于去除重金属离子，如六价铬[Cr(Ⅵ)]、二价汞[Hg(Ⅱ)]等。

1. 还原法去除六价铬

含铬废水多来源于电镀厂、制革厂和某些化工厂。电镀含铬废水主要来自镀铬漂洗水、各种铬纯化漂洗水、塑料电镀粗化工艺漂洗水等。六价铬有剧毒，但三价铬的毒性却非常小。六价铬的去除通常采用还原法。还原反应在酸性条件(以 $pH<4$ 为宜)下进行，将六价铬转化为三价铬，然后可通过加碱使 pH 值升至 7.5 ~ 9，使三价铬转化成氢氧化铬沉淀，从溶液中分离出去。常用的还原剂有亚硫酸氢钠、二氧化硫、硫酸亚铁等。

采用药剂还原法去除六价铬时，还原剂的选择要因地制宜、全面考虑。采用亚硫酸氢钠做还原药剂，具有设备简单、沉渣量少、易于回收利用等优点，因而应用较广；也有采用来源广、价格低的硫酸亚铁和石灰的；厂区有二氧化硫废气时，也可采用尾气还原法；厂区同时有含铬废水和含氰废水时，可互相进行氧化还原反应，以废治废。这些还原剂还原六价铬的化学反应方程式依次为：

$$2H_2Cr_2O_7+6NaHSO_3+3H_2SO_4 = 2Cr_2(SO_4)_3+3Na_2SO_4+8H_2O$$

$$H_2Cr_2O_7+6FeSO_4+6H_2SO_4 = Cr_2(SO_4)_3+3Fe_2(SO_4)_3+7H_2O$$

$$H_2Cr_2O_7+3SO_2^+ = Cr_2(SO_4)_3+H_2O$$

$$Cr_2O_7^{2-}+6CN^-+14H^+ \xrightarrow{[Cu^{2+}]} 2Cr^{3+}+3(CONH_2)_2+H_2O$$

注意：采用硫酸亚铁+石灰法处理含铬废水时，处理构筑物有间歇式和连续式两种，其工艺流程如图 2-36 所示。间歇式适用于含铬浓度变化大、水量小、排放要求严格的含铬废水。连续式适用于浓度变化小、水量较大的含铬废水。反应池一般为矩形，当采用连续处理时，反应池宜分为酸性反应池和碱性反应池两部分，反应池中应设搅拌设备。

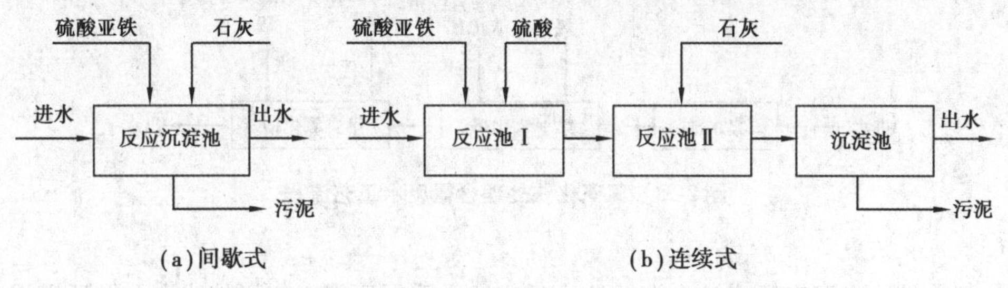

图 2-36　硫酸亚铁+石灰法处理含铬废水流程图

2. 还原法去除汞

常用的还原剂为比汞活泼的金属(如铁屑、锌粒、铝粉、铜屑等)、硼氢化钠、醛类、联胺等。当汞在废水中以有机汞形式存在时，通常先用氧化剂(如氯)将其破坏，使之转化为无机汞，然后再用还原法进行处理。

(1)金属还原除 Hg(Ⅱ)

将含汞废水通过金属铁屑滤床，或与金属粉混合反应，置换出金属汞。置换反应的速度与接触面积、温度、pH 等因素有关。如铁屑还原 Hg(Ⅱ)的化学反应方程式如下：

$$Fe+Hg^{2+} = Fe^{2+}+Hg\downarrow$$

$$2Fe+3Hg^{2+}=2Fe^{3+}+3Hg\downarrow$$

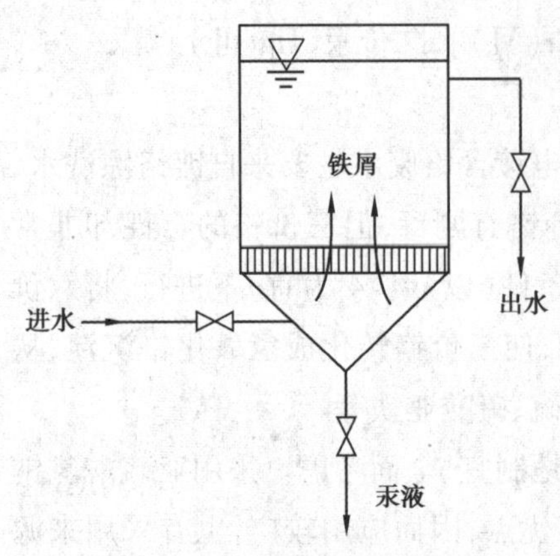

图 2-37　铁屑过滤池除汞系统

金属过滤还原法除汞的处理系统如图 2-37 所示。池中填以金属屑，废水以一定的速度自下而上通过金属屑滤池，经一定的接触时间后从滤池流出。通常需要将金属破碎成 2～4 mm 的碎屑，并用汽油或酸去掉表面的油污或锈蚀层。提高反应温度能加速反应的进行，但温度过高，会有汞蒸气逸出，因此，温度一般控制在 20～80 ℃。从废水中析出的汞在金属表面形成汞齐或汞滴，用干馏法可以回收到纯净的汞，并使金属表面恢复洁净，再次用于还原反应。

铁屑过滤时，pH 值在 6～9 较适宜，耗铁量最省；pH 值低于 6 时，铁屑因溶解而耗量增大；pH 值低于 5 时，有氢析出，吸附于铁屑表面，减小了金属的有效表面积，阻碍 Hg(Ⅱ)与铁的置换反应。采用锌粒还原时，pH 值最好为 9～11。采用铜屑还原时，pH 值为 1～10 均可。

(2) 硼氢化钠还原除 Hg(Ⅱ)

在碱性条件下（pH=9～11），硼氢化钠可将汞离子还原成汞，其化学反应方程式为：

$$Hg^{2+}+BH_4^-+2OH^-=Hg\downarrow+3H_2\uparrow+BO_2^-$$

四、常用的氧化还原反应设备和运行管理

常用的氧化还原反应设备有氯氧化法设备、空气氧化法设备、臭氧氧化法设备、金属过滤床还原设备、硫酸亚铁+石灰还原系统。氯氧化法处理含氰废水的工艺流程如图 2-38 所示，第一氧化槽：pH=10～11，10 min 以上；第二氧化槽：pH=8～9，30 min 以上。

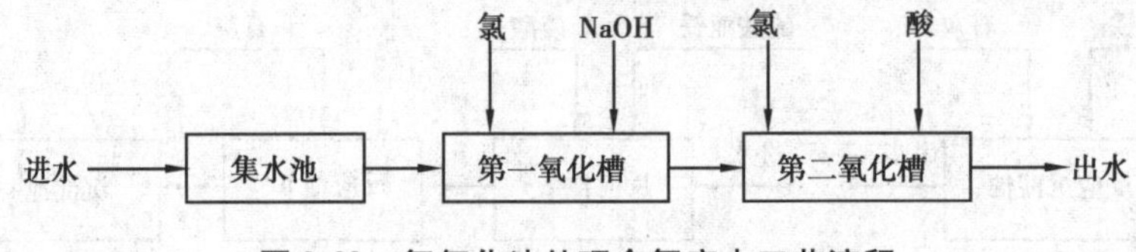

图 2-38　氯氧化法处理含氰废水工艺流程

1. 氯氧化法设备

处理构筑物主要有反应池和沉淀池。反应池常采用压缩空气搅拌或水泵循环搅拌。

当采用氯氧化法处理含氰废水时，可以考虑间歇式处理或连续式处理。当含氰废水量较小，浓度变化较大，要求处理程度较高时，一般采用间歇式处理法。多数设置两个反应池，交替进行间歇处理。当水量较大，含氰浓度较低时，可采用连续处理法。处理设备包括废水均和池、混合反应池及投药设备等。反应池容积按 10～30 min 的停留时间设计，采用压缩空气进行激烈搅拌，可以避免金属氰化物[如 $Cu(CN)_2$、$Fe(CN)_2$、$Zn(CN)_2$]等沉淀析出，并促进吸附在金属氢氧化物(或其他不溶物)上的氰化物氧化。当采用漂白粉作氧化剂时，沉渣量较大，为水量的 2.8%～5.0%，需设专门的沉淀池。污泥中往往含有相当数量的溶解氰化物，处置时必须注意。如果用液氯和 NaOH，可不设沉淀池。

2. 空气氧化法设备

当采用空气氧化法处理含硫废水时，空气氧化脱硫设备多采用脱硫塔，其工艺流程如图 2-39 所示。处理过程中，废水、空气及蒸汽经射流混合器混合后，送至空气氧化脱硫塔。混入蒸汽的目的是提高温度，加快反应速度。脱硫塔用拱板分为数段，拱板上安装喷嘴。当废水和空气以较高的速度冲出喷嘴时，空气被粉碎为细小的气泡，增大了气液两相的接触面积，使氧化速度加快，在气液并流上升的过程中，气泡的上升速度较快，并不断产生破裂与合并，当气泡上升到段顶板时，就会产生气液分离现象。

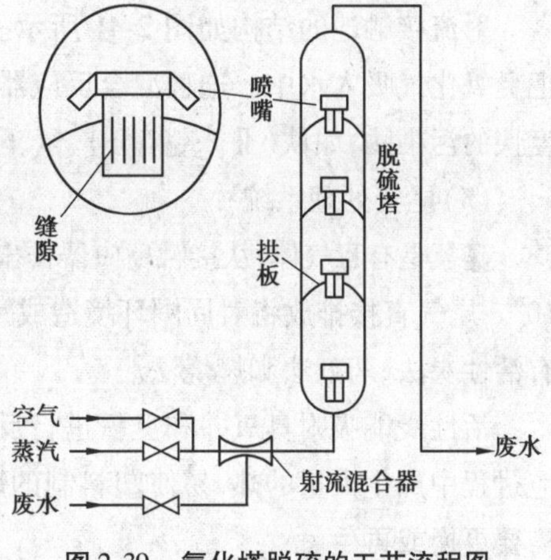

图 2-39　氧化塔脱硫的工艺流程图

喷嘴底部缝隙的作用就是使气体能够再度均匀地分布在废水中，然后经过喷嘴进一步混合，这样就消除了气阻现象，使塔内压力稳定。

3. 臭氧氧化法设备

臭氧氧化法设备包括臭氧发生器、混合反应器和尾气处理系统等 3 部分。

(1)臭氧发生器

制备臭氧的方法较多，有化学法、电解法、紫外光法、无声放电法等。工业上一般采用无声放电法制取。我国已有多种臭氧发生器的定型产品出售，可供使用单位选择。

(2)混合反应器

臭氧系统中最重要的设备是混合反应器，其作用是促进气水扩散混合，使气水充分接触，加快反应。废水处理中常用的混合反应器有两类：一类是微孔扩散板式，另一类是接触混合方式(常采用射流器)。

微孔扩散板式混合器的结构示意图如图 2-40 所示。废水从反应器上部注入，由上而下流动，臭氧化气从池底扩散板喷出，以微小气泡上升，与废水逆流接触。这种混合器的特点是设备简单、气量容易调节、接触时间较长、反应充分，适用于反应速度慢的污染物，如烷基苯磺酸钠(ABS)、COD、焦油、污泥、氨氮等。

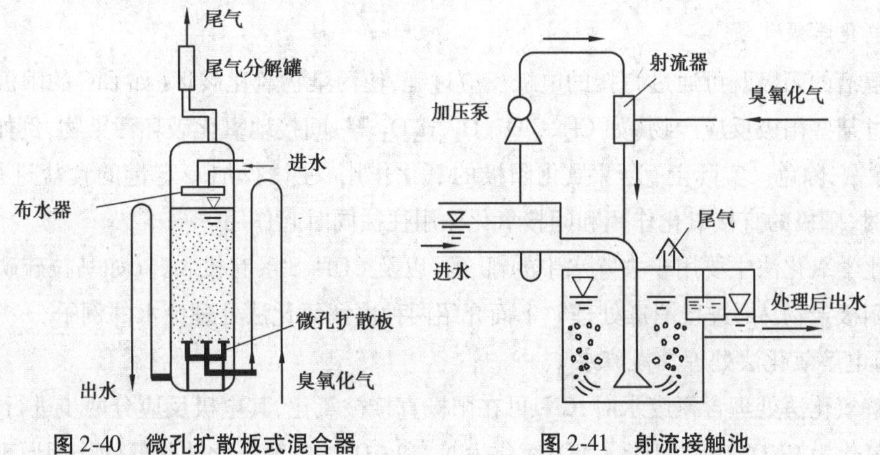

图 2-40　微孔扩散板式混合器　　　图 2-41　射流接触池

射流接触池的结构如图 2-41 所示。高压废水通过喷嘴处时,因速度很高而产生负压,把臭氧化气吸入水中。这种混合反应器的特点是混合充分,但接触时间较短,适用于反应速度快的污染物,如铁(Ⅱ)、锰(Ⅱ)、氰、酚、亲水性染料、细菌等。

(3)尾气处理系统

臭氧是有毒气体,从接触反应器排出的尾气中,臭氧的体积分数通常为 500×10^{6} ~ $3\ 000\times10^{6}$。尾气直接排放将对周围环境造成污染,因此需要对尾气进行适当处理。尾气处理方法有活性炭法、药剂法和燃烧法。

活性炭能吸附臭氧并和臭氧进行反应,使臭氧分解。本法设备简单,比较经济,但在反应过程中产生大量的热,易使塑料制的尾气塔变形。另外,使用周期短,活性炭吸附饱和后需要更换或再生。

药剂法分为还原法和分解法,前者使臭氧还原,后者使臭氧分解。还原法可采用亚铁盐、亚硫酸钠、硫代硫酸钠等。分解法可采用氢氧化钠等。药剂法比较简单,但费用较高。

燃烧法一般是将尾气送入燃烧炉内燃烧。臭氧在3 000 ℃以上的高温下会立即分解,此法比其他方法经济。

知识点4　电　解

一、功能和原理

电解法是指在直流电场的作用下,利用电极上产生的氧化还原反应,去除废水中的污染物的方法。用来进行电解的装置叫作电解槽,电解槽的阴极与电源负极相连接,阳极与电源正极相连接。阳极能接纳电子,起氧化剂的作用;阴极能放出电子,起还原剂的作用。

电解槽的阳极分为不溶性阳极与可溶性阳极两类。不溶性阳极是用铂、石墨制成的,在电解过程中自身不参与反应,只起传导电子的作用;可溶性阳极是用铁、铝等可溶性金属制成的,在电解过程中自身溶解,金属原子失去电子被氧化成阳离子进入溶液,这些阳离子或沉积于阴极,或形成金属氢氧化物,可作为混凝剂,起凝聚作用。

二、常用的电解法

废水处理中常用的电解法有电化学氧化法、电化学还原法、电解凝聚法、电解气浮法。

1. 电化学氧化法

电解槽的阳极既可通过直接的电极反应过程,使污染物氧化破坏(如 CN^- 的阳极氧化),也可通过某些阳极反应产物(如 Cl_2、ClO^-、O_2、H_2O_2 等)间接地氧化破坏污染物,例如阳极产物 Cl_2 除氰、除色。实际上,为了强化阳极的氧化作用,往往投加一定量的食盐进行“电氯化”,此时,阳极的直接氧化作用和间接氧化作用往往同时起作用。

电化学氧化法主要用于去除水中的氰、酚,以及 COD、S^{2-}、有机农药(如马拉硫磷)等,亦可利用阳极产物 Ag^+ 进行消毒处理。下面介绍两种电解氧化法处理废水的例子。

(1)电解氧化法处理含氰废水

电解氧化法处理含氰废水时,CN^- 可在阳极直接被氧化,其电极反应分两步进行:第一步将 CN^- 氧化为 CNO^-,第二步将 CNO^- 氧化为 N_2 和 CO_2。电解氧化法除氰的作用原理类似碱性氯化法处理含氰废水。反应要在适当的碱性条件（pH 值为 9 ~ 10）下进行，有助于剧毒物质氯化氰的水解。电解时，通常要往废水中添加一定量（2 ~ 3 g/L）的食盐。食盐的加入不仅能使溶液导电性增加，而且能使 Cl^- 在阳极放电，产生氯氧化剂，强化了阳极的氧化作用。

电解氧化法除氰时，电解槽阳极可用石墨或涂二氧化钛的钛材，阴极可用普通钢板，电流密度一般在 9 A/dm^2 以下。为防止有害气体逸入大气，电解槽应采用全封闭式。采用电解法处理含氰废水，可使游离 CN^- 浓度降至 0.1 mg/L 以下，并且不必设置沉淀池和泥渣处理设施。

(2)电解氧化法处理含酚废水

电解氧化法除酚通常都要投加食盐，以强化氧化过程，并降低电耗。据试验，食盐的投加量为 20 g/L，电流密度采用 1.5 ~ 6 A/dm^2 时，经 6 ~ 38 min 电解处理，废水含酚浓度可从 250 ~ 600 mg/L 降至 0.8 ~ 4.3 mg/L。

2. 电化学还原法

电解槽的阴极可使废水中的重金属离子还原出来，沉淀于阴极（称为电沉积），从而加以回收利用，还可将五价砷（AsO_3^- 或 AsO_4^{3-}）及六价铬（CrO_4^{2-} 或 $Cr_2O_7^{2-}$）分别还原为砷化氢（AsH_3）及 Cr^{3+} 予以去除或回收。下面介绍两种电化学还原法处理废水的例子。

(1)电解还原法处理含铬（Ⅵ）废水

铬（Ⅵ）通常以 $Cr_2O_7^{2-}$ 的形态存在于废水中，在直流电作用下，向阳极迁移，被铁阳极溶蚀产物 Fe^{2+} 还原。此外，阴极还可以直接还原一部分六价铬。由于 H^+ 在阴极放电，使废水的 pH 值逐渐升高，Cr^{3+} 和 Fe^{3+} 便形成 $Cr(OH)_3$ 及 $Fe(OH)_3$ 沉淀。生成的氢氧化铁有凝聚作用，能促进氢氧化铬迅速沉淀。据研究，对于六价铬的还原来说，亚铁离子的还原作用是主要的，而阴极的直接还原作用是次要的（约占百分之几），因此，必须采用铁为阳极材料。当用压缩空气进行搅拌时，空气中的氧要消耗一部分亚铁离子，因此，要严格控制空气注入，或采用其他搅拌方法。

电化学还原法处理含铬废水，操作管理比较简单。处理效果稳定可靠，含铬电镀废水的六价铬含量可降至 0.1 mg/L 以下；水中其他重金属离子亦可通过还原和共沉淀作用部分去除。当原水含铬在 100 mg/L 以下时，采用电解法的处理费用不高于化学还原法。但此法的主要缺点是钢材耗量较大，沉渣处理及利用问题尚未完全解决。

(2)电沉积法去除与回收废水中的重金属离子

废水中的许多重金属离子，如 Cu^{2+}、Ag^+、Au^{3+}、Ni^{2+}、Cd^{2+}、Hg^{2+} 等，都可用电解法在阴极沉积析出。如某含铜 3 360 mg/L 的废水，电流密度采用 3 A/dm^2，经 10 min 电解，出水含铜量可降至 10 mg/L 以下。又据试验，某含银 3 ~ 5 g/L 的电镀废水，电流密度采用 0.3 A/dm^2，经循环电解，出水含银量为 0.6 g/L。如将金属离子含量降至更低，则会由于电流效率很低而不经济。

3. 电解凝聚法

电解凝聚法（亦称电混凝法）是以铝、铁等金属为阳极，在直流电的作用下，阳极被腐蚀，

产生 Al^{3+}、Fe^{2+} 等离子，再经一系列水解、聚合及亚铁的氧化过程，使废水中的胶态杂质、悬浮杂质凝聚沉淀而得以分离。同时，带电的污染物颗粒在电场中向电极移动，部分电荷被电极中和而促使其脱稳凝聚。

废水进行电解凝聚处理时，用铝电极比铁电极好，因为形成 $Fe(OH)_3$ 絮凝体要先经过 $Fe(OH)_2$，故比较慢，而形成 $Al(OH)_3$ 则快得多。为了降低成本，可用废铁板及废铝板作电极。

对废水进行电解凝聚处理时，不仅对胶态杂质及悬浮杂质有凝聚沉淀作用，而且由于阳极的氧化作用和阴极的还原作用，还能去除水中多种污染物。根据试验，用电解凝聚法处理纸厂废水，电极采用铁板，槽电压为 10～20 V，电解时间为 10～15 min。该废水的 COD 高达 1 500～2 000 mg/L，色度也很高。经处理后，COD 去除率为 55%～70%，色度去除率为 90%～95%。

电解凝聚相比于投加凝聚剂的化学凝聚来说，具有一些独特的优点：可去除的污染物广泛；反应迅速（如阳极溶蚀产生 Al^{3+} 并形成絮凝体只需约 0.5 min）；适用的 pH 范围广；形成的沉渣密实，澄清效果好。该法的缺点是极板消耗大量金属，电耗也较高。

4. 电解气浮法

电解气浮法的原理、设备结构以及优缺点等将在气浮法中予以介绍。

三、电解槽的结构形式和极板电路

1. 电解槽

电解槽多为矩形，按废水流动方式分为回流式和翻腾式两种。

（1）回流式电解槽

回流式电解槽在槽内设置若干块隔板，使水流沿极板水平折流前进，电极板与水流方向垂直，回流式电解槽的结构如图 2-42 所示。其优点是水流流程长，离子易向水中扩散，容积利用率高；缺点是施工和检修困难。

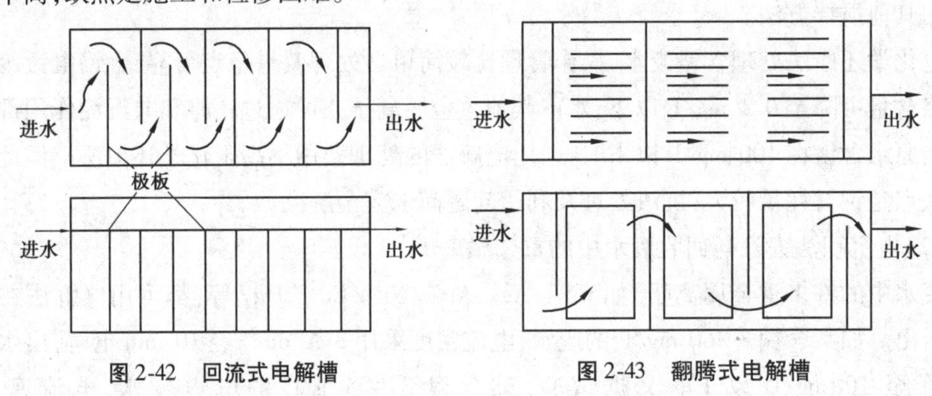

图 2-42　回流式电解槽　　图 2-43　翻腾式电解槽

（2）翻腾式电解槽

翻腾式电解槽在平面上呈长方形，用隔板分成数段，每段中水流顺着板面前进，并以上下翻腾的方式流过各段隔板，翻腾式电解槽的结构如图 2-43 所示。其优点是极板两端的水压相等，极板不易弯曲变形；极板采用悬挂方式固定，极板与池壁不接触而减少了漏电的可能,更换极板也较方便。缺点是水流流程短,不利于离子的充分扩散,槽的容积利用率较低。在废水处理中常采用翻腾式电解槽。

2. 极板电路

电解需要直流电源,整流设备可根据电解所需要的总电流和总电压选用。极板电路有两种:单极板电路和双极板电路,如图 2-44 所示。生产上双极板电路应用较普遍,因为双极板电路极板腐蚀均匀,相邻极板接触的机会少,即使接触也不致发生电路短路而引起事故,因此,双极板电路便于缩小极板间距,提高极板利用率,减小投资和节约运行费用等。

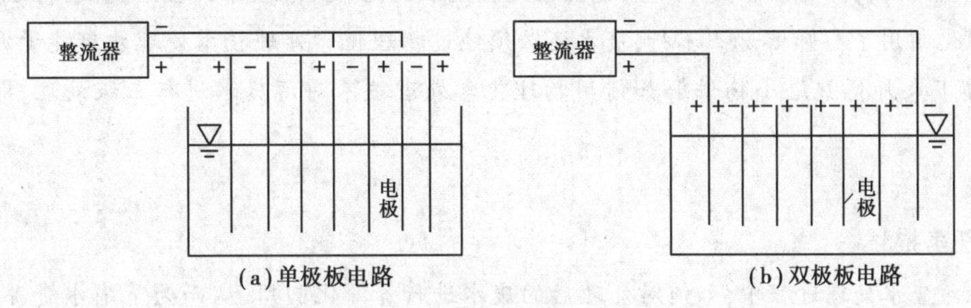

图 2-44 电解槽极板电路

四、电解的运行管理

①控制极板的间距。极板间距一般为 30 ~ 40 mm,过大则电压要求高,电耗大;过小不仅安装不便,而且极板材料耗量高。

②控制槽电压。电能消耗与电压有关,槽电压取决于废水的电阻率和极板间距。一般废水的电阻率控制在 1 200 Ω · cm。对于导电性能差的废水要投加食盐,以改善导电性能。投加食盐可以降低电压,使电能消耗减少。

③控制电流密度。废水中污染物浓度较大时,可适当提高电流密度;反之则可降低电流密度。当废水中污染物浓度一定时,电流密度越大,则电压越高,处理速率加快,但电能消耗量增加,且副反应数量增加。适宜的电流密度由实验确定,选择污染物去除效率高且耗电量低的点作为运行控制的指标。

④控制电解槽的 pH 值。不同的污染物进行电解处理时,有不同的最佳 pH 值范围,因此应该严格控制电解槽的 pH 值。

⑤搅拌可以促进离子的对流与扩散,减少电极的浓差极化现象,并能起清洁电极表面的作用,防止沉淀物在电解槽中沉淀。通常采用压缩空气对电解槽进行搅拌。

⑥注意观察极板的腐蚀和钝化现象,做到及时更换或清洁极板。

⑦电解操作间应保证良好的通风,操作人员注意用电安全。

任务3　认识处理污废水的物理化学技术

▶情境设计

小杨问师傅:"污废水是不是经过物理处理技术及化学处理技术处理后变成清澈的水就能资源化回用了?"师傅说:"不行,废水还必须经过物理化学处理技术处理才可能资源化回用。"接下来师傅就给小杨讲解如何用物理化学处理技术对污废水进行三级处理,即深度处理。

▶任务描述

在污废水处理过程中,如何对处理后的废水进行资源化回用,从而为节省水资源、减少水污染,达到清洁生产要求作出贡献?本任务主要学习的混凝法、气浮法、吸附法、离子交换法、膜分离技术及消毒技术等物理化学处理技术就是专门用来处理二级排放的废水,使其达到资源化回用的三级(深度)处理要求的技术,即物理化学技术是利用物理化学的原理和化工单元操作去除水中的杂质,物理化学技术的处理对象主要是废水中的无机或有机(难以生物降解的)溶解性污染物或胶体物质。

▶任务实施

知识点1　混凝法

一、功能和原理

废水中的胶体(1～100 nm)和细微悬浮物(100～10 000 nm)能在水中长期保持稳定的悬浮状态,静止而不沉,使废水产生混浊现象。混凝法就是向废水中投加混凝药剂,使其中的胶体和细微悬浮物脱稳,并聚集为数百微米至数毫米矾花,进而可以通过重力沉降和其他固液分离手段予以去除的废水处理技术。

二、常用的混凝剂和助凝剂

常用的混凝剂和助凝剂有无机盐类混凝剂、有机高分子类混凝剂、助凝剂3种。

1. 无机盐类混凝剂

目前,应用最广的无机盐类混凝剂是铁系和铝系金属盐,可分为普通铁、铝盐和碱化聚合物,如表2-6所示。其他还有碳酸镁、活性硅酸、高岭土、膨润土等。

表 2-6　常用的无机盐类混凝剂

名称	分子式	一般介绍
精制硫酸铝	$Al_2(SO_4)_3 \cdot 18H_2O$	①含无水硫酸铝 50% ~52%； ②适用水温为 20 ~40 ℃； ③当 pH=4 ~7 时，主要去除水中的有机物； 当 pH=5.7 ~7.8 时，主要去除水中的悬浮物； 当 pH=6.4 ~7.8 时，处理浊度高、色度低（小于 30 度）的水； ④湿式投加时，一般先溶解成 10% ~20% 的溶液
工业硫酸铝	$Al_2(SO_4)_3 \cdot 18H_2O$	①制造工艺较简单； ②不同产地的无水硫酸铝含量各不相同，设计时一般采用 20% ~25% 的无水硫酸铝； ③价格比精制硫酸铝便宜； ④用于废水处理时，投加量一般为 50 ~200 mg/L； ⑤其他同精制硫酸铝
明矾	$Al_2(SO_4)_3 \cdot K_2SO_4 \cdot 24H_2O$	①同精制硫酸铝②、③； ②现已大部分被硫酸铝所代替
硫酸亚铁（绿矾）	$FeSO_4 \cdot 7H_2O$	①腐蚀性较强； ②矾花形成较快，较稳定，沉淀时间短； ③适用于碱度高，浊度高，pH=8.1 ~9.6 的水，不论在冬季或夏季使用都很稳定，混凝作用良好，当 pH 值较低（<8.0 时），常使用氯进行氧化，使二价铁氧化成三价铁，也可以采用同时投加石灰的方法解决
三氯化铁	$FeCl_3 \cdot 6H_2O$	①对金属（尤其对铁器）腐蚀性大，对混凝土亦有腐蚀，对塑料管也会因发热而变形； ②不受温度影响，矾花结得大，沉淀速度快，效果较好； ③易溶解，易混合，渣滓少； ④适用最佳 pH 值为 6.0 ~8.4
聚合氯化铝	$[Al_n(OH)_mCl_{3n-m}]$ （通式） 简写 PAC	①净化效率高，耗药量少，过滤性能好，对各种工业废水适应性较高； ②温度适应性高，pH 值适用范围广（可在 pH=5 ~9 的范围内），因而可不投加碱剂； ③使用时操作方便，腐蚀性小，劳动条件好； ④设备简单，操作方便，成本较三氯化铁低； ⑤是无机高分子化合物

(1)三氯化铁

三氯化铁($FeCl_3 \cdot 6H_2O$)是一种常用的混凝剂,是黑褐色的结晶体,有强烈吸水性,形成的矾花沉淀性好,处理低温水和低浊水时的效果比铝盐好,适宜的 pH 值范围较宽,但处理后的水的色度比铝盐的高。三氯化铁液体、晶体物或受潮的无水物腐蚀性极强,调制和加药时设备必须考虑用耐腐蚀材料。

(2)硫酸亚铁

硫酸亚铁($FeSO_4 \cdot 7H_2O$)是半透明的绿色晶体。通常不如三价铁盐混凝效果好,且残留在水中的 Fe^{2+} 会使处理后的水带色。

(3)硫酸铝

硫酸铝[$Al_2(SO_4)_3$]是废水处理中使用得最多的混凝剂。硫酸铝使用便利,混凝效果较好。使用硫酸铝的有效 pH 值范围较窄,且跟原水硬度有关,如对于软水,pH 值为 5.7~6.6;中等硬度的水,pH 值为 6.6~7.2;硬度较高的水,pH 值则为 7.2~7.8。

明矾[$Al_2(SO_4)_3 \cdot K_2SO_4 \cdot 24H_2O$]是硫酸铝和硫酸钾的复盐,其中 Al_2O_3 含量约为 10.6%,也可作为混凝剂。

(4)聚合氯化铝

聚合氯化铝的化学式为[$Al_2(OH)_nCl_n^{6-}$]$_m$,n 可取 1~5 的整数,m 可取 1~10 的整数。聚合氯化铝作为混凝剂处理水时,有以下优点:对污染严重或低浊度、高浊度、高色度的原水都可达到较好的混凝效果;水温低时,仍可保持稳定的混凝效果;矾花形成快,颗粒大而重,沉淀性能好,投药量一般比硫酸铝低;适宜的 pH 值范围较宽,为 5~9,当过量投加时也不会像硫酸铝那样造成水浑浊的反效果;药液对设备的侵蚀作用小,且处理后水的 pH 值和碱度下降较小。

(5)聚合硫酸铁

聚合硫酸铁的化学式为[$Fe_2(OH)_n(SO_4)_n^{3-}/2$]$_m$。它与聚合铝盐都是具有一定碱化度的无机高分子聚合物,适宜水温为 10~50 ℃,适宜 pH 值为 5.0~8.5,但在 pH 值为 4.0~11 内仍可使用。与普通铁铝盐相比,它具有投加剂量少、矾花生成快、对水质的适应范围广等优点。

2. 有机高分子类混凝剂

高分子混凝剂分为天然和人工两种,其中,天然高分子混凝剂的应用远不如人工高分子混凝剂广泛。高分子混凝剂溶于水中,通常会形成黏性的液体。

有机高分子混凝剂可分为阴离子型、阳离子型和非离子型。高分子混凝剂中,以聚丙烯酰胺应用最为普遍,产量占高分子混凝剂总产量的 80%。聚丙烯酰胺常作为助凝剂与其他混凝剂一起使用,可产生较好的混凝效果。聚丙烯酰胺的投加次序与废水水质有关。当废水浊度低时,宜先投加其他混凝剂,再投加聚丙烯酰胺;当废水浊度高时,应先投加聚丙烯酰胺,再投加其他混凝剂。常用有机高分子混凝剂如表 2-7 所示。

表 2-7　常用有机合成高分子混凝剂及天然絮凝剂

名称	代号	一般介绍
聚丙烯酰胺	PAM	①目前被认为是最有效的高分子之一,在废水处理中常被用作助凝剂,与铝盐或铁盐配合使用; ②与常用混凝剂配合使用时,应按一定的顺序先后投加,以达到两种药剂的最佳效果; ③固体产品不易溶解,宜在有机械搅拌的溶解槽内配制成 0.1% ~ 0.2% 的溶液再进行投加,稀释后的溶液保存期不宜超过 2 周; ④有极微弱的毒性,用于生活饮用水净化时,应注意控制投加量; ⑤是合成的有机高分子絮凝剂,为非离子型,通过水解构成阴离子型,也可通过引入基团制成阳离子型,目前,市场上已有阳离子型聚丙烯酰胺产品出售
脱色絮凝剂	脱色 I 号	①属于聚胺类高度阳离子化的有机高分子混凝剂,液体产品固含量为 70%,为无色或浅黄色透明黏稠液体; ②储存温度为 5 ~ 45 ℃,使用 pH 值为 7 ~ 9,按 1∶50 ~ 1∶100 稀释后投加,投加量一般为 20 ~ 100 mg/L,也可与其他混凝剂配合使用; ③对于印染厂、染料厂、油墨厂等工业废水处理具有其他混凝剂不能达到的脱色效果
天然植物改性高分子絮凝剂		①由 691 化学改性制得,取材于野生植物,制备方便,成本较低; ②易溶于水,适用水质范围广,沉降速度快,处理水澄清度好; ③性能稳定,不易降解变质; ④安全无毒
天然絮凝剂	F691	刨花木、白胶粉
	F703	绒蒿(灌木类、皮、根、叶亦可)

根据处理后水质目标选用合适的混凝剂,是十分重要的。混凝剂品种的选择应遵循以下一般原则:

①混凝效果好。在特定的原水水质、处理后水质要求和特定的处理工艺条件下,可以获得满意的混凝效果。

②无毒害作用。当用于处理生活饮用水时,选用的混凝剂不得含有对人体健康有害的成分;当用于工业生产时,选用的混凝剂不得含有对生产有害的成分。

③货源充足。应对所选用的混凝剂货源和生产厂家进行调研考察,了解货源是否充足、是否能长期稳定供货、产品质量如何等。

④成本低。当有多种混凝剂可供选择时,应综合考虑药剂价格、运输成本与投加量等,进行经济比较分析,在保证处理后水质的前提下尽可能降低成本。

⑤新型药剂的卫生许可。对于未推广应用的新型药剂品种,应取得当地卫生部门的许可。

⑥ 借鉴已有经验。查阅相关文献并考察具有相同或类似水质的水处理厂,借鉴其运行经验,为选择混凝剂提供参考。

⑦混凝剂的生产工艺要环境友好,尽可能选用无毒无害的生产原料,生产工艺污染物排放少。

对于各种混凝剂混凝效果的比较及混凝剂投加量优化,混凝试验是最有效的方法之一。

3. 助凝剂

常用的助凝剂主要有 pH 调整剂、絮体结构改良剂、氧化剂 3 类。

(1)pH 调整剂

在原水 pH 不符合工艺要求,或在投加混凝剂后 pH 发生较大变化时,就需要投加酸性或碱性物质予以调整。常用的 pH 调整剂有硫酸、熟石灰、氢氧化钠、纯碱等。

(2)絮体结构改良剂

絮体结构改良剂的作用是加大絮体的粒径、密度和机械强度。这类物质有水玻璃、活性硅酸和粉煤灰、黏土等。前二者主要作为骨架物质来强化低温和低碱度下的絮凝作用;后二者则作为矾花形成核心来加大絮体密度,改善其沉降性能和污泥的脱水性能。

(3)氧化剂

当原水中的有机物含量较高时容易形成泡沫,不仅使感观性状恶化,絮凝体也不易沉降。此时,应投加 Cl_2、次氯酸钙和次氯酸钠等氧化剂来破坏有机物。当用 $FeSO_4$ 作混凝剂时,常用 O_3 和 Cl_2 将 Fe^{2+} 氧化为 Fe^{3+},以提高混凝效果。

常用的助凝剂如表 2-8 所示。

表 2-8 常用的助凝剂

名称	分子式	一般介绍
氯	Cl_2	①当处理高色度废水及用作破坏水中有机物或去除臭味时,可在投混凝剂前先投氯,以减少混凝剂用量; ②用硫酸亚铁作混凝剂时,为使二价铁氧化成三价铁,可在水中投氯
生石灰	CaO	①用于原水碱度不足时; ②用于去除水中的 CO_2,调节 pH 值; ③对于印染废水等有一定的脱色作用
活化硅酸、活化水玻璃、泡花碱	$Na_2O \cdot xSiO_2 \cdot yH_2O$	①适用于硫酸亚铁与铝盐混凝剂,可缩短混凝沉淀时间,节省混凝剂用量; ②在原水浑浊度低、悬浮物含量少及水温较低(约在 14 ℃以下)时使用,效果更为显著; ③可提高滤池滤速,必须注意加注点; ④要有适宜的酸化度和活化时间

三、混凝工艺

整个混凝工艺涉及以下4个步骤:混凝剂的配制与投加、混合、反应、矾花分离。

1. 混凝剂的配制与投加

采用湿法投加混凝剂,即先将混凝剂和助凝剂分别配制成一定浓度的溶液,然后定量投加至废水中。

2. 混合

将混凝剂迅速地分散到废水中,与水中的胶体和细微悬浮物相接触。在混合过程中,胶体和细微的悬浮物初步发生絮凝,并产生微小的矾花。一般要求快速和剧烈搅拌,在几秒钟或一分钟内完成混合。

3. 反应

反应是指混凝剂与胶体和细微的悬浮物发生反应,使胶体和悬浮物脱稳,互相絮凝,最终聚集成为粒径较大的矾花颗粒。一般要求反应阶段的搅拌强度或水流速度应随着絮凝体颗粒的增大而逐渐降低,以免大的矾花被打碎。

4. 矾花分离

矾花分离指通过重力沉降或其他固液分离手段将形成的大颗粒矾花从水中去除。

四、运行控制条件

混凝过程中的运行控制条件包括pH值、水温、混凝剂的选择和投加量、水力等。

1. pH值

每种混凝剂都有其适宜的pH值。在最适宜的pH值下,混凝反应速度最快,絮体溶解度最小,混凝作用最大。当废水的pH值不在混凝剂的适宜范围时,应首先将pH值调节到适宜范围,再投加混凝剂。一般高分子混凝剂受pH值的影响很小;铁、铝盐混凝剂水解时不断产生H^+,导致pH值下降,为此,应有碱性物质与之中和。最适宜的pH值一般需要通过试验得到。

2. 水温

混凝的水温一般以20~30 ℃为宜。水温过低,混凝剂水解缓慢,生成的絮体细碎松散,不易沉降。水温高时,黏度降低,水中胶体或细微颗粒之间的碰撞机会增多,从而提高混凝效果,缩短混凝沉淀时间。

当废水的水温过低时,可以采用废水加热,也可以配合使用铁盐混凝剂并投加活性硅酸助凝剂和粉煤灰、黏土等絮体加重剂。

3. 混凝剂的选择和投加量

(1)混凝剂的选择

混凝剂的选择主要取决于胶体和细微悬浮物的性质、浓度,同时还应考虑来源、成本和是否引入有害物质等因素。

如水中污染物主要呈胶体状态,则可以选择投加无机混凝剂使其脱稳凝聚,再投加高分子混凝剂或配合使用活性硅酸等助凝剂。一般将无机混凝剂与高分子混凝剂并用,可明显减小混凝剂消耗量,提高混凝效果,扩大应用范围。高分子絮凝剂选用的基本原则是:阴离子型和非离子型主要用于去除浓度较高的细微悬浮物,但前者更适合中性和碱性水质,后者更适合中性至酸性水质;阳离子型主要用于去除胶体状有机物,酸性至碱性水质均适用。

(2)混凝剂的投加量

混凝剂的投加量除与水中微粒的种类、性质和浓度有关外,还与混凝剂的品种、投加方式及介质条件有关。

对任何废水进行混凝处理,都存在最佳混凝剂和最佳投药量的问题,两者均应通过试验确定。一般聚合盐混凝剂的投加量大体为普通盐混凝剂的1/3～1/2,有机高分子混凝剂通常只需1～5 mg/L。混凝剂投加过量,反而容易造成胶体再稳,降低混凝效果。

4.水力条件

混凝剂投入废水中后,必须创造适宜的水力条件使混凝作用顺利发挥。混凝中的混合阶段和反应阶段对水力条件有不同的要求。一般通过搅拌强度和搅拌时间来控制混凝工艺的水力条件以及絮体的形成过程。搅拌强度常用速度梯度 G 表示,速度梯度的计算公式如下:

$$G=\sqrt{\frac{P}{\mu\times V}} \tag{2-12}$$

式中 G——搅拌强度,s^{-1};

P——输入功率,W;

μ——水的动力黏度,Pa·s;

V——反应器的有效容积,m^3。

一般情况下,混合阶段的 G 值为500～1 000 s^{-1},搅拌时间为10～30 s;反应阶段的 G 值为10～200 s^{-1},反应时间为10～30 min。

五、混凝的设备

混凝工艺中需要用到以下设备:混凝剂的配制与投加设备、混合设备、反应设备、矾花分离设备。

1.混凝剂的配制与投加设备

(1)混凝剂溶解和溶液配制

混凝剂的投加分为干投法和湿投法两种。干投法是指混凝剂为粉末状固体,直接投加,湿投法是指将混凝剂配制成一定浓度的溶液后投加。我国多采用后者。采用湿投法时,混凝处理工艺流程如图2-45所示。

(2)混凝剂的配制设备

混凝剂的配制设备要求投药方便,溶药快,包括溶药池和药液储存池。溶药池是把固体药剂溶解成浓溶液,溶解可采用水力、机械或压缩空气等搅拌方式,3种搅拌方式下的装置分别如图2-46、图2-47、图2-48所示。搅拌方式根据药量的多少和药剂的性质进行选择,一般药量少时采用水力搅拌,药量多时采用机械搅拌。溶药池体积一般为溶液池的20%～30%。另外,应注意定期排除溶药系统中的沉渣。

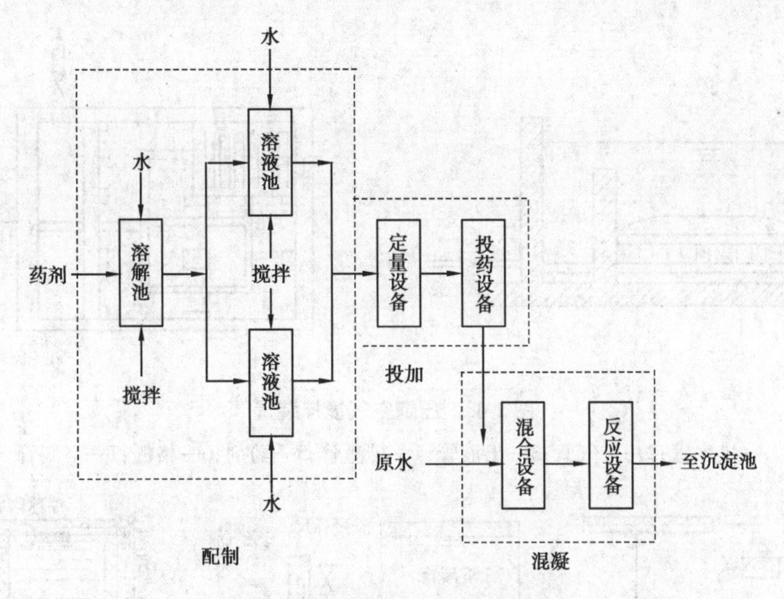

图2-45　湿投法混凝处理工艺流程

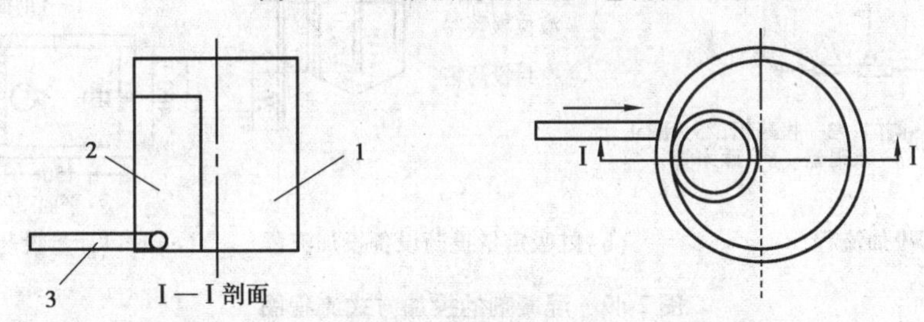

图2-46　水力搅拌装置

1—溶液池；2—溶药池；3—压力水管

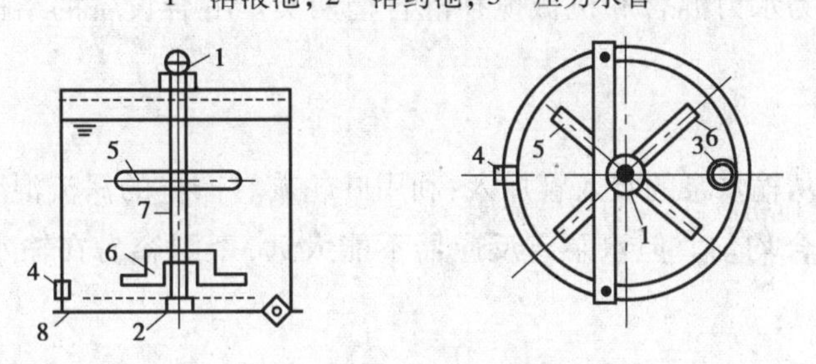

图2-47　机械搅拌装置

1,2—轴承;3—异径管箍;4—出管;5—桨叶;6—锯齿角钢桨叶;7—立轴;8—底板

(3)药液投加设备

药液的投加要求计量准确、调节灵活、设备简单。目前,较常用的有计量泵、水射器、虹吸定量投药设备和孔口计量设备。其中计量泵最简单可靠,生产型号也较多。水射器主要用于向压力管内投加药液,使用方便。虹吸定量投药设备是利用空气管末端与虹吸管出口间的水位差不变,保持投药量恒定而设计的投配设备。孔口计量设备主要用于重力投加系统,溶液液位由浮子保持恒定,溶液由孔口经软管流出,只要孔上的水头不变,投药量就保持不变,可通过调节孔口的大小来调节投药量的大小。水射器、虹吸定量投药设备和孔口计量投药设备的投加流程如图2-49所示。

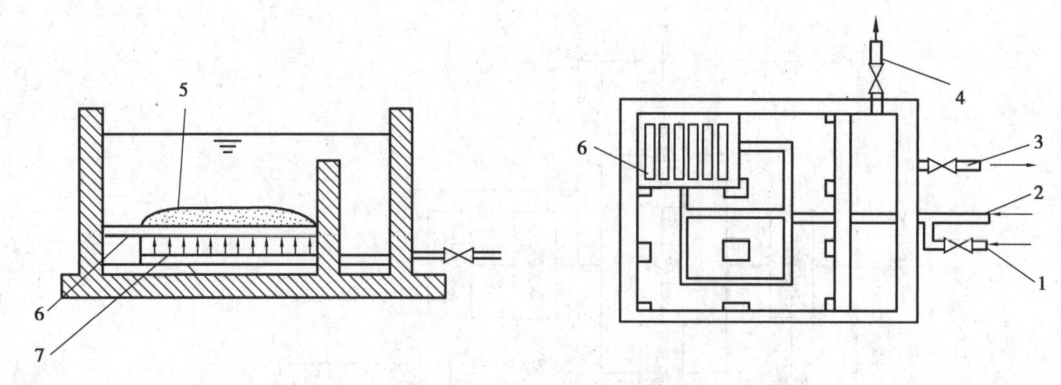

图 2-48　压缩空气搅拌装置

1—进水管;2—进气管;3—出液管;4—排渣管;5—药剂;6—格栅;7—空气管

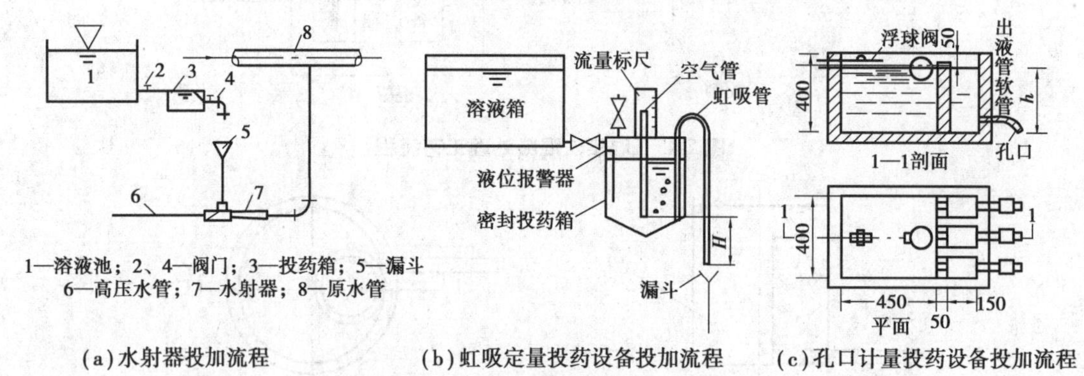

(a)水射器投加流程　　(b)虹吸定量投药设备投加流程　　(c)孔口计量投药设备投加流程

图 2-49　混凝剂的投加方式流程图

2. 混合设备

混合设备可分为水力混合和机械搅拌混合槽两类。混合设备的结构形式主要有以下几种。

(1)水泵混合

将混凝剂溶液从输水泵的吸入管加入,利用叶轮旋转产生的涡流混合。这种方式简便易行,能耗低,且混合均匀。但水泵离反应器不能太远,否则容易在输水管内形成细碎絮凝体。

(2)管道混合

将混凝剂溶液加入压力管,利用管内紊流使药剂扩散于水中。管道混合的结构有如图 2-50 所示几种,管内水速宜为 1.5 ~ 2 m/s,投药后的管内水头损失不大于 0.3 m。为了提高混合效果,可在管内增设孔板或 2 ~ 3 块交错排列的挡板,如图 2-50 (c)和(d)所示。管道混合无活动部件,结构简单,安装使用方便。

(3)机械搅拌混合

机械搅拌混合是由搅拌桨快速旋转造成紊流来完成的,如图 2-51 所示。为了提高混合效果,槽内宜设内壁挡板。槽体有效容积按水力停留时间为 10 ~ 30 s 计算,有时还乘以 1.2 的放大系数。桨叶外缘线速度,对于桨式搅拌桨,宜取 1.5 ~ 3 m/s,对于推进式搅拌桨,宜取 5 ~ 15 m/s。

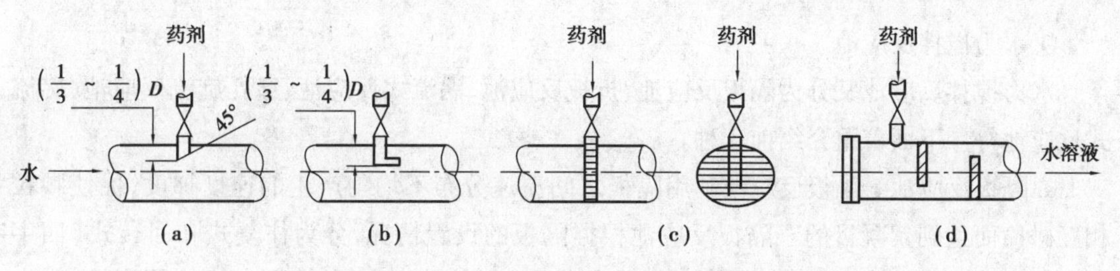

图2-50　管道混合的几种结构形式

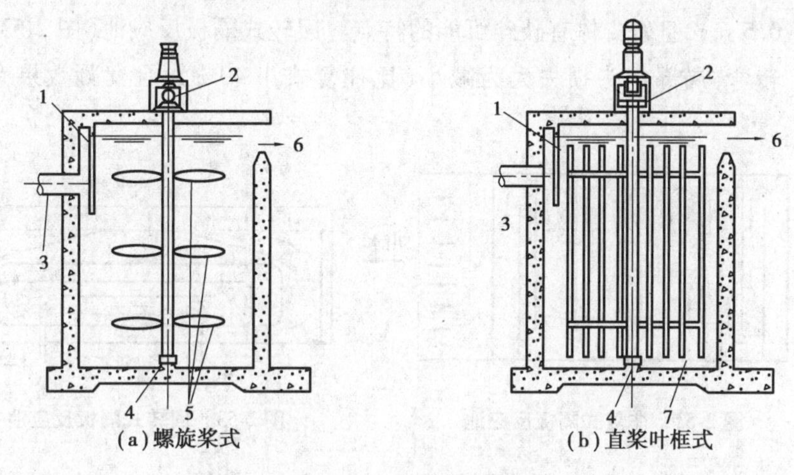

图2-51　机械搅拌混合器

1—挡板;2—齿轮;3—进水管;4—轴;5—螺旋桨;6—出水管;7—直桨

3. 反应设备

(1)工艺要求

在絮凝阶段,必须借助机械或水力搅拌进行同向絮凝。

①作用。使微絮凝体通过合适的水力条件变成粗大絮凝体(粗大絮凝体 $d>0.6$ mm)。

②要求:

a. 提供足够的碰撞次数。

b. 搅拌强调要递减。

c. 流速不能太小,以保证絮凝体不在反应池中沉淀。

③措施:

a. 增大颗粒浓度。对低浊度水可采取投加黏土、增加投矾量等措施增大颗粒浓度。

b. 增大颗粒尺寸。例如投加高分子助凝剂活化硅酸、PAM 等。

c. 保证适当的速度梯度,且速度梯度要逐渐递减,一般通过控制流速 v 来控制速度梯度递减。通常反应池进口速度 $v_{进}=0.5\sim0.6$ m/s,反应池出口速度 $v_{出}=0.1\sim0.2$ m/s。

d. 提供足够的碰撞次数,保证有足够的絮凝时间($t=10\sim30$ min)。

e. 改善水流状态,即在反应池中设置扰流装置,在水中形成脉动流速,提高有效能耗。例如设置栅条、网格、波纹板等。

(2)设备分类

按搅拌方式分类,反应设备可分为水力搅拌反应池和机械搅拌反应池两大类。

①水力搅拌反应池。

水力搅拌反应池又分为隔板反应池、折板反应池、涡流式反应池、穿孔旋流反应池、旋流式反应池等。下面着重介绍前3种。

a. 隔板反应池。隔板反应池利用隔板之间流速分布不均匀产生的速度梯度,促使颗粒相互碰撞而达到絮凝目的。隔板反应池根据隔板的设置情况,分为往复式和回转式(四字形)两种。往复式隔板反应池(图2-52)具有水流在池内作180°转弯,局部水头损失较大(水头损失0.3~0.5 m),且絮凝体有破碎可能的特点。回转式隔板反应池(图2-53)具有水流在池内作90°转弯,局部水头损失大为减小(比往复式小40%),且絮凝效果有所提高的特点。

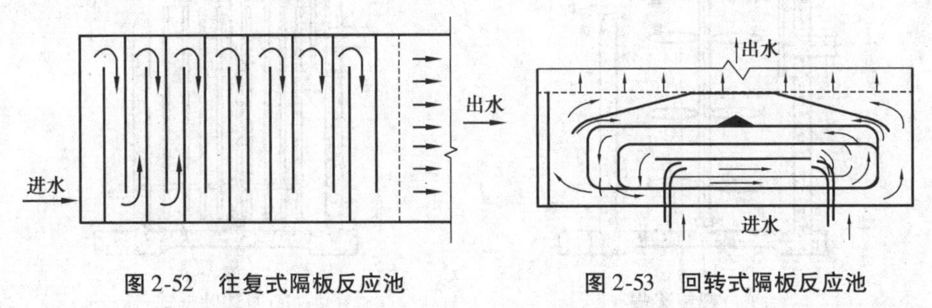

图2-52　往复式隔板反应池　　　　图2-53　回转式隔板反应池

b. 折板反应池。折板反应池是在隔板反应池的基础上发展起来的,它将隔板反应池的平行隔板改成具有一定角度的折板,折板按照波峰和波谷的相对安装和平行安装可分成异波折板和同波折板,通过水流在异波折板之间缩放流动或在同波折板之间曲折流动且连续不断,形成众多的小涡漩,提高了颗粒碰撞絮凝效果。折板反应池有竖流式和平流式两种,通常采用竖流式。

折板按水流在折板间上下流动的间隙数又可分为单通道和多通道。单通道是水流沿着每一对折板间的通道上下流动,多通道是将絮凝分成若干个格子,在每一个格子内放置若干折板,水流在每一格内平行并沿着格子依次上下流动。为使絮凝体逐步成长而避免破碎,无论在单通道内还是在多通道内均可采用前段异波式、中段同波式、后段平板式的组合形式。

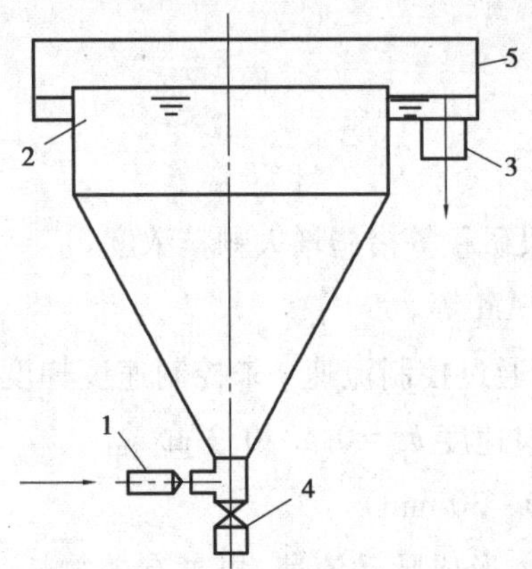

图2-54　涡流式反应池

1—进水管;2—圆锥集水槽;
3—出水管;4—放水阀;5—格栅

c. 涡流式反应池。涡流式反应池的结构示意图如图2-54所示。其下半部为圆锥形,水从锥底部流入,形成涡流扩散后缓慢上升,随锥体面积由小变大,反应液流速由大变小,流速的变化有利于絮凝体形成。涡流式反应池的优点是反应时间短、容积小、易布置,可以安装在竖流式沉淀池中,使用水量比隔板反应池小。

②机械搅拌反应池。

机械搅拌反应池利用装在水下转动的叶轮进行搅拌。按叶轮轴的安装方向,可分为水平(卧)轴式和垂直(立)轴式两种类型。叶轮的转数可根据水量和水质进行调节,水头损失比其他池型小。机械搅拌反应池如图 2-55 所示,图中的转动轴是垂直的,也可以用水平的。机械搅拌反应池效果好,大、小处理厂(站)都可使用,并能适应水质、水量的变化,但需要机械设备,增加了机械的维修保养工作和动力消耗。

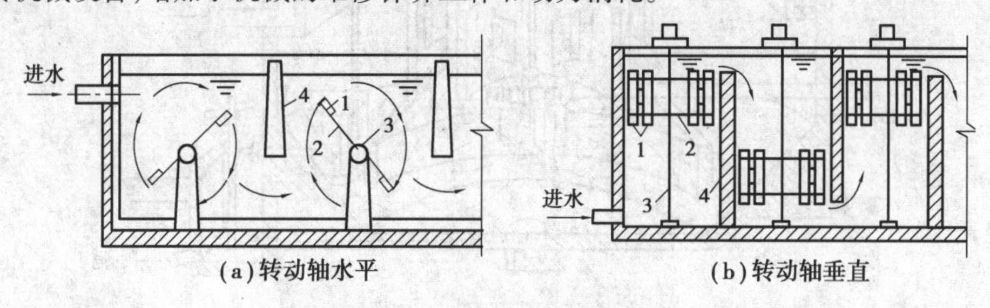

图 2-55 机械搅拌反应池

1—桨板;2—叶轮;3—搅拌轴;4—隔墙

4. 矾花分离设备

通常采用沉淀池[1]将矾花从水中分离。可以选择的沉淀池类型有平流式沉淀池、斜板(管)式沉淀池和辐流式沉淀池。

澄清池是一种将絮凝反应过程与澄清分离过程综合于一体的构筑物。它利用接触絮凝的原理,即强化混凝过程,在池中让已经生成的絮凝体悬浮在水中成为悬浮泥渣层(接触凝聚区)。该层悬浮物浓度为 3 ~ 10 g/L,当投加絮凝剂的水由下向上流动时,泥渣层由于重力作用在上升水流中处于动态平衡,废水中新生成的微絮粒迅速吸附在悬浮泥渣上,从而达到良好的去除效果。澄清池的关键部位是接触絮凝区。保持泥渣处于悬浮、浓度均匀稳定的工作条件已成为所有澄清池共同的特点。

常见的澄清池主要有机械加速澄清池、水力循环澄清池、脉冲澄清池、悬浮澄清池等。机械加速澄清池多为圆形钢筋混凝土结构,小型池子有时也采用钢板结构,主要组成部分有混合室、反应室、导流室和分离室。混合室周围被伞形罩包围,在混合室上部设有涡轮搅拌桨,由变速电动机带动涡轮转动,如图 2-56 所示。

机械加速澄清池的工作过程为:废水从进水管进入环形配水三角槽,混凝剂通过投加设备加入配水三角槽中,再一起流入混合室,在此进行水、混凝剂和回流污泥的混合。由于涡轮的提升作用,混合后的泥水被提升到反应室,继续进行混凝反应,并溢流到导流室。导流室中有导流板,其作用是消除反应室传来的环形运动,使废水平稳地沿伞形罩进入分离室。分离室中设有排气管,作用是将废水中带入的空气排出,减少对泥水分离的干扰。

处理效果除与池体各部分尺寸是否合理有关外,还取决于以下两点:

(1)搅拌速度

为使泥渣和水中小絮体充分混合,并防止搅拌不均引起部分泥渣沉积,要求加快搅拌速度。但速度太快又会打碎已形成的絮体,影响处理效果。因此,搅拌速度应根据污泥浓度决定:污泥浓度低,搅拌速度小;污泥浓度高,就要增大搅拌速度。

---

1 也可以采用气浮对矾花进行分离。

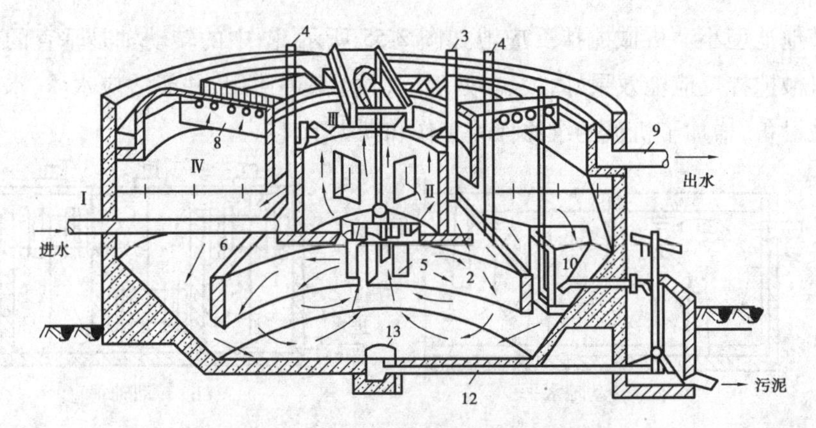

图 2-56　机械加速澄清池结构剖面图

Ⅰ—混合室；Ⅱ—反应池；Ⅲ—导流室；Ⅳ—分离室；

1—进水管；2 —配水三角槽；3—排气管；4—投药管；5—搅拌桨；6—伞形罩；7—导流板；

8—集水槽；9—出水管；10—泥渣浓缩池；11—排泥管；12—排空管；13—排空阀

(2)泥渣回流量及浓度

一般泥渣回流量大，反应效果好，但回流量太大会导致流速过大，从而影响分离室的稳定，因此泥渣回流量一般控制为水量的 3～5 倍。泥渣浓度越高，越容易截留废水中的悬浮颗粒，但泥渣浓度越高，澄清水分离就越困难，以至于部分泥渣被带出，影响出水水质。因此，应在不影响分离室工作的前提下，尽量提高泥渣浓度。泥渣浓度可通过排泥来控制。

六、混凝设备日常运行中需注意的问题

①观察并记录矾花生成情况，将其与历史资料进行比较，发现异常应及时判明原因，采取相应措施。

②经常检查溶药系统和投加系统的运行情况，及时排出药液中的沉渣，防止堵塞；定期清洗投加设备。

③定期核算混合反应池的速度梯度值，检查系统的被腐蚀情况。

④防止药剂(如 $FeSO_4$)变质失效。

⑤定期进行沉降试验和烧杯搅拌试验，检查是否为最佳投药量。根据混合池和反应池的絮体、出水水质等变化，及时调整混凝剂的投加量。

⑥连续或定期检测水温、pH 值、浊度、SS、COD 等水质指标，并做好日常运行记录。

⑦当冬季水温较低，影响混凝效果时，除可采取增加投药量外，还可以投加适量的铁盐混凝剂。经常检查加药管的运行情况，防止堵塞或冻裂。

知识点 2　气浮法

一、功能和原理

气浮是指在水中产生大量细微气泡，细微气泡与废水中的细小悬浮粒子相黏附，形成整体密度小于水的“气泡—颗粒”复合体，使悬浮粒子随气泡一起浮升到水面，形成泡沫或浮渣，进而使水中悬浮物得以分离。实现气浮分离必须具备以下两个基本条件：

①必须在水中产生足够数量的细微气泡。

②必须使气泡能够与悬浮粒子相黏附,并形成不溶性的固态悬浮体。

1. 细微气泡的性质

只有在获得直径微小、密度大、均匀性好的大量细微气泡的情况下,才能收到良好的气浮效果。

(1)气泡直径

气泡直径越小,其分散度越高,对于小悬浮粒子的黏附能力和黏附量也就越大。实践证明,气泡直径在 100 μm 以下才能很好地附着在悬浮物上。

(2)气泡密度

气泡密度是指单位体积释气水中所含微气泡的个数,它决定了气泡与悬浮粒子碰撞的概率。气泡密度越大,与悬浮粒子的碰撞概率就越大。

(3)气泡均匀性

气泡均匀性有两方面的含义,一是指最大气泡与最小气泡的直径差;二是指小直径气泡占气泡总量的比例。大气泡数量的增多会造成两种不利影响:一是使气泡密度和表面积大幅度减小,气泡与悬浮粒子的黏附性能和黏附量相应降低;二是大气泡上浮时会造成剧烈的水力扰动,不仅加剧了气泡之间的兼并,而且由此产生的惯性撞击力会将已经黏附在悬浮物上的气泡撞开,降低气浮效率。

2. 悬浮粒子的性质

悬浮粒子能否自动与气泡黏附,主要取决于粒子的表面性质。疏水性粒子容易与气泡黏附,而亲水性粒子则不易与气泡黏附,亲水性越强,黏附就越困难。当废水中的悬浮粒子是强亲水性时,就必须先投加浮选剂(大多是表面活性剂,如煤油、十二烷基磺酸钠等),将其表面转变为疏水性,这样才能用气浮法去除。应该指出的是,在大多数废水中都存在着或多或少的表面活性物质,当采用气浮法处理时,往往不需要投加浮选剂。

在废水处理中,气浮法广泛应用于以下情况:

①处理含有小悬浮物、藻类及微絮体等密度接近或低于水、很难利用沉淀法实现固液分离的各种废水。

②回收工业废水中的有用物质,如造纸厂废水中的纸浆纤维及填料等。

③代替二次沉淀,分离和浓缩剩余活性污泥,特别适用于那些易于产生污泥膨胀的生化处理工艺中。

④分离、回收含油废水中的悬浮油和乳化油。

二、气浮的类型

气浮法按照产生微气泡的方式不同可分为电解气浮法、分散空气气浮法(简称“散气气浮法”)、溶解空气气浮法(简称“溶气气浮法”)3 种,其中,溶解空气气浮法是目前应用最为广泛的一种气浮方法。各种气浮法的优缺点如表 2-9 所示。

表 2-9　各种气浮方法的优缺点比较

类型		优点	缺点
电解气浮法		①产生的气泡小于其他方法产生的气泡,特别适用于脆弱絮状悬浮物; ②对废水负荷变化有较强的适应性; ③生成污泥量少、占地少、不产生噪声	①耗电量大,投资成本高; ②运行管理较复杂,操作不方便; ③电极板容易结垢,使用寿命短
分散空气气浮法	微气泡曝气气浮法	设备简单、易行	扩散板上的孔容易堵塞,导致气泡量少而不均匀,气浮效果不是很好
	叶轮气浮法	设备简单、易行	①形成的气泡尺度较大(d>1 mm); ②气泡上升速度快,比表面积小,与悬浮物的接触时间较短,气浮效果不好
溶解空气气浮法	溶气真空气浮法	无压力设备,节省动力消耗和动力设备	①常压下,空气溶解度低,气泡的数量有限; ②需要密闭设备维持真空,运行维护比较困难; ③所有设备在密封的气浮池内,使得气浮池构造复杂化,运行管理、维护不便
	加压溶气气浮法	①加压条件下,水中空气的溶解度大,能提供足够的微气泡; ②气泡粒径小,均匀	需要溶气罐、空压机或射流器、水泵等设备

(一)电解气浮法

电解气浮法是在直流电的作用下,对废水进行电解时,在正负两极会有气体(主要是 H_2 和 O_2,另外还有 CO_2、Cl_2 等)呈微小气泡析出,将废水中呈颗粒状的悬浮物带至水面进行固液分离的一种技术。

电解气浮法产生的气泡粒径通常为 10~50 μm,这一粒径范围远小于溶气气浮法和散气气浮法产生的气泡粒径。电解气浮法除能进行固液分离外,还有降低 COD、氧化、脱色和杀菌的作用,具有对废水负荷变化适应性强、生成污泥量少、占地少、不产生噪声等优点;主要缺点是电耗大,但如采用脉冲电解气浮法可大大降低电耗。

电解气浮装置——电解气浮池有竖流式和平流式两种,其结构示意图分别如图 2-57 和图 2-58 所示。

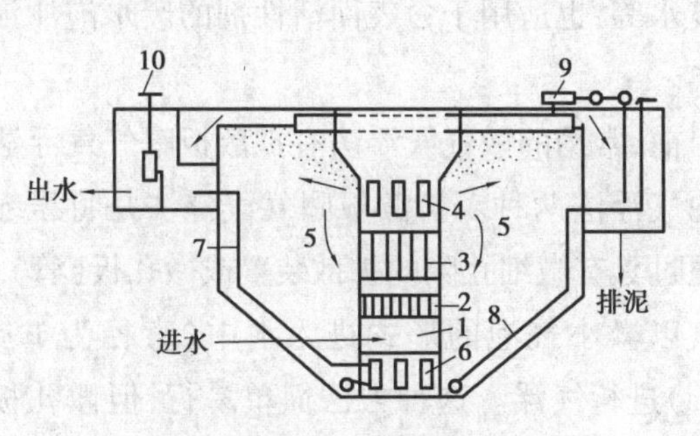

图 2-57　竖流式电解气浮池

1—入流室；2—转流槽；3—电极组；4—出流孔；5—分离室；6—集水孔；7—出水管；8—排沉泥管；9—刮渣机；10—水位调节器

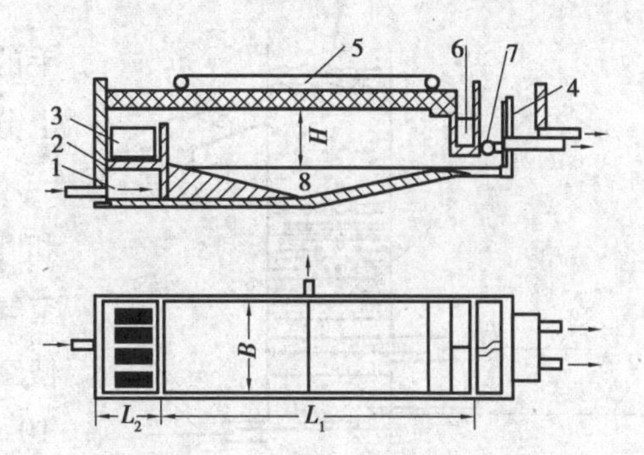

图 2-58　平流式电解气浮池

1—入流室；2—整流槽；3—电极组；4—出口水位调节器；5—刮渣机；6—浮渣室；7—排渣阀；8—污泥排除口

当阳极采用铝或铁等材料制作时，溶解的 Al^{3+} 或 Fe^{2+} 会产生絮凝效果，即可形成电絮凝气浮。电絮凝气浮可以减少外加混凝剂的投加量，甚至可以不外加混凝剂。图 2-59 为脱除重金属离子的电解凝聚—浮上工艺流程图。在电解槽内污染物发生氧化还原反应，同时阳极溶蚀产生氢氧化铁或氢氧化铝胶体在凝聚槽进行凝聚和共沉反应。该槽底部鼓入压缩空气，在前室造成紊动，增进金属的溶蚀过程及氧化还原反应；在后室维持凝聚所必需的速度梯度。

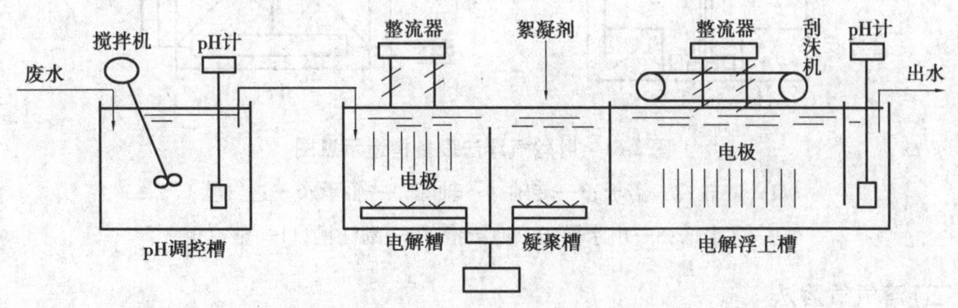

图 2-59　脱除重金属离子的电解凝聚—浮上工艺流程图

为了强化絮凝效果，有时还会在后室投加高分子絮凝剂。废水进入电解浮上槽，絮体被电解产生的微小气泡所捕获，共同浮上液面。例如某合金滚磨废水，其 pH 值为 2.8，含镍 252 mg/L，含铜 70 mg/L，含锌 80 mg/L，调节 pH 值后进入这种电解凝聚—浮上装置进行处理；出水 pH 值为 7.2，含镍 0.03 mg/L，含铜 0.2 mg/L，含锌 0.04 mg/L，水经过滤后，依次降为 0.02 mg/L、0.15 mg/L、0.02 mg/L。

(二)散气气浮法

散气气浮法产生的气泡粒径较大(通常大于 1 mm)，不易与细小颗粒与絮凝体相吸附，反而易将絮体打碎，因此，散气气浮法不适于处理含细小颗粒与絮体的废水。另外，在供气量一定的情况下，气泡的表面积小，而且由于气泡直径大，运动速度快，气泡与被去除污染物质的接触时间短，这些因素都使散气气浮法达不到良好的去除效果。

散气气浮法主要适用于处理水量不大、悬浮物浓度高的废水，如洗煤废水及含油脂、羊

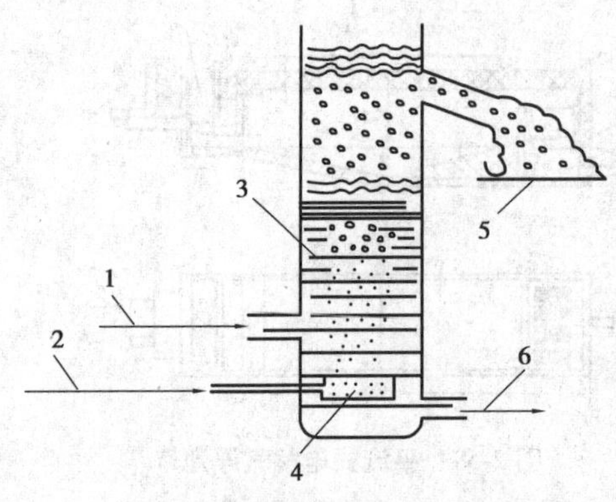

图 2-60　扩散板曝气气浮法设备示意图

1—进水;2—空气进入;3—分离柱;

4—微孔扩散板;5—浮渣;6—出水

毛的废水等,也适用于含表面活性剂的废水泡沫浮上分离。

目前,常用的散气气浮法有扩散板曝气气浮法和叶轮气浮法两种。扩散板曝气气浮法是将压缩空气通过具有微细孔隙的扩散装置或微孔板(管),使空气以微小气泡的形式进入水中(直径为 1 ~ 10 mm)进行气浮。这种方法简单易行,但微孔板(管)易堵塞。其设备如图 2-60 所示。

叶轮气浮法是在气浮池底部设有高速旋转的叶轮,将空气引入叶轮附近,通过叶轮的高速剪切运动,将空气吸入并分散为小气泡(直径在 1 mm 左右)。叶轮气浮法设备如图 2-61 所示。

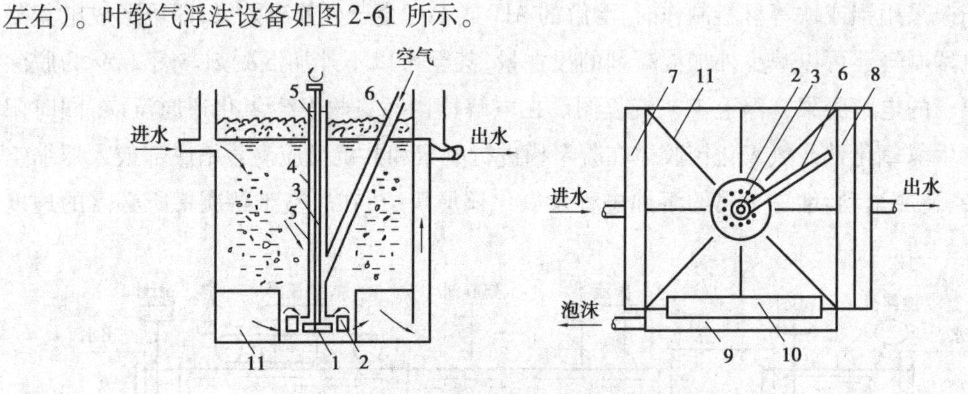

图 2-61　叶轮气浮法设备构造示意图

1—叶轮;2—盖板;3—转轴;4—轴套;5—轴承;6—进气管;

7—进水槽;8—出水槽;9—泡沫槽;10—刮沫槽;11—整流板

(三)溶气气溶法

根据气泡从水中析出时压力的不同,溶气气浮法又可分为加压溶气气浮法和溶气真空气浮法两种类型。其中,溶气真空气浮法的主要特点是气浮池在负压状态下运行。空气的溶解可以在常压或加压下进行。此法的主要优点是空气溶解所需压力比加压溶气气浮法低,动力设备和电耗较少,气泡与悬浮粒子的黏附较稳定。此法的缺点是气浮在负压条件下运行,一切设备部件都密封在气浮池内,使气浮池的构造复杂化,给运行与维修带来很大的困难。此外,此法只适用于处理污染物浓度不高的废水(一般不高于 300 mg/L),因此,在生产中使用得不多。下面重点介绍加压溶气气浮法。

1. 加压溶气气浮法的原理及优点

加压溶气气浮法的工作原理是:空气在加压条件下溶于水中,再使压力降低到常压,把溶解的过饱和空气以微气泡的形式释放出来。目前加压溶气气浮法应用最广。与其他方法相比,它具有以下优点:①在加压条件下,空气的溶解度大,供气浮用的气泡数量多,能够确保气浮效果;②产生的气泡不仅微细、粒度均匀、密集度大,而且上浮稳定,对液体扰动微小,因此,特别适用于疏松絮凝体、细小颗粒的固液分离;③工艺过程及设备比较简单,便于管理、维护;④可人为地控制气泡与废水的接触时间。

2. 加压溶气气浮法的关键设备

加压溶气气浮法的关键设备主要包括加压泵、溶气罐、释放器和气浮池等。

(1)加压泵

加压泵用来供给一定压力的水量。压力过高或过低都会对气浮产生不利影响。如压力过高,则溶解的空气量增加,经减压后析出大量的空气,会促进微气泡的并聚,对气浮分离不利。另外,由于高压下所需的溶气水量较少,不利于溶气水与原废水的充分混合。如压力过低,势必会增加溶气水量,从而增加了气浮池的容积。

(2)溶气罐

溶气罐的作用是实现高压水与空气的充分接触,加速空气的溶解。通常会在溶气罐中填充填料。填料可加剧紊动程度,提高液相的分散程度,不断更新液相与气相的界面,从而提高溶气效率。

(3)释放器

释放器的作用是减压,使溶于水中的空气以极为细小的气泡迅速地释放出来,要求微气泡的直径为 20 ~ 100 μm。目前生产中采用的减压释放设备有两类:一类是减压阀;另一类是专用释放器。

(4)气浮池

目前常用的气浮池均为敞开式的水池。气浮池可分为平流式和竖流式两种基本形式(图 2-62),其优缺点如表 2-10 所示。气浮池分为接触室和分离室两个区域。接触室是溶气水与废水混合、微气泡与悬浮物黏附的区域;分离室也称气浮区,是悬浮物以微气泡为载体上浮分离的区域。

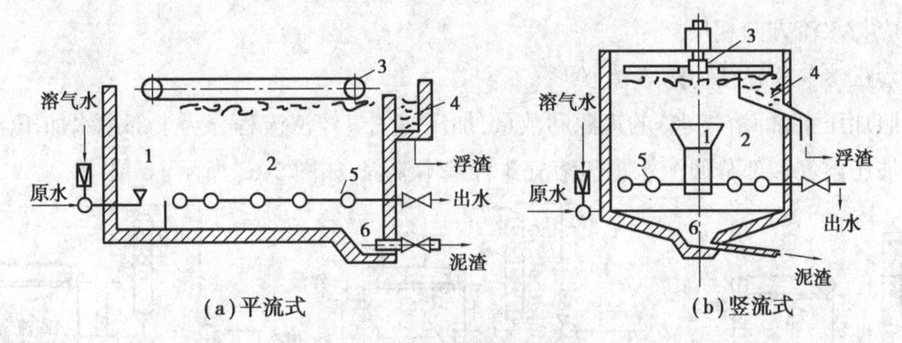

图 2-62　气浮池的形式

1—接触室;2—分离室;3—刮渣机;4—浮渣槽;5—集水管;6—集泥斗

表 2-10　平流式和竖流式气浮池的优缺点

类型	优点	缺点
平流式	池深较浅,构造简单,造价低,运行管理方便	分离室容积利用率不高

续表

类型	优点	缺点
竖流式	水力条件较好,池深较大	整体容积利用率不高,与反应池衔接较困难

3. 加压溶气气浮法的主要技术参数

①一般采用喷淋式填料溶气罐,罐内水的停留时间为 2 ~5 min,压力为 0.2 ~0.4 MPa。溶气罐需设放气阀,定期把积存在罐顶的受压空气放掉。填料层高通常取 1 ~1.6 m。常用填料有拉西环、波纹填料、阶梯环等。在水温为 20 ~30 ℃时,释气量为理论饱和溶气量的 90% ~99%,比不加填料的溶气效率高 30%左右。

②废水在气浮池内停留的时间一般为 10 ~20 min。平流式气浮池的工作水深为 2.0 ~2.5 m,池长与池宽比建议在 1:1 ~1.5:1,单格宽度不超过 10 m,池长不超过 15 m。

③当进行混凝气浮时,在池前端应增设废水反应室,反应室容积按废水停留时间 10 min 计算。

④反应池宜与气浮池合建。为避免打碎絮体,应注意水流的衔接。进入气浮池接触室的流速宜控制在 0.1 m/s 以下。

⑤接触室的水流上升流速一般取 10 ~20 mm/s,室内的水力停留时间不少于 60 s。

⑥气浮分离室的水流(向下)流速一般取 1.5 ~2.5 mm/s,即分离室的表面负荷率取 5.4 ~9.0 $m^3/(m^2 \cdot H)$。

⑦分离区底部设有树枝状或环状的穿孔集水管,可以使集水均匀。集水管最大流速宜控制在 0.5 m/s 左右。

⑧气浮池排渣一般采用刮渣机定期进行,刮渣机的行车速度宜控制在 5 m/min 以内,刮渣方向应与水流方向相反。

4. 加压溶气气浮法的基本流程

按照加压水(即溶气水)的来源和数量,加压溶气气浮法流程分为全部进水加压溶气、部分进水加压溶气和部分回流水加压溶气 3 种基本流程,如图 2-63 所示。

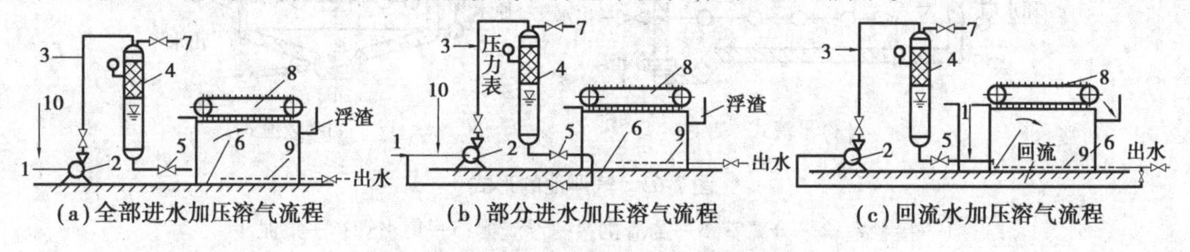

图 2-63 加压溶气气浮的 3 种流程

1—原水进入;2—加压泵;3—空气进入;4—压力溶气罐(含填料);
5—减压阀;6—气浮池;7—放气阀;8—刮渣机;9—集水系统;10—加化学药剂

①全部进水加压溶气的流程是将全部废水进行加压溶气,再经减压释放装置进入气浮池进行固液分离。与其他两种流程相比,其电耗高,但因不另加溶气水,所以气浮池容积小。

②部分进水加压溶气的流程是将部分废水(10% ~30%)进行加压溶气,其余废水直接送入气浮池。该流程比全部进水加压溶气流程省电,另外因只有部分废水进入溶气罐,所以溶气罐的容积小。但因部分废水加压溶气所能提供的空气量较少,因此,若想提供同样的空气量,必须加大溶气罐的压力。

③回流水加压溶气的流程是将部分出水(10% ~30%)进行回流加压,废水直接送入气浮池。该法通常用于处理悬浮物浓度高的废水,但气浮池的容积较前两者大。

5. 加压溶气气浮法的供气方式

加压溶气气浮法的供气方式可分为空压机供气、射流进气和泵前插管进气3种方式,如图2-64所示。

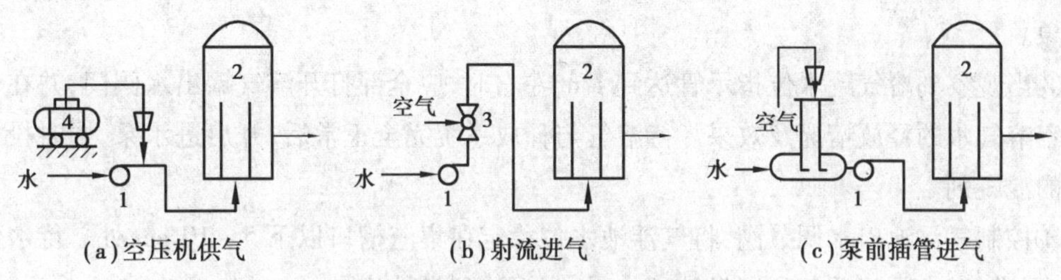

图2-64 加压溶气气浮法的3种供气方式

1—加压泵;2—溶气罐;3—射流器;4—空压机

①空压机供气的优点是气量、气压稳定,并有较大的调节余地,但噪声大,投资较大。

②射流进气是以加压泵出水的全部或部分作为射流器的动力水,当水流以30~40 m/s的高速从喷嘴喷出,并穿过吸气室进入混合管时,便在吸气室内造成负压而将空气吸入。气水混合物在混合管(喉管)内剧烈紊动、碰撞、剪切,形成乳化状态。进入扩散管后,动能转化为压力使空气溶于水,随后进入溶气罐。这种供气方式设备简单、操作维修方便、气水混合溶解充分,但由于射流器阻力损失大(一般为加压泵出口压力的30%)而使能耗偏高。

③泵前插管进气是在加压泵的吸水管上设置一个膨胀的插管管头,在管头轴线上沿水流方向插入1~3支90°的进气管。水泵运行时,叶轮旋转产生的负压将空气从进气管吸入,并与水一起在泵内增压、混合和部分溶解。这种供气方式简便易行、能耗低,但气水比受到一定限制,一般为5% ~8%,最高不能超过10%,而且加压泵叶轮易受气蚀。

以上3种供气方式的选择应视具体情况而定。一般当采用填料溶气罐时,以空压机供气为好;当采用空罐时,为了保证较高的溶气效率,宜采用射流进气;当有高性能的溶气释放器,且处理水量较小时,则以泵前插管进气较为简便、经济。

三、气浮法的运行与管理

1. 气浮系统的调试

(1)调试前的工作

①对各设备进行彻底的清扫、检查,包括进水泵、回流泵、空压机等。

②拆下所有释放器,反复清洗管路及溶气罐,直至出水中无杂质;检查连接溶气罐和空压机管路上单向阀的水流方向是否指向溶气罐。

③检查电源、线路并做短暂的空载运转，以判断泵与空压机的转向是否正确、有无杂声及发热现象。

④检查刮渣机的传动部分及刮板，并查看空车运行是否正常。

⑤按要求配制混凝剂，控制好浓度，并根据小试结果，初步确定药剂投加量。

(2)调试时的工作

①先用清水调试压力溶气罐、溶气释放系统和气浮池，待该系统运行正常后，再向气浮池内注入待处理的废水。

②开启回流水泵和空压机，待空压机的压力超过水泵的压力时，稍稍打开闸阀，使气、水同时进入溶气罐。此时，应注意不能将气阀开得过大，以免空压机压力急剧下降而产生水倒灌现象。

③当观察到溶气罐水位指示管达到 1 m 左右时，应全部打开溶气罐出水阀门，并在气浮池观察溶气水的释放情况及效果。待溶气与释放系统完全正常后，开启进水泵，同时投加稍过量的混凝剂。

④控制气浮池出水调节阀，将气浮池水位稳定在集渣槽口以下 5 ~ 10 cm 处。待水位稳定后，用进、出水阀门调节和测量处理水量，直至达到设计流量。

⑤浮渣积厚至 5 ~ 8 cm 后，即可开动刮渣机进行刮渣。检查刮渣和排渣是否正常进行，出水水质是否受到影响。

2. 气浮系统日常管理与维护

①定期检查空压机、水泵等设备的运转情况，需要润滑的零件应经常加油。

②根据气浮池的浮渣和出水水质，结合混凝试验小试结果，调整混凝剂的最佳投加量。

③经常观察气浮池池面浮渣情况，如果发现接触区浮渣面不平，局部冒出大气泡，则可能是释放器堵塞，这时应及时取下释放器排除堵塞。如果分离区浮渣面不平，池面上经常有大气泡破裂，则表明气泡与絮粒黏附不好，应检查并对混凝系统进行调整。

④掌握浮渣积累规律，设定适宜的刮渣周期，选择最佳的浮渣含水率，以最大限度保证在不影响出水水质的前提下进行刮渣。

⑤经常观察溶气罐的水位指示管，使其控制在 60 ~ 100 cm，以保证溶气效果。避免因溶气罐水位脱空，导致大量空气窜入气浮池而破坏净水效果与浮渣层。对已装有溶气罐液位自动控制装置的，则需注意设备的维护保养。

⑥冬季水温低时，絮凝效果不佳，出水水质变差，应增加投药量，增加回流水量或增加溶气压力，以增加微气泡的数量及与絮体的黏附，从而弥补因水温降低、水流黏度增加而引起带气絮体上浮性能的降低，保证出水水质。

⑦做好日常运行记录，包括处理水量、水温、进出水 SS、混凝剂投加量、溶气水量、溶气罐压力、刮渣周期、泥渣含水率、耗电量等。

四、气浮法在废水处理中的应用

1. 炼油厂含油废水的处理

某厂经平流式隔油池处理后的含油废水量为 250 m^3/h，主要污染物及含量为：石油类

80 mg/L、硫化物 5.45 mg/L、挥发酚 21.9 g/L、COD 400 mg/L、pH 7.9。废水处理采用回流加压溶气气浮流程，如图 2-65 所示，含油废水经平流式隔油池处理后，在进水管线上加入 20 mg/L 的聚合氯化铝，搅拌混合后流入气浮池。气浮处理出水，部分送入生物处理构筑物进一步处理，部分用泵加压溶气后送入溶气罐，进罐前加入 5% 的压缩空气，在 0.3 MPa 压力下使空气溶于水中，顶部减压后从释放器进入气浮池。浮在池面的浮渣用刮渣机刮至排渣槽。经过处理后，出水水质为：石油类 17 mg/L、硫化物 2.54 mg/L、挥发酚 18.4 mg/L、COD 250 mg/L、pH =7.5。

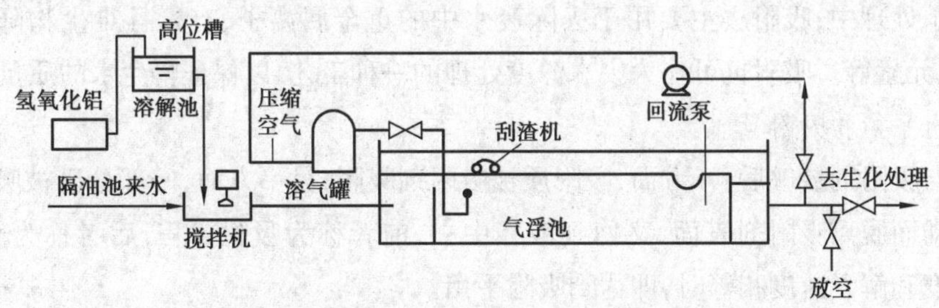

图 2-65　回流加压溶气气浮法处理含油废水工艺流程图

2. 造纸白水处理

造纸工业是耗水量最大的行业之一。生产 1 t 文化用纸需耗用 300 m^3 水，而造纸白水占整个造纸过程排水量的 45% 左右。这部分白水中，含有大量的纤维、填料、松香胶状物等。造纸白水封闭循环技术，国内外已有许多成功的经验，目前，广泛采用的有气浮法、沉淀法和过滤法 3 种方法，加压溶气气浮法回收处理造纸白水的工艺流程如图 2-66 所示。

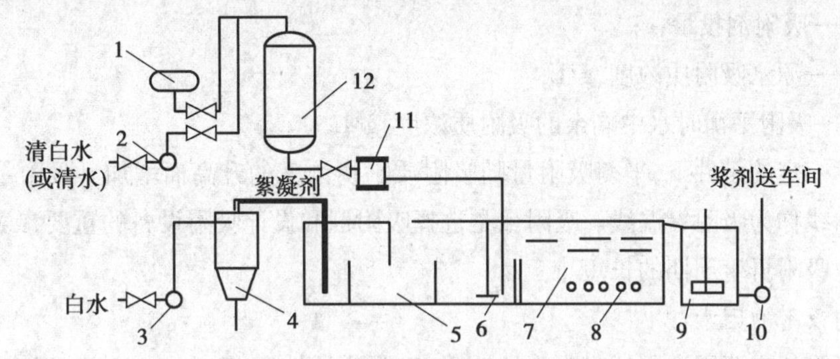

图 2-66　加压溶气气浮法造纸白水回收处理工艺流程图

1—空气压缩机；2—回流泵；3—白水泵；4—低压出渣器；5—反应池；6—释放器；
7—气浮池；8—清水排出管；9—贮浆池；10—浆泵；11—过滤器；12—溶气罐

气浮法与其他方法比较，有以下优点：

①气浮时间短，一般只需 15 min 左右；去除率高，处理造纸白水时，悬浮物去除率为 90% 以上，COD 去除率为 80% 左右，浮渣浓度在 5% 以上。处理后的白水不经过滤，即可直接送到造纸机循环使用。

②对去除废水中纤维物质特别有效，有利于提高资源利用率，效益好。

③工艺流程和设备结构比较简单，运行管理方便，占地少、投资省。

④应用范围广，适用于牛皮纸、水泥袋纸、凸版纸、书写纸、卷烟纸、电容器纸、板纸等品

种的白水处理，而且去除效果显著。

知识点3 吸附法

一、原理

1. 吸附的概念

利用多孔固体吸附废水中的一种或几种溶质，达到净化废水的目的或回收有用溶质的过程，称为吸附。对溶质有吸附能力的固体称为吸附剂，被固体吸附的物质称为吸附质。

在废水处理中，吸附法主要用于去除废水中的重金属离子、有毒且难生物降解的有机物、放射性元素等。吸附也可作为废水深度处理的一种工艺，以保证再生水的质量。

2. 吸附平衡和吸附量

废水与吸附剂接触后，一方面，吸附质被吸附剂吸附，另一方面，一部分已被吸附的吸附质因热运动而脱离吸附剂表面，又回到液相中去，前者称为吸附过程，后者称为解吸过程。当吸附速度和解吸速度相等时，即达到吸附平衡。

吸附剂吸附能力的大小以吸附量 q(g/g)表示。所谓吸附量是指单位质量的吸附剂(g)所吸附的吸附质的质量(g)。当达到吸附平衡时，吸附质在溶液中的浓度称为平衡浓度，吸附剂的吸附量称为平衡吸附量 q_e，平衡吸附量可按式(2-13)计算：

$$q_e=\frac{V(C_0-C)}{W} \tag{2-13}$$

式中 V——废水容积，L；

W——吸附剂投量，g；

C_0——原水吸附质浓度，g/L；

C——吸附平衡时水中剩余的吸附质浓度，g/L。

在温度一定的条件下，平衡吸附量随吸附质平衡浓度的升高而增加。吸附量随平衡浓度变化的曲线称为吸附等温线。吸附量是选择吸附剂和设计吸附设备的重要参数。吸附量的大小决定吸附再生周期的长短。

3. 影响吸附的因素

影响吸附的主要因素包括吸附剂的性质、吸附质的性质、废水的 pH 值、温度、共存物的影响、接触时间。

(1)吸附剂的性质

吸附剂的种类不同，吸附效果就不同。一般情况下，极性分子(或离子)型的吸附剂容易吸附极性分子(或离子)型的吸附质，非极性分子型的吸附剂容易吸附非极性分子型的吸附质。由于吸附作用发生在吸附剂的内外表面上，所以吸附剂的比表面积越大，吸附能力就越强。另外，吸附剂的颗粒大小、孔隙构造和分布情况，以及表面化学特性等，对吸附也有很大的影响。

(2)吸附质的性质

吸附质在废水中的溶解度对吸附有较大的影响。一般说来，吸附质的溶解度越低，越容易被吸附;吸附质的浓度增加,吸附量也随之增加,但浓度增加到一定程度后,吸附量增加就会变得很慢;如果吸附质是有机物,其分子尺寸越小,吸附反应就进行得越快;极性吸附剂容易吸附极性吸附质,非极性吸附剂容易吸附非极性吸附质。

(3)废水的 pH 值

pH 值对吸附质在废水中的存在形态(分子、离子、结合物等)和溶解度均有影响,因而对吸附效果也就相应地有影响。废水的 pH 值对吸附的影响还与吸附剂性质有关,例如,活性炭一般在酸性溶液中比在碱性溶液中具有更高的吸附量。

(4)温度

吸附反应通常是放热的,因此温度越低对吸附越有利。但在废水处理中,一般温度变化不大,因而温度对吸附过程影响很小,实践中通常在常温下进行吸附操作。

(5)共存物的影响

当多种吸附质共存时,吸附剂对其中一种吸附质的吸附能力要比只含这种吸附质时的吸附能力低。悬浮物会阻塞吸附剂的孔隙,油类物质会浓集于吸附剂的表面形成油膜,它们对吸附均有很大影响。因此在吸附操作之前,必须将它们除去。

(6)接触时间

吸附质与吸附剂要有足够的接触时间,才能达到吸附平衡。平衡所需的时间取决于吸附速度,吸附速度越快,达到平衡所需的时间越短。

二、常用吸附剂

吸附剂应具备如下性质:吸附选择性好、吸附能力强、吸附平衡浓度低、容易再生和再利用、机械强度好、化学性质稳定、来源广且价廉等。在实际应用前还应该将吸附剂制成多孔状的细小微粒,使吸附剂具有更大的比表面积。目前,废水处理中应用的吸附剂有活性炭、活化煤、白土、硅藻土、活性氧化铝、焦炭、树脂吸附剂、炉渣、木屑、煤灰、腐殖酸等。这里着重介绍在废水处理中应用较广的活性炭。

活性炭主要用含碳的物质(如木材、木炭、椰子壳、煤、废纸浆等)作原料,原料粉碎及添加黏合剂成型后,经加热脱水、炭化、活化制得。活性炭是一种非极性吸附剂,具有良好的吸附性能和稳定的化学性质,可以耐强酸、强碱,能经受水浸、高温。

活性炭的比表面积达 800 ~ 2 000 m^2/g,具有很强的吸附能力。活性炭的吸附能力与孔隙的构造和分布情况有关。它的孔隙分为 3 类:小孔(孔径≤2 nm)、过渡孔(孔径为 2 ~ 100 nm)、大孔(孔径≥100 nm)。活性炭的小孔比表面积占总比表面积的95%以上,对吸附量影响最大;过渡孔不仅为吸附质提供扩散通道,而且在吸附质的分子直径较大时(如有机物质),主要靠它们来完成吸附;大孔的比表面积所占比例很小,主要为吸附质扩散提供通道。

通常废水处理中采用的活性炭有粉末状和颗粒状两种。粉末状活性炭的吸附能力强、容易制备、成本低,但再生困难、不易重复使用。颗粒状活性炭的吸附能力比粉末状低些,生产成本较高,但再生后可重复使用,并且使用时劳动条件良好,操作管理方便。因此,在废水处理中大多采用颗粒状活性炭。

三、吸附操作方式和设备

在废水处理中，吸附操作方式有静态间歇操作和动态连续操作两种。

1.静态间歇操作

静态间歇操作是将干(湿)粉末状活性炭投入水中，不断搅拌，然后再用沉淀或过滤的方法将活性炭炭和处理后的水分离开。如经过一次吸附后，出水水质达不到要求，往往采取多次静态间歇操作，静态间歇操作适用于间歇排放和水量较小的场合，也可作为应急措施采用。

静态间歇操作的优点是可以利用原有的设备进行活性炭的吸附和分离，基建及设备投资较少，不增加建筑面积；缺点是粉末状活性炭对污染负荷变动的适应性差，吸附能力未被充分利用，污泥处理困难，作业环境恶劣，由于一般不考虑再生，因此运行费用较高。

2.动态连续操作

动态连续操作常用的设备有固定床、移动床和流动床3种。

(1)固定床

固定床动态连续操作是废水处理工艺中最常用的一种方式。由于吸附剂固定填充在吸附柱(或塔)中，所以叫固定床。废水连续流过吸附剂层，吸附质便不断地被吸附。若吸附剂数量足够，则出水中吸附质的浓度即可降低至接近于零。但随着运行时间的延长，出水中吸附质的浓度会逐渐增加。当达到某一规定的数值时，就必须停止通水，进行吸附剂再生。

固定床的优点是：运行稳定、管理方便、出水水质良好，活性炭再生后可循环3～7年；缺点是：基建、设备投资较高，并占一定的土地面积。

根据水流方式的不同，固定床又分为降流式和升流式两种。降流式固定床的水流由上而下穿过吸附剂层，过滤速度为4～20 m/h，吸附剂层总厚3～5 m，可分成几段串联工作，接触时间一般不大于60 min。降流式固定床用于处理含悬浮物很少的废水，能获得很好的出水水质。当悬浮物含量高时容易引起吸附层堵塞，降低吸附量，同时增大水头损失。为了防止悬浮物堵塞吸附层，需定期进行反冲洗，有时需要在吸附层上部设置反冲洗设备。降流式固定床的结构如图2-67所示。

升流式固定床的水流由下而上穿过吸附剂层，其水头损失小，允许废水中的悬浮物浓度稍高，对预处理要求较低，但滤速较小。升流式固定床可避免炭床内因积有气泡而产生短路，也便于发挥生物协同作用，但其冲洗效果较降流式固定床差，操作失误时易造成吸附剂流失。在工业实际中，固定床可根据处理水量、原水水质和处理要求分为单床式、多床串联式和多床并联式3种，如图2-68所示。

(2)移动床

移动床是一种吸附过程中吸附剂跟随气流流动完成吸附的设备。废水从吸附塔底部进入，与吸附剂进行接触，处理后的水由塔顶流出，塔底部接近饱和的某一段高度的吸附剂间歇地排出，再生后从塔顶加入。移动床的结构如图2-69所示。

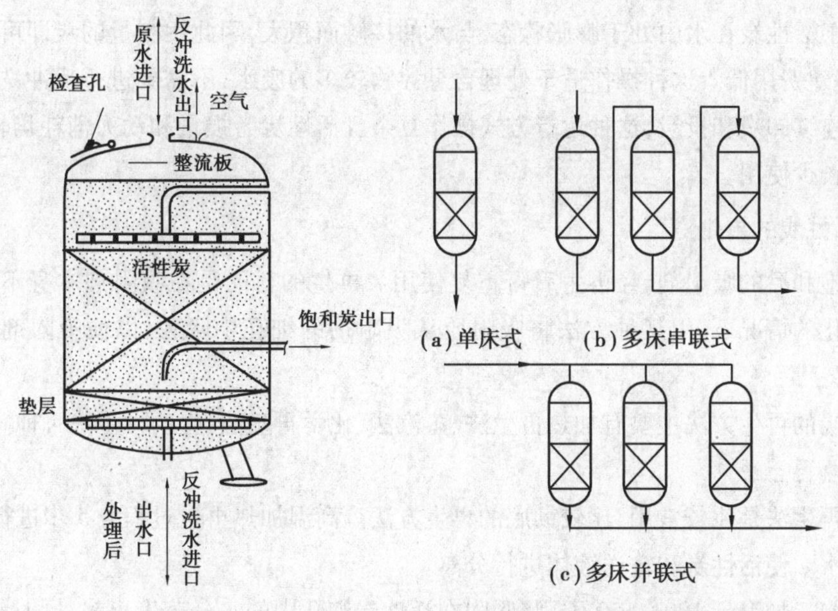

图2-67　降流式固定床的结构　　　图2-68　固定床吸附操作示意图

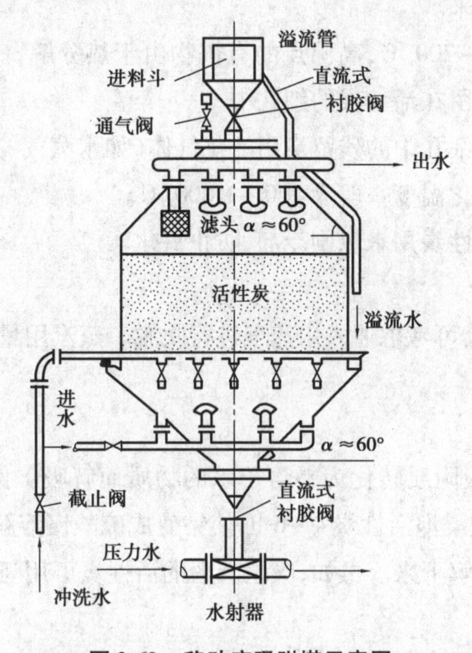

图2-69　移动床吸附塔示意图

相较于固定床,移动床能够更充分地利用吸附剂的吸附容量,水头损失小。由于采用升流式,废水从塔底流入,从塔顶流出,被截留的悬浮物随饱和的吸附剂间歇地从塔底排出,所以不需要反冲洗设备。但这种操作方式要求塔内吸附剂上下层不能互相混合,操作管理严格。移动床进水悬浮物浓度要求在 30 mg/L 以下,移动床炭层高度可达 5 ~ 10 m。因此,装置占地面积小、设备简单、出水水质好。目前,较大规模的废水处理多采用这种操作方式。

(3)流化床

流化床是一种废水从底部进入向上流动,使吸附剂在塔内处于膨胀状态或流化状态的设备。由于活性炭在水中处于膨胀状态，与水的接触面积大，因此用少量的炭即可处理较多的废水，基建费用低。这种操作适于处理含悬浮物较多的废水，不需要进行反冲洗。流化床一般需要连续卸炭和投炭，这种运行方式操作复杂且活性炭磨损量和动力消耗均较大，在废水处理中较少使用。

四、活性炭的再生

吸附饱和后的吸附剂，经再生后可重复使用。再生的目的是在吸附剂本身不发生或极少发生变化的情况下，用某种方法将吸附质从吸附剂的细孔中除去，以便吸附剂能够重复使用。

活性炭的再生方法主要有加热再生法、蒸汽法、化学再生法、生物再生法4种。

1. 加热再生法

加热再生法是比较常用、比较彻底的再生方法。高温加热再生过程分5步进行：

①脱水。使活性炭和输送液体进行分离。

②干燥。加温到100～150 ℃，将吸附在活性炭细孔中的水分蒸发出来，同时，部分低沸点的有机物也能够挥发出来。

③碳化。加热到300～700 ℃，高沸点的有机物由于热分解，一部分成为低沸点的有机物挥发；另一部分被碳化，留在活性炭的细孔中。

④活化。将碳化留在细孔中的残留炭用活化气体（如水蒸气、二氧化碳及氧）进行汽化，达到重新造孔的目的。活化温度一般为700～1 000 ℃。

⑤冷却。活化后的活性炭用水急剧冷却，防止氧化。

2. 蒸汽法

吸附质是低沸点物质，可考虑通入水蒸气进行吹脱。蒸汽用量一般为吸附质质量的3～5倍。

3. 化学再生法

通过化学反应，可使吸附质转化为易溶于水的物质而解吸。例如，处理含铬废水时，用浓度为10%～20%的硫酸浸泡活性炭4～6 h，使铬变成硫酸铬溶解出来；也可用氢氧化钾使六价铬转化成 Na_2CrO_4 溶解下来。再如，吸附苯酚的活性炭可用氢氧化钠再生，使其以酚钠盐的形式溶于水而解吸。

化学再生法还包括使用某种溶剂将被活性炭吸附的物质解吸。常用的溶剂有酸、碱、苯、丙酮、甲醇等。

4. 生物再生法

利用微生物的作用，将被活性炭吸附的有机物氧化分解，从而使活性炭得到再生。此法目前尚处于试验阶段。

五、吸附装置的运行操作及维护

1. 炭的预处理

粒状活性炭进柱前应在清水中浸泡、冲洗去掉污物。装柱后用5% HCl溶液及4% NaOH

溶液交替动态处理1~3次，流速为18~21 m/h，用量约为活性炭体积的3倍，每次处理后均需用清水淋洗到呈中性为止。

2. 进水的预处理

废水进入吸附装置前，应尽量去除悬浮物、胶体物质以及油类，以防堵塞活性炭的细孔和炭层，可采用沙滤作为吸附的预处理。

3. 活性炭的投加、排出及输送

(1) 粉状活性炭

粉状活性炭用于水处理时，首先将粉状活性炭配制成一定浓度的悬浮液。一般以5%~10%的浓度贮存在具有搅拌设备的容器中，使用时，根据水质情况用螺旋齿轮输送泵投加到混合反应池中。由于粉状活性炭的比重小，因此要采取特殊措施防止泄漏。在粉状活性炭投加室内，要设有空气除尘及过滤装置，防止空气污染。

粉状活性炭在使用后以浆状排出，采用加热再生时，首先应进行炭水分离，采用过滤或压滤机械进行脱水，滤饼送至再生炉进行再生。粉状活性炭的炭浆一般用泵输送。

(2) 粒状活性炭

粒状活性炭投加到吸附装置前，一般先经过一定容积的贮炭槽（或罐）。其容量根据处理水量和吸附装置的形式及大小而定。当需向吸附装置补充新炭或再生炭时，借水的流动将粒状活性炭带出。

饱和活性炭同样以炭浆形式或用压力水或压缩空气（气罐、离心泵、喷射器或隔膜泵）等输送。用泵输送时，泵的转速不应超过800~900 r/min，为了防止磨损，建议采用有橡胶或陶瓷衬里的叶轮型离心泵。从移动床吸附装置卸出的饱和活性炭多采用水力喷射器输送，这种设备操作简单，不需要经常维修，但流量调节能力较小，因此，设计时必须按最大输送量设计，但当输送炭量较低时，会造成用水浪费。

粒状活性炭水力输送时，水和炭的质量比一般为9:1。粒状活性炭的炭浆可以成功地用滤网、分离器、重力分离法等完成脱水。采用振动筛脱水也能使炭浆的含水率降到50%~60%。炭浆在管道内的流速不得超过2.5 m/s，防止管道的腐蚀及炭的磨损。

4. 活性炭净化工艺

活性炭净化工艺应根据原水水质及变化情况、水量、出水水质要求、污染物的种类和浓度等因素确定。

5. 炭层滤速

炭层滤速的确定要根据吸附塔的活性炭填充量、吸附效率、再生频率等进行综合考虑。

6. 炭层的反冲洗

为避免悬浮物和生物产生的黏液堵塞炭层，固定床和降流式移动床必须重视反冲洗。可设置表面冲洗和空气冲洗。冲洗水应尽量用炭滤水，至少应为过滤水，当进入炭层的水质浊度较高，或前处理欠佳时，反冲洗后的初滤水应考虑弃流。

7. H_2S臭味的控制

用活性炭处理某些废水时，在固定床或移动床吸附塔内常有厌氧微生物吸附繁殖生长，

使炭层堵塞,出水水质恶化,并带有 H_2S 臭味,给活性炭吸附塔的正常运转带来困难。这种现象与以下因素有关:

①进水中溶解氧含量过低。

②进水中 COD 含量过高,使吸附塔的有机负荷过高。

③进水中硫酸盐含量过高。

④气温或水温较高。

⑤废水在炭层内停留时间过长,水流速度较小等。

为了防止出水中 H_2S 臭味的产生,在设计吸附装置时,应采取必要的措施和设置必要的设备及构筑物,如:在活性炭吸附装置前进行生化处理,降低进水中 COD 的含量;在活性炭吸附装置前采取适当的预处理,如混凝、过滤,降低进水中悬浮物的含量,防止炭层的堵塞,保持适当的水流速度;在活性炭吸附装置前设置预曝气装置,提高进水中溶解氧的含量;在夏季高温季节,炭层内厌氧微生物繁殖较快,出水水质恶化时,可采取临时性措施——投加硝酸钠($NaNO_3$),利用 NO_3^- 中的氧作为氧源,增加水中溶解氧的含量,抑制厌氧菌的生长。在实际使用中,由于废水水质不同,导致 H_2S 臭味产生的因素也不同,所以需根据具体情况决定采取何种措施,有时需将几种措施配合使用。

8. 防止电化学腐蚀

由于活性炭与普通钢材接触将产生严重的电化学腐蚀,因此,吸附装置应该优先考虑钢筋混凝土结构或不锈钢、塑料等材料。如选用普通碳钢制作,则装置内必须采用环氧树脂衬里,且衬里厚度应大于 1.5 mm。另外,输炭管道应考虑对炭的磨损,可采用质量良好的聚乙烯管道。

9. 安装流量调节设施或计量装置

每座炭塔或炭床应有流量调节设施或计量装置,以便控制。

10. 注意防火防爆

使用粉末炭时,要考虑防火,以及电气设备的防爆,建筑的采光、通风、防尘及集尘等。

11. 做好日常运行记录

做好日常运行记录,包括处理水量、水温、进出水水质、炭的损失量和补加量、反冲洗周期、耗电量等。

六、吸附法在废水处理中的应用

目前,吸附法已经成功应用于含重金属离子废水、含油废水、染料废水、火药化工废水、有机磷废水、显影废水、印染废水、合成洗涤剂废水的处理。下面分别以含汞废水和含油废水的处理为例,介绍吸附法在废水处理中的应用。

1. 含汞废水的处理

某厂用活性炭处理含汞废水的流程如图 2-70 所示。含汞废水经 Na_2S 沉淀(同时投加石灰调节 pH 值,加 $FeSO_4$ 作混凝剂)处理后,仍含汞约 1 mg/L,高峰时达 2 ~ 3 mg/L,而允许排放的标准为 0.05 mg/L,所以采用活性炭吸附法作进一步处理。由于水量较小(10 ~

$20\ m^3/d$)，采取两个静态间歇吸附池交替工作，即一池进行处理时，废水注入另一池。每个池的容积为 $40\ m^3$，内装 1 m 厚的活性炭。当吸附池中废水进满后，用压缩空气搅拌 30 min，然后静置沉淀 2 h，经取样测定含汞量符合排放标准后，放掉上清液，进行下一步处理。每池用炭量为废水量的 5%，外加 1/3 的余量，共计 2.7 t。活性炭的再生周期约为 1 年，采用加热再生法再生。

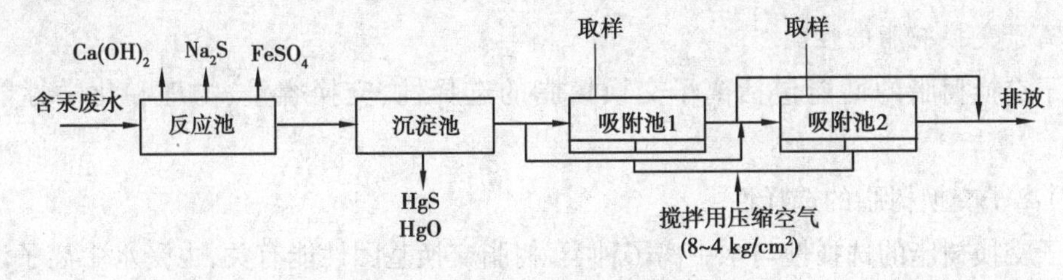

图 2-70　吸附法处理含汞废水流程

2. 炼油厂废水深度处理

某炼油厂含油废水经隔油、气浮、生化、沙滤处理后，用活性炭进行深度处理(流量约为 $600\ m^3/h$)，使苯酚由 0.1 mg/L 降到 0.005 mg/L，氰由 0.19 mg/L 降到 0.048 mg/L，COD 由 85 mg/L 降到 18 mg/L。

知识点 4　离子交换法

一、原理和功能

离子交换法是给水处理中软化和除盐的主要方法之一。在废水处理中，离子交换法可用于去除废水中的某些有害物质，回收有价值化学品、重金属和稀有元素，主要用于处理电镀废水，如镀铬废水、镀镍废水、镀镉废水、镀金废水、镀银废水、镀锌废水、镀铜废水及含氰废水等，还可用于其他含铬废水、含镍废水和含汞废水、放射性废水的处理。

离子交换的实质是不溶性离子化合物(离子交换剂)上的可交换离子与溶液中其他同性离子的交换反应，是一种特殊的吸附过程，通常是可逆性化学吸附。离子交换是可逆反应，可表示为：

$$RH + M^+ \rightleftharpoons RM + H^+$$

式中，RH 表示交换树脂；M^+ 表示交换离子；RM 表示饱和树脂。

在平衡状态下，反应浓度符合下列关系式：

$$K=\frac{[RM][H^+]}{[RH][M^+]} \tag{2-14}$$

式中，K 是平衡常数。K 大于 1 时，表示反应能顺利地向右方进行。K 值越大，越有利于交换反应，而越不利于逆反应。K 值的大小能定量地反映离子交换剂对离子交换选择性的大小。

二、离子交换剂

1. 离子交换剂的分类

离子交换剂是实现交换功能最基本的物质。离子交换剂根据其材料可分为无机离子交换剂和有机离子交换剂，又可分为天然离子交换剂和人工合成离子交换剂等。天然离子交换剂有黏土、沸石、褐煤等。人工合成离子交换剂有凝胶树脂、大孔树脂、吸附树脂、氧化还原树脂、螯合树脂等,根据其交换能力,离子交换剂又可分为强碱性、弱碱性、强酸性、弱酸性等多种类型。

废水处理中通常采用的是离子交换树脂,同其他类型的离子交换剂相比,离子交换树脂具有交换容量大、交换速度快、机械强度和化学稳定性好等优点,但成本较高。

2. 离子交换树脂的性能

离子交换树脂的性能包括离子交换树脂的选择性、交换容量、物理和化学性能 3 个方面。

(1)离子交换树脂的选择性

离子交换树脂的选择性与水中离子种类、树脂交换基团性能有关,也受水中离子浓度和温度的影响。在低浓度和常温条件下,各种树脂对各种离子的交换选择性归纳如下:

①强酸性阳离子交换树脂。这种树脂对溶液中价数越高的离子,亲和能力越强;当价数相同时,原子序数越大,亲和力越强。其选择顺序为:

$$Fe^{3+}>Cr^{3+}>Al^{3+}>Ca^{2+}>Mg^{2+}>K^{+}>NH_4^{+}>Na^{+}>H^{+}>Li^{+}$$

②弱酸性阳离子交换树脂。这种树脂对 H^+ 选择能力特别强,对多价离子的选择能力也优于低价离子。其选择顺序为:

$$H^{+}>Fe^{3+}>Cr^{3+}>Al^{3+}>Ca^{2+}>Mg^{2+}>K^{+}\approx>NH_4^{+}>Na^{+}>Li^{+}$$

③强碱性阴离子交换树脂。一般而言,强碱性阴离子交换树脂的选择性随溶液中阴离子的价数增加而增大。其选择顺序为:

$$Cr_2O_7^{2-}>SO_4^{2-}>CrO_4^{2-}>NO_3^{-}>Cl^{-}>OH^{-}>F^{-}>HCO_3^{-}>HSiO_3^{-}$$

④弱碱性阴离子交换树脂。弱碱性阴离子交换树脂对 OH^- 具有很强的选择性。其选择顺序为:

$$OH^{-}>Cr_2O_7^{2-}>SO_4^{2-}>CrO_4^{2-}>NO_3^{-}>Cl^{-}>HCO_3^{-}$$

⑤螯合树脂。螯合树脂的选择性与树脂的种类有关,典型的螯合树脂为亚氨基醋酸型树脂。其选择顺序为:

$$Hg^{2+}>Cd^{2+}>Ni^{2+}>Mn^{2+}>Ca^{2+}>Mg^{2+}>Na^{+}$$

位于顺序前列的离子可以取代位于顺序后列的离子,但在高温或高浓度条件下,位于顺序后列的离子可以取代位于顺序前列的离子。另外,当金属离子在溶液中以络合阴离子形式存在时,一般来说树脂的亲和能力会降低。

(2)离子交换树脂的交换容量

离子交换树脂交换能力的大小以交换容量来衡量,它表示树脂所能吸着(交换)的交换离子数量。离子交换树脂的交换容量有 3 种表示法:

①全交换容量(或称总交换容量):离子交换树脂内全部可交换的活性基团的数量。此值决定于树脂内部组成,与外界溶液条件无关。这是一个常数,通常用滴定法测定。

②平衡交换容量:在一定的外界溶液条件下,交换反应达到平衡状态时,交换树脂所能交换的离子数量。其值因外界条件变化而异。

③工作交换容量(或称实用交换容量):在某一指定的应用条件下树脂表现出来的交换容量。

树脂的全交换容量最大,平衡交换容量次之,工作交换容量最小。

(3)物理和化学性能

离子交换树脂的物理性能包括粒度、树脂密度、含水量、溶胀性、机械强度、耐热性和孔结构等。离子交换树脂的化学性能主要指树脂的耐酸碱性和抗氧化性。在选择和使用离子交换树脂时,必须对这些性质予以考虑。

三、离子交换工艺过程

离子交换工艺过程包括以下4个阶段:交换、反冲洗、再生、清洗。各步骤依次进行,形成不断循环的工作周期。

1. 交换

交换阶段是利用离子交换树脂的交换能力,从废水中去除目标离子的操作过程。

如以树脂RA处理含B离子的废水为例(图2-71),当废水进入交换柱后,首先与顶层的树脂接触并进行交换,B离子被吸着而A离子被交换下来。废水继续流过下层树脂时,水中B离子浓度逐渐降低,而A离子浓度却逐渐升高。当废水流经一定长度的滤层之后,全部B离子都被交换成A离子。一定长度的滤层称为工作层或交换层。当废水不断地流过树脂层时,工作层便不断地下移。这样,整个树脂层就形成了上部失效层、中部工作层、下部新料层3个部分。当工作层的前沿到达交换柱树脂底层的下端时,出水中开始出现B离子,称为"穿透点"。达到穿透点时,最后一个工作层的树脂尚有一定的交换能力,若继续通入废水,仍能除去一定量的B离子,不过出水中的B离子浓度会越来越高。当出水和进水中的B离子浓度相等时,整个树脂层的交换能力耗尽,完全饱和。

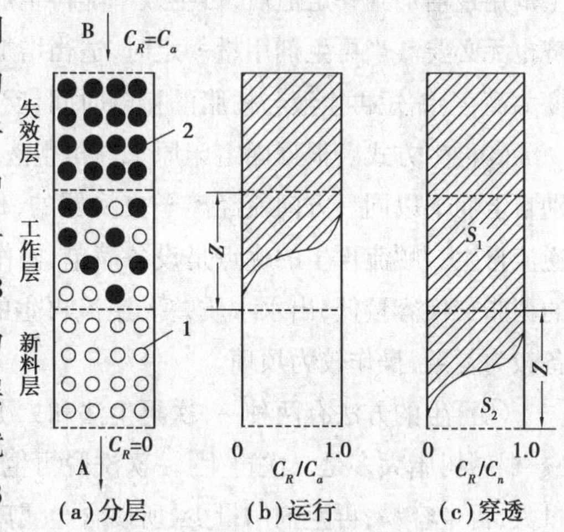

图2-71　离子交换柱工作过程

1—新鲜树脂;2—失效树脂

一般在废水处理中,树脂层到穿透点时就应该停止工作,进行树脂再生。但为了充分利用树脂的交换能力,可将达到穿透点的交换柱的出水引入另一个交换柱中,该交换柱则工作到全部树脂都达到饱和后进行再生。

2. 反冲洗

反冲洗的目的是松动树脂层,使再生液能均匀地渗入层中。与交换剂颗粒充分接触,同时把过滤过程中产生的破碎粒子和截留的污物冲走。树脂层在反冲洗时要膨胀30%～40%。冲洗水可用自来水或废再生液。

3. 再生

在树脂失效后,必须再生才能再使用。通过树脂再生,一方面可恢复树脂的交换能力,另一方面可回收有用物质。离子交换树脂的再生是离子交换的逆过程,其反应式为:

$$nR^-A^{n+}+nB^+\underset{再生}{\overset{交换}{\rightleftharpoons}}nR^-B^++A^{n+}$$

如果显著增加 B^+ 的浓度,在浓度差作用下,大量 B^+ 进入树脂与固定离子建立平衡,从而松动了对 A^{n+} 的束缚力,使之脱离固定离子,并扩散进入外溶液相,达到再生的目的。

下述因素对再生效果和处理费用有很大影响。

①再生剂的种类。对于不同性质的原水和不同类型的树脂,应采用不同的再生剂。选择的再生剂既要有利于再生液的回收利用,又要求再生效率高、洗脱速度快、价廉易得。

②再生剂的用量。理论上,1 mol 的再生剂可以再生树脂 1 mol 的交换容量,但实际上再生剂的用量要比理论值大很多,通常为 2 ~ 5 倍。再生剂用量越多,再生效率越高。但当再生剂用量增加到一定值后,再生效率随再生剂用量增长不大。因此,再生剂用量过高既不经济也无必要。当再生剂用量一定时,适当增加再生剂浓度,可以提高再生效率。但再生剂浓度太高,会缩短再生液与树脂的接触时间,反而降低再生效率,因此存在最佳浓度值。

③再生方式。根据固定床原水与再生液的流动方向,可分为两种形式:原水与再生液分别自上而下以同一方向流经离子交换器的,称为顺流再生;原水与再生液流向相反的,称为逆流再生。顺流再生的优点是设备简单,操作方便,工作可靠;缺点是再生剂用量大,再生后的树脂交换容量低,出水水质差。逆流再生的优点是再生剂用量少,再生程度高;缺点是设备较为复杂,操作较为烦琐。

④再生的方法有两种:一次再生法和二次再生法。强酸、强碱树脂大多是一次再生。弱酸、弱碱树脂大多是二次再生:一次洗脱再生,一次转型再生。由于弱酸、弱碱树脂的交换容量大,再生容易,再生剂用量少,所以含金属离子废水常用弱性树脂来处理。

4. 清洗

清洗的目的是洗涤残留的再生液和再生时可能出现的反应产物。通常清洗的水流方向和交换时一样,所以又称为正洗。清洗的水流速度应先小后大。清洗过程的后期应特别注意掌握清洗终点的酸碱度(尤其是弱性树脂转型之后的清洗),避免重新消耗树脂的交换容量。

四、离子交换操作方式和常用设备

按照操作方式的不同,离子交换设备有固定床、移动床和流动床 3 种,此处只介绍固定床。固定床工作时,树脂层固定不变,水流由上而下流动。固定床的优点是设备紧凑、操作简单、出水水质好;缺点是再生费用较大、生产效率不够高,但目前仍是应用最为广泛的一种离子交换设备。

固定床的上部和下部设有配水和集水装置,中部装填 1.0 ~ 1.5 m 厚的交换树脂。根据树脂层的组成,固定床又分为单层床、双层床和混合床 3 种。单层床中只装一种树脂,可以单独使用,也可以串联使用。双层床是在同一个柱中装两种同性不同型的树脂,由于比重不同而分为两层。混合床是把阴、阳两种树脂混合装成一个床使用。单层床离子交换器的结构如图 2-72 所示。

在废水处理中,单层床离子交换器最常采用。用于废水处理的离子交换系统一般包括预处理(用以去除悬浮物,防止离子交换树脂受到污染和交换床堵塞,一般采用沙滤器)、离子交换器和再生附属设备(再生液配制设备)。

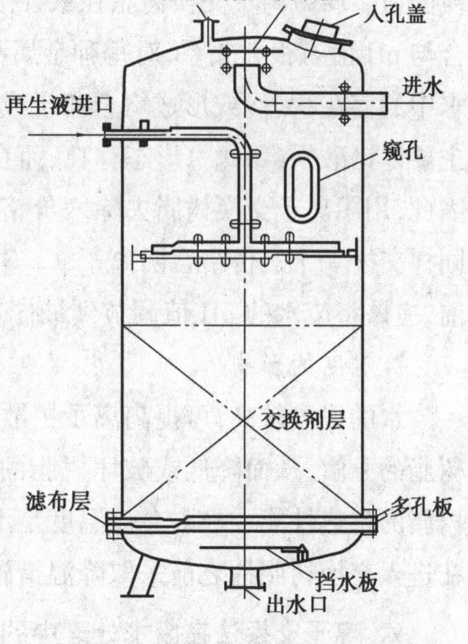

图 2-72 单层床离子交换器的结构

五、运行操作中应该注意的问题

离子交换运行操作应注意的问题包括悬浮物和油类物质的影响、含盐量过高的影响、高价离子的影响、氧化剂的影响、高分子有机物的影响、pH 值的影响、温度的影响。

1. 悬浮物和油类的影响

当废水中存在悬浮物和油类物质时,会堵塞树脂孔隙,降低树脂交换能力,因此,当这些物质含量较多时,应进行预处理,预处理的方法有沉淀、过滤、吸附等。

2. 含盐量过高的影响

当废水中溶解盐含量过高时,会大大缩短树脂工作周期。当溶解盐含量大于 1 000 ~ 2 000 mg/L 时,不宜采用离子交换法处理。

3. 高价离子的影响

废水中 Fe^{3+}、Al^{3+}、Cr^{3+} 等高价金属离子可能导致树脂中毒。从前述树脂的选择性可以看出,高价金属离子易为树脂吸附,再生时难以把它洗脱下来,结果会降低树脂的交换能力。恢复树脂的交换能力需要用高浓度酸液长时间浸泡。为了减少树脂中毒,可对废水进行预处理,以便去除这些高价的金属离子。

4. 氧化剂的影响

如果废水中含有较多的氧化剂(如 Cl_2、O_2、$H_2Cr_2O_7$ 等),就会使树脂氧化分解。在对这类废水进行离子交换处理时,可添加适量的还原剂或选用特殊结构的树脂(如交联度较大的树脂)。

5. 高分子有机物的影响

废水中某些高分子有机物与树脂活性基团的固定离子结合力很强,一旦结合就很难再生,从而降低树脂的再生率和交换能力。例如高分子有机酸与强碱性季胺基团的结合力就很大,难以洗脱。为了减少树脂的有机污染,可选用低交联度的树脂或者废水进行交换处理前的预处理。

6. pH 值的影响

强酸和强碱离子交换树脂的活性基团的电离能力很强,交换能力基本上与 pH 值无关。但弱酸离子交换树脂在低 pH 值时不电离或部分电离,因此在碱性条件下才能得到较大的交换能力。弱碱离子交换树脂在酸性溶液中才能得到较大的交换能力。螯合树脂对金属的结合与 pH 值有很大关系,对每种金属都有适宜的 pH 值。另外,pH 值还能影响某些离子在废水中的存在状态(或形成络合离子或形成胶体)。例如含铬废水中,当 pH 值很高时,六价铬主要以铬酸根(CrO_4^{2-})形态存在,而在 pH 值低的条件下,则以重铬酸根($Cr_2O_7^{2-}$)形态存在。因此,用阴离子交换树脂去除六价铬时,在酸性废水中比在碱性废水中的去除效率高,因为同样交换一个二价络合阴离子,$Cr_2O_7^{2-}$ 比 CrO_4^{2-} 多一个铬离子。因此,在进行离子交换处理前,应该将废水的 pH 值调节到最佳。

7. 温度的影响

水的温度较高,可提高离子扩散速度,加速离子交换反应速度,但温度过高就可能引起树脂的分解,从而降低或破坏树脂的交换能力。水温不得超过树脂耐热性能的要求。各种树脂的耐热性能或极限允许温度是不同的,可查阅有关资料或产品说明书。若水温过高,应在进入交换树脂柱之前采取降温措施,或者选用耐高温的树脂。

六、离子交换法在废水处理中的应用

1. 离子交换法处理含铬废水

离子交换法处理镀铬的清洗水时,不必做到水的循环利用和铬酸的回收利用,但要求六价铬离子浓度不大于 200 mg/L,另外,镀黑铬和镀含氟铬的清洗废水不宜采用离子交换法处理。离子交换法处理镀铬清洗废水可采用三阴柱串联全饱和工艺流程,如图 2-73 所示。

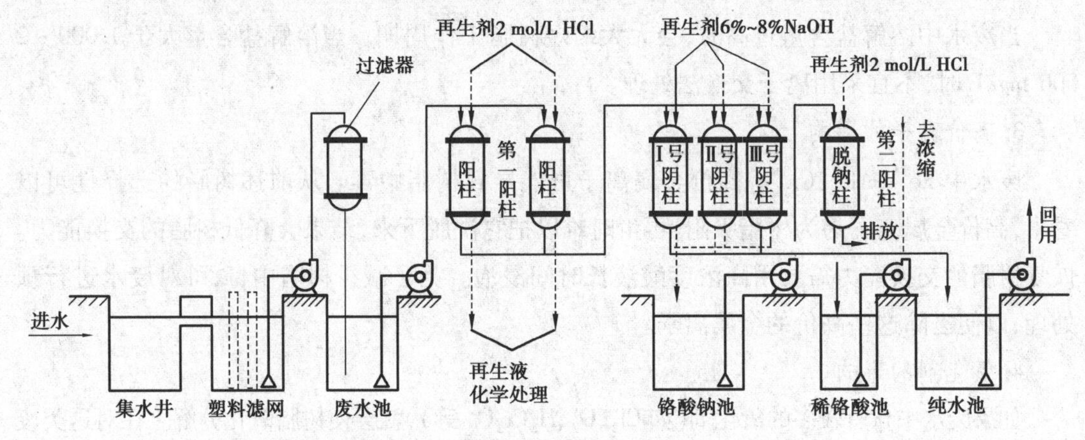

图 2-73 镀铬清洗废水离子交换处理工艺流程

含铬废水主要含有以铬酸根离子(CrO_4^{2-})和重铬酸根离子($Cr_2O_7^{2-}$)形式存在的六价铬废水,经过滤柱预处理后,经阳柱去除废水中的阳离子(M^{n+}),其反应如下:

$$nR^-H^+ + M^{n+} \rightleftharpoons R_n^-M^{n+} + nH^+$$

经上述反应后,废水呈酸性,pH 值下降。当 pH 值降到 5 以下时,废水中的六价铬大部分以 $Cr_2O_7^{2-}$ 的形式存在。接着废水进入Ⅰ号阴柱,去除铬酸根离子和重铬酸根离子,其反应如下:

$$2ROH + Cr_2O_7^{2-} \rightleftharpoons R_2Cr_2O_7 + 2OH^-$$

$$2ROH + CrO_4^{2-} \rightleftharpoons R_2CrO_4 + 2OH^-$$

当Ⅰ号阴柱出水六价铬达到规定浓度时,树脂层内树脂带有的OH^-基本上为废水中的CrO_4^{2-}、$Cr_2O_7^{2-}$、SO_4^{2-}、Cl^-所取代。树脂层中的阴离子按其选择性的大小,从上到下分层,显然下层没有完全为$Cr_2O_7^{2-}$所饱和,如果此时进行再生,则洗脱液中SO_4^{2-}与Cl^-的浓度较高,铬酸浓度较低。为了提高铬酸的浓度和纯度,将Ⅱ号阴柱串联在Ⅰ号阴柱后,这时继续向Ⅰ号阴柱通废水,则Ⅰ号阴柱内$Cr_2O_7^{2-}$含量逐渐增加,而SO_4^{2-}和Cl^-含量逐渐下降,最后,当Ⅰ号阴柱出水中六价铬浓度与进水的浓度相同时,才对Ⅰ号阴柱进行再生。这种流程称为双阴柱全酸性全饱和流程。

阳柱树脂失效后采用高浓度的HCl溶液进行再生,其反应如下:

$$R^{n-}M^{n+} + nHCl \rightleftharpoons R^{n-}H_n^+ + M^{n+}Cl_n^-$$

阴柱树脂失效后采用高浓度NaOH溶液进行再生,得到六价铬浓度较高的Na_2CrO_4再生洗脱液,反应式如下:

$$R_2Cr_2O_7 + 4NaOH \rightleftharpoons 2ROH + 2Na_2CrO_4 + H_2O$$

为了回收铬酸,可把再生树脂得到的再生洗脱液通过氢型阳离子交换树脂进行脱钠,可得到$H_2Cr_2O_7$,反应式如下:

$$4RH + 2Na_2CrO_4 \rightleftharpoons 4RNa + H_2Cr_2O_7 + H_2O$$

2. 离子交换法处理含镉废水

氰化镀镉淋洗水中的镉为四氰络镉阴离子$Cd(CN)_4^{2-}$,它可以用D370大孔叔胺型弱碱性阴离子交换树脂来处理,出水含镉量低于国家排放标准,镉还可以回收利用。废水中的镉还可以Cd^{2+}或$Cd(NH_3)_4^{2+}$络合离子形态存在,例如镀镉漂洗水,含镉约20 mg/L,pH值为7左右,采用Na型DK110阳离子交换树脂处理,可以获得很好的效果。当处理含镉50~250 mg/L的废水时,回收镉的价值可使离子交换装置的投资在半年到两年内得到补偿。

知识点5　膜分离法

膜分离法是利用特殊的薄膜对液体中的成分进行选择性分离的技术。用于废水处理的膜分离技术包括扩散渗析、电渗析、反渗透、超滤、微滤等。膜的种类不同,其功能和推动力也就不同,各种膜分离技术的特征和用途如表2-11所示。

表2-11　几种膜分离技术的特征和用途

分离技术	膜的种类	推动力	膜孔径/nm	用途
扩散渗析	渗析膜	浓度差	—	用于回收酸、碱等
电渗析	离子交换膜	电位差	—	用于回收酸碱和苦咸水淡化
反渗透	反渗透膜	压力差(大)	<10	分离小分子溶质,用于海水淡化,去除无机离子或有机物
超滤	超滤膜	压力差(较大)	5~200	截留大分子,去除颜料、油漆、微生物等
微滤	微滤膜	压力差(小)	50~15 000	去除微粒、亚微粒和细粒物质

膜分离法的特点：在分离过程中，不发生相变化，能量的转化效率高；一般不需要投加其他物质，可节省原材料和化学药品；分离和浓缩同时进行，能回收有价值的物质；可在常温下进行分离，不会破坏对热敏感和对热不稳定的物质；操作及维护方便，易于实现自动化控制。

一、扩散渗析

扩散渗析是使高浓度溶液中的溶质透过渗析膜向低浓度溶液迁移的过程。扩散渗析的推动力是渗析膜两侧的浓度差。当膜两侧的浓度达到平衡时，渗析过程即停止。扩散渗析主要用于酸、碱的回收，回收率可达到70% ~90%，但不能把它们浓缩。此法操作简单方便、能耗较低，但设备投资较高，适用于从高浓度酸液中回收游离酸。

以下用回收酸洗钢铁废水中的硫酸为例来说明扩散渗析的原理，如图 2-74 所示。在回收硫酸的扩散渗析器中，全部使用阴离子交换膜（以下简称"阴膜"）。含酸原液自下而上通入 1、3、5 隔室中，这些隔室称为原液室。废水自上而下地通入 2、4 隔室中，这些隔室称为回收室。由于阴膜对阴离子有选择透过性，因此原液室含酸废液中的硫酸根离子极易通过阴膜，而氢离子和亚铁离子难以通过。回收室中 OH^- 的浓度比原液室中高，回收室中的 OH^- 极易通过阴膜进入原液室，与原液室中的 H^+ 结合成水。在回收室得到硫酸由下端流出。原液脱除硫酸后，从原液室的上端排出，成为主要含 $FeSO_4$ 的残液。

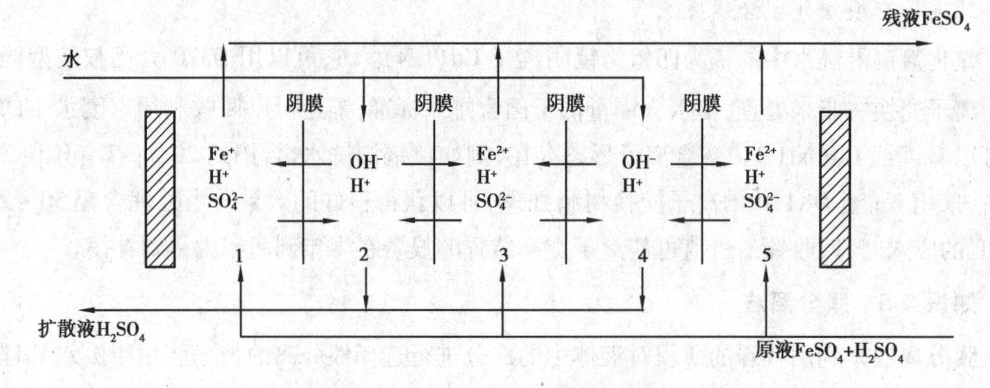

图 2-74　扩散渗析原理示意图

二、电渗析

1. 原理

电渗析是在直流电场的作用下，利用阴、阳离子交换膜对溶液中阴、阳离子的选择透过性（阳膜只允许阳离子通过，阴膜只允许阴离子通过），使溶液中的溶质与水分离的一种物理化学过程。

电渗析系统由一系列阴、阳离子交换膜交替排列于电极之间，组成许多由膜隔开的水室，如图 2-75 所示。当原水进入这些水室时，在直流电场的作用下，溶液中的离子作定向迁移，阳离子向阴极迁移，阴离子向阳极迁移。但由于离子交换膜具有选择透过性，一些水室离子浓度降低而成为淡水室，与淡水室相邻的水室则因富集了大量离子而成为浓水室。

从淡水室和浓水室分别得到淡水和浓水，原水中的离子得到了分离和浓缩，水便得到了净化。

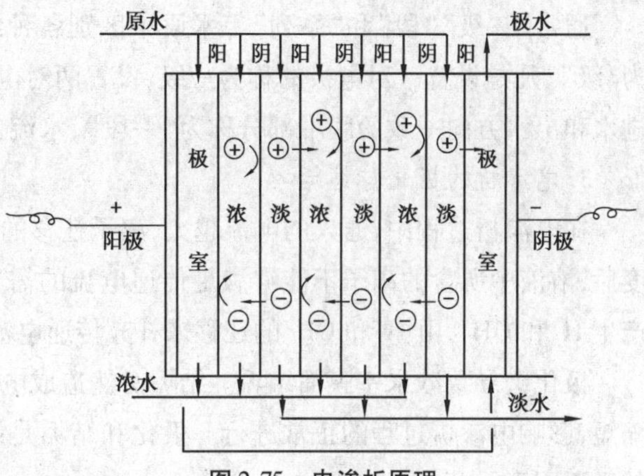

图2-75 电渗析原理

电渗析法处理废水的特点:不需要消耗化学药品、设备简单、操作方便。

2. 电渗析器的结构与组装

(1)电渗析器的结构

电渗析器主要由膜堆、极区、压紧装置3部分组成。

①膜堆。膜堆包括若干组膜对,而膜对是电渗析的基本单元。1张阳膜、1张浓(或淡)室隔板、1张阴膜、1张淡(或浓)室隔板组成一个膜对。隔板常用1~2 mm厚的硬聚氯乙烯板制成,板上开有配水孔、布水槽、流水道、集水槽和集水孔。隔板的作用是使两层膜间形成水室,构成流水通道,并起配水和集水的作用。

离子交换膜分为阳离子交换膜和阴离子交换膜。阳离子交换膜能选择性地透过阳离子,而不让阴离子透过。阴离子交换膜能选择性地透过阴离子,而不让阳离子透过。离子交换膜需要具备如下性能:选择透过性高,要求在95%以上;导电性好,要求其导电能力应大于溶液的导电能力;交换容量大;溶胀率和含水率适量;化学稳定性强;机械强度大。

②极区。极区由托板、电极、极框和垫板组成。托板的作用是加固极板和安装进出水接管,常用厚的硬聚氯乙烯板制成。电极的作用是接通内外电路,在电渗析器内形成均匀的直流电场。阳极常用石墨、铅、钛涂钌等材料;阴极可用不锈钢等材料制成。极框用来在极板和膜堆之间保持一定的距离,构成极室,也是极水的通道,常用厚5~7 mm的粗网多水道式塑料板制成。垫板起防止漏水和调整厚度不均的作用,常用橡胶或软聚氯乙烯板制成。

③压紧装置。压紧装置的作用是把极区和膜堆组成不漏水的电渗析器整体,可采用压板和螺栓拉紧。螺栓拉紧装置造价低,因而较多地被采用。

(2)电渗析器的组装

电渗析器的基本组装形式如图2-76所示。

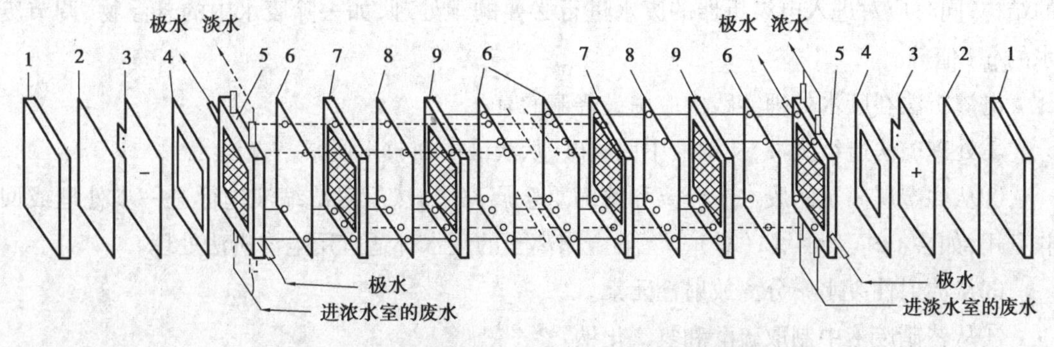

图2-76 镀铬清洗水离子交换处理工艺流程

1—压紧板;2—势板;3—电极;4—垫圈;5—板框;

6—阳膜;7—淡水隔板框;8—阴膜;9—浓水隔板框

通常用“级”“段”和“系列”等术语来区别各种组装形式。电渗析器内电极对的数目称为“级”,凡是设置一对电极的称为一级,设置两对电极的称为二级,以此类推。电渗析器内,进水和出水方向一致的膜堆部分称为“一段”,水流方向每改变一次,“段”的数目就增加1。

3. 电渗析的极化与结垢

在电渗析过程中,通入的电流越大,离子迁移的速度就越大。但如果电流提高到一定程度后,溶液中所含的离子不能够满足传递电流的需要,会造成在淡水侧发生水分子的电离,产生 H^+ 和 OH^-,由 H^+ 和 OH^- 的迁移来补充传递电流,这种现象称为极化现象。

极化会导致浓水室膜面结垢。结垢必然造成电流效率的降低,膜的有效面积减小,寿命缩短,影响电渗析过程的正常进行。极化和结垢是影响电渗析工作状况和电渗析稳定运行的重要因素。

防止极化最有效的方法是控制电渗析器在极限电流密度(膜界面层中产生极化现象时的电流密度)以下运行。

另外,避免结垢的方法还有:

①定期进行倒换电极运行,将膜上积聚的沉淀溶解下来。

②定期采用1%~2%的盐酸进行清洗,去除结在阴膜上的 $CaCO_3$ 水垢,清洗的周期根据结垢的情况确定,一般为1~4周。

③由于 $CaCO_3$ 和 $Mg(OH)_2$ 的溶度积远远小于 $CaSO_4$、$CaCl_2$ 和 $MgCl_2$,因此采用浓水加酸的办法,可使碳酸盐硬度转变成非碳酸盐硬度,防止碳酸盐硬度水垢的产生,同时防止 $Mg(OH)_2$ 的析出。一般投加盐酸和硫酸,将浓水的pH值调节到4~6。采用浓水加酸的办法还有利于实现浓水循环,可把水的利用率提高到90%以上。

④原水进入电渗析器之前需预先软化,以去除原水中的钙、镁离子,消除结垢的内因。

⑤每半年或一年把电渗析器完全拆散,解体清洗一次。将膜和隔板进行机械清刷和化学清洗。

4. 电渗析法在废水处理中的应用

采用电渗析法处理废水时,应注意根据废水的性质选择合适的离子交换膜和电渗析器的结构,同时应对进入电渗析器的废水进行必要的预处理,如去除废水中的悬浮物、调节废水的pH值等。

电渗析法在废水处理实践中应用最普遍的有:

①处理碱法造纸废液,从浓液中回收碱,从淡液中回收木质素。

②从含金属离子的废水中分离和浓缩重金属离子,然后对浓缩液进行进一步处理或回收利用,如含 Cu^{2+}、Zn^{2+}、Cr(Ⅵ)、Ni^{2+} 等金属离子的废水都适宜用电渗析法处理。

③从放射性废水中分离放射性元素。

④从芒硝废液中制取硫酸和氢氧化钠。

⑤从酸性废液中制取硫酸。

⑥处理电镀废水和废液等。

图2-77所示的是电渗析处理镀镍废液并回收镍的工艺流程。废液进入电渗析设备前

须经过过滤处理,以去除其中的悬浮杂质和部分有机物,然后进入电渗析器。经过电渗析处理后,浓水中镍的浓度增高,可以返回镀槽重复使用。淡水中的镍浓度减少,可以返回水洗槽用作清洗水的补充水,这种方法可以实现闭路循环。

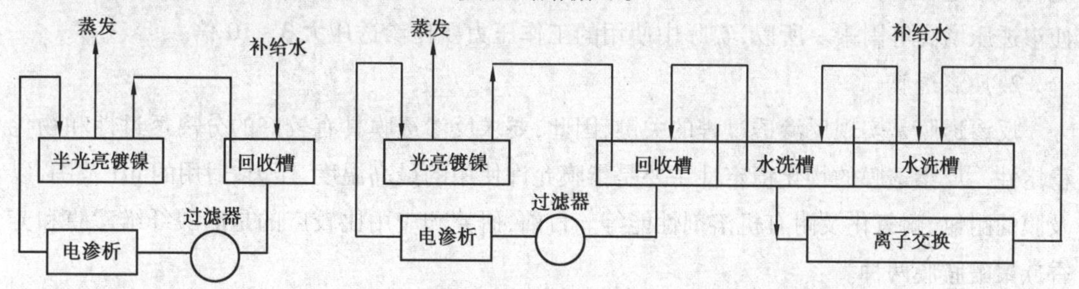

图 2-77　电渗析法处理电镀含镍废水的工艺流程

三、反渗透

1. 原理

有一种半透膜,它只允许溶剂通过而不允许溶质通过。如果用这种半透膜将盐水和淡水或两种浓度不同的溶液隔开,可发现水将从淡水侧或浓度较低的一侧通过膜自动地渗透到盐水或浓度较高的溶液一侧,盐水体积逐渐增加,在达到某一高度后便自行停止,此时即达到平衡状态,这种现象称为渗透。渗透的原理如图 2-78(a)所示。当渗透平衡时,溶液两侧液面的静水压差称为渗透压。如果在盐水面上施加大于渗透压的压力,此时盐水中的水就会流向淡水侧,这种现象称为反渗透。反渗透的原理如图 2-78(b)所示。

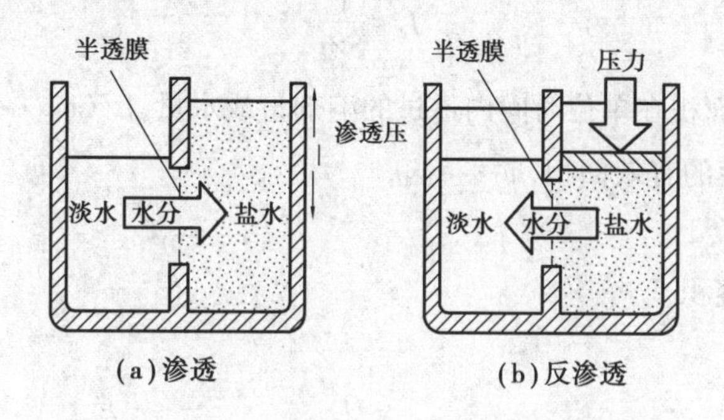

图 2-78　渗透和反渗透原理示意图

在反渗透设计中,渗透压是一个重要参数。渗透压与溶液的性质、浓度和温度有关,而与溶质的本性和膜无关。溶液渗透压的计算公式如下:

$$\pi = iRTc \tag{2-15}$$

式中 π——渗透压,Pa;

R——理想气体常数,Pa·L/(mol·K);

T——绝对温度,K;

c——溶液的浓度,mol/L;

i——范特霍夫系数,它表示溶质的离解状态,其值等于或大于1,对于电解质溶液,当其完全离解时,i 等于离解的阴阳离子的总数,对非电解质,$i=1$。

反渗透不是自动进行的，为了进行反渗透，就必须加压，只有当工作压力大于溶液的渗透压时，水才能通过膜从盐水中分离出来。在理论上只要用比渗透压大一点的压力就可以进行反渗透，然而工作压力的选定还应考虑到一定的渗透水量和在反渗透过程中因浓缩而使渗透压增高等因素。所以，实际中使用的工作压力要比渗透压大 3～10 倍。

2. 反渗透膜

反渗透膜是实现反渗透过程的关键，因此，要求反渗透膜具有较好的分离透过性和物化稳定性。反渗透膜的物化稳定性主要是指膜允许使用的最高温度、压力、适用的 pH 范围，以及膜的耐氯、耐氧化及耐有机溶剂性能等。目前，研究和应用比较广的是醋酸纤维素膜和芳香族聚酰胺膜两种。

反渗透膜的分离透过性可用以下 3 个指标表示：溶质分离率、溶剂透过流速（又称水通量）、水回收率。

（1）溶质分离率

$$R=\left(1-\frac{C_p}{C_f}\right)\times 100\% \tag{2-16}$$

式中 R——溶质分离率，%；

C_f——主体溶液质量浓度，mg/L；

C_p——透过液质量浓度，mg/L。

（2）溶剂透过流速

$$J_w=\frac{V}{S\times t} \tag{2-17}$$

式中 J_w——单位膜面积在单位时间内透过的溶剂量或水量，L/($m^2\cdot d$)；

S——反渗透膜的有效面积，m^2；

t——运行时间，d；

V——透过液容积，L。

（3）水回收率

$$y=\frac{Q_d}{Q_g} \tag{2-18}$$

式中 y——水回收率；

Q_d——淡水流量，m^3/h；

Q_g——供水流量，m^3/h。

3. 反渗透装置

反渗透装置有以下 4 种：板框式、管式、螺旋卷式、中空纤维式。

（1）板框式反渗透装置

在多孔透水板的单侧或两侧粘上反渗透膜，即构成板式反渗透元件；再将元件紧粘在用不锈钢或环氧玻璃钢制作的承压板两侧；然后将几块或几十块元件层层叠合，用长螺栓固定，装入密封耐压容器中，按压滤机形式制成板式反渗透器。

这种装置的优点是结构牢固、能承受高压、占地面积不大；缺点是液流状态差、易造成浓差极化、设备费用较大、清洗维修也不太方便。板框式反渗透装置结构如图 2-79 所示。

(2)管式

这种装置是把膜装在(或者将铸膜液直接涂在)耐压微孔承压管内侧或外侧，制成管状膜元件，然后再装配成管式反渗透器，如图 2-80 所示。管式反渗透装置可分为内压式和外压式。

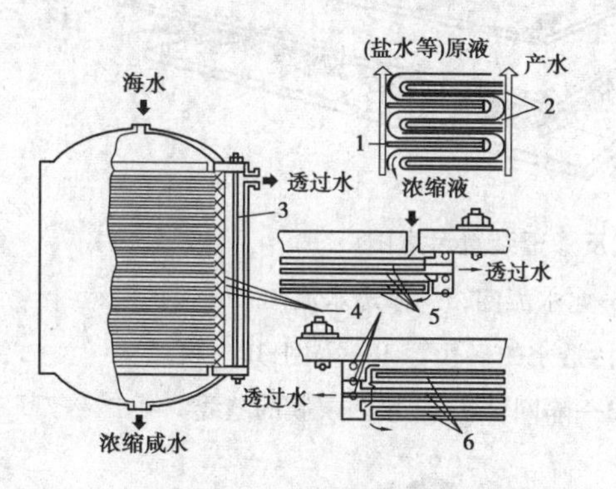

图 2-79 板框式反渗透装置结构示意图

1—承压板；2—膜；3—紧固螺栓；
4—环形垫圈；5—膜；6—多孔板

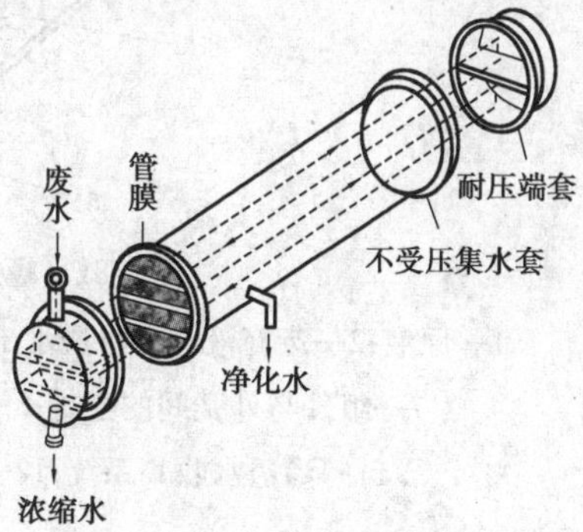

图 2-80 管束式反渗透装置结构示意图

这种装置的优点是水力条件好，适当调节水流状态即能防止膜的污染和堵塞；能够处理含悬浮物的溶液；安装、清洗、维修都比较方便；缺点是单位体积的膜面积小、装置体积大、制造费用较高。

(3)螺旋卷式

这种装置由平膜做成，在两层渗透膜中间夹衬多孔支撑材料，将膜的三边像信封一样密封形成膜袋，另一个开放的边与一根接收淡水的穿孔管密封连接，在膜袋外再垫一层细网作为间隔层，紧密卷绕而成一个组件，如图 2-81 所示。将一个或多个组件放入耐压筒内，便组成螺旋卷式反渗透器。原液及浓缩液沿与中心管平行的方向在膜袋外细网间隔层中流动，浓缩液由筒的一端引出，渗透水则在两层膜间的垫层(多孔支撑材料)中流动，最后由中心集水管引出。

这种装置的优点是单位体积内膜的装载面积大、结构紧凑、占地面积小；缺点是容易堵塞、清洗困难，因此，对原液的预处理要求严格。

(4)中空纤维式

这种装置中装的是由膜液空心纺丝而制成的中空纤维，将几十万根中空纤维捆成膜束，密封装入耐压容器，即可组成反渗透装置，如图 2-82 所示。这种装置的优点是单位体积的膜表面积大、装备紧凑；缺点是原液预处理要求高，难以发现损坏了的膜。

4. 工艺流程

反渗透处理的工艺流程包括 4 个部分：预处理工艺、反渗透处理工艺、反渗透膜的清洗、浓缩液处理。

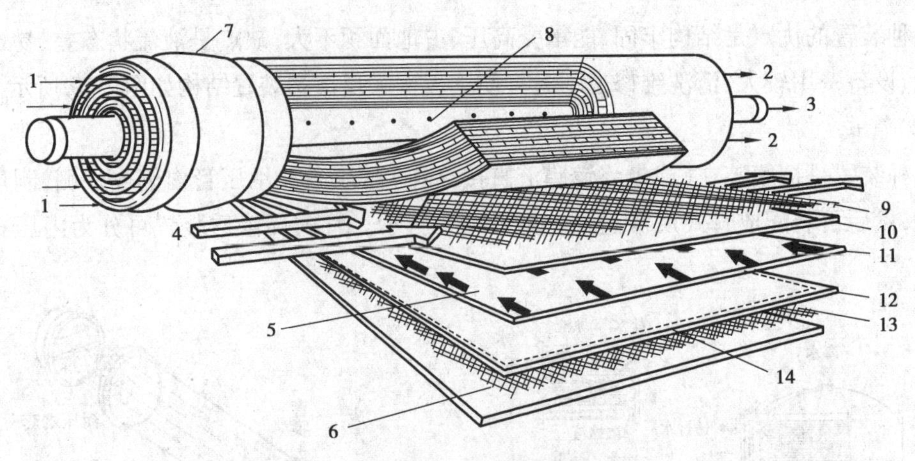

图 2-81　螺旋卷式反渗透装置示意图

1—原液;2—废弃液;3—渗透水出口;4—原水流向;5—渗透水流向;6—保护层;
7—组件与外壳间的密封;8—收集渗透水的多孔管;9—隔网;10—膜;
11—渗透水收集系统;12—膜;13—隔网;14—连接两层膜的缝线

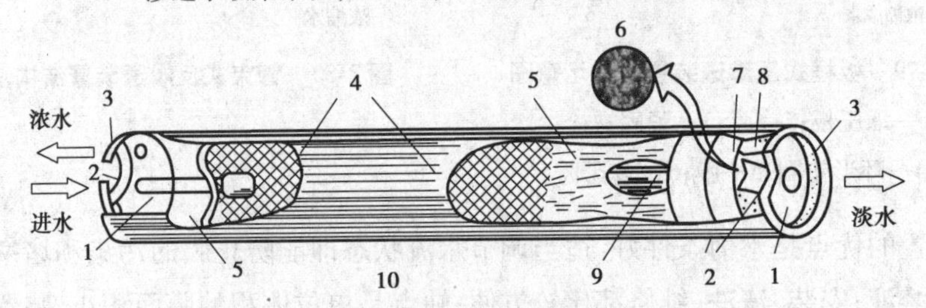

图 2-82　中空纤维式反渗透装置结构示意图

1—端板;2—"O"形密封环;3—弹簧(咬紧)夹环;4—导流网;5—中空纤维膜;
6—中空纤维断面放大;7—环氧树脂管板;8—多孔支撑板;9—进水分配多孔管;10—外壳

(1)预处理工艺

预处理是指被处理的料液在进入膜分离过程前需采取的预先处理措施。预处理过程的好坏决定了反渗透膜分离过程的成败,因此必须严格认真地做好预处理工作。预处理的对象和相应的方法有:

①去除过量的悬浮物或浊度,通常采用混凝沉淀和过滤联合处理。

②调整和控制进水的 pH 值和水温。

③防止或抑制在膜表面产生硬垢,产生硬垢的物质有碳酸钙、硫酸钙、磷酸钙、水合金属氧化物等。为了防止硬垢的产生,可采用调节进水 pH 值的方法,也可在原水中投加六偏磷酸钠作抑制剂。当原水含钙盐量过高时,还可以采用石灰软化、离子交换等方法加以去除。

④防止在膜表面产生软垢,产生软垢的物质是细菌、微生物、藻类以及它们分泌的黏性物质,可采用消毒的方法来抑制它们的生长。加氯消毒时,应维持水中的余氯在 1 ~ 2 mg/L 左右。对氯敏感的反渗透膜可采用混凝过滤、臭氧消毒等处理方法。

⑤去除乳化和溶解的油类及溶解性有机物,可采用氧化法把有机物转为胶体,亦可采用活性炭吸附法去除这些物质。

⑥进水对膜的污染趋势可以采用污泥密度指数(SDI)进行估计。不同的膜组件要求进水有不同的SDI值,如中空纤维式膜组件一般要求SDI值在3左右;螺旋卷式膜组件一般要求SDI值为5左右。SDI值的测定方法如下:用有效直径为42.7 mm、平均孔径为0.45 μm的微孔滤膜,在0.21 MPa压力下,测定最初500 mL的进料液的滤过时间,然后继续滤过15 min后,再次测定500 mL进料液的滤过时间。按照式(2-19)计算SDI值:

$$SDI=100\times\frac{1-\frac{t_1}{t_2}}{t_T} \tag{2-19}$$

式中 t_1——最初500 mL进料液滤过所用的时间,min;

t_2——最后500 mL进料液滤过所用的时间,min;

t_T——总的滤过时间,min。

(2)反渗透处理工艺

针对不同的处理对象,要达到不同的处理目的,可以有各种处理工艺。常用的反渗透处理工艺系统有以下3种:

①一级一段连续式工艺系统,如图2-83(a)所示。这种系统水的回收率较低。

②一级一段循环式工艺系统,如图2-83(b)所示。这种系统水的回收率较高,但透过水的质量比一级一段连续式工艺系统差。

③多级串联连续式工艺系统,如图2-83(c)所示。这种系统水的回收率高,各级膜组按渐减方式布置,适用于水量大的情况。

此外,还有一级多段连续式、一级多段循环式、多级多段连续式和多级多段循环式等工艺系统。

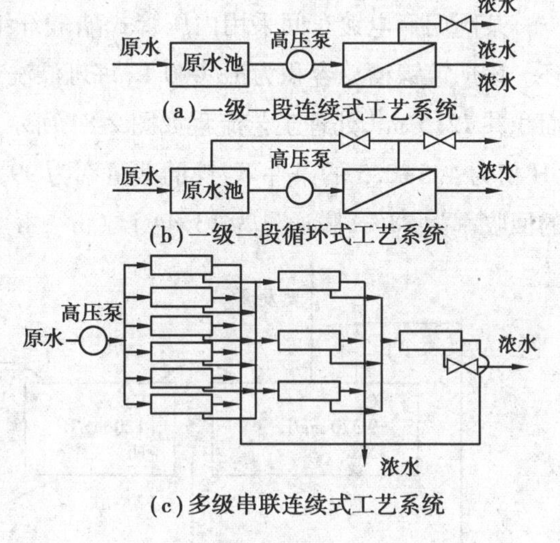

图2-83 常用反渗透处理工艺

(3)反渗透膜的清洗

预处理虽可大大减轻污垢对膜的污染,但不能完全消除,为了消除污垢对膜性能造成危害,必须定期对膜进行清洗。清洗的方法有物理清洗法和化学清洗法。

①物理清洗法。最简单的物理清洗法是用低压高速水冲洗,也可用水和空气联合冲洗,对内压管式膜可以装海绵球(或泡沫塑料球)自动清洗系统,擦洗掉膜表面的沉积物。

②化学清洗法。采用清洗液对膜进行清洗。对于不同的污染物,选用的清洗剂也不同。例如,对于沉积的金属氢氧化物(铁、锰、铜等氧化物)可采用0.2 mol/L柠檬酸胺或4%硫酸氢钠水溶液清洗。对于钙的沉积物可用盐酸(pH=4)或柠檬酸(pH=4)的水溶液清洗。对于有机物、胶体可用1%酶洗涤剂清洗,也可用盐酸(pH=2)或柠檬酸(pH=4)清洗。若膜表面污垢很厚,用高浓度的盐水清洗会收到较好效果。高浓度的电解质能使胶体的相互作用

减弱，形成胶团脱离膜表面。对于细菌类和真菌类微生物可用1%甲醛洗涤液或低浓度的双氧水溶液清洗。化学清洗时，清洗液温度以35 ℃左右为宜，清洗时间一般为30 min，清洗完毕需用清水冲洗干净，才能恢复正常运行。

(4)浓缩液处理

采用反渗透处理废水时，膜的透过水通常都是水质非常好的优质水，可直接排放或回用。但废水中的污染物经过反渗透处理后，被大大浓缩，存在于浓水中。当浓水中所含的物质有利用价值时应该进行回收，例如用反渗透法对电镀废水中有价值的物质进行浓缩回收。当浓水中所含的物质没有利用价值时，应该对浓水进行妥善处理，以便消除这些污染物对周围环境的危害。浓水处理方法的选择是否合适，会对废水反渗透处理工艺的正常运行产生重要影响。

5. 反渗透在废水处理中的应用

(1)镀镍废水的处理

反渗透法处理电镀废水是一种经济有效的方法，它可使废水中的化学品和水得到回用，实现无废水排放的闭路循环生产。

某阀门厂电镀车间采用内压管式醋酸纤维膜反渗透系统处理镀镍废水，实现了闭路循环。该厂镀镍槽总容积为18 000 L，每班漂洗工件带出的镀液为30 L。选用5个膜组件，膜面积共12.5 m^2，处理工艺流程如图2-84所示。在操作压力为3.0 MPa，温度为36～47 ℃，pH值为4.5±0.5的条件下，镍的截留率为99.8%±0.1%，镍的回收率为98.3%±0.7%，水的回收率为88%，膜通量为13.44 L/(m^2·h)。

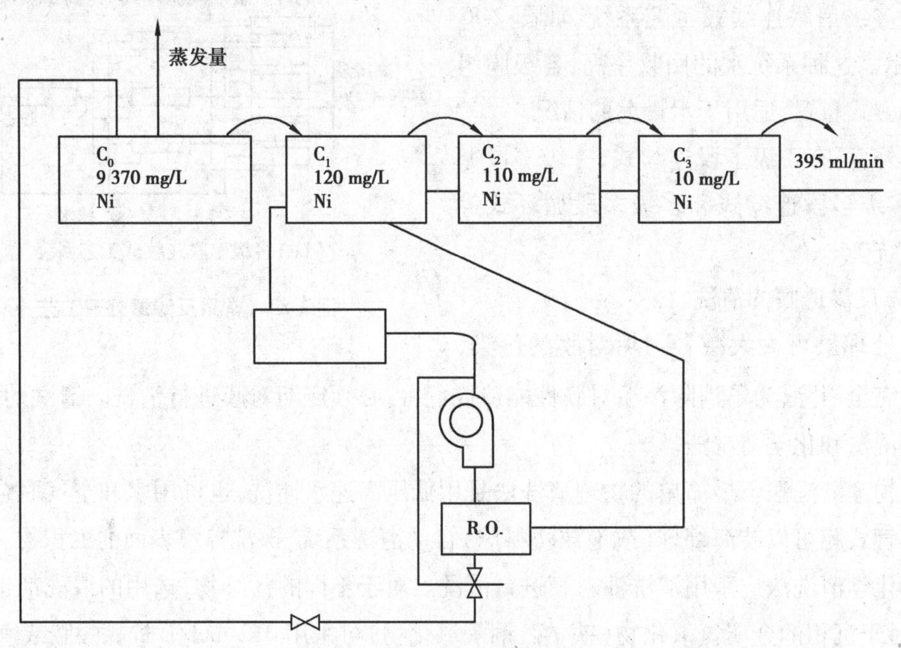

图2-84　反渗透处理镀镍废水

(2)反渗透法处理酸性尾矿废水

废水经过滤后,用高压泵送进反渗透装置,产出的淡水加碱调整 pH 值后即可作为工业用水。浓缩水部分循环,部分用石灰中和沉淀。废水中的 $CaSO_4$ 容易沉淀,可玷污、堵塞反渗透膜,所以反渗透器的进水应控制废水与沉淀池返回来的上清液之比为 10∶1。处理结果如表 3-12 所示,操作压力为 4.21 MPa,水的回收率为 75%。

表 2-12　反渗透法处理酸性尾矿废水的净化效果

项目	pH 值	溶解质/($mg \cdot L^{-1}$)						
		酸	Ca^{2+}	Mg^{2+}	Al^{3+}	Fe^{2+}	SO_4^{2-}	TDS
原废水	2.7	644	115	38	38.5	150	936	1 280
混合废水	2.6	1 090	184	66	74	277	1 890	2 491
浓水	2.4	2 330	400	146	153	566	2 810	4 075
产出废水	4.4	6.0	2.0	0.9	3.1	0	4.2	10
溶质去除率/%	—	99.6	99.3	99.6	97.3	100.0	99.8	99.6

四、超滤

1.原理

超滤又称超过滤,用于去除废水中的大分子物质和微粒。超滤工作原理如图 2-85 所示。在外力的作用下,被分离的溶液以一定的流速沿着超滤膜表面流动,溶液中的溶剂和低分子量物质、无机离子从高压侧透过超滤膜进入低压侧,并作为滤液排出;而溶液中的高分子物质、胶体微粒及微生物等被超滤膜截留,溶液被浓缩并以浓缩液形式排出。

2.超滤设备和超滤工艺流程

超滤膜是实现超滤过程的关键,因此,要求超滤膜具有较好的分离透过性,并能耐高温,pH 适用范围要大,对有机溶剂具有良好的化学稳定性,以及具有足够的机械强度。目前,研究和应用比较广的有醋酸纤维超滤膜、聚砜类超滤膜、聚砜酰胺超滤膜和聚丙烯腈超滤膜等。

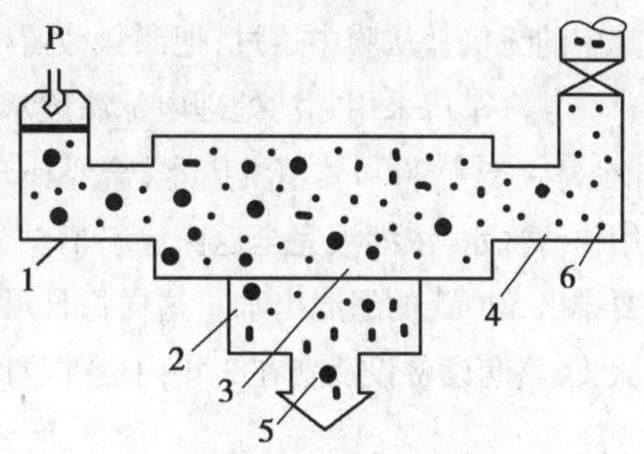

图 2-85　超滤工作原理

1—超过滤进口溶液;

2—超过滤渗透过膜的溶液;

3—超过滤膜;4—超过滤出口溶液;

5—透过超过滤膜的物质;

6—被过滤膜截留物

超滤膜组件的结构形式类似于反渗透膜组件,也可以制成板框式、螺旋卷式、管式、中空纤维式等超滤膜组件,并且通常由生产厂家将这些组件组装成配套设备供应市场。

超滤流程类似于反渗透工艺流程,包括被处理废水的预处理、膜分离工艺、膜的清洗和后处理。其中,超滤分离工艺又可分为间歇操作、连续超滤过程和重过滤 3 种。间歇操作具有最大透过速率,效率高,但处理量小。连续超滤过程常在部分循环下进行,回路中循环量常比料液量大得多,主要用于大规模处理厂。重过滤常用于小分子和大分子的分离。

3. 超滤运行中的主要影响因素

超滤运行中的主要影响因素有料液流速、温度、运行周期、料液的预处理、膜的清洗。

①料液流速。提高料液流速可以减缓浓差极化，提高透过通量，但需提高工作压力，增加能耗。一般料液流速控制在 1 ~ 3 m/s。

②温度。操作温度主要取决于所处理的物料和膜材料的化学、物理性质。由于高温可降低料液的黏度，增加传质效率，提高透过通量，因此，可在允许的最高温度下进行操作。

③运行周期。随着超滤过程的进行，在膜表面逐渐形成凝胶层，使透过通量逐步下降，当通量达到某一最低数值时，就需要进行清洗，这段时间称为一个运行周期。运行周期的变化与清洗情况有关。

④料液的预处理。为了提高膜的透过通量，保证超滤膜的正常、稳定运行，根据需要应对料液进行预处理。通常采用的预处理方法有沉淀、混凝、过滤、吸附等。

⑤膜的清洗。膜必须进行定期清洗，以保持一定的透过通量，并延长膜的使用寿命。清洗方法一般根据膜的性质和被处理料液的性质来确定。一般先以水力清洗，然后再根据情况采用不同的化学洗涤剂进行清洗，可以参考反渗透膜的清洗方式。

4. 超滤在废水处理中的应用

在废水处理中，超滤主要用于电泳漆、印染、电镀等行业废水的处理。下面以电泳漆废水的处理为例对超滤在废水处理中的应用进行说明。

汽车、家具等金属制品在用电泳法将涂料沉淀到金属表面后，要用水将制品上的多余涂料冲洗掉。这部分涂料约占所用涂料的 15% ~ 50%，随水排放，既浪费大量漆料，又造成环境污染，采用超滤法几乎可全部回收废水中的涂料。超滤还可以用来净化电泳漆的槽液，使其中的无机盐从膜中透过，把漆料截留下来。

某汽车厂采用超滤处理电泳漆废水和净化电泳漆槽液，工艺流程如图 2-86 所示。处理前，每天产生 200 m^3 清洗废水，需要补充 200 m^3 的去离子水。经过超滤处理后，出水可以回用作清洗水，浓缩液完全返回涂料槽。为了避免清洗水中盐分或其他杂质含量过高，每天需要排出 50 m^3 的超滤出水。这样每日可节约去离子水 150 m^3，同时又回收了清洗水中的电泳漆，整套设备投资费在 2 年内全部收回。

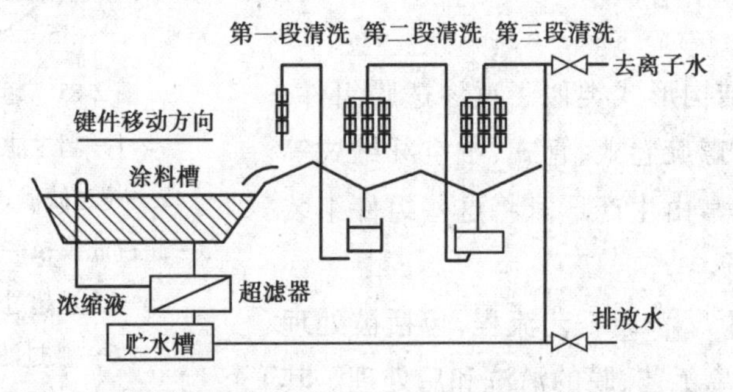

图 2-86　超滤处理电泳漆废水和净化电泳漆槽液工艺流程

五、微滤

微滤即微孔过滤，是以压力差为推动力，利用筛网状过滤介质膜的“筛分”作用进行分离的过程，其原理与普通过滤类似，但过滤微粒的粒径为 0.05 ~ 15 μm，主要除去微粒、亚微粒和细粒物质，因此又称为精密过滤。

微滤膜的品种较多，常见的有醋酸纤维微滤膜、硝酸纤维微滤膜、混合纤维微滤膜、聚酰胺微滤膜、聚氯乙烯微滤膜等。另外，还可以采用陶瓷制作微滤膜。与反渗透和超滤一样，微滤膜的组件也有板框式、管式、螺旋卷式和中空纤维式 4 种。

目前，微滤已经广泛应用于化工、冶金、食品、医药、生化、水处理等多个行业。在水处理领域，微滤的应用主要包括以下几个方面：作为纯水、超纯水制备的预处理单元；用于生产矿泉水；用于城市污水的深度处理；用于含油废水的处理；用于喷涂行业废水的处理和涂料的回收；与生物反应器一起构成微滤膜生物反应器，用于处理生活污水，并实现污水的再生。

知识点6 消毒技术

一、概述

生活污水，医院污水，禽畜养殖、生物制品和食品、制药等部门排出的废水中不但存在大量细菌，且有可能含有较多病原微生物。经水传播的疾病主要是肠道传染病，如伤寒、痢疾、霍乱以及马鼻疽、钩端螺旋体病、肠炎等。此外，由肠道病毒引起的传染病，如肝炎和结核等也能随水传播。

污水中的病原体主要有病原性细菌、肠道病毒和蠕虫卵 3 类。具体分类如下：

①病原性细菌：沙门氏菌属、痢疾志贺氏菌、霍乱弧菌、结核分直杆菌、布鲁氏菌属、炭疽杆菌、病原性大肠杆菌。

②肠道病毒：传染性肝炎病毒、脊髓灰质炎病毒、腺病毒、柯萨基病毒、RED 病毒。

③蠕虫卵：蛔虫卵、钩虫卵、吸血虫卵。

采用常规的废水处理工艺一般不能有效灭活这些病原微生物（如活性污泥法去除率为 90% ~95%，生物膜法去除率为 80% ~90%，自然沉淀法去除率为 25% ~75%）。为了防止疾病的传播，必须对这类废水进行消毒处理。近年来，在实施较多的工业水回用和中水回用工程中，消毒处理成为必须考虑的工艺步骤之一。

消毒方法包括物理方法和化学方法两大类。物理方法有加热、光照及超声波等手段，但在废水处理中很少应用。化学方法中消毒剂有多种氧化剂（氯、臭氧、溴、碘、高锰酸钾等）、某些重金属（银、铜等）离子及阳离子型表面活性剂，其中以氯消毒、臭氧消毒和紫外线消毒应用最多，如表 2-13 所示。

表 2-13 常用消毒剂

消毒剂	优点	缺点	适用条件
液氯	效果可靠，投配设备简单，投量准确，价格便宜	氯化形成的余氯及某些含氯化合物低浓度时对水生生物有害；当工业污水的比例大时，氯化物可能生成致癌化合物	适用于大、中规模污水处理厂

续表

消毒剂	优点	缺点	适用条件
次氯酸钠	用海水或一定浓度的盐水,由处理厂就地电解产生消毒剂,也可以买商品次氯酸钠	需要有专用次氯酸钠电解设备和投加设备	适用于边远地区,购液氯等消毒剂困难的小型污水处理厂
臭氧	消毒效率高,并能有效地降解污水中的残留有机物,消除色、味等,污水的pH值、温度对消毒影响很小,不产生难处理的或生物积累性残留物	投资大、成本高、设备管理复杂	适用于出水水质较好、排入水体卫生条件要求高的污水处理厂
紫外线	紫外线照射与氯系消毒共同作用的物理化学方法,消毒效率高,运行安全	投资较大,运行费用相对较高	适用于小、中、大规模污水处理厂

二、常用消毒方法

目前,常用的污水消毒方法有以下几种:氯消毒(主要包括液氯消毒、二氧化氯消毒和次氯酸钠消毒)、紫外线消毒、臭氧消毒。

1. 氯消毒

氯消毒工艺技术成熟,目前是污水消毒的主要技术,其中液氯消毒多用在大型污水处理厂,而二氧化氯和次氯酸钠消毒多用在中小型污水处理厂或医院污水的消毒。氯消毒的缺点是有可能形成致癌物。

(1)液氯消毒

液氯消毒利用的不是氯气本身,而是氯与水发生反应生成的次氯酸。次氯酸分子量很小,是不带电的中性分子,可以扩散到带负电荷的细菌细胞表面,并渗入细胞内,利用氯原子的氧化作用破坏细胞的酶系统,使其生理活动停止,最后死亡。在水中形成的次氯酸是一种弱酸,因此会发生如下电解反应:

$$HClO \rightleftharpoons H^+ + ClO^-$$

反应生成的次氯酸根离子(ClO^-)也具有氧化性,但由于其本身带有负电荷,不能靠近同样带负电荷的细菌,所以基本上无消毒作用。当污水的 pH 值较高时,上述化学平衡会向右移动,水中 HClO 浓度降低,消毒效果减弱。因此,pH 值是影响消毒效果的一个重要因素。pH 值越低,消毒效果越好。实际运行中,一般应控制 $pH<7.4$,以保证消毒效果,否则应加酸使 pH 值降低。除 pH 值以外,温度对消毒效果影响也很大,

温度越高,消毒效果越好,反之越差,其主要原因是温度升高能促进 HClO 向细胞内扩散。

(2)二氧化氯消毒

二氧化氯对细菌的细胞壁有较强的吸附和穿透能力,可快速控制微生物蛋白质的合成,对细菌、病毒等有很强的灭活能力。

ClO_2 在水中是纯粹的溶解状态,不与水发生化学反应,故它的消毒作用受水的 pH 值影响小,这是与液氯消毒的区别之一。在较高的 pH 值下,ClO_2 消毒能力比液氯强。比如 pH 值为8.5时,可达到99%以上的大肠埃希氏菌的杀灭率,ClO_2 只需要0.25 mg/L 的有效氯投加量和15 s 的接触时间,而液氯的投加量至少需要0.75 mg/L。二氧化氯消毒的特点是只起氧化作用,不起氯化作用,因而一般不会产生致癌物质。另外二氧化氯不与氨氮发生反应,因此,在相同的有效氯投加量下,可以保持较高的余氯浓度,取得较好的消毒效果。

二氧化氯不稳定,因此必须现用现制。但由于二氧化氯的制造成本较高,目前国内只在一些小型的污水处理工程中采用了二氧化氯消毒工艺。

(3)次氯酸钠消毒

次氯酸钠在我国已较为广泛地用于医院污水的消毒。次氯酸钠的消毒机理与液氯完全一致,在溶液中生成次氯酸离子,通过水解反应生成次氯酸,具有与其他氯的衍生物相同的氧化和消毒作用,但其效果不如 Cl_2 强。水解的化学反应式为:

$$NaClO + H_2O \rightleftharpoons HClO + NaOH$$

由于 NaClO 是由 NaOH 和 Cl_2 反应生成的,因此其消毒的直接运行费用高于液氯。但与液氯消毒相比,次氯酸钠消毒工艺运行方便、安全、基建费用低。

2. 紫外线消毒

汞灯发出的紫外光能穿透细胞壁与细胞质,达到消毒的目的。波长为250~360 nm 的紫外光的杀菌能力最强。由于紫外光需要透过水层才能起消毒作用,故污水中的悬浮物、浊度和有机物都会干扰紫外光的传播,因此,处理水的光传播系数越高,紫外线消毒的效果越好。

紫外线消毒与液氯消毒相比,具有如下优点:

①消毒速度快,效率高,经紫外线照射几十秒钟即能杀菌,一般大肠杆菌的平均去除率可达98%,细菌总数的平均去除率为96.6%,此外,还能去除液氯法难以杀死的芽孢与病毒。

②不影响水的物理性质和化学成分,不增加水的臭味。

③操作简单,便于管理,易于实现自动化。

紫外线消毒的主要缺点是:要求预处理程度高,处理水的水层薄,耗电量大,成本高,没有持续的消毒作用,不能解决消毒后在管网中的再污染问题。

3. 臭氧消毒

臭氧有很强的杀菌能力,远超过氯,且不需要太长的接触时间,除能有效杀灭细菌以外,对各种病毒和芽孢也有很大的杀伤效果。臭氧消毒不受污水中 NH_3 和 pH 值的影响,而且其最终产物是二氧化碳和水。臭氧还能除臭、去色,并不会产生有机氯化物。臭氧消毒的缺点是电耗大,运行费用高,O_3 在水中不稳定,易挥发,无持续消毒作用,设备复杂,管理麻烦。

目前，制约臭氧消毒普及应用的是设备投资及电耗较高。因此，臭氧消毒多用于出水水质较好，排入水体卫生条件要求较高的场合。

4. 辐射消毒

辐射消毒是利用高能射线（电子束、γ射线、X射线、β射线等）来达到消毒作用的一种方法。射线具有较强的穿透能力，可瞬间杀灭细菌，且消毒效果稳定，一般不受废水温度、压力和pH值等因素影响。但是该方法一次性投资较大，需获得辐照源，并需设置安全防护设施。

5. 加热消毒

加热消毒是通过加热来实现消毒的一种方法。该方法用于废水消毒处理，费用较高，很不经济。因此，这种方法仅适用于特殊场合少量废水的消毒处理。

三、影响消毒效果的因素

影响消毒效果的主要因素有投加量和时间、微生物特性、温度、pH、水中杂质、消毒剂与微生物的混合接触状况、处理工艺。

1. 投加量和时间

消毒剂的投加量和时间是影响消毒效果最重要的因素。对于某种废水进行消毒处理时，加入较大剂量的消毒剂无疑将获得更好的效果，但这样也必然造成运行费用增加。因此，需要选择确定一个适宜的投药量，以达到既能满足消毒灭菌的指标要求，同时又能保证较低的运行费用。在有条件的情况下，可以通过实验的方法确定消毒剂的投加量。但在大多数情况下，一般是根据经验数据来确定消毒剂的投加量和反应接触时间，到工程投入运行后，还可以通过控制投药量对设计参数进行修正。

2. 微生物特性

一般而言，病毒对消毒剂的抵抗力较强；有芽孢的比无芽孢的耐力强；寄生虫卵较易被杀死，但原生动物中的痢疾内变形虫的包囊却很难被杀死；单个细菌易被杀死，成团细菌（如葡萄球菌）的内部菌体却难以被杀死。

3. 温度

温度通过两个途径对消毒产生影响。第一，温度过高或过低都会抑制微生物的生长活动，直接影响杀菌效率。第二，影响传质和反应速率。一般而言，较高温度对消毒过程有利。

4. pH值

pH值决定了氯系消毒剂的存在形态，另外，有些微生物的表面电荷特性也会随pH值的变化而变化。表面电荷可能阻碍带电消毒剂的进入，从而影响消毒效果。当污水的pH值较低时，中性HClO的数量较多，次氯酸可以扩散到带负电荷的细菌细胞表面，并渗入细胞内，杀灭细菌。当污水的pH值较高时，次氯酸根的浓度增加，因为次氯酸根带负电，所以难以靠近带负电的细菌，消毒效果减弱。

5. 水中杂质

水中的悬浮物能掩蔽菌体，使之不受消毒剂的作用，导致消毒剂投加量增加，消毒效果减弱,因此在消毒前应尽量减少污水中的细小悬浮物。还原性物质和有机物会消耗氧化剂,并有可能生成多种有害的消毒副产物。

6. 消毒剂与微生物的混合接触状况

混合接触的状况对消毒过程有较大影响。研究表明:混合效果越好,杀菌率越高。因此,快速初始混合是污水氯化消毒的一个主要影响因素,应进行研究以确定加氯点的最佳紊动程度。加药点应能高度紊流,快速完成混合。

7. 处理工艺

一级处理出水比二级或三级处理出水难消毒,因为前者有较多的有机物等杂质,可以消耗投加的氯。这些物质对氯的竞争在一定程度上降低了氯的杀菌效率。

四、消毒设备及运行管理

1. 加氯设备

(1)加氯系统

加氯系统包括加氯机、接触池、混合设备以及氯瓶等部分,如图 2-87 所示。

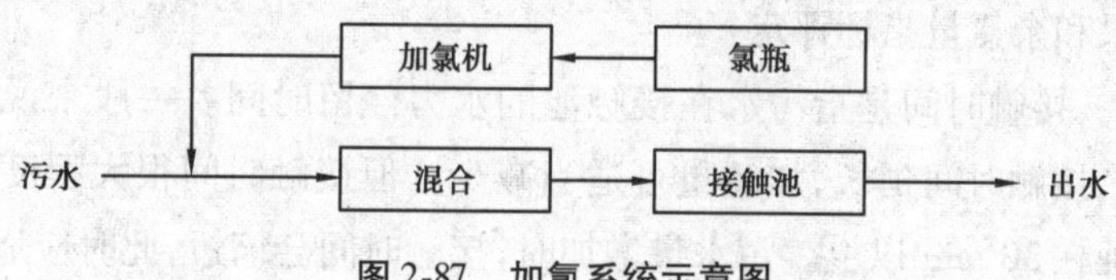

图 2-87 加氯系统示意图

加氯机有很多种类和形式,如转子加氯机、真空加氯机和随动式加氯机等,目前常用的为转子加氯机,如图 2-88 所示。转子加氯机主要由旋风分离器、弹簧膜阀、转子流量计、中转玻璃筒以及平衡水箱和水射器等部分组成。液氯自钢瓶进入分离器,将其中的一些悬浮杂质分离出去,然后经弹簧膜阀和流量计进入中转玻璃筒。在中转玻璃筒内,氯气和水初步混合,然后经水射器进入污水管道内。当压力小于 101.325 kPa 时,弹簧膜阀自动关闭,防止氯瓶被抽吸产生负压,同时还能起到稳压的作用。中转玻璃筒起观察加氯机工作情况的作用,还起稳定加氯量、防止压力水倒流的作用。平衡水箱可以补充和稳定中转玻璃筒内的

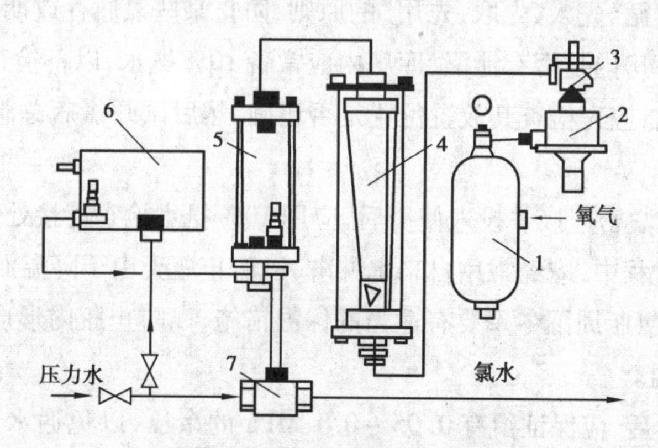

图 2-88 转子加氯机示意图

1—旋风分离器;2—弹簧膜阀;3—控制阀;
4—转子流量计;5—中转玻璃筒;6—平衡水箱;7—水射器

水量。水射器除从中转玻璃筒内抽吸所需的氯,并使之与水混合、溶解于水(进行投加)外,还具有使玻璃罩内保持负压状态的作用。

将氯加入污水以后,应使之尽快与污水均匀混合,发挥消毒作用,常采用管道混合方式。当流速较小时,应采用静态管道混合器;当有提升泵时,可在泵前加氯,用泵混合。

接触池的作用是使氯与污水有较充足的接触时间,保证消毒作用的发挥。在污水深度处理中,可考虑在滤池前加药,用滤池作为接触池,但加氯量较滤池后加氯量高。氯瓶的作用是运输并贮存液氯。氯瓶有立式和卧式两种类型,有 50 kg、500 kg、1 000 kg 等几种规格,处理厂可结合本厂规模选用。

(2)加氯设备的运行管理

①氯投加量。氯投加量是一个非常重要的控制条件,需通过实验确定,对于不同的消毒对象需要不同的投加量。城市污水经二级处理,排入受纳水体之前,应进行加氯消毒并保持一定的余氯浓度,一般加氯量为 5 ~10 mg/L;初级处理出水需加氯 15 ~25 mg/L。深度处理中,除要求达到一定的消毒效果,还要求回用水管网末梢保持一定的余氯量。加氯量是否适当,可由处理效果和余氯量指标评定。

②接触时间。接触时间是指污水在接触池的水力停留时间。一般来说,在保证消毒效果一定的前提下,接触时间延长,加氯量可适当减少。但接触时间很大程度上取决于设计,一般来说,应保证在 30 min 以上。污水量增加时,接触时间会缩短,此时应适当增加加氯量。

③做好日常运行记录,包括处理水量、水温、氯投加量、出水余氯量,消毒效果等。

④氯是一种剧毒气体,在运行管理中,用氯安全非常重要,应特别注意以下事项:

a. 氯瓶运输或移动过程中,应轻装轻卸,严禁滑动、抛滚或撞击,并严禁堆放。

b. 氯瓶入库前应检查是否漏氯,并做必要的外观检查。检漏方法是用 10% 的氨水对准可能漏氯部位数分钟。如果漏氯,会在周围形成白色烟雾(氯与氨生成的氯化铵晶体微粒)。外观检查包括瓶壁是否有裂缝、鼓包或变形。有硬伤、局部片状腐蚀或密集斑点腐蚀时,应认真研究是否需要报废。

c. 氯瓶存放应遵循“先入、先取、先用”的原则,防止某些氯瓶存放期过长。

d. 每班应检查库房内是否有泄漏,库房内应常备 10% 氨水,以备检查使用。

e. 氯瓶在开启前,应先检查其放置位置是否正确,然后试开氯瓶总阀。不同规格的氯瓶有不同的放置要求。

f. 氯瓶与加氯机紧密连接并投入使用后,应用 10% 氨水检查连接处是否漏氯。

g. 氯瓶在使用过程中,应经常用自来水冲淋,以防止瓶壳由于降温而结霜。

h. 在加氯期内,氯瓶周围冬季要有适当的保温措施,以防止瓶内形成氯冰。但严禁用明火等热源为氯瓶保温。

i. 氯瓶使用完毕后,应保证留有 0.05 ~0.1 MPa 的余压,以免遇水受潮后腐蚀钢瓶,同时,这也是氯瓶再次充氯的需要。

j. 加氯机的安全使用详见所采用的加氯机使用说明书。

k. 加氯间应设有完善的通风系统,并时刻保持正常通风,每小时换气量应在 12 次以上。

由于氯气比空气重,因此排气孔应设置在低处。

l. 加氯间内应在最显著、最方便的位置放置灭火工具及防毒面具。

m. 加氯间内应设置碱液池,并时刻保证池内碱液有效。当发现氯瓶严重泄漏时,应先戴好防毒面具,然后立即将泄漏的氯瓶放入碱液池中。

n. 通向加氯间的压力水管道应保持不间断供水,并尽量保持管道内的水压稳定。

o. 加氯设备(包括管道)应保持不间断工作,并根据具体情况设置备用数量,一般每种不少于两套。

2. 紫外线消毒设备与运行管理

(1)紫外线消毒系统

紫外线消毒系统有封闭管道式和明渠式两种。

①封闭管道式紫外线消毒装置如图2-89所示,筒体常用不锈钢或铝合金制造,内壁多作抛光处理以提高对紫外线的反射能力和增强辐射强度,还可根据处理水量的大小调整紫外灯的数量。这种系统容易受到污染,维护麻烦,灯管清洗更换时需要停机,需要备用设备,还需要泵、管道、阀门等配套设备,成本高,不适合大规模应用。

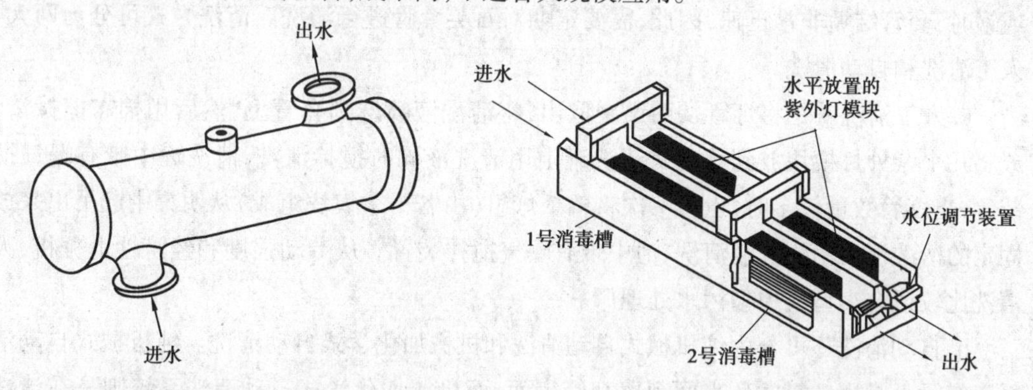

图2-89　封闭管道式紫外线消毒装置示意图　　图2-90　明渠式紫外线消毒系统示意图

②明渠式紫外线消毒系统由若干独立的紫外灯模块组成,如图2-90所示。水流靠重力流动,不需要泵、管道以及阀门等配套设备,紫外灯模块可轻易地从明渠中直接取出进行维护,维护时系统无须停机,因而无须备用设备,从而使系统维护简单方便,大大降低了紫外线消毒的成本。同时,当污水处理厂在扩建或改造时,只需适当增加紫外灯模块,无须添购整套系统。

(2)紫外灯的种类与排布

污水消毒处理中采用的紫外灯有3种类型:低压低强度紫外灯、低压高强度紫外灯和中压高强度紫外灯。中压高强度紫外灯是所有紫外灯中单根灯管紫外能输出最高的,因此,可以用很少的灯管达到消毒效果,占地最少,可以大大减少设备与征地、土建等投资,具有规模效益,比较适合大型城市污水处理厂的消毒处理,特别是用地紧张的污水处理厂。

紫外消毒器中灯管的排布可分为顺流式和横流式。顺流式排布指的是灯管彼此平行且与水流方向平行,而横流式排布指的是灯管彼此平行但与水流方向垂直。90%的城市污水紫外线消毒系统采用顺流式,这主要是由于横流式不利于流体形成理想的均匀流动,紫外能量浪费较大,在灯管和渠壁或水面间容易形成消毒短流区,使通过的微生物得不到足够的紫外照射剂量而影响消毒效果。

(3)紫外消毒系统的维护

对于紫外消毒装置的维护而言,主要有两个问题需要考虑:一是紫外灯的寿命;二是石英套管的结垢。

①紫外灯在使用过程中,随着时间的增加,放出紫外线的强度会逐渐降低,因此,在设计紫外线消毒系统的过程中需要考虑在灯的使用末期能够保证足够的杀菌剂量。在国外的消毒系统中,推荐使用的紫外灯替换时间大约是5 000 h,但在很多水厂中,紫外灯的寿命超过了8 000 h。在运行中,当灯管的紫外线强度低于2 500 $\mu W/cm^2$ 时,就应该更换灯管,但由于测定紫外线强度较困难,实际上灯管的更换都以使用时间为标准,计数时除将连续使用时间累积之外,还需加上每次开关灯管对灯管的损耗,一般开关一次按使用3 h计算。

②在紫外线消毒的过程中,由于水中存在的许多杂质会沉淀,黏附在石英套管外壁上,引起套管结垢,从而使经过套管进入水中的紫外光的强度降低,当水中存在高浓度的铁、钙或锰时,套管结垢非常迅速,因此,需要定期对石英套管进行清洗。清洗方式可分为两大类:人工清洗和自动清洗。

a. 人工清洗就是将灯管从明渠中取出,将清洗液喷淋到套管上,然后用棉布擦拭清洁;或将几个紫外灯模块放到移动式清洗罐中用清洗液同时搅拌清洗,清洗罐中带有曝气搅拌装置;当灯管数量较多时,也可一次将整个灯组(由若干个模块组成)从明渠中起吊出来放入固定的清洗池内用清洗液清洗,池中带有曝气搅拌装置。从劳动强度和经济性上分析,人工清洗比较适合小型或中型污水处理厂。

b. 自动清洗还可分为纯机械式自动清洗和机械加化学式自动清洗。纯机械式自动清洗系统实际上是用铁氟龙环来回刮擦套管表面;而机械加化学式自动清洗系统则是在清洗头内装有清洗液,在清洗头机械刮擦套管表面的同时通过清洗头内的清洗液去掉难以通过刮擦有效去除的污垢。纯机械式自动清洗系统需要频繁(10 ~ 30 min清洗一次)地来回刮擦以减缓套管表面污垢的积累,清洗头磨损快,寿命短,一般半年到一年就需要更换,维护要求劳动强度和清洗成本较高;机械加化学式自动清洗系统一般一天清洗一次,清洗头寿命在5年左右,清洗效果较好。

3. 其他消毒设备

这里所指的其他消毒设备包括二氧化氯消毒设备、次氯酸钠消毒设备、臭氧消毒设备3种。这3种消毒设备均由消毒剂发生器、投加设备和接触反应池组成。

由于二氧化氯和臭氧有毒,不稳定,容易分解,需要现场制备。而次氯酸钠所含的有效氯易受日光、温度的影响而分解,一般情况下也采用现场制备。这3种消毒剂的发生器在国内均有厂家生产,用户可以根据具体的需要进行选择。

二氧化氯和次氯酸钠可以采用泵前插管或水射器等设备进行投加,接触反应池可以采用与氯消毒相同的反应池。由于二氧化氯气体有毒,因此,在使用二氧化氯进行消毒时应注意个人防护和通风。

由于臭氧是气体，为了提高臭氧的利用率和消毒效果，接触反应池最好建成水深为5~6 m的深水池或建成封闭的几个串联的接触池，通过管式或板式微孔扩散器投加臭氧。微孔扩散器用陶瓷或聚氯乙烯微孔塑料或不锈钢制成。接触池排出的剩余臭氧具有腐蚀性，因此，排出的剩余臭氧需进行消除处理。

【任务评价】

根据任务完成情况，如实填写表2-14。

表2-14　任务过程评价表

<table>
<tr><th>考核内容</th><th>考核标准</th><th>小组评</th><th>教师评</th></tr>
<tr><td rowspan="3">理论知识
（30分）</td><td>不能掌握理论知识得0分</td><td></td><td></td></tr>
<tr><td>基本掌握理论知识得20分</td><td></td><td></td></tr>
<tr><td>掌握理论知识得30分</td><td></td><td></td></tr>
<tr><td rowspan="3">操作技能
（60分）</td><td>不能掌握物理化学处理技术得0分</td><td></td><td></td></tr>
<tr><td>基本掌握物理化学处理技术得40分</td><td></td><td></td></tr>
<tr><td>掌握物理化学处理技术得60分</td><td></td><td></td></tr>
<tr><td rowspan="3">团队协作
（10分）</td><td>无全局观、团结协作意识，无职业道德素养及敬业精神得0分</td><td></td><td></td></tr>
<tr><td>具有一定的团结协作意识和一定的职业道德素养及敬业精神得6分</td><td></td><td></td></tr>
<tr><td>分工明确，协调配合，各尽其职得10分</td><td></td><td></td></tr>
<tr><td colspan="2">合计</td><td></td><td></td></tr>
</table>

▶自我检测2

一、选择题

1. 下列属于物理法的是（　　）。

A. 沉淀　　B. 中和　　C. 氧化还原　　D. 电解

2. 下列关于格栅的作用说法正确的是（　　）。

A. 截留水中细小的无机颗粒

B. 截留水中细小的有机颗粒

C. 截留废水中较大的悬浮物或漂浮物

D. 截留废水中溶解性的大分子有机物

3. 下列关于栅渣的说法错误的是（　　）。

A. 栅渣压榨机排出的压榨液可以通过明槽导入污水管道中

B. 栅渣堆放处应经常清洗，并消毒

C. 栅渣量与地区特点、栅条间隙大小、废水流量以及下水道系统的类型等因素有关

D. 清除的栅渣应及时运走处置,防止腐败产生恶臭,招引蚊蝇

4. 为了使平流式沉砂池正常运行,主要要求控制(　　)。

A. 悬浮物尺寸　B. 曝气量　C. 污水流速　D. 细格栅的间隙宽度

5. 下列关于格栅设置位置的说法正确的是(　　)。

A. 泵房集水井的进口处　B. 沉砂池的出口处

C. 曝气池的进口处　D. 泵房的出口处

6. 中格栅栅距的大小是(　　)。

A. 80 ~ 100 mm　B. 50 ~ 80 mm　C. 10 ~ 40 mm　D. 3 ~ 10 mm

7. 粗格栅应该安装在(　　)。

A. 泵房的出口处　B. 沉砂池的出口处

C. 曝气池的进口处　D. 泵房集水井的进口处

8. 在格栅的选择中,(　　)是重要的参数,它可根据废水中悬浮物和漂浮物的多少和组成等实际情况而定。

A. 过栅速度　B. 水头损失　C. 栅渣量　D. 栅距

9. 污水处理系统必须设置格栅,污水过栅流速宜采用(　　)。

A. 0.2 ~ 0.4 m/s　B. 1.0 ~ 1.5 m/s　C. 0.6 ~ 1.0 m/s　D. 1.0 ~ 1.2 m/s

10. 下列关于均质调节池功能的说法错误的是(　　)。

A. 调节废水的水量

B. 均和废水的水质

C. 减少意外事故对废水处理系统造成的冲击,保证处理系统的正常运行

D. 增加污水的停留时间,强化各种污染物的去除

11. 调节池按功能可分为(　　)。

A. 水量调节池、水质调节池　B. 水量调节池、水质调节池、事故调节池

C. 水量调节池、事故调节池　D. 水质调节池、水温调节池、事故调节池

12. 下列关于水量调节池的说法错误的是(　　)。

A. 保持必要的调节池容积并使出水均匀即可

B. 当进水管埋得较深而废水量又较大时,调节池与泵站吸水井合建较为经济

C. 当进水管埋得较浅而废水量又不大时,调节池与泵站吸水井合建较为经济

D. 为保证出水均匀,可采用水泵抽吸或浮子排水等方式

13. 下列不属于污废水处理调节池的是(　　)。

A. 水量调节池　B. 水质调节池　C. 中间水池　D. 事故池

14. 下列水质调节池中动力能耗最小的是(　　)。

A. 穿孔导流槽式调节池　B. 空气搅拌水质调节池

C. 机械搅拌水质调节池　D. 水力搅拌水质调节池

15. 在沉砂池前一般应该设置(　　)。

A. 粗格栅 B. 中格栅 C. 细格栅 D. 粗、中两道格栅

16. 沉淀池的形式按( )不同,可以分为平流式、竖流式和辐流式3种。

A. 池子的结构 B. 水流的方向 C. 池子的容积 D. 水流的速度

17. 沉砂池的功能是从污水中分离( )较大的无机颗粒。

A. 比重 B. 质量 C. 颗粒直径 D. 体积。

18. 曝气沉砂池不能通过调节( )来控制污水的旋流速度。

A. 进水量 B. 曝气量 C. 液位 D. 以上都可以。

19. 沉砂池不具有的功能是( )。

A. 分离较大的无机颗粒

B. 保护机件和管道免受磨损、防管道堵塞

C. 分离有机颗粒和无机颗粒

D. 去除漂浮物

20. 选择沉淀池池型时,主要考虑因素不包括( )。

A. 废水流量 B. 悬浮物沉降性能

C. 造价高低 D. 废水 pH 值、COD 浓度

21. 下列关于沉淀作用的说法错误的是( )。

A. 作为化学处理或生物处理的预处理

B. 用于化学处理或生物处理后,分离化学沉淀物、活性污泥或生物膜

C. 用于污泥的浓缩脱水

D. 直接去除废水中的溶解性污染物

22. 沉砂池的水力停留时间范围是( )。

A. <0.5 min B. 0.5 ~3 min C. 5 ~10 min D. >10 min

23. 沉淀池由( )个功能区组成。

A. 2 B. 3 C. 4 D. 5

24. 废水在平流沉淀池中的沉淀时间应根据原水水质、水温等,参照相似条件下的运行经验确定,一般宜为( )。

A. <0.5 h B. 0.5 ~1.0 h C. 1.0 ~2.0 h D. >2.0 h

25. 平流沉淀池的有效水深一般可采用( )。

A. <1.0 m B. 1.0 ~2.0 m C. 2.0 ~3.0 m D. >3.0 m

26. 隔油去除的主要对象是( )。

A. 可浮油 B. 乳化油 C. 溶解油 D. 可沉悬浮物

27. 下列关于平流式沉淀池特点的说法错误的是( )。

A. 有效沉淀区大,沉淀效果好 B. 造价较低

C. 占地面积小 D. 排泥较困难

28. 下列关于斜板(管)式沉淀池特点的说法错误的是( )。

A. 占地面积小

B. 造价较高

C. 斜板(管)上部在日光照射下会大量繁殖藻类,增加污泥量

D. 适用于处理黏性较高的泥渣

29. 对于水量较小,且悬浮物黏性较大的废水进行沉淀处理,应该选择(　　)。

A. 平流式　B. 辐流式沉淀池　C. 竖流式　D. 斜板(管)沉淀池

30. 为了使平流式沉砂池正常运行,主要要控制(　　)。

A. 悬浮物尺寸　B. 曝气量　C. 污水流速　D. 细格栅的间隙宽度

31. 下列物质中能够用过滤法有效去除的是(　　)。

A. 悬浮物和胶体杂质　B. 金属离子

C. 溶解性有机物　D. 水中的盐分

32. 下列不属于滤料性质的是(　　)。

A. 足够的机械强度　B. 足够的化学稳定性

C. 适当的粒径级配　D. 较强的吸附性能

33. 在石英砂单层滤料滤池中,砂砾直径可取(　　)。

A. <0.5 mm　B. 0.5 ~1.2 mm　C. 2.0 ~5.0 mm　D. >5.0 mm

34. 在过滤过程中,水中的污染物颗粒主要是通过(　　)作用被去除的。

A. 沉淀　B. 氧化　C. 筛滤　D. 离心力

35. 过滤是给水和废水处理中比较经济合理而有效的处理方法之一,能去除水中微量残留悬浮物,进一步降低水中色度、SS、BOD、COD 和病菌含量,一般用于(　　)。

A. 废水预处理　B. 给水处理和废水的深度处理

C. 给水的预处理　D. 活性炭吸附的后处理

36. 滤料应具有足够的机械强度和(　　)性能,并不得含有有害成分,一般可采用石英砂、无烟煤和重质矿石等。

A. 水力　B. 耐磨　C. 化学稳定　D. 热稳定

37. 在石英砂单层滤料滤池中,砂砾直径可取(　　)。

A. <0.5 mm　B. 0.5 ~1.2 mm　C. 2.0 ~5.0 mm　D. >5.0 mm

38. 下列选项不属于滤池冲洗效果控制指标的是(　　)。

A. 冲洗水的用量　B. 冲洗的强度

C. 冲洗的历时　D. 滤层的膨胀率

39. 对于进行城市污水深度处理的过滤池,其冲洗系统最好采用(　　)。

A. 水反冲　B. 气反冲

C. 水反冲加表面冲洗　D. 气水反冲

40. 下列关于滤池滤速的描述错误的是(　　)。

A. 滤速过大会使出水质量下降

B. 滤速过大会使滤池穿透加快,工作周期缩短,冲洗水量增大

C. 滤速过小会使处理能力降低

D. 减小滤速能够充分发挥深层滤料的截留能力

41. 下列关于滤池冲洗膨胀率的说法正确的是(　　)。

A. 对于一定种类和粒径的滤料来说,膨胀率与冲洗强度无关

B. 冲洗时,滤料膨胀率越大,滤池的冲洗效果越好

C. 冲洗时,滤料膨胀率越小,滤池的冲洗效果越好

D. 对于进行城市污水深度处理的过滤池,过高或过低的滤料膨胀率均无法获得较好的冲洗效果

42. 采用中和滤池处理含硫酸废水时,(　　)允许的进水硫酸浓度最高。

A. 固体床中和过滤池　　B. 等速升流式膨胀中和滤池

C. 变速升流式膨胀中和滤池　　D. 滚筒式中和滤池

43. 下列选项中,不是过滤法去除污染物的主要途径的是(　　)。

A. 筛滤作用　　B. 沉淀作用　　C. 接触吸附作用　　D. 离子交换作用

44. 中和剂在下列使用过程中卫生条件最差的是(　　)。

A. 石灰　　B. 苛性钠　　C. 白云石　　D. 石灰石

45. 不能用于中和硫酸废水的中和剂是(　　)。

A. 石灰　　B. 电石渣　　C. 烟道气　　D. 苛性碱

46. 不能用于中和碱性废水的中和剂是(　　)。

A. 烟道气　　B. 硫酸　　C. 盐酸　　D. 白云石

47. 碱性废水的中和法除利用酸性废水中和及投酸中和外,还包括(　　)。

A. 投碱中和　　B. 过滤中和　　C. 酸性气体中和　　D. 废渣中和

48. (　　)不是常见的化学沉淀法。

A. 氢氧化物沉淀法　　B. 铝盐沉淀法

C. 硫化物沉淀法　　D. 钡盐沉淀法

49. 下列关于硫化物沉淀法的说法错误的是(　　)。

A. 由于大多数金属硫化物的溶度积比其氢氧化物的溶度积小得多,因此,采用硫化物沉淀法可以使重金属更为完全地去除

B. 金属硫化物颗粒较大,容易沉淀,通常不需要通过投加混凝剂来加强去除效果

C. 硫化物投加过量时可使处理水的 COD 增加

D. 当 pH 值降低时,可产生有毒的 H_2S

50. 下列关于钡盐沉淀法处理含六价铬电镀废水的说法错误的是(　　)。

A. 采用的沉淀剂有碳酸钡、氯化钡、硝酸钡、氢氧化钡等

B. 由于碳酸钡是难溶盐,反应速度很慢,因此,为了加快反应速度,提高除铬效果,应投加过量的碳酸钡

C. 由于钡离子有毒,因此,需要对废水中残留的钡离子进行妥善处理

D. 当处理后水回用时,调整废水的 pH 值宜采用盐酸而不是硫酸

51. 下列选项中属于电化学处理方法的是(　　)。

A. 电化学氧化　　B. 电化学还原
C. 电解凝聚法　　D. A、B、C 都是

52. 下列不属于电化学处理方法的是(　　)。
A. 电化学氧化　　B. 电解凝聚法
C. 电化学还原　　D. 电镀防腐蚀

53. 下列不是选择氧化剂主要的影响因素的是(　　)。
A. 用量少　　B. 反应迅速,不消耗氧气
C. 不产生二次污染　　D. pH 要求不高

54. 常用的还原剂不包括(　　)。
A. 硫酸亚铁、亚硫酸钠　　B. 铁屑
C. 空气　　D. 二氧化硫、硫代硫酸钠

55. 常用的氯系氧化剂不包括(　　)。
A. 液氯　　B. 漂白粉、次氯酸钠
C. 空气　　D. 二氧化氯

56. 下列关于氧化还原原理的说法错误的是(　　)。
A. 对于无机物,失去电子的过程称为氧化,得到电子的过程称为还原
B. 对于有机物,加氧或去氢的反应称为氧化,加氢或去氧的反应称为还原
C. 在电解氧化还原法中,阳极上发生的反应为氧化,阴极上发生的反应为还原
D. 使污染物发生氧化反应的物质为还原剂,使污染物发生还原反应的物质为氧化剂

57. 下列氧化剂中,氧化性最强的是(　　)。
A. 臭氧　　B. 氧气　　C. 氯气　　D. 高锰酸钾

58. 下列不属于臭氧氧化法优点的是(　　)。
A. 臭氧对除臭、脱色、杀菌、去除有机物和无机物都有显著效果
B. 废水经处理后,残留于废水中的臭氧容易自行分解,一般不产生二次污染,并且能增加水中的溶解氧
C. 制备臭氧用的空气和电不必贮存和运输,操作、管理较方便
D. 臭氧投加与接触系统的效率高,因此利用率较高

59. 下列关于电解法处理污水的描述错误的是(　　)。
A. 电解法是在直流电场作用下,利用电极上产生的氧化还原反应去除水中污染物的方法
B. 用于电解的装置称为电解槽
C. 电解装置阴极与电源的负极相连,阳极与电源的正极相连
D. 阳极放出电子,起还原作用;阴极接纳电子,起氧化作用

60. 关于电解运行管理的说法错误的是(　　)。
A. 极板间距越大,电解电压也越大
B. 搅拌可以促进离子的对流与扩散,减少电极的浓度极化现象,并能起清洁电极表

面的作用

C. 当废水中污染物浓度较大时,可适当降低电流密度,这样可以减少能耗

D. 当废水中污染物浓度一定时,电流密度越大,则电压越高,处理速率加快,但电能消耗量也增加,且副反应数量增加

61. 以下处理方法中,不属于深度处理的是(　　)。

A. 吸附　　B. 离子交换　　C. 沉淀　　D. 膜技术

62. 在混凝过程中,投加絮凝体结构改良剂不能达到(　　)的目的。

A. 增加絮凝体粒径　　B. 增加絮凝体密度

C. 增加絮凝体机械强度　　D. 强化胶体脱稳

63. 在混凝处理的混合阶段,速度梯度和搅拌时间应该满足的条件是(　　)。

A. 速度梯度为 500 ~ 1 000 s^{-1},搅拌时间为 10 ~ 30 s

B. 速度梯度为 500 ~ 1 000 s^{-1},搅拌时间为 1 ~ 30 min

C. 速度梯度为 10 ~ 200 s^{-1},搅拌时间为 10 ~ 30 s

D. 速度梯度为 10 ~ 200 s^{-1},反应时间为 10 ~ 30 min

64. 混凝剂主要起(　　)作用。

A. 絮凝、凝聚　　B. 吸附　　C. 降解　　D. 化学反应

65. 下列选项中,不属于应用最广的铝盐、铁盐混凝剂的是(　　)。

A. 硫酸铝、明矾　　B. 纤维素、淀粉、蛋白质

C. 三氯化铁、硫酸亚铁　　D. 氯化铝

66. 下列试剂中,不属于常用混凝剂的是(　　)。

A. 三氯化铁　　B. 聚合氯化铝　　C. 聚丙烯酰胺　　D. 氢氧化钠

67. 硫酸铝是废水处理中使用较多的混凝剂,混凝效果较好,但使用硫酸铝的有效 pH 值范围较窄,且跟原水硬度有关,如对于软水,pH 值一般要求在(　　)。

A. 5.7 ~ 6.6　　B. 6.6 ~ 7.2　　C. 7.2 ~ 7.8　　D. 7.8 ~ 9

68. 混凝工艺的步骤包括(　　)。

A. 混凝剂的配制、投加、沉淀和矾花分离

B. 混凝剂的配制、混合、反应和矾花分离

C. 混凝剂的配制、投加、混合、沉淀

D. 混凝剂的配制、投加、混合、反应和矾花分离

69. 废水的混凝沉淀是为了(　　)。

A. 调节 pH 值　　B. 去除胶体物质和细微悬浮物

C. 去除有机物　　D. 去除多种较大颗粒的悬浮物,使水变清

70. 混凝工艺中分离矾花的方法有(　　)。

A. 沉淀、气浮　　B. 气浮、氧化　　C. 沉淀、电解　　D. 气浮、中和

71. 对水温过低的废水进行混凝处理时,以下措施中不能改善处理效果的是(　　)。

A. 采取废热加热

B. 配合使用铁盐混凝剂

C. 配合使用铝盐混凝剂

D. 投加活性硅酸助凝剂和粉煤灰、黏土等絮凝体加重剂

72. 下列不是实现气浮分离的必要条件的是(　　)。

A. 气泡的粒径应该较小　　B. 气泡的粒径应该较大

C. 气泡的密度应该较大　　D. 细微气泡应该能够与污染物有效黏附

73. 下列关于加压溶气气浮法特点的说法错误的是(　　)。

A. 空气溶解在加压条件下进行,而气浮池在常压下运行

B. 空气的溶解度大,供气浮用的气泡数量多,能够确保气浮效果

C. 气泡微细、粒度均匀、密集度大,上浮稳定,对液体扰动微小,特别适用于对疏松絮凝体、细小颗粒的固液分离

D. 不能人为控制气泡与废水的接触时间

74. 废水在加压溶气气浮池中的停留时间为(　　)。

A. <10 min　　B. 10 ~ 20 min　　C. 20 ~ 60 min　　D. >60 min

75. 加压溶气气浮装置没有(　　)工艺流程。

A. 全部加压溶气　　B. 部分加压溶气

C. 真空或分散空气溶气　　D. 回流加压溶气

76. (　　)气浮法是目前应用最广泛的一种气浮法。

A. 电　　B. 溶气　　C. 散气　　D. 涡凹

77. 加压溶气气浮法中,当采用填料溶气罐时,以(　　)方式供气为好。

A. 泵前插管　　B. 鼓风机　　C. 射流　　D. 空压机

78. 气浮法按照产生微气泡方式的不同可以分为(　　)。

A. 溶气气浮法、散气气浮法、电解气浮法

B. 溶气气浮法、散气气浮法

C. 溶气气浮法、电解气浮法

D. 散气气浮法、电解气浮法

79. 气浮过程中,大气泡数量增加会造成(　　)。

A. 单位气体产生的气泡的表面积增加

B. 气泡的密度增加

C. 气泡与悬浮粒子的黏附性能增加

D. 剧烈的水力扰动加剧了气泡的兼并

80. 在加压溶气气浮过程中,溶气罐的压力过高不会造成的结果是(　　)。

A. 如压力过高,溶解的空气量就会增加

B. 经减压后析出大量的空气,会促进微气泡的并聚,对气浮分离不利

C. 所需的溶气水量增加,从而增加了气浮池的容积

D. 所需的溶气水量较少,不利于溶气水与原废水的充分混合

81. 在回流水加压容器流程的控制过程中,压力和回流比的选择非常重要,下列说法中错误的是(　　)。

A. 压力与回流比选择过小会影响处理效果

B. 压力与回流比选择过大会影响处理效果

C. 增加回流比能够使气浮池中的气泡数量大大增加,提高气浮的处理效果,因此,在处理过程中应该尽可能选择大的回流比

D. 压力选择过高即增加电耗

82. 在温度一定的条件下,吸附量随吸附质平衡浓度的提高而(　　)。

A. 减小　　B. 增加　　C. 保持不变　　D. 略微下降

83. 下列关于活性炭的吸附能力与孔隙的构造和分布情况的说法错误的是(　　)。

A. 大孔主要为吸附质扩散提供通道

B. 过渡孔不仅为吸附质提供扩散通道,而且当吸附质的分子直径较大时(如有机物质),主要靠它们来完成吸附

C. 活性炭的小孔对吸附量影响最大

D. 由于大孔的孔径大,有利于吸附质的扩散,所以活性炭的大孔对吸附量的影响最大

84. 下列说法正确的是(　　)。

A. 废水 pH 对吸附的影响与吸附剂的性质无关

B. 温度越高对吸附越有利

C. 共存物对吸附无影响

D. 吸附质在废水中的溶解度对吸附有较大的影响

85. 下列关于粉末活性炭和颗粒活性炭的说法正确的是(　　)。

A. 颗粒活性炭的吸附能力强于粉末活性炭

B. 颗粒活性炭可以再生,而粉末活性炭不能再生

C. 颗粒活性炭使用时的劳动卫生条件比粉末活性炭差

D. 颗粒活性炭的生产成本比粉末活性炭低

86. 下列关于粉末活性炭静态吸附法特点的描述错误的是(　　)。

A. 静态吸附法适用于间歇排放和水量小的场合,也可作为应急措施采用

B. 可利用原有的设备进行活性炭的吸附和分离,基建及设备投资较少,不增加建筑面积

C. 由于一般不考虑再生,因此运行费用较高

D. 污泥处理容易

87. 下列关于离子交换容量大小的说法正确的是(　　)。

A. 全交换容量>平衡交换容量>工作交换容量

B. 全交换容量>工作交换容量>平衡交换容量

C. 平衡交换容量>工作交换容量>全交换容量

D. 全交换容量>工作交换容量=平衡交换容量

88. 离子交换操作包括 4 个阶段,正确的工作顺序是(　　)。

A. 交换、反冲洗、再生、清洗

B. 清洗、交换、反冲洗、再生

C. 再生、反冲洗、清洗、交换

D. 反冲洗、交换、再生、清洗

89. 下列关于离子交换树脂再生的说法错误的是(　　)。

A. 强酸、强碱树脂大多是一次再生

B. 弱酸、弱碱树脂大多是二次再生;一次洗脱再生,一次转型再生

C. 顺流再生的设备简单,操作方便;逆流再生的设备较为复杂,操作较为烦琐

D. 顺流再生的再生剂用量少,再生程度高;逆流再生正好相反

90. 下列选项中不是膜分离技术的是(　　)。

A. 反渗透　　B. 电渗析　　C. 多级闪蒸　　D. 超滤

91. 下列选项中,不能有效防止电渗析的极化和结垢的是(　　)。

A. 控制电渗析器在极限电流密度以上运行

B. 定期进行倒换电极运行,将膜上集聚的沉淀溶解下来

C. 定期进行酸洗

D. 采用浓水加酸的办法

92. 下列反渗透设备对预处理要求最不严格的是(　　)。

A. 板框式反渗透装置　　B. 管式反渗透装置

C. 螺旋卷式反渗透装置　　D. 中空纤维式反渗透装置

93. 下列反渗透设备的单位设备体积中膜面积最小的是(　　)。

A. 板框式反渗透装置　　B. 管式反渗透装置

C. 螺旋卷式反渗透装置　　D. 中空纤维式反渗透装置

94. 下列措施中,不能有效防止反渗透膜硬垢产生的是(　　)。

A. 调节进水的 pH 值

B. 在原水中投加六偏磷酸钠

C. 当原水含钙盐量过高时,还可以采用石灰软化、离子交换等方法加以去除

D. 采用混凝过滤、投加臭氧等预处理方法

95. 下列关于微滤功能的说法正确的是(　　)。

A. 去除废水中的溶解性无机物

B. 回收废水中的酸碱和苦咸水淡化

C. 去除废水中的微粒、亚微粒和细粒物质

D. 截留废水中的大分子溶解性有机物

96. 处理后的水要杀菌消毒,通常采用的方法是(　　)。

A. 让水进入沉淀池　　B. 让水通过砂滤池

C. 在原水中加入明矾　　D. 在水中加氯

97. 下列属于物理消毒方法的是(　　)。

A. 加热　　B. 紫外线　　C. 石灰　　D. A、B 都是

98. 下列方法中,(　　)不具有消毒功能。

A. 紫外线照射　　B. 投加液氯　　C. 纯氧曝气　　D. 臭氧氧化

99. 污水投加氯剂后应进行混合和接触,接触时间应不小于(　　)。

A. 10 min　　B. 20 min　　C. 30 min　　D. 40 min

100. 下列关于液氯消毒影响因素说法正确的是(　　)。

A. pH 值越低,消毒效果越好

B. 温度越高,液氯分解越快,低温条件下的消毒效果比高温条件下的更好

C. 污水的浊度越小,消毒效果越好

D. 液氯对单个游离的细菌和成团的细菌有同样的消毒效果

101. 臭氧消毒的优点是 (　　)。

A. 运行费低　　B. 便于管理

C. 不受水的 pH 影响　　D. 可持续消毒

102. 紫外线消毒灯管的紫外强度低于(　　)就应该更换灯管。

A. 2 000 $\mu W/cm^2$　　B. 2 500 $\mu W/cm^2$

C. 3 000 $\mu W/cm^2$　　D. 3 500 $\mu W/cm^2$

103. 下列说法中不正确的是(　　)。

A. 较高的温度对消毒有利

B. 水中杂质越多,消毒效果越差

C. 污水的 pH 值较高时,次氯酸根的浓度增加,消毒效果增加

D. 消毒剂与微生物的混合效果越好,杀菌率越高

104. 加氯消毒过程中起消毒作用的是(　　)。

A. Cl_2　　B. HClO　　C. ClO^-　　D. Cl^-

105. 下列不是紫外线消毒方法特点的是(　　)。

A. 消毒速度快,效率高

B. 操作简单、成本低廉,但是易产生致癌物质

C. 能穿透细胞壁与细胞质发生反应而达到消毒目的

D. 影响水的物理性质和化学性质,不增加水的臭味

106. 污水消毒应根据污水性质和排放水体要求综合考虑,一般可采用加氯消毒。城市污水,初级沉淀处理和二级生物处理后加氯量分别为(　　)。

A. 5 ~ 10 mg/L,1 ~ 5 mg/L　　B. 10 ~ 15 mg/L,10 ~ 15 mg/L

C. 15 ~ 25 mg/L,5 ~ 10 mg/L　　D. 25 ~ 30 mg/L,15 ~ 50 mg/L

107. 下列消毒剂不需要现场制备的是(　　)。

A. 液氯　　B. 二氧化硅　　C. 臭氧　　D. 紫外光

108. 与液氯消毒相比,下列选项中不属于紫外线消毒优点的是(　　)。

A. 消毒速度快,效率高

B. 不影响水的物理性质和化学成分,不增加水的臭味

C. 操作简单,便于管理,易于实现自动化

D. 预处理程度要求低,耗电少,运行成本低

二、判断题

1. 物理法是指凡是借助物理作用或通过物理作用使废水发生变化的处理过程。(　　)

2. 格栅去除的对象是废水中的胶体(1 ~ 100 nm)和细微悬浮物(100 ~ 10 000 nm)。(　　)

3. 根据栅距的大小,格栅可分为粗格栅、中格栅和细格栅。(　　)

4. 为了更好地拦截废水中的悬浮物,可以采用粗、中两道或粗、中、细三道格栅。(　　)

5. 格栅后应设置工作台,一般应低于格栅上游最高水位 0.5 m。(　　)

6. 格栅主要用以截留较大的呈悬浮状态或漂浮状态的物质,对后续处理构筑物、管道和水泵机组起保护作用。(　　)

7. 格栅的水头损失是指格栅前后的水位差,与污水的过栅流速无关。(　　)

8. 为保证过栅流速在合适的范围内,当发现过栅流速过大时,应适当减少投入工作的格栅台数。(　　)

9. 格栅除泥机是用手工的方法将拦截在格栅上的渣捞出水面的设备。(　　)

10. 当格栅安装在泵前时,栅距应略大于水泵叶轮的间距。(　　)

11. 格栅上污物的清除方法主要有人工和机械两种。(　　)

12. 格栅和吸水管安装在集水池内。(　　)

13. 调节池的功能是调节废水的水量、均和废水的水质,同时尽量去除废水中的污染物,为后续处理设备创造良好的工作条件。(　　)

14. 水量调节池中必须设置搅拌措施。(　　)

15. 调节池前一般都设置格栅等除污设施。(　　)

16. 调节池是为了使原废水的水质和水量均匀化而设置的。(　　)

17. 事故调节池的阀门必须能够实现自动控制。(　　)

18. 调节池的有效容积应该能够容纳水质、水量变化一个周期所排放的全部废水量。(　　)

19. 事故调节池平常是可以作为水量或水质调节池的。(　　)

20. 空气搅拌适用于任何废水的水质调节池。(　　)

21. 污水处理厂设置调节池的目的主要是调节污水中 pH 值。(　　)

22. 沉淀法的主要去除对象是废水中的各种固态物质。(　　)

23. 沉砂池的功能是去除废水中密度较大的无机颗粒,如砂、煤渣等。(　　)

24. 沉砂池去除颗粒物的范围大于沉淀池去除颗粒物的范围。(　　)

25. 曝气沉砂池截留的沉砂中的有机物含量小于平流式沉砂池截留的沉砂中的有机物含量。（　）

26. 旋流式沉砂池是一种用机械外力控制水流流态与流速，加速砂粒的沉淀，并使有机物随水流走的沉砂装置。（　）

27. 斜板(管)沉淀法是根据浅层沉淀原理开发的。（　）

28. 平流式沉淀池的优点是沉淀效果好、造价低、占地面积小、排泥方便等。（　）

29. 沉砂池的形式，按池内水流方向的不同，可分为平流式和竖流式。（　）

30. 沉淀池的主要净化对象是废水中的胶体污染物和固体颗粒。（　）

31. 曝气沉砂池的主要功能是对废水中的有机污染物进行降解。（　）

32. 检查沉砂池运动机械的噪声大小、紧固状态、振动程度及温升等情况是操作管理的常规内容。（　）

33. 曝气沉砂池中废水的流态与平流沉砂池是相同的。（　）

34. 曝气沉砂池运行时，可能对废水中氨氮及挥发性有机物具有吹脱效果。（　）

35. 平流式沉砂池中贮砂斗容积一般按 8 h 内砂量考虑。（　）

36. 曝气沉砂池与普通沉砂池相比，具有沉砂中有机物含量低、预曝、防臭、利于后续处理的优点。（　）

37. 初沉池水面出现浮泥主要是排泥间隔太长、污泥死角等原因造成的。（　）

38. 竖流式沉淀池与斜板沉淀池水流均由下向上，因此均采用泥斗排泥。（　）

39. 由于沉淀池出水堰口水流速度较小，因此，出现堰口出水不均匀是正常的。（　）

40. 沉淀池的排泥方式一般为静水压力排泥和机械排泥。（　）

41. 沉淀池泥层过高会使出水 SS 增加。（　）

42. 沉淀种类主要有自由沉淀、絮凝沉淀、成层沉淀、压缩沉淀。（　）

43. 沉淀池越深，沉淀率越高。（　）

44. 沉淀池的产量只与沉淀池的面积成正比，与高度无关。（　）

45. 增大沉淀颗粒的直径，增加沉淀池的面积可以显著提高沉淀效率。（　）

46. 沉淀是指废水中密度大于水的颗粒物在重力作用下通过沉降从水中分离去除的一种生物处理方法。（　）

47. 初沉池去除的主要是溶解性 BOD。（　）

48. 初沉池是污水一级处理中的主体构筑物。（　）

49. 初沉池废水在池中停留的时间一般为 1 ~2 h。（　）

50. 竖流式沉淀池适用于处理水量大的场合。（　）

51. 斜板沉淀池水流平缓，且增大了沉淀面积，缩短了沉淀距离，大大减少了池中停留时间。（　）

52. 沉淀池悬浮物的去除效率是衡量沉淀效果的主要指标。（　）

53. 悬浮固体是可沉固体中的一部分。（　）

54. 隔油池只需具备收油设施。（　）

55. 沉降曲线可分为等速沉降区和减速沉降区,为了判断污泥的沉降性能,应进行污泥沉降试验并求取减速沉降区污泥界面的沉降速度。（ ）

56. 斜管沉淀池是根据“浅层理论”发展起来的。（ ）

57. 污水沿着池长的一端进水,沿水平方向流动至另一端出水,这种方法称为竖流式沉淀池。（ ）

58. 沉淀池悬浮物的去除效率是衡量沉淀效果的主要指标。（ ）

59. 污水处理厂设置调节池的目的主要是调节污水的 pH 值。（ ）

60. 隔油法主要去除废水中的不溶性和可溶性油脂。（ ）

61. 当废水量较小时,可采用平流式或辐流式沉淀池。（ ）

62. 沉淀池悬浮物的去除率是衡量沉淀效果的主要指标。（ ）

63. 在平流式沉砂池中,若沉砂的组成以大砂粒为主,水平流速应大些,此时沉砂中的有机物含量较少。（ ）

64. 曝气沉砂池截留的沉砂中的有机物含量大于平流式沉砂池截留的沉砂中的有机物含量。（ ）

65. 竖流式沉淀池适用于中小型污水处理厂,而辐流式沉淀池适用于大型污水处理厂。（ ）

66. 沉淀法去除的主要对象是废水中粒径在 10 μm 以上的密度大于水的颗粒物。（ ）

67. 在过滤过程中,细微悬浮物是被深层滤料的沉淀作用和接触吸附作用去除的。（ ）

68. 承托材料的粒径大小取决于滤料的粒径,与反冲洗的配水形式无关。（ ）

69. 在滤速一定的条件下,由于冬季水温低,水的黏度较大,杂质不易与水分离,易穿透滤层,滤池的过滤周期缩短,应降低滤速。（ ）

70. 重力式滤池一般用于小型水厂或工业废水处理。（ ）

71. 滤池布水系统的作用是将污水均匀地分配到整个滤池中,以保证出水水质。（ ）

72. 在过滤过程中,粒径较大的悬浮颗粒是被表层滤料的筛滤作用去除的。（ ）

73. 过滤池的主要组成部分有滤料层、承托层、配水系统、反冲洗系统。（ ）

74. 滤池滤速是指单位时间单位过滤面积通过的污水量,是衡量滤池处理能力的一个指标。（ ）

75. 过滤主要用于去除悬浮颗粒和胶体杂质,特别是用重力沉淀法不能有效去除的微小颗粒。（ ）

76. 气水反冲洗常用于细滤料滤池的冲洗。（ ）

77. 在污水深度处理中,滤池滤层的膨胀率越高,冲洗效果越好。（ ）

78. 滤料粒径的差别越大,越容易获得较好的过滤效果。（ ）

79. 小阻力配水系统的布水均匀性好于阻力配水系统的布水均匀性。（ ）

80. 滤池的水力反冲洗作用可以使粒径较大的滤料浮选到滤池的上层,而粒径较小的滤

料会向滤池底部移动。（　　）

81. 滤料反冲洗时，滤料膨胀率越大，滤料的清洗效果越好。（　　）

82. 在过滤过程中，污水中的污染物颗粒主要通过筛滤、沉淀和接触吸附 3 种作用去除。（　　）

83. 中和法是利用碱性药剂或酸性药剂将废水从酸性或碱性调整到中性附近的一类处理方法。（　　）

84. 石灰来源广泛、价格便宜、反应迅速、沉渣量少、易脱水，因此是一种常用的酸性废水中和剂。（　　）

85. 中和处理硝酸、盐酸时，不适合选用石灰石、大理石或白云石作滤料。（　　）

86. 含钙或镁的中和剂不适合过滤中和法中含碳酸的废水。（　　）

87. 中和法可处理任何酸性或碱性废水。（　　）

88. 与石灰相比，石灰石与白云石作为酸性废水的中和剂时，具有更好的劳动卫生条件。（　　）

89. 石灰干投法具有药剂制备与投配容易、卫生条件较好、投资少等优点，因此在废水处理中被广泛采用。（　　）

90. 选择中和药剂时，既要考虑它本身的溶解性、反应速度、成本、二次污染情况、适用方便等因素，还要考虑中和产物的形状、数量及处理费用等因素。（　　）

91. 当水质、水量变化较大，水量较小，且出水水质要求较高时，应该选择连续式中和池。（　　）

92. 由于空气中的 CO_2 易与 CaO 反应生成 $CaCO_3$ 沉淀，既浪费中和剂，又易引起堵塞，因此，石灰乳制备过程中不宜采用压缩空气进行搅拌。（　　）

93. 苏打（Na_2CO_3）和苛性碱（$NaOH$）具有组成均匀、易于贮存和投加、反应迅速、易溶于水而且溶解度较高等优点，因此是一种常用的酸性水中和剂。（　　）

94. 采用石灰或大理石中和硫酸时，硫酸的浓度对中和反应没有影响。（　　）

95. 石灰乳制备过程中，可以采用压缩空气进行搅拌。（　　）

96. 废水治理中，危害性很大的重金属废水的主要处理方法为化学沉淀法。（　　）

97. 氧化还原法是指将废水中有毒害污染物氧化或还原成无毒害或低毒害物质的方法。（　　）

98. 失去电子的物质称为还原剂，得到电子的物质则为氧化剂。（　　）

99. 越易失去电子，还原性越强，反之则氧化性越强。（　　）

100. 化学还原法主要用于含铬废水和含汞废水的处理。（　　）

101. 若废水中含有机汞，则常先用氧化剂将其破坏，转化为无机汞后再用还原法。（　　）

102. 采用氯氧化法处理含氰废水时，如果废水量较小，浓度变化较大，要求处理程度较高，应该采用间歇式处理法。（　　）

103. 电解法产生的气泡粒径介于溶气法和散气法产生的气泡粒径的大小范围之间。（ ）

104. 对于导电性能差的废水，可以通过投加一定量的食盐改善其导电性能，降低电解处理法的能耗。（ ）

105. 混凝法去除的对象主要是废水中溶解态的污染物。（ ）

106. 矾花指的是絮凝之后形成的大颗粒可沉絮凝体。（ ）

107. 废水中的胶体（1～100 nm）和细微悬浮物（100～10 000 nm）能在水中长期保持稳定的悬浮状态，静置而不沉，使废水产生混浊现象。（ ）

108. 为了能够使混凝剂与废水充分混合，达到较好的混凝效果，应该在较长的时间里保持较高的搅拌强度。（ ）

109. 在混凝剂与废水中的胶体和细小悬浮物反应的阶段中，搅拌强度或水流速度应随着絮凝体颗粒的增大而逐渐降低。（ ）

110. 对任何废水的混凝处理，都存在最佳混凝剂和最佳投药量的问题，但混凝剂投加过量时，通常不会对混凝效果造成负面影响。（ ）

111. 为了能够使混凝剂与废水充分混合，达到较好的混凝效果，应在较长时间里保持较高的搅拌强度。（ ）

112. 一般聚合盐混凝剂的投加量大体为普通混凝剂的1/2～1/4。（ ）

113. 混凝沉淀是去除污水中胶体物质和微悬浮物。（ ）

114. 混凝剂的投加量越多，混凝效果越好。（ ）

115. 混凝的水温一般以20～30 ℃为宜。（ ）

116. 混凝法是向废水中投加混凝剂，使其中的胶体和细微悬浮物脱稳，并形成矾花，进而通过重力沉降或其他固液分离手段予以去除的废水处理技术。（ ）

117. 助凝剂可起混凝作用。（ ）

118. 将无机混凝剂和高分子混凝剂联合使用，可以有效提高混凝效果，但不能减少混凝剂的用量。（ ）

119. 冬季水温较低影响混凝效果时，除可采取增加投药量的措施外，还可投加适量的铁盐混凝剂。（ ）

120. 采用水泵混合混凝剂时，水泵离反应器不能太远，否则容易在输水管内形成细碎絮凝体。（ ）

121. 混凝工艺一般是通过搅拌强度和搅拌时间来控制的，通常反应阶段的搅拌强度和时间均小于混合阶段的搅拌强度和搅拌时间。（ ）

122. 混凝剂的投加量除与水中微粒种类、性质和浓度有关外，还与混凝剂的品种、投加方式及介质条件有关。（ ）

123. 在气浮过程化中，气泡越大，表面积越大，与颗粒碰撞的概率也越大，因此气浮的效果越好。（ ）

124. 足够数量的细微气泡是保证气浮效果的一个重要基本条件。（ ）

125. 在气浮过程中，疏水性的悬浮离子不易与气泡黏附，而亲水性的悬浮离子容易与气泡黏附。 ( )

126. 在加压溶气气浮处理过程中，当加压泵的压力过低时，为了达到相同的处理效果，势必要增加溶气水量，从而造成气浮池的容积大大增加。 ( )

127. 气浮法属于污废水处理中的化学处理方法。 ( )

128. 由于絮凝体的气浮效果好，所以在气浮过程中通常通过投加混凝剂取得良好的气浮效果。 ( )

129. 在加压溶气气浮处理过程中，溶气罐的压力越大，溶气水中溶解的空气量越大，因此气浮效果越好。 ( )

130. 与全部进水加压溶气流程和部分进水加压溶气流程相比，回流水加压溶气流程的气浮池容积要小一些。 ( )

131. 在溶气罐内填充填料，可加剧紊动程度，提高液相的分散程度，不断更新液相和气相的界面，从而提高溶气效率。 ( )

132. 在进水条件相同的情况下，全部进水加压溶气流程的溶气罐的容积和压力均比部分溶气流程的大。 ( )

133. 回流水加压溶气流程是将部分出水(10% ~30%)进行回流加压，而废水直接送入气浮池，因此，该法通常用于含悬浮物浓度高的废水的处理。 ( )

134. 被吸附的物质称为吸附剂，而具有吸附能力的物质称为吸附质。 ( )

135. 在温度一定的条件下，平衡吸附量是一个常数，与吸附质的平衡浓度无关。( )

136. 废水中的污染物一旦被吸附剂吸附去除，就不会再从吸附剂表面脱离掉。 ( )

137. 吸附达到平衡时，吸附速度和解吸速度相等。 ( )

138. 使用活性炭吸附处理废水时，水中的无机盐含量，尤其是重金属的含量越高越好。 ( )

139. 通常情况下，温度越高对吸附越有利。 ( )

140. 在吸附工艺中，极性分子型吸附剂容易吸附非极性分子型吸附质。 ( )

141. 在废水处理中，吸附操作只有静态操作方式。 ( )

142. 活性炭的再生主要有以下几种方法：高温法、蒸汽法、化学法、生物法。 ( )

143. 活性炭小孔的比表面积占总比表面积的95%以上，因此对吸附量影响最大。 ( )

144. 活性炭对污染物的吸附作用主要发生在大孔和过渡孔的表面。 ( )

145. 同颗粒状活性炭相比，粉末状活性炭的吸附能力强，制备容易、成本低，因此，在废水处理中大多数采用粉末状活性炭。 ( )

146. 离子交换装置主要是除去污废水中的阴、阳离子。 ( )

147. 离子交换树脂的交换能力不受 pH 值影响。 ( )

148. 一般而言，溶液中价数越高的离子，与强酸性阳离子交换树脂的亲和能力越强，越容易被交换。 ( )

149. 离子交换树脂的工作交换容量大于平衡交换容量。 ( )

150. 一般而言,强碱性阴离子树脂的选择性随溶液中阴离子的价数减小而增大。 ( )

151. 再生剂浓度越高,用量越多,离子交换树脂的再生效果越好。 ( )

152. 采用扩散渗析法处理酸洗钢铁废水时,可以回收到比原液更浓的游离酸。 ( )

153. 浓度差是扩散渗析的推动力,而电位差是电渗析的推动力。 ( )

154. 反渗透的推动力是压力差,在渗透压的作用下,盐水中的水会自动流向淡水侧。 ( )

155. 管式反渗透装置的优点是水力条件好,适当调节水流状态既能防止膜的玷污和堵塞,又能处理含悬浮物的溶液,安装、清洗、维修都比较方便。 ( )

156. 超滤的推动力是压力差,主要的去除对象是废水中的大分子物质和微粒。 ( )

157. 微滤是以压力差为推动力,主要去除废水中粒径在 0.05 ~ 15 μm 的微粒、亚微粒和细粒等物质,因此又称为精密过滤。 ( )

158. 板框式反渗透装置的优点是结构牢固,能承受高压,占地面积小;缺点是液流状态差,易造成浓差极化,清洗维修也不太方便。 ( )

159. 管式反渗透装置的单位设备体积的膜面积比中空纤维反渗透装置的大,制造的费用较高。 ( )

160. 中空纤维式反渗透装置和螺旋卷式反渗透装置都具有单位体积内膜的装载面积大、结构紧凑、占地面积小的优点,但后者对原液的预处理没有严格的要求,因此在实际中采用得较多。 ( )

161. 超滤系统运行的主要影响因素有流速、温度、运行周期、膜的清洗等。 ( )

162. 超滤以压力差为推动力。 ( )

163. 被处理液体的流速是影响超滤运行的因素之一,降低液体的流速可以减缓超滤膜的浓差极化,提高通透量。 ( )

164. 一般情况下,废水的常规处理工艺不能去除和杀死病原微生物,因此,必须对废水进行消毒。 ( )

165. 臭氧的氧化性很强,还有强烈的消毒杀菌作用。 ( )

166. 光氧化法就是用阳光杀菌。 ( )

167. 过多的余氯量可采用硫酸亚铁处理。 ( )

168. 臭氧消毒效率高,速度快,但仅对病毒有效。 ( )

169. 消毒属于生物方法。 ( )

170. 消毒剂加注点应设置在沉淀池出流或消毒接触池入口的管(渠)道内,管(渠)内宜加装混合器。 ( )

171. 漂白粉是石灰氯化而得的产品,含 70% 的 NaClO。 ( )

172. 在 pH 值相同时,液氯比次氯酸钠更有效,操作也更安全。 ( )

173. 消毒就是灭菌,可分为化学法和物理法。 ( )

174. 通常把 Cl^- 称为游离有效氯。（　）

175. 在酸性及低温条件下，氯消毒效果较好。（　）

176. 二氧化氯一般只起氧化作用，不起氯化作用，不会形成二次污染。（　）

177. 用紫外线消毒具有不需投加任何化学药剂，将彻底改变水的成分和结构，有消毒时间短、杀菌范围宽、效果好的优点。（　）

178. 臭氧杀灭细菌和病毒的作用极佳，尤其是与活性炭联合作用时，消毒效果极佳。（　）

179. 影响消毒效果的重要因素是废水的性质。（　）

180. 液氯消毒与次氯酸钠消毒的机理不同，前者是利用氯气对病原微生物的灭活作用，而后者是利用次氯酸对病原微生物的灭活作用。（　）

181. 紫外线消毒灯管的紫外线波长为 250～360 nm。（　）

182. 紫外线消毒的效果只与紫外光的照射强度和照射时间有关，与废水的性质无关。（　）

183. 与液氯消毒相比较，紫外线消毒速度快，效率高，不影响水的物理性质和化学成分，操作简单，便于管理，易实现自动化。（　）

三、名词解释

1. 栅渣量：

2. 调节池：

3. 滤料的不均匀系数：

4. 反冲洗强度：

5. 出水堰负荷：

6. 反冲洗时滤层的膨胀率：

7. 过滤中和法：

8. 混凝法：

9. 速度梯度：

10. 气浮法：

11. 电解气浮法：

12. 吸附法：

13. 吸附平衡：

14. 平衡吸附量：

15. 离子交换：

四、简答题

1. 简述调节池在污水处理中的作用及常见类型的特点。

2. 简述调节池的 3 种功能。

3. 在什么情况下不宜选用空气搅拌？

4. 简述理想沉淀池的工作原理。
5. 简述沉淀池类型的选择方法。
6. 简述沉砂池与沉淀池功能的不同。
7. 简述曝气沉砂池的工作原理、特点及控制方法。
8. 简述单层滤料滤池、双层滤料滤池和三层滤料滤池的结构及特点。
9. 简述过滤的功能与原理。
10. 常用氯系氧化剂有哪些?
11. 简述实现气浮分离的两个基本条件。
12. 简述吸附的影响因素。
13. 简述离子交换的工艺过程。
14. 简述常用的消毒方法。
15. 简述影响消毒效果的主要因素。

五、操作题

1. 简述链条式格栅除污机的主要结构。
2. 调节池的运行管理与操作。
3. 平流式沉砂池的控制参数有哪些?应该如何控制?
4. 简述常用酸性废水的过滤中和处理法的特点。
5. 简述混凝工艺的步骤。
6. 简述混凝过程的运行控制条件。
7. 简述气浮工艺过程的主要管理与操作。
8. 活性炭的再生主要有哪几种方法?
9. 简述离子交换单元操作的影响因素。
10. 简述微滤技术的原理及其在水处理中的应用。
11. 简述影响消毒效果的因素。

项目3 生物处理技术

▶情境设计

习近平总书记指出“绿水青山就是金山银山”，高度概括地指出了生态环境保护的重要性。我国既是当今世界第一工业制造大国，也是人口最多的国家，作为生态环境保护的重中之重的水环境保护，正面临着工业生产高度发展和城镇化进程加快带来的巨大挑战。因此，加强对污水的处理、强化水环境保护是实现我国生态文明建设的重要工程。

现代污水处理技术一般按其处理程度划分，可分为一、二、三级处理。前面所讲的大部分物理处理技术都属于一级处理，主要去除污水中呈悬浮状态的固体污染物，一般只可以去除污水中30%左右的BOD，达不到排放标准，所以仅仅只能作为污水处理的预处理技术。要想进一步去除污水中呈胶体和溶解状态的有机污染物（BOD、COD，达90%以上），使有机污染物达到排放标准（二级处理），甚至是处理难降解的有机物、氮和磷等能够导致水体富营养化的可溶性无机物等（三级处理），实现对污水的中度、深度处理，就必须采用生物处理等技术来实现。因此，本项目将着重介绍污水处理的典型生物处理技术。

▶项目描述

本项目主要从生物处理技术原理、典型工艺及特点、典型工艺的运营管理要点等几个方面，对活性污泥法、生物膜法等好氧生物处理技术和厌氧生物滤池、厌氧流化床、厌氧接触法等厌氧生物处理技术进行介绍。通过本项目的学习，学习者可掌握生物处理技术方法的原理、微生物的培养与驯化、典型生物处理工艺的构成及特点等基本知识，具备污水处理生物技术典型工艺运营管理的基本技能。

▶项目目标

知识目标

- 掌握好氧生物处理技术与厌氧生物处理技术的原理及特点；
- 掌握不同生物处理技术主要运用的微生物种类及其影响因素；
- 掌握生物处理技术的典型工艺构成、工艺特点及适用范围；
- 掌握好氧及厌氧微生物菌群的培养和驯化方法；
- 掌握典型生物处理工艺日常运营管理的要点及异常现象的分析处理。

技能目标

- 能根据不同生物处理工艺选择适宜的微生物生长繁殖条件，对微生物进行培养和驯化；
- 能根据待处理污水水质特点、日处理量及处理要求，选择合适的生物处理工艺；
- 能进行典型生物处理工艺的日常操作控制，会对异常现象进行分析并采取正确的措施进行处理。

情感目标

- 增强规范操作意识，培养精益求精的工匠精神；
- 树立新时代生态文明观，增强环境保护意识和主人翁责任感。

任务1　认识活性污泥法处理技术

▶情境设计

小李毕业后入职某城市污水处理厂，虽然在大学时就读的专业是环境治理类专业，但对活性污泥法处理技术尚缺乏感性认识，比如活性污泥中指示性生物有哪些？怎样理解活性污泥的性能指标在实际运营中的作用？带着这些疑问，他认真地进入岗位培训中。

▶任务描述

活性污泥是活性污泥处理系统中的主体作用物质。本任务是通过认识活性污泥的组成及特点，熟悉活性污泥的性能指标，从而正确理解活性污泥法净化污水的基本原理。

▶任务实施

知识点1　活性污泥的组成及特点

一、活性污泥的组成及性质

有机废水经过一段时间的曝气后，水中会产生一种以好氧菌为主体的茶褐色絮凝体，其中含有大量的活性微生物，这种污泥絮凝体就是活性污泥。活性污泥是活性污泥处理系统中的主体作用物质。

活性污泥的固体物质含量仅占1%以下，由4部分组成：①具有活性的生物群体（Ma）；②微生物自身氧化残留物（Me），这部分物质难以生物降解；③原污水挟入的不能为微生物降解的惰性有机物质（Mi）；④原污水挟入并附着在活性污泥上的无机物质（Mii）。

正常的活性污泥的外观为黄褐色的絮绒颗粒状，含水率在99%以上，结构疏松，表面积很大，对有机物有着强烈的吸附凝聚和氧化分解能力。活性污泥的物理性质如表3-1所示。

表3-1　活性污泥的物理性质

粒径	0.02~0.2 mm
比表面积	2~10 m^2/L
相对密度	1.002~1.006

二、活性污泥微生物种类及其作用

活性污泥微生物群主要由细菌和原生动物组成，也有真菌和以轮虫为主的后生动物。

在污水处理所利用的生物群中，细菌是体型最微小的一种，它具有在好氧及厌氧条件下分解吸收各种有机物的能力。对污水生物处理起作用的菌种有菌胶团、球衣细菌、硝化菌、脱氮菌、聚磷菌等几种。细菌是活性污泥净化功能最活跃的成分，污水中可溶性有机污染物直接为细菌所摄取，并被代谢分解为无机物，如 H_2O 和 CO_2 等。

在活性污泥中存活的原生动物有肉足虫、鞭毛虫和纤毛虫3类。原生动物具有吞食污水中的有机物、细菌，在体内迅速氧化分解的能力。原生动物是单细胞的好氧性生物，原生动物摄取细菌，是活性污泥生态系统的首次捕食者。活性污泥中的原生动物能够不断地摄食水中的游离细菌，起到进一步净化水质的作用。原生动物是活性污泥系统中的指示性生物，当活性污泥中出现原生动物，如钟虫、等枝虫、独缩虫、聚缩虫和盖纤虫等，说明处理水水质良好。

后生动物（主要指轮虫）捕食原生动物，是生态系统的第二次捕食者。在活性污泥系统中是不经常出现的，仅在处理水质优异的完全氧化型的活性污泥系统，如延时曝气活性污泥系统中才出现，因此，轮虫出现是水质非常稳定的标志。

在活性污泥处理系统中，细菌是净化污水的第一承担者，也是主要承担者，而摄食处理中的游离细菌，使污水进一步净化的原生动物则是污水净化的第二承担者。

常见的活性污泥的微生物如图3-1所示。

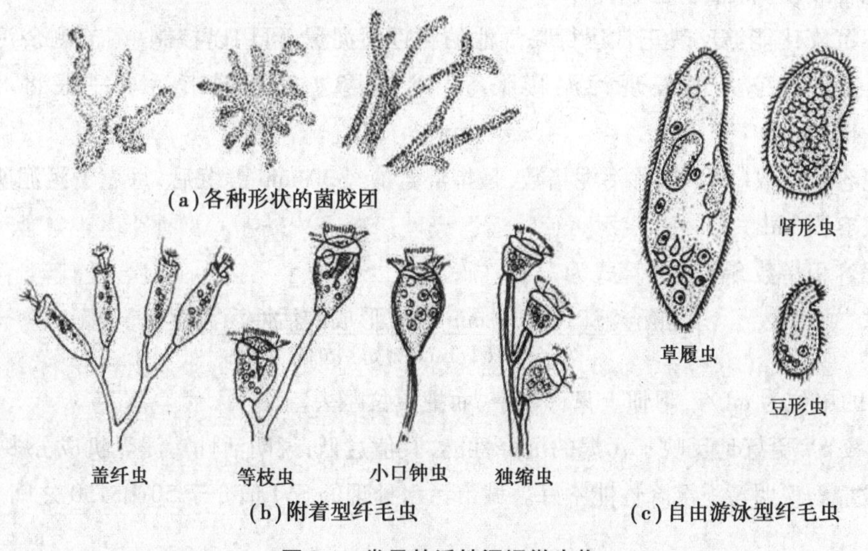

图3-1　常见的活性污泥微生物

另外，藻类是植物，含有叶绿素，当叶绿素吸收二氧化碳和水进行光合作用而生成碳水化合物时，将放出大量的氧气于水中。稳定塘就是利用这种氧来氧化污水中的有机物的。

知识点2　活性污泥的性能指标

一、表示混合液中活性污泥微生物量的指标

由于活性污泥的组成是很复杂的，不可能测定具体的微生物浓度，因此，工程上一般用混合液悬浮固体浓度（MLSS）或混合液挥发性悬浮固体浓度（MLVSS）间接表示活性污泥微生物浓度。

混合液悬浮固体浓度又称混合液污泥浓度，单位为 mg/L，表示的是在曝气池单位容积混合液中所包含的活性污泥固体物的总质量，即

$$MLSS = Ma + Me + Mi + Mii$$

由于具有活性的微生物 Ma 只占其中一部分，因此，用 MLSS 表征活性污泥微生物量存在一些误差。但 MLSS 容易测定，且在一定条件下，Ma 在 MLSS 中所占的比例较为固定，故较为常用。

混合液挥发性悬浮固体浓度单位为 mg/L，表示混合液活性污泥中有机固体物质的浓度，即

$$MLVSS = Ma + Me + Mi$$

MLVSS 能够较准确地表示微生物数量，但其中仍包括 Me 及 Mi 等惰性有机物质。因此，也不能精确地表示活性污泥微生物量，它所表示的仍然是活性污泥量的相对值。

MLSS 和 MLVSS 都是表示活性污泥中微生物量的相对指标，MLVSS/MLSS 在一定条件下较为固定，对于城市污水，该值在 0.75 左右。

二、表示活性污泥沉降性能的指标

污泥沉降比（SV）又称 30 min 沉淀率，是指混合液经 30 min 静沉后形成的沉淀污泥容积占原混合液容积的百分率（%）。

污泥沉降比能够反映正常运行曝气池的活性污泥量，可用以控制、调节剩余污泥的排放量，还能通过它及时发现污泥膨胀等异常现象。处理城市污水一般将 SV 控制在 20% ~30%。

污泥容积指数（SVI）简称污泥指数，是指混合液经 30 min 静沉后，每克干污泥所形成的沉淀污泥容积（mL）。

污泥容积指数 SVI 的计算式为

$$SVI = \frac{\text{混合液(1 L)30 min 静沉形成的活性污泥容积}}{\text{混合液(1 L)中悬浮固体干重}}$$

SVI 的单位为 mL/g，习惯上只称数字，而把单位略去。

SVI 较 SV 更好地反映了污泥的沉降性能，其值过低，说明活性污泥无机成分多，细小密实；其值过高，说明污泥沉降性能不好。城市污水处理的 SVI 值介于 50 和 150 之间。

知识点3 活性污泥法净化污水的原理

一、活性污泥净化污水的过程

活性污泥净化污水主要通过活性污泥对有机物的吸附、被吸附有机物的氧化及活性污泥絮凝体的沉淀与分离3个阶段来完成。

第一阶段，污水主要通过活性污泥的吸附作用而得到净化。活性污泥对有机物的吸附就是有机物在活性污泥表面的浓缩现象。当污水中的有机物处于悬浮状态和胶态时，吸附阶段很短，一般为15～45 min。BOD_5的去除率可高达70%，同时还具有部分氧化的作用，但吸附是主作用。

第二阶段，也称氧化阶段，主要是继续分解氧化前阶段被吸附和吸收的有机物，同时继续吸附一些残余的溶解物质。这个阶段进行得相当缓慢。实际上，曝气池的大部分容积都用于有机物的氧化和微生物细胞物质的合成。氧化作用在污泥和有机物开始接触时进行得最快，随着有机物逐渐被消耗掉，氧化速率逐渐降低。因此，如果曝气过分，活性污泥进入自身氧化阶段时间过长，回流污泥进入曝气池后初期所具有的吸附去除效果就会降低。

第三阶段是泥水分离阶段，在这一阶段中，活性污泥在二次沉淀池中进行沉淀分离。只有将活性污泥从混合液中去除才能实现污水的完全净化处理。

二、活性污泥微生物的增殖与活性污泥的增长

活性污泥微生物是多菌种混合群体，其生长规律比较复杂，但也可用活性污泥增长曲线（图3-2）表示出一定的规律。该曲线表达的是，在温度和溶解氧等环境条件满足微生物的生长要求，并有一定量初始微生物接种时，营养物质一次充分投加后，微生物数量随时间的增殖和衰减规律。控制污泥增长的至关重要的因素是有机底物量（F）与微生物量（M）的比值F/M，即活性污泥的有机负荷。F/M值也是有机底物降解速率、氧利用速率、活性污泥的凝聚、吸附性能的重要影响因素。

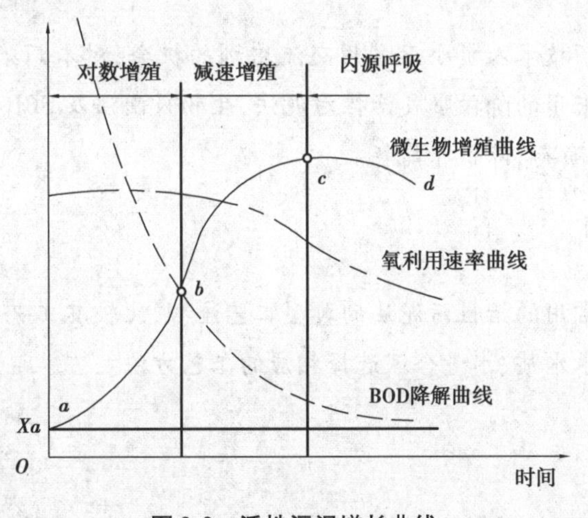

图3-2 活性污泥增长曲线

活性污泥微生物增殖与活性污泥的增长分为适应期、对数增殖期、减速增殖期和内源呼吸期。

(1)适应期

适应期也称延迟期,是活性污泥培养的最初阶段,微生物不增殖但在质的方面却开始出现变化,如个体增大、酶系统逐渐适应新的环境。在本阶段后期,酶系统对新的环境已基本适应,细胞开始分裂,微生物开始增殖。

(2)对数增长期

有机底物非常丰富,*F/M* 值很高,微生物以最大速率摄取有机底物和增殖。活性污泥的增长与有机底物浓度无关,只与生物量有关。在对数增长期,活性污泥微生物的活动能力很强,不易凝聚,沉淀性能欠佳,虽然去除有机物速率很高,但污水中存留的有机物依然很多。

(3)衰减增殖期

在衰减增殖期,有机底物已不丰富,*F/M* 值较低,已成为微生物增殖的控制因素,活性污泥的增长与残存的有机底物浓度有关,呈一级反应,氧的利用速率也明显降低。由于能量水平低,活性污泥絮凝体形成较好,沉淀性能提高,污水水质改善。

(4)内源呼吸期

内源呼吸期又称衰亡期,此时营养物质已基本耗尽,*F/M* 值降至很低。微生物由于得不到充足的营养物质,开始利用自身体内储存的物质或衰死菌体进行内源代谢,以供生理活动。在此期间,多数细菌进行自身代谢而逐步衰亡,只有少数微生物细胞继续繁殖,活菌体数量大为下降,增殖曲线呈显著下降趋势。

任务2　了解活性污泥法的典型工艺及特点

▶情境设计

某城市污水处理厂技术人员小李利用交流培训的机会,对本厂采用的传统活性污泥法与其他污水处理企业采用的阶段曝气活性污泥法、生物吸附法及 SBR 法等进行比较,并学以致用,有效提高了容积负荷,降低了能耗。

▶任务描述

本任务通过认识常用的活性污泥法的典型工艺流程,比较其工艺特点,理解在实际工程中如何针对不同的污水水质、水量合理选择相应的工艺方法。

▶任务实施

知识点1　活性污泥法的基本工艺流程

活性污泥法是向废水中连续通入空气,在有氧的条件下对各种微生物群体进行混合连续培养,通过凝聚、吸附、氧化分解、沉淀等过程除去有机物的一种方法。图 3-3 所示为活性污泥法处理系统的基本流程。该流程以活性污泥反应器——曝气池为核心处理设备,此外还有初次沉淀池、二次沉淀池、污泥回流系统和曝气系统。

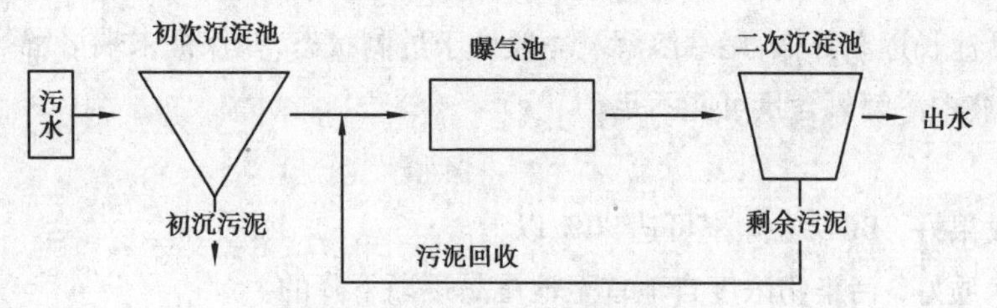

图3-3　活性污泥法的基本流程

污水经格栅及沉砂池后流入初次沉淀池,经初次沉淀池或水解酸化装置处理后的污水进入曝气池,与此同时,从二次沉淀池连续回流的活性污泥,作为接种污泥进入曝气池。曝气池内设有空气管和空气扩散装置。由空压机站送来的压缩气,通过铺设在曝气池底部的空气扩散装置对混合液曝气,使曝气池内的混合液得到充足的氧气并处于剧烈搅动状态,活性污泥与污水互相混合、充分接触,使废水中的可溶性有机污染物被活性污泥吸附,继而被活性污泥的微生物群降解,得到净化。完成净化过程后,混合液流入二次沉淀池,经过沉淀,混合液中的活性污泥与已被净化的废水分离,处理水从二次沉淀池排放,活性污泥在沉淀池的污泥区受重力浓缩,连续不断地回流,使活性污泥在曝气池和二次沉淀池之间不断循环,始终维持曝气池中混合液的活性污泥浓度,保证来水得到持续处理。微生物在降解 BOD 时,一方面产生 H_2O 和 CO_2 等代谢产物,另一方面自身不断增殖,系统中出现剩余污泥时,需向外排泥。

知识点2　活性污泥法的典型工艺及特点

1. 传统活性污泥法

传统活性污泥法又称普通活性污泥法或推流式活性污泥法,是最早成功应用的运行方式,其他活性污泥法都是在其基础上发展来的。曝气池呈长方形,污水和回流污泥一起从曝气池的首端进入,在曝气和水力的推动下,污水和回流污泥的混合液在曝气池内呈推流形式流动至池的末端,流出池外进入二次沉淀池。在二次沉淀池中处理后的污水与活性污泥分离,部分活性污泥回流至曝气池,部分活性污泥作为剩余污泥排出系统。推流式曝气池一般建成廊道形，根据需要,有单廊道、双廊道或多廊道等形式,为避免短路,廊道的长宽比一般不小于5∶1。曝气方式可以机械曝气,也可以采用鼓风曝气,其基本流程如图3-4所示。

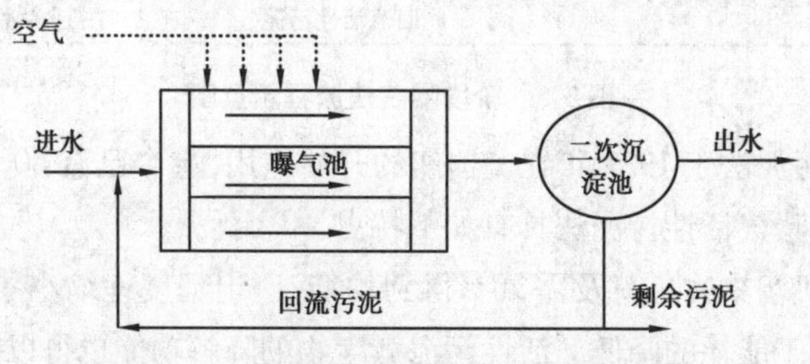

图3-4　传统活性污泥法工艺流程示意图

传统活性污泥法的特征是曝气池前段液流和后段液流不发生混合，污水浓度自池首至池尾逐渐下降，需氧率沿池长逐渐降低。因此有机物降解反应的推动力较大，效率较高。曝气池需氧率沿池长逐渐降低，尾端溶解氧一般处于过剩状态，在保证末端溶解氧正常的情况下，前段混合液中溶解氧含量可能不足。

(1)优点

①处理效果好，BOD 去除率可达 90% 以上。

②出水水质好，污染物浓度自池首至池尾是逐渐下降的。

③进水负荷升高时，可通过提高污泥回流比的方法予以解决。

(2)缺点

①曝气池首端有机污染物负荷高，耗氧速度也高，为了避免由于缺氧形成厌氧状态，进水有机物负荷不宜过高，因此，曝气池容积大，一般占用的土地较多，基建费用高。

②为避免曝气池首端混合液处于缺氧或厌氧状态，进水有机负荷不能过高，因此曝气池容积负荷一般较低。

③曝气池末端有可能出现供氧速率大于需氧速率的现象，动力消耗较大。

④对进水水质、水量变化的适应性较低，运行效果易受水质、水量变化的影响。

推流式活性污泥法适合于处理量比较大的情况及易降解类或者处理净化程度和稳定程度较高的污水。

2. 阶段曝气活性污泥法

阶段曝气活性污泥法也称分段进水活性污泥法或多段进水活性污泥法，是针对传统活性污泥法存在的弊端进行了一些改革的运行方式，与传统活性污泥法主要不同的是污水沿池长分段注入，使有机负荷在池内分布比较均衡，缓解了传统活性污泥法曝气池内供氧速率与需氧速率存在的矛盾，曝气方式一般采用鼓风曝气。阶段曝气法基本流程如图 3-5 所示。

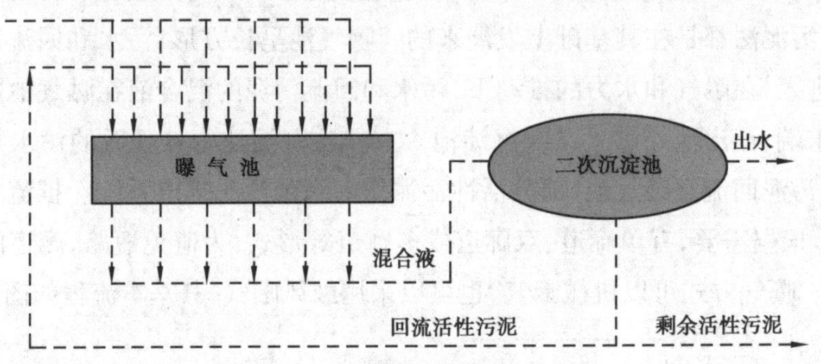

图 3-5 阶段曝气法流程示意图

阶段曝气活性污泥法于 1939 年在美国纽约开始应用，迄今已有 60 多年的历史，应用广泛，效果良好。阶段曝气活性污泥法具有如下特点。

①曝气池内有机污染物负荷及需氧率得到均衡，一定程度地缩小了耗氧速度和充氧速度之间的差距，有助于能耗的降低。活性污泥微生物的降解功能也得以正常发挥。

②污水分散均衡注入，提高了曝气池对水质、水量冲击负荷的适应能力。

③混合液中的活性污泥浓度沿池长逐步降低，出流混合液的污泥浓度较低，减轻了二次

沉淀池的负荷,有利于提高二次沉淀池固、液分离效果。

阶段曝气活性污泥法分段注入曝气池的污水不能与原混合液立即混合均匀,会影响处理效果。

3. 吸附—再生活性污泥法

吸附—再生活性污泥法又称生物吸附法或接触稳定法。本工艺在20世纪40年代后期出现在美国,其工艺流程如图3-6所示。

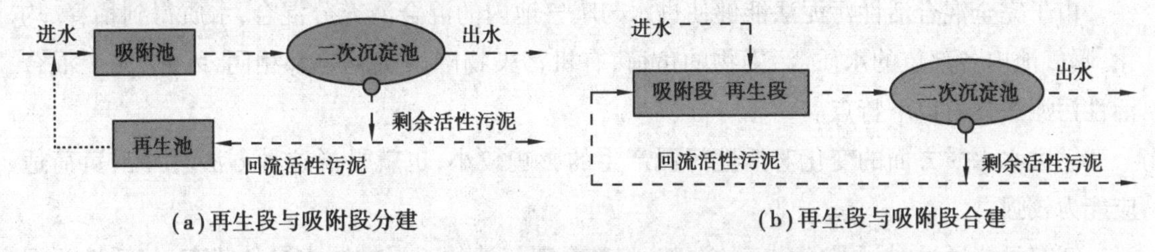

图3-6 吸附—再生活性污泥法流程示意图

吸附—再生活性污泥法主要利用微生物的初期吸附作用去除有机污染物,其主要特点是将活性污泥对有机污染物降解的两个过程——吸附和代谢稳定,分别在各自反应器内进行。吸附池的作用是吸附污水中的有机物,使污水得到净化。再生池的作用是对污泥进行再生,使其恢复活性。

吸附—再生活性污泥法的工作过程是,污水和经过充分再生、具有很高活性的活性污泥一起进入吸附池,两者充分混合接触15~60 min后,使部分呈悬浮、胶体和溶解状态的有机污染物被活性污泥吸附,污水得到净化。从吸附池流出的混合液直接进入二次沉淀池,经过一定时间的沉淀后,澄清水排放,污泥则进入再生池进行生物代谢活动,使有机物降解,微生物进入内源代谢期,污泥的活性、吸附功能得到充分恢复后,再与污水一起进入吸附池。

吸附—再生活性污泥法虽然分为吸附和再生两个部分,但污水与活性污泥在吸附池的接触时间较短,吸附池容积较小,而再生池接纳的只是浓度较高的回流污泥,因此再生池的容积也不大。吸附池与再生池的容积之和仍低于传统活性污泥法曝气池的容积。

吸附—再生活性污泥法回流污泥量大,且大量污泥集中在再生池,当吸附池内活性污泥受到破坏后,可迅速引入再生池污泥予以补偿,因此具有一定冲击负荷适应能力。

由于该方法主要依靠微生物的吸附去除污水中的有机污染物,因此,去除率低于传统活性污泥法,而且不宜用于处理溶解性有机污染物含量较多的污水。

曝气方式可以采用机械曝气,也可以采用鼓风曝气。

4. 完全混合活性污泥法

完全混合活性污泥法与传统活性污泥法最不同的地方是采用了完全混合式曝气池。其特征是污水进入曝气池后,立即与回流污泥及池内原有混合液充分混合,池内混合液的组成,包括活性污泥数量及有机污染物的含量等均匀一致,而且池内各个部位都是相同的。曝气方式多采用机械曝气,也有采用鼓风曝气的。完全混合活性污泥法的曝气池与二次沉淀池可以合建,也可以分建,比较常见的是合建式圆形池。图3-7为完全混合活性污泥法的工艺流程图。

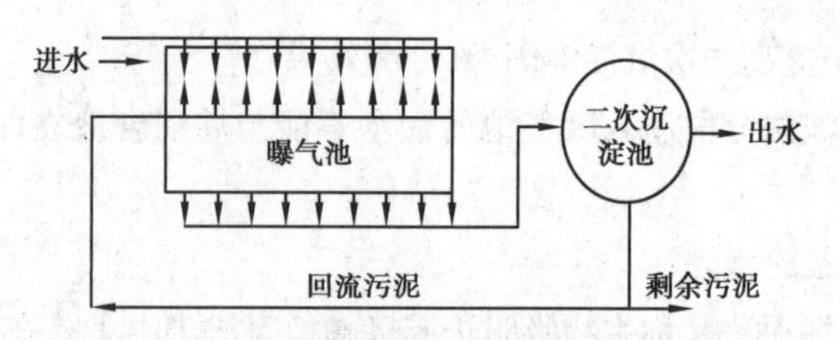

图 3-7　完全混合活性污泥法的工艺流程图

由于完全混合活性污泥法能够使进水与曝气池内的混合液充分混合,水质得到稀释、均化,曝气池内各部位的水质、污染物的负荷、有机污染物降解工况等都相同,因此,完全混合活性污泥法具有以下特点。

①进水水质方面的变化对活性污泥产生的影响较小,也就是说这种方法对冲击负荷适应能力较强。

②有可能通过对污泥负荷值的调整,将整个曝气池的工况控制在最佳状态,使活性污泥的净化功能得到良好发挥。在处理效果相同的条件下,其负荷率高于推流式曝气池。

③曝气池内各个部位的需氧量相同,能最大限度地节约动力消耗。

完全混合活性污泥法容易产生污泥膨胀现象,处理水质一般不低于传统的活性污泥法。这种方法多用于工业废水的处理,特别是浓度较高的工业废水。

5. 延时曝气活性污泥法

延时曝气活性污泥法又称完全氧化活性污泥法,20 世纪 50 年代初期在美国得到应用。其主要特点是有机负荷率较低,活性污泥持续处于内源呼吸阶段,不但去除了水中的有机物,而且能氧化部分微生物的细胞物质,因此剩余污泥量极少,无须再进行消化处理。延时曝气活性污泥法实际上是污水好氧处理与污泥好氧处理的综合构筑物。

在处理工艺方面,这种方法不设初次沉淀池,而且理论上二次沉淀池也不用设,但考虑到出水中含有一些难降解的微生物内源代谢的残留物,因此,实际上二次沉淀池还是存在的。

延时曝气活性污泥法处理出水水质好、稳定性高、对冲击负荷有较强的适应能力。另外,这种方法的停留时间(20~30 d)较长,可以实现氨氮的硝化过程,即达到去除氨氮的目的。但曝气时间长,占地面积大,基建费用和运行费用都较高。另外,进入二次沉淀池的混合液因处于过氧化状态,出水中会含有不易沉降的活性污泥碎片。因此延时曝气活性污泥法只适用于处理本质要求较高、不宜建设污泥处理设施的小型生活污水或工业废水,处理水量不宜超过 1 000 m^3/d,一般采用完全混合式曝气池,曝气方式可以是机械曝气,也可以是鼓风曝气。

上述都是活性污泥法最基本的运行方式,但随着对污水排放中 N、P 指标要求越来越严格,这些基本运行方式很难满足要求。目前,以活性污泥法为基础,已开发出很多污水处理工艺,如 A/O 法、A^2/O 法等。

表 3-2 所列为活性污泥法的主要工艺及运行特点。

表 3-2　活性污泥法的主要工艺及运行特点

工艺名称	运行工艺	工艺特点
传统活性污泥法	推流式	去除率高,容积负荷较低,曝气池首端混合液供氧不足,末端供氧过量,动力消耗较大
阶段曝气活性污泥法	多点进水	去除率高,有机物分布均匀,容积负荷高
吸附—再生活性污泥法	吸附+再生	容积负荷及抗冲击负荷能力较强
完全混合活性污泥法	完全混合	对冲击负荷适应能力较强,适用于高浓度工业废水,容易产生污泥膨胀
延时曝气活性污泥法	曝气时间长	出水水质好,污泥量少,稳定性高,污泥负荷率低

▶延伸阅读

间歇式活性污泥法

1. 工艺流程及特点

间歇式活性污泥法又称序批式活性污泥法,简称 SBR 法。SBR 法原本是最早的一种活性污泥法运行方式,但由于管理操作复杂,未被广泛应用。近些年来,自控技术的迅速发展重新为其注入了生机,使其发展成为简单可靠、经济有效和多功能的 SBR 技术。SBR 工艺的核心构筑物是集有机污染物降解与混合液沉淀于一体的反应器——间歇曝气曝气池。图 3-8 为间歇式活性污泥法工艺流程。

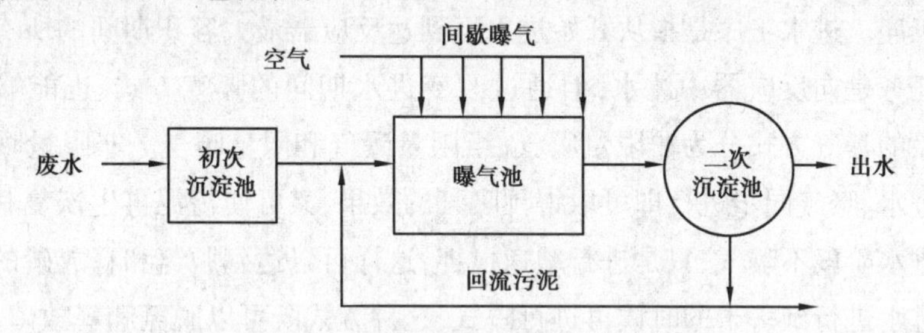

图 3-8　间歇式活性污泥法工艺流程

SBR 法的主要特征是反应池一批一批地处理污水,采用间歇式运行的方式,每一个反应池都兼有曝气池和二次沉淀池的作用,因此不再设置二次沉淀池和污泥回流设备,而且也可以不建水质或水量调节池。

SBR 法具有以下几个特点。

①对水质水量变化的适应性强,运行稳定,适用于水质、水量变化较大的中小城镇污水处理,也适于高浓度污水的处理。

②为非稳态反应,反应时间短;静沉时间也短,可不设初次沉淀池和二次沉淀池;体积小,基建费比常规活性污泥法约省 22%,占地约少 38%。

③处理效果好,BOD_5 去除率达 95%,且产泥量少。

④好氧、缺氧、厌氧交替出现,能同时具有脱氮(80% ~90%)和除磷(80%)的功能。

⑤反应池中溶解氧浓度在 0 ~2 mg/L 变化,可减少能耗,在同时完成脱氮除磷的情况下,其能耗与传统活性污泥法相当。

2. 工作原理与运行操作

原则上,可以把间歇式活性污泥法系统作为活性污泥法的一种变法,一种新的运行方式。如果说连续式推流曝气池是空间上的推流,那么间歇式活性污泥曝气池在有机物降解方面则是时间上的推流,虽然其在流态上属完全混合式。在连续式推流曝气池内,有机物是随着空间移动降解的,而间歇式活性污泥处理系统中,有机污染物则是随着时间的推移而降解的。

间歇式活性污泥法曝气池的运行周期由进水、反应、沉淀、排放、待机(闲置)5 个工序组成,而且这 5 个工序都是在曝气池内进行的,其工作原理如图 3-9 所示。

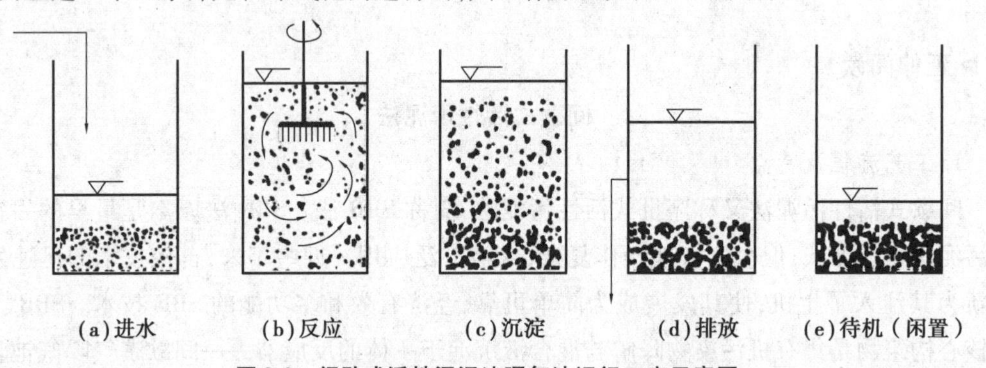

图 3-9　间歇式活性污泥法曝气池运行工序示意图

①进水工序。进水工序是指从开始进水至到达反应器最大容积期间的所有操作。进水工序的主要任务是向反应器中注水,但通过改变进水期间的曝气方式,也能够实现其他功能。进水阶段的曝气方式分为非限量曝气、半限量曝气和限量曝气。非限量曝气就是边进水、边曝气,进水、曝气同步进行即可取得预曝气的效果,又可使污泥再生恢复其活性。限量曝气就是在进水阶段不曝气,只是进行缓速搅拌,这样可以达到脱氮和释放磷的功能。半限量曝气是在进水进行到一半的时候再进行曝气,这种方式既可以脱氮和释放磷,又能使污泥再生恢复其活性。

本工序所用时间根据实际排水情况和设备条件确定,从工艺效果上要求,注入时间以短促为宜,瞬间最好。但这在实际运行中有时是难以做到的。

②反应工序。进水工序完成后,即污水注入达到预定高度后,就进入反应工序。反应工序的主要任务是对有机物进行生物降解或除磷脱氮。这是本工艺最重要的一道工序。根据污水处理的目的,如 BOD 去除、硝化、磷的吸收以及反硝化等,采取相应的技术措施,如前三项则为曝气,后一项则为缓速搅拌,并根据需要达到的程度决定反应的延续时间。

在本工序的后期,进入下一步沉淀过程之前,还要进行短暂的微量曝气,脱除附着在污泥上的气泡或氯,以保证沉淀过程的正常进行。

③沉淀工序。反应工序完成后就进入沉淀工序,沉淀工序的任务是完成活性污泥与水

的分离。该工序的SBR反应器相当于活性污泥法连续系统的二次沉淀池。进水停止,也不曝气、不搅拌,使混合液处于静止状态,从而达到泥水分离的目的,沉淀工序所用的时间基本同二次沉淀池,一般为1.5 ~2.0 h。

④排放工序。排放工序首先是排放沉淀产生的上清液,然后排放系统产生的剩余污泥,并保证SBR反应器内残留一定数量的活性污泥,作为种泥。一般而言,SBR法反应器中的活性污泥数量为反应器容积的50%左右。SBR系统一般采用滗水器排水。

⑤待机工序也称闲置工序,即在处理水排放后,反应器处于停滞状态,等待下一个操作周期开始的阶段。闲置工序的功能是在静置无进水的条件下,使微生物通过内源呼吸作用恢复活性,并起到一定的反硝化作用而进行脱氮,为下一个运行周期创造良好的初始条件。闲置期后的活性污泥处于一种营养物的饥饿状态,单位质量的活性污泥具有很大的吸附表面积,因而当进入下一个运行周期的进水期时,活性污泥便可充分发挥其较强的吸附能力而有效地发挥其初始去除作用。闲置的时间长短取决于所处理的污水种类、处理负荷和所要达到的处理效果。

任务3　掌握活性污泥法的运行管理要点

▶情景设计

某城市污水处理厂技术人员小李,先后在本厂污水处理的预处理、生化反应池及二次沉淀池等工段锻炼。他工作尽职尽责,勤于思考,解决了从试运行到生产的许多问题,并总结了本企业工艺运行的管理要点。

▶任务描述

本任务通过认识初次沉淀池及二次沉淀池的运行管理,理解二次沉淀池与初次沉淀池在维护管理方面的异同;通过认识曝气系统,熟悉曝气池的运行管理要点,从而正确分析活性污泥系统运行中的常见异常现象,并找到处理措施。

▶任务实施

知识点1　初次沉淀池的运行管理

废水处理工艺原则上是将废水中的污染物质,无论是无机的还是有机的,都变成不溶于水的悬浮物,并通过沉淀与水分离。活性污泥法是利用好氧微生物分解有机物,实际上去除的BOD却以微生物细胞的形式被固定下来变成悬浮物,在二次沉淀池进行固液分离。因此,沉淀在废水处理中占有重要地位。沉淀可分为普通沉淀和混凝沉淀。普通沉淀无须投加混凝剂,可直接进行,故又称自然沉淀。最典型的普通沉淀是利用活性污泥法处理城市污水和工业有机废水时的初次沉淀。

初次沉淀池是活性污泥处理系统的重要组成部分,可以去除50%左右的SS和30%左右的BOD_5,它的运行管理质量对整个系统有重大的影响。由于沉淀池的沉淀污泥都容易发生腐败,所以必须设置刮泥设备和排泥设备,迅速排出沉淀污泥。在初次沉淀池中还存在污泥上浮而成为浮渣的情况,因此需设排浮渣装置。为了防止污泥上浮出流使处理水恶化,还需设出水堰。

1. 初次沉淀池的运行管理注意事项

初次沉淀池的运行管理应注意以下方面:

①操作人员应根据池组设置、进水量的变化调节各池进水量,使各池均匀配水。

②初次沉淀池应及时排泥,并宜间歇进行。

③操作人员应经常检查初次沉淀池浮渣斗和排渣管道的排渣情况,并及时清除浮渣,清捞出的浮渣应妥善处理。

④刮泥机待修或长期停机时,应将池内污泥放空。

⑤巡检时注意辨听刮泥机、刮渣设备、排泥设备是否有异常声音,同时检查是否有部件松动等,并及时调整或检修。

⑥按规定对初次沉淀池的常规检测项目进行化验分析,尤其对SS等重要项目要及时比较,确定去除率是否正常,如果去除率下降则应采取整改措施。

2. 常见故障原因分析及对策

(1)污泥上浮

污泥上浮主要是因为初次沉淀池的污泥堆积时间过长,尤其在夏季更容易发生。污泥腐败上浮的前兆是一部分污泥从溢流堰流出,水面产生大量气泡。因此,应每天定时对溢流堰进行巡视,观察有无污泥上浮及气泡产生。在二次沉淀池污泥回流至初次沉淀池的处理系统中,有时二次沉淀池污泥中硝酸盐含量较高,进入初次沉淀池后缺氧时可使硝酸盐反硝化,还原成氮气附着于污泥中,使之上浮。这时可控制后面生化处理系统,使污泥泥龄减小。

(2)黑色或恶臭污泥

产生污泥发黑或恶臭污泥的原因是污水水质腐败或进入初次沉淀池的消化池污泥及其上清液浓度过高。对策是切断已产生腐败的污水管道;减少或暂时停止高浓度工业废水(牛奶加工、啤酒、造纸等)的进入;对高浓度工业废水进行预曝气;必要时可在污水管道中加氯,以减少或延迟废水的腐败。此法在污水管道不长或温度高时尤其有效。

(3)受纳过浓的消化池上清液

解决办法有改进消化池的运行,以提高效率;减少受纳至消化池运行改善;将上清液导入氧化塘、曝气池或污泥干化床;上清液预处理。

(4)浮渣溢流

产生浮渣溢流的原因是浮渣去除装置位置不当或者浮渣去除不及时。改进措施如下:加快除渣频率;更改出渣口位置,浮渣收集离出水堰更远;严格控制工业废水进入(特别是含油脂、含高浓度碳水化合物等的工业废水)。

(5)悬浮物去除率低

原因是水力负荷过高、短流、活性污泥或消化污泥回流量过大,存在工业废水。解决方法:设调节堰均衡水量和水质负荷;投加絮凝剂,改善沉淀效果;防止短流,工业废水或雨水流量不易产生集中流,出水堰安装不均匀,进水流速过高等。为判定短流存在与否,可使用染料进行示踪实验,正确控制二次沉淀池污泥回流和消化污泥投加量,减少高浓度的油脂和碳水化合物的进入量。

(6)排泥故障

排泥故障分沉淀池结构、管道状况以及操作不当等情况。沉淀池结构:检查初次沉淀池结构是否合理,如排泥斗倾角是否大于60°,排泥斗表面是否平滑,排泥管是否伸到了排泥斗底,刮泥板距离池底是否太高,池中是否存在刮泥设施触及不到的死角等。排泥管状况:排泥管堵塞是重力排泥场合下初次沉淀池的常见故障之一。排泥管堵塞的原因有管道结构缺陷和操作失误两方面。

知识点2　曝气系统的运行管理

1.曝气池的构造

曝气池的构造形式随着活性污泥法的改进和发展呈多样化。根据混合液在曝气池内的流态,可分为推流式曝气池、完全混合式曝气池及组合式曝气池3种;根据曝气方式,可分为鼓风曝气池、机械曝气池以及二者联合使用的机械鼓风曝气池;根据曝气池的形状,可分为长方形、圆形、正方形以及环状跑道形4种;根据曝气池与二次沉淀池之间的关系,可分为合建式(曝气沉淀池)和分建式两种。

(1)推流式曝气池

推流式曝气池呈长条形,长宽比为5~10,宽度比(有效宽度与有效水深)为1~2 m,有效水深为3~9 m。长池可以折流,进水方式不限,出水多为溢流堰,一般采用鼓风曝气。从池首到池尾,微生物、基质的组成与数量等都在连续变化,有机物降解速率、耗氧率也都连续变化,一般呈廊道形,有单廊道、双廊道、三廊道、五廊道等。

根据断面上水流情况,推流式曝气池可分为平移推流式和旋转推流式。平移推流式:曝气池底铺满扩散器,水流沿池长方向流动,如图3-10所示;旋转推流式:扩散器装于横断面一侧。气泡造成密度差,导致池水产生旋流,因此曝气池中水流除沿池长方向流动外,还有侧向旋流,形成了旋转推流,如图3-11所示。

(2)完全混合式曝气池

完全混合式曝气池可以是圆形、方形或矩形,水深一般为3~5 m。污水进入完全混合曝气池后,在极短的时间内得到均化,即污水一进入曝气池就被池内混合液大量稀释混合。在整个曝气池内几乎没有浓度梯度,微生物始终处于较为稳定的环境下。完全混合式曝气池回流比很大,可达3~5,曝气池内混合液与进水充分混合,无论原水水质怎样波动,全池各个部位的有机物、污泥、浓度基本均匀。因此是一种较为典型的完全混合式活性污泥法工艺。

完全混合式曝气池可以与二次沉淀池合建,也可以分开设置,所以有合建式(图3-12)和分建式两种。

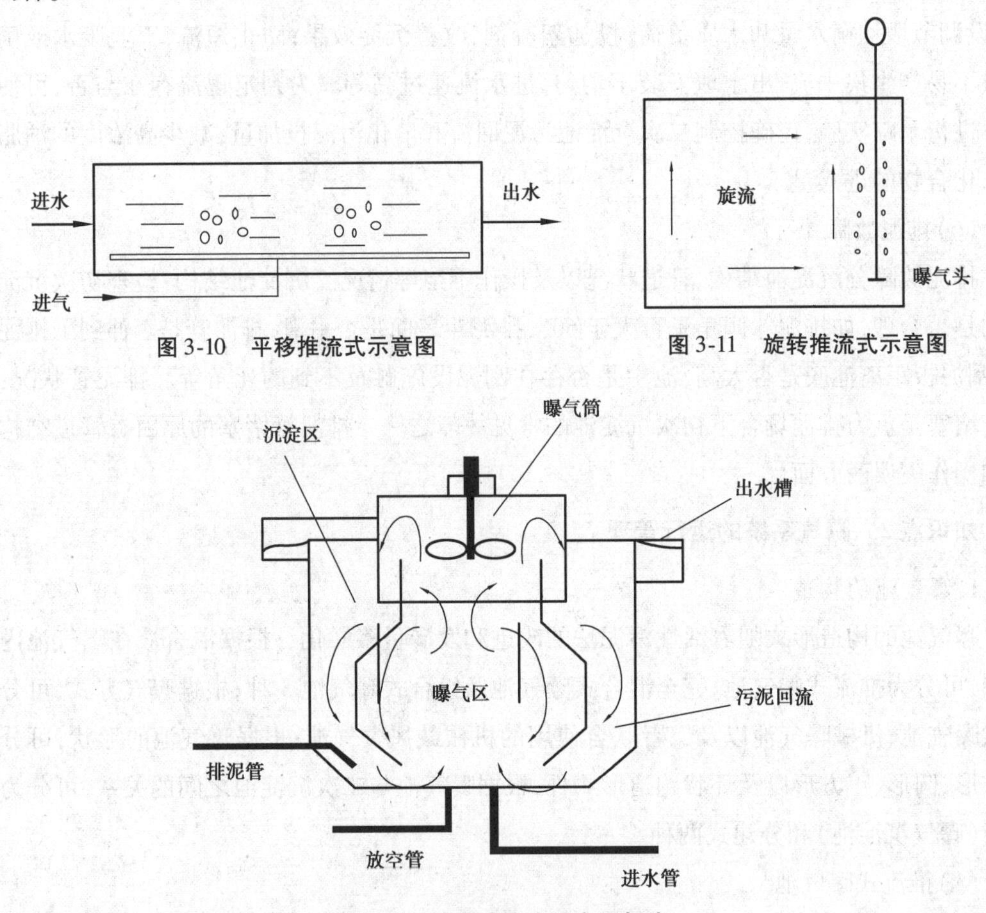

图3-10　平移推流式示意图

图3-11　旋转推流式示意图

图3-12　合建式完全混合曝气池

完全混合式活性污泥法与推流式普通活性污泥法的主要区别在于:混合液在池内充分混合循环流动,因而废水与回流活性污泥进入曝气池后立即与池内原有的混合液充分混合,进行吸附和氧化分解,并顶替等量的混合液至二次沉淀池进行固液分离后排出,沉淀的活性污泥一部分进行回流,另一部分以剩余活性污泥的形式从系统排出。

(3)组合式曝气池

在推流式曝气池中采用表曝机,即形成组合式曝气池(图3-13),每个表曝机在各自的影响范围内时为完全混合,整个曝气池为近似推流。相邻表曝机的旋转方向相反,否则水流抵消,混合效果下降。也可用隔板将各个表曝气隔开,避免干扰。这种池型一般容积较大。

2.曝气系统

曝气实质上是将空气中的氧强制溶解到混合液中的过程。曝气的作用有两个:一是充氧,即向活性污泥微生物提供足够的溶解氧,以满足其在代谢过程中所需的氧量;二是搅拌、混合,使曝气池内的各相物质处于悬浮状态。曝气的种类主要有鼓风曝气、机械曝气两种。

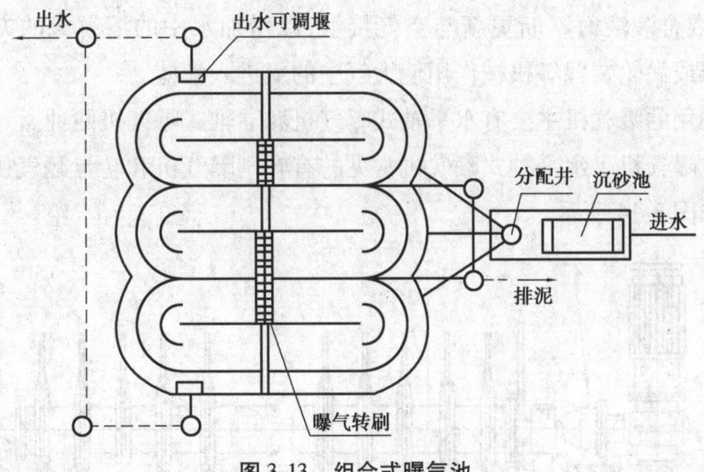

图 3-13　组合式曝气池

(1)鼓风曝气

鼓风曝气的目的是使水体或液体中增加足够的溶解氧,以满足好氧生物对氧气的需求。鼓风曝气过程是气体与液体之间分子质量的传递过程,要使气体在液体中充分扩散和接触并阻止液体中悬浮物下沉,曝气鼓风机必须能够产生足够的压力,使氧气在液体中充分搅拌和溶解。鼓风曝气系统是由空气净化器、鼓风机和浸没于混合液中的扩散器等组成。

①空气净化器。空气净化器的目的是改善整个曝气系统的运行状态和防止扩散器阻塞。

②鼓风机。鼓风机供应一定的风量,风量要满足生化反应所需的氧量和保持混合液悬浮固体呈悬浮状态;风压则要能克服管道系统和扩散器的摩阻损耗以及扩散器上部的静水压。常见的鼓风机有罗茨鼓风机和离心式鼓风机。

③扩散器。扩散器是整个鼓风曝气系统的关键部件,它的作用是将空气分散成空气泡,增大空气和混合液之间的接触界面,把空气中的氧溶解于水中。根据分散气泡的大小,扩散器又可分为以下几种类型:

a. 小气泡扩散器:典型的是由微孔材料(陶瓷、砂砾、塑料)制成的扩散板或扩散管,气泡直径可达 1.5 mm 以下。

b. 中气泡扩散器:常用穿孔管和莎纶管。穿孔管的孔眼直径为 2 ~ 3 mm,孔口的气体流速不小于 10 m/s,以防堵塞。国外用莎纶管。莎纶是一种合成纤维,莎纶管以多孔金属管为骨架,管外缠绕莎纶绳。金属管上开了许多小孔,压缩空气从小孔逸出后,从绳缝中以气泡的形式挤入混合液。空气之所以能从绳缝中挤出,是由于莎纶富有弹性。

c. 微气泡扩散器:微气泡扩散器是近几年新发展的扩散器,分散的气泡直径在 100 μm 左右。射流曝气器属于微气泡扩散器,它通过混合液的高速射流,将鼓风机引入的空气切割粉碎为微气泡,使混合液和微气泡充分混合和接触,促进氧的传递,从而提高反应速率。也可设计成负压自吸式的射流器,这样可以省掉鼓风机,避免鼓风机引起的噪声。

(2)机械曝气

机械曝气主要是借助机械设备(如叶片、叶轮等)使活性污泥法曝气池中的废水和污泥充分混合，并使混合液液面不断更新与空气接触，以增加水中的溶解氧的方法。借助于叶片、叶轮、喷洒器或涡轮装置等机械作用使大气中的氧进入液体。

目前广泛采用的曝气机主要有水平轴式曝气机和立轴式曝气机两种。

①水平轴式曝气机。水平轴式曝气机常见的有转刷曝气机和转盘曝气机。转盘曝气机的结构示意图如图 3-14 所示。

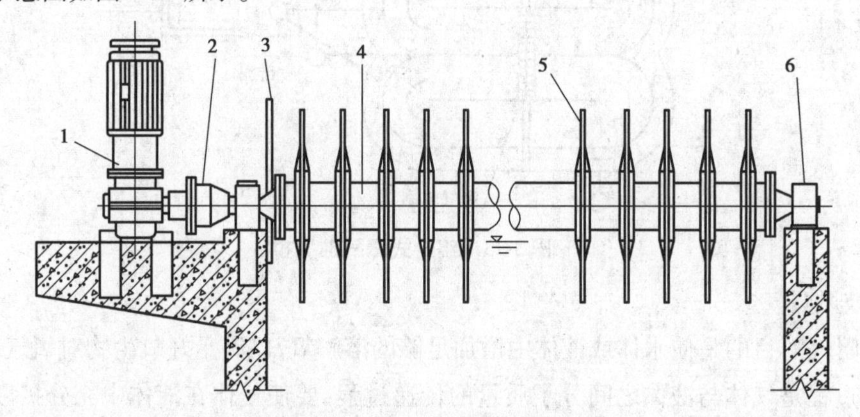

图 3-14　转盘曝气机的结构示意图

1—传动机构；2—联轴器；3—挡水坝；4—主轴；5—转盘；6—轴承座

②立轴式曝气机。立轴式曝气机常见的有泵型叶轮表面曝气机以及倒伞形叶轮表面曝气机（图 3-15）。

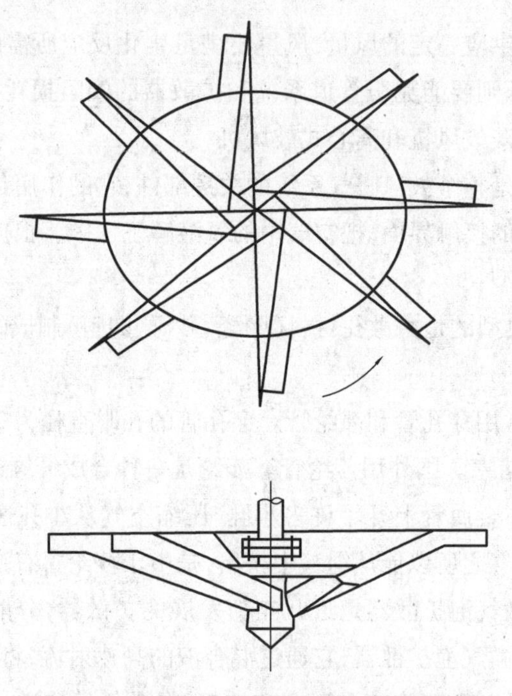

图 3-15　倒伞形叶轮表面曝气机结构示意图

3. 曝气池运行管理的基本参数

(1)水力停留时间和固体停留时间

a. 水力停留时间(HRT)：污水在处理构筑物内的平均停留时间，从宏观上看，HRT 可以用处理构筑物的有效容积与进水量的比值来表示，HRT 的单位一般用小时表示。

b. 生物固体停留时间（SRT）：活性污泥在生化系统中的平均停留时间，即污泥龄。从宏观上看，SRT 可以用生化系统内的污泥总量与剩余污泥的排放量表示，SRT 的单位一般用天来表示。

在活性污泥处理中，HRT 的实质是为保证微生物完成代谢降解有机物所应提供的时间。SRT 的实质是为保证微生物能在生物处理系统内增殖并占优势地位且保持系统内有足够的生物量所提供的时间。为确保系统内有足够的生物量和特定微生物的增殖，在活性污泥处理工艺中，SRT 要比 HRT 长许多。

（2）污泥负荷和容积负荷

污泥负荷也叫有机负荷率，是指生化系统内单位质量的活性污泥在单位时间内承受的有机物的数量，单位是 $kgBOD_5/(kgMLSS \cdot d)$，可记为 F/M，常用 N_s 表示。

容积负荷是指生化系统内单位有效曝气体积在单位时间内所承受的有机物的数量，单位是 $kgBOD_5/(m^3 \cdot d)$，可记为 F/V，常用 N_v 表示。

如果污泥负荷和容积负荷过低，虽然可以降低水中有机物的含量，但同时也会使活性污泥处于过氧化状态，使污泥的沉降性能变差，出水 SS 增高。反之，污泥负荷和容积负荷过高，又会造成污水中有机物氧化不彻底，进而导致出水水质变差。

（3）冲击负荷

冲击负荷是指在短时间内污水处理设施的进水超出设计值或超出正常值。冲击负荷过大，超过生物处理系统的承受能力，就会影响处理效果，使出水水质变差，严重时会造成系统运行崩溃。

（4）水温

不管是好氧反应还是厌氧反应，都要求水温在一定范围内，超出范围，温度过高或过低都会影响系统的正常运行，降低处理效率。一般好氧活性污泥处理工艺的温度应为 0～30 ℃。

（5）溶解氧

溶解氧（DO）是污水处理系统最关键的指标，好氧生物处理系统要求 DO 在 2 mg/L 以上，过高或过低都会导致出水水质变差，DO 过高容易引起活性污泥的过氧化，过低会使微生物得不到充足的溶解氧，导致有机物分解不彻底。除磷脱氮系统好氧段 DO 要大于 2 mg/L。

4. 曝气池运行管理应注意的问题

①经常检查与调整曝气池配水系统和回流污泥的分配系统，确保进入各系统或各池的污水和活性污泥均匀。

②经常观测曝气池混合液的静沉速度、SV 及 SVI，若活性污泥发生污泥膨胀，判断是否存在入流污水有机质太少、曝气池内 F/M 负荷太低、pH 值偏低、混合液 DO 偏低、污水水温偏高等原因，并及时采取针对性措施控制污泥膨胀。

③经常观测曝气池的泡沫发生状况，判断泡沫异常增多的原因，并及时采取针对性处理措施。

④及时清除曝气池边角处漂浮的部分浮渣。

⑤定期检查空气扩散器的充氧效率,判断空气扩散器是否堵塞,并及时清洗。

⑥注意观察曝气池液面翻腾状况,检查是否有空气扩散器堵塞或脱落情况,并及时更换。

⑦每班测定曝气池混合液的 DO,及时调节曝气系统的充氧量,或设置空气供应量自动调节系统。

⑧注意曝气池护栏的损坏情况,并及时更换或修复。

⑨做好分析测量并记录每班测试项目:曝气混合液的 SV 及 DO。每日应测定项目:进出污水流 Q,曝气量或曝气机运行台数与状况,回流污量,排放污泥量;进出水水质指标,包括 COD、BOD_5、SS、pH 值、污水水温、活性污泥的 MLVSS、混合液 SVI、回流污泥的 MLSS 和 MLVSS、活性污泥生物相。

每日或每周应计算确定的指标:污泥负荷 F/M,污泥回流比 R,水力停留时间 HRT 及污泥停留时间 SRT。

知识点 3　二次沉淀池的运行管理

二次沉淀池是为了使曝气池混合液中的活性污泥沉淀,实现处理水与污泥的固液分离而设置的,是保证沉淀、分离充分进行,以获得良好处理水的重要设施。二次沉淀池的沉淀效果不仅受二次沉淀池运行条件(停留时间、表面负荷及溢流负荷)、水力学条件(密度流及短路流)、风力等的影响,在很大程度上还受活性污泥性质(凝聚性、沉降性及可压缩性等)的影响。因此,应与污水泵、初次沉淀池、曝气池等设施作为一体进行管理。

1. 二次沉淀池运行管理应注意的问题

二次沉淀池的维护管理应注意以下问题:

①操作人员应根据池组设置、进水量的变化调节各池进水量,使之均匀配水。

②二次沉淀池的污泥必须连续排放。

③二次沉淀池刮吸泥机的排泥闸阀应经常检查和调整,保持吸泥管路畅通,使池内污泥面不超过设计泥面 0.7 m。

④刮吸泥机集泥槽内的污物应每月清除一次。

⑤巡检时仔细观察出水的感官指标,如污泥界面的高低变化、悬浮污泥的多少、有无污泥上浮现象等,发现异常现象应采取相应措施解决,以免影响出水水质。

⑥巡检时注意辨听刮泥、刮渣、排泥设备是否有异常声音,同时检查其是否有松动,并及时调整或检修。

2. 二次沉淀池的水质管理

①pH 值。一般处理水的 pH 值在中性附近,与进水相同或稍低,但是发生硝化时 pH 值要降低。

②透明度。处理水的透明度一般在 30 cm 以上,水质良好时也能达到 50 ~ 100 cm 或更高。

③SS。处理水 SS 一般在 30 mg/L 以下,但当活性污泥凝聚性降低、表面负荷增大、活性污泥异常堆积等时,SS 会升高。此外,二次沉淀池表面有大量污泥上浮或出现翻泥时,也会引起出水 SS 的升高。

④BOD 污泥负荷及碳化 BOD。BOD 一般在 20 mg/L 以下,BOD 污泥负荷过大,污泥凝聚性或沉降性下降等会导致出水 SS 升高。此外处理水中存在氨氮、亚硝酸氮,并且运转条件对硝化细菌的增殖较为有利,硝化菌大量存在时,氨氮和亚硝酸氮硝化会消耗 DO,导致 BOD 的测量值升高,异常偏高时,有必要加以注意。此时最好以碳化 BOD 作为有机物去除的指标,测定时加入硝化细菌抑制剂即可。

⑤COD。对于以生活污水为对象的处理厂,一般处理水 COD 为 10 mg/L,受特定工业废水影响时可能升高。

⑥氨氮和硝酸盐。这两项指标应达到国家有关排放标准,如果长期超标,而且是进水的氮和磷含量过高引起的,就应当加强除磷脱氮措施的管理。

⑦大肠杆菌数。在生物处理过程中,大肠杆菌被活性污泥中的原生动物等捕食,但当活性污泥净化能力下降时,沉淀池出水有可能超标。因此,进行排放水水质管理时有必要进行大肠杆菌数的测定。

3. 二次沉淀池排泥设备的运行管理

二次沉淀池的运行管理,排泥连续稳定运行是非常重要的。为此,有必要调整污泥排泥阀和泵的运转管理。

二次沉淀池的排泥方式有排泥泵直接排泥、水位差排泥、虹吸式排泥、气提式排泥。

4. 二次沉淀池与初次沉淀池在维护管理方面的异同

二次沉淀池的维护管理与初次沉淀池相似,不同之处如下:入流水是曝气池混合液,因污泥的比重小,易被水流带起,所以表面负荷、溢流负荷都比初次沉淀池低,沉淀时间长。虽然沉淀时间长,但很少出现问题,所以一般不限制使用池数,而是全部使用。因污泥是活性污泥,所以沉淀污泥停留时间过长会导致污泥厌氧发酵,产生气泡,引起污泥上浮。部分污泥返回曝气池再循环利用,原则上应连续排泥。通常设置溢流设施,处理水消毒后再排放。

知识点4　活性污泥系统运行中的异常现象及对策

一、活性污泥系统的观察与评价

1. 现场观察——感官指标

操作管理人员每班数次定时登上处理装置观察,了解系统运行的状况,主要观察内容如下。

(1)色、嗅

正常运行的活性污泥一般呈黄褐色。在曝气池溶解氧不足时,厌氧微生物会相应滋生,含硫有机物在厌氧时分解释放出 H_2S,污泥发黑、发臭。当曝气池溶解氧过高或进水过淡、负荷过低时,污泥中的微生物可因缺乏营养而自身氧化,污泥色泽转淡。良好的新鲜活性污泥略带有泥土味。

(2)二次沉淀池观察与污泥性状

活性污泥性状的好坏可从二次沉淀池及后面述及的曝气池的运行状况中显示出来,因此,管理中应加强对现场的巡视,定时对活性污泥处理系统的"脸色"进行观察。二次沉淀池的液面状态与整个系统的运行正常与否有密切关系,在巡视二次沉淀池时,应注意观察二次沉淀池泥面的高低、上清液的透明程度、有无漂泥以及漂泥的大小等。

(3)曝气池观察与污泥性状

在巡视曝气池时,应注意观察曝气池液面翻腾情况,曝气池中间若有成团气泡上升,即表示液面下曝气管道或气孔有堵塞,应予以清洁或更换;若液面翻腾不均匀,则说明有死角,尤应注意四角有无积泥。此外,还应注意气泡的形状。

①气泡量的多少。在污泥负荷适当、运行正常时,泡沫量较少,泡沫外观呈新鲜的乳白色。污泥负荷过高、水质变化时,泡沫量往往增多,如污泥泥龄过短或废水中含多量洗涤剂时,即会出现大量泡沫。

②泡沫的色泽:

a. 泡沫呈白色且泡沫量增多,说明水中洗涤剂量较多。

b. 泡沫呈茶色、灰色,这是污泥泥龄太长或污泥被打碎而吸附在气泡上所致,这时应增加排泥量。

c. 气泡出现其他颜色时,往往是因为吸附了废水中的染料等类发色物质。

③气泡的黏性。用手沾一些气泡,检查是否容易破碎。在负荷过高、有机物分解不完全时,气泡较黏,不易破碎。

2. 生物相观测——镜检指标

活性污泥生物相是指活性污泥中微生物的种类、数量、优势度及其代谢活力等状况的概貌。生物相能在一定程度上反映出曝气系统的处理质量及运行状况。当环境条件(如进水浓度及营养、pH 值、有毒物质、溶氧、温度等)变化时,在生物相上也会有所反映。可通过活性污泥中微生物的这些变化及时发现异常现象或存在的问题,并以此指导运行管理。因此,对生物相的观察已日益受到人们的重视。

一般地,在运行正常的处理系统的活性污泥中,污泥絮粒大、边缘清晰、结构紧密、具有良好的吸附及沉降性能。絮粒以菌胶团细菌为骨架,穿插生长着一些丝状菌,但其数量远少于菌胶团细菌。微型动物中以固着类纤毛虫为主,如钟虫、盖纤虫、等枝虫等,还可见到部分楯纤虫在絮粒上爬动,偶尔还可以看到少量的游动纤毛虫等,在出水水质良好时,轮虫生长活跃。下面是几种生物相对活性污泥状况的指标。

①钟虫不活跃或呆滞,往往表明曝气池供氧不足。如果出现钟虫等原生动物死亡,则说明曝气池内有有毒物,如有毒工业废水等流入。

②当发现没有钟虫,却有大量的游动纤毛虫,如数量较多的草履虫、漫游虫、豆形虫、波豆虫等,而细菌则以游离细菌为主,此时表明水中有机物还很多,处理效果很差。如果原来水质良好,突然出现固定纤毛虫减少,游动纤毛虫增加,则预示着水质要变差。相反,原来水质极差,逐渐出现以游动纤毛虫为主,则表示水质慢慢变得良好。通常,固定纤毛虫大于游

动纤毛虫+轮虫，出水 BOD_5 在 5 ~ 10 mg/L；固定纤毛虫等于游动纤毛虫，出水 BOD_5 在 10 ~ 20 mg/L。

③镜检中如发现积硫较多的硫丝细菌、游动细菌（球菌、杆菌、螺旋菌和较多的变形虫、豆形虫）时，则往往是曝气时间不足、空气量不够、流量过大，或水温较低，处理效果差。

④在大量钟虫存在的情况下，楯纤虫数量多而且越来越活跃，这对曝气池工作并不有利。要注意，可能污泥会变得松散，如果钟虫数量递减，楯纤虫数量递增，则潜伏着污泥膨胀的可能。

⑤镜检中各类原生动物极少，球衣细菌或丝硫细菌很多时，污泥已发生膨胀。

⑥当发现等枝虫成对出现并不活跃，肉眼能见污泥中有小白点，同时发现贝氏硫菌和丝硫细菌积硫点十分明显时，表明曝气池溶解氧很低，一般仅 0.5 mg/L 左右。

⑦如果发现单个钟虫活跃，其体内的食物泡都能清晰地观察到时，说明污水处理程度高，溶解氧充足。

⑧二次沉淀池的出水中有许多水蚤（俗称鱼虫），其体内血红素低，说明溶解氧高；水蚤的颜色很红时，则说明出水几乎无溶解氧。

以上所述是人们长期观察得到的经验，但由于各地各厂水质差异较大，所以在其他处理系统中可能有不完全相同的规律。

3. 理化分析指标

(1)混合液中挥发性悬浮物浓度

除 MLSS 外，有时也以 MLVSS 来表示污泥浓度，这样便可避免污泥中惰性物质的影响，更能反映污泥的活性。对某一特性的废水和处理系统，活性污泥中微生物在悬浮物中所占的比例相对稳定。因此可认为用 MLSS 的方法与用 MLVSS 的方法具有同样的价值。

(2)污泥沉降比

污泥沉降比（SV_{30}）是指曝气池混合液在 1 000 mL 量筒中静置 30 min 后，沉淀污泥与混合液的体积比（%）。SV_{30}[①] 可以反映曝气池正常运行时的污泥量，可用于控制剩余污泥的排放，它还能及时反映污泥膨胀等异常情况，便于及早查明原因、采取措施。污泥沉降比测定简单，并能说明许多问题，因此成为曝气池管理中每天必须测定的项目。

SV_{30} 值与污泥浓度、污泥絮体颗粒（以下简称"絮粒"）大小、污泥絮粒性状等因素有关。丝状细菌数量与污泥沉降性能为国内外学者所重视，大量事实证明污泥中丝状菌数量越多，其沉降性能越差，絮粒外部的无数"触手"阻碍了絮粒间的压缩，使污泥 SV_{30} 值升高，严重时，SV_{30} 接近 100%，最终导致污泥膨胀。在管理中，应注意丝状菌数量的动态变化，一旦发现其数量达到一定数量并有继续增多的趋势，就必须采取措施予以处理。

---

① 有的学者建议采用 SV_5，即 5 min 的污泥沉降体积来判断污泥的沉降性能，因为在 5 min 时，沉降性能不同的污泥，其体积差异最大，且可节省测定时间。

(3)污泥体积指数

污泥体积指数(SVI_{30})是指曝气池中活性污泥混合液经 30 min 沉降后,1 g 干污泥所占的污泥层体积(以 mL 计)。在 SVI_{30} 的概念中排除了污泥浓度对沉降体积的影响,反映了活性污泥的松散程度,是判断污泥沉降浓缩性能的一个常用参数。一般认为 SVI_{30} 小于 100 时,污泥沉降性能良好;SVI_{30} 大于 200 时,污泥膨胀,沉降性能差。污泥絮粒的大小与污泥的形状能影响 SVI_{30} 值,此外,污泥负荷(F/M)对 SVI_{30} 也往往有较大的影响。

(4)出水悬浮物

出水悬浮物(ESS)是指在污水处理中,二次沉淀池出水带走的悬浮物,字面意思是逃跑的悬浮物,即出水悬浮物值的大小是活性污泥系统运行状况及污泥性状的一个重要指标。每 1 mg/L ESS 表现出的 BOD 值为 0.54 ~0.69 mg/L,平均 BOD 值为 0.61 mg/L。可见出水 ESS 越高,出水 BOD 值也越高。ESS 的多少与污泥絮粒大小、丝状菌数量等有关。此外,ESS 偏高还与管理不善导致的污泥性状恶化有关,如溶解氧不足、进水 pH 值及有毒物质超标、回流污泥过量等。当 ESS 大于 30 mg/L 时,表明悬浮物流失过多,这时应寻找原因,采取对策,加以纠正。

(5)污泥负荷

入流污水 BOD_5 的量(食料)和活性污泥量(微生物)的比值称为活性污泥的污泥负荷。污泥负荷对于处理效果、污泥增长和需要量影响很大,必须注意掌握。一般来说,污泥负荷为 0.2 ~0.5 kg(BOD_5)/(kgMLSS · d)时,BOD_5 去除率可达 90% 以上。常用值控制在 0.3 kg(BOD_5)/(kgMLSS · d)左右。

调节污泥负荷的主要手段是控制曝气池 MLSS,增加 MLSS 可降低污泥负荷,减少 MLSS 则提高污泥负荷,增加或减少 MLSS 一般通过增加或减少排泥量来实现。

(6)污泥的可滤性

污泥的可滤性是指污泥混合液在滤纸上的过滤性能。凡结构紧密、沉降性能好的污泥,滤速快;凡解絮、老化的污泥,滤速甚慢。

(7)污泥的耗氧速率

污泥的耗氧速率(OUR)是指单位质量的活性污泥在单位时间内的耗氧量,其单位为 mg/(g · h) 或 mgO_2/(gMLVSS · h)。OUR 值与污泥的泥龄及基质的生物氧化难易程度有关。活性污泥 OUR 值的测定在废水生物处理中可用于以下几个方面:

①控制排放污泥的量。在正常运行时,只要废水水量和浓度亦即污泥的负荷无大的变动,OUR 值亦应稳定。若排泥量过多,可导致泥龄过短,结果 OUR 值上升。据此可控制剩余污泥的合理排放量。

②防止污泥中毒。当活性污泥系统中毒物浓度突然增加时,污泥的微生物即受抑制,OUR 值迅速下降,据此,可设计系统的自动报警装置。

活性污泥的 OUR 值一般为 8 ~20 mgO_2/(gMLVSS · h)。当 OUR>20 mgO_2/(gMLVSS · h) 时,往往是污泥的 F/M 过高或排泥量过多;当 OUR<8 mgO_2/(gMLVSS · h)时,则是污泥的 F/M 过低或污泥中毒。

4.水质化学测定指标

(1)进、出水的BOD/COD比值

就可生物降解性而言,可将废水中的COD组分分成两部分,即可生物降解COD组分(CODB)和不可生物降解组分(CODNB)。如上所述,废水经生物法处理后,CODB大都得以去除,而CODNB除少量被活性污泥吸附外,大多数未能去除,因此,在废水生物法处理中,COD的去除率总是低于BOD的去除率,使得出水的BOD/COD比值有较大幅度的下降,BOD/COD比值往往小于0.10(视废水中CODB组分在COD中所占比例而定)。因此,我们可以通过测定进、出水的BOD值和COD值来判断生物处理系统的运行状况,若进、出水的BOD/COD比值变化不大,出水的BOD值亦较高,则表明该系统运行不正常;反之,出水的BOD/COD比值与进水的BOD/COD比值相比下降较快,则说明系统运行正常。

(2)进、出二次沉淀池混合液、上清液的BOD值(或COD值)

在废水生物处理的工艺流程中,曝气池主要的功能是氧化分解有机物,而二次沉淀池的功能是使上述流出曝气池的活性污泥混合液泥水相分离,分离后,上清液即作为出水外排,污泥则通过回流重新进入曝气池与新鲜废水相混并继续氧化废水中的有机物(部分作为剩余污泥进入后续的污泥处置工艺)。因此,在正常情况下,进、出二次沉淀池的泥水混合液、上清液的BOD值(或COD值)浓度不会有太大的变化。

当处理系统负荷过高,或废水在曝气池内停留时间过短,混合液内的有机物尚未完全降解(未完全稳定化)即被送入二次沉淀池时,污泥微生物可利用残留的溶氧继续氧化分解残留的有机物,造成进、出二次沉淀池上清液中BOD值(或COD值)有较大幅度的下降。可据此判断曝气池中生化作用进行得是否彻底。如发现进入二次沉淀池的混合液尚不稳定,可通过减小进水流量、延长曝气时间、增加污泥浓度、减水污泥负荷等措施加以调整。

(3)进、出二次沉淀池混合液中的溶解氧

出二次沉淀池混合液的DO值在正常情况下不应有太大的变化,若DO值有较大幅度的下降,则说明活性污泥混合液进入二次沉淀池后继续生物降解作用耗氧,是系统负荷过高、尚未达到稳定化的标志,可采取与上述相同的方法予以调整。

(4)曝气池中溶解氧的变化

从监测曝气池各点DO值的轮廓中可以了解整个系统的运行状况,并可以根据给定的处理要求和目标进行适当的调整。当叶轮转速或供氧气量不变而曝气池DO值有较大的波动时,除了及时调整DO水平外,尚需查明其原因。人们发现进水pH值突变或毒物浓度突然增加时,可使污泥耗氧速率(OUR值)急剧下降,从而使DO值增高,这是污泥中毒最早的症状。若曝气池DO值长期偏低,同时污泥的OUR值偏高,则可能是因为泥龄过短或污泥负荷过高,应根据实际情况予以调整。

(5)曝气池中pH值的变化

有机物经微生物作用后,pH值会发生变化,在废水生物处理中,pH值也会发生同样的变化,人们可以根据本厂长期累积的运行资料进行分析,得出废水经生物处理后的变化规律,用于指导生产。

5. 计算指标

通过以上直接测量指标可计算出计算指标。这些指标包括污泥负荷 F/M、回流比值、泥龄 SRT 值、水力停留时间、二次沉淀池的水力表面负荷和固体表面负荷 Q,即堰板负荷。

6. 镜检特征

①活性污泥净化性能良好时出现的微生物有钟虫、等枝虫、楯纤虫、盖纤虫、聚缩虫及各种后生动物及吸管虫类等固着生物或匍匐型生物,当这些生物的个数达到 1 000 个/mL 以上,占整个生物个体数 80% 以上时,可以断定这种活性污泥具有较高的净化效果。

②活性污泥净化性能恶化时出现的生物有多波虫、侧滴虫、屋滴虫、豆形虫等快速游泳的生物。这时絮凝体很碎,直径约 100 μm。严重恶化时只出现多波虫、屋滴虫。极端恶化时原生动物和后生动物都不出现。

③活性污泥由恶化状态进行恢复时出现的生物为漫泳虫、斜叶虫、斜管虫、尖毛虫等缓慢游泳型生物。

④活性污泥解体时出现的生物为活跃豆形虫、辐射变形虫等肉足类。这些生物出现数万个以上时絮凝体变小,使处理水浑浊。当发现这些生物剧增时,可通过减少回流污泥量和送气量,在一定程度上抑制这种现象。

⑤活性污泥膨胀时出现的微生物为球衣菌、各种霉菌等,这些丝状微生物引起污泥膨胀,当 SVI 值在 200 以上时,这些丝状微生物呈丝屑状。膨胀污泥中的微型动物比正常污泥少。

⑥溶解氧不足时出现的微生物为贝氏硫黄细菌等。这些微生物适于在溶解氧浓度低时生存。这些微生物出现时,活性污泥呈黑色、腐败发臭。

⑦曝气过量时,若过曝气时间持续很长,各种变形虫和轮虫为优势生物。

⑧废水浓度过低时大量出现的微生物为游仆虫等。

⑨BOD 负荷低时,表壳虫、鳞壳虫、轮虫、寡毛虫等为优势生物,这些生物多时也是硝化进行的指标。

⑩冲击负荷和毒物流入时,因为原生动物对环境条件的变化反应比细菌快,所以可通过观察原生动物的变化情况来看冲击负荷和毒物对活性污泥的影响。原生动物中对冲击负荷和毒物反应最灵敏的是楯纤虫。当楯纤虫急剧减少时,说明发生了冲击负荷或流入了少量毒物。

二、好氧活性污泥系统运行中的异常现象及对策

在运行中,有时会出现异常情况,使污泥随二次沉淀池出水流失,处理效果降低。下面介绍运行中可能出现的几种主要异常现象及其防止措施。

1. 污泥膨胀

正常的活性污泥沉降性能良好,含水率一般在 99% 左右。当污泥变质时,污泥就不易沉降,含水率上升,体积膨胀,澄清液减少,这种现象称为污泥膨胀。污泥膨胀主要是大量丝状菌(特别是球衣菌)在污泥内繁殖,使污泥松散、密度降低所致。其次,真菌的繁殖和污泥中

结合水异常增多也会导致污泥膨胀。

活性污泥的主体是菌胶团。与菌胶团相比,丝状菌和真菌生长时需较多的碳素,对氮、磷的要求则较低。它们对氧的要求也和菌胶团不同,菌胶团要有较多的氧(至少0.5 mg/L)才能很好地生长,而真菌和丝菌(如球衣球)在低于0.1 mg/L的微氧环境中才能较好地生长。所以在供氧不足时,菌胶团将减少,丝状菌、真菌则大量繁殖。对于毒物的抵抗力,丝状细菌和菌胶团也有差别,如对氯的抵抗力,丝状菌不及菌胶团。菌胶团生长适宜的pH值为6~8,而真菌则在pH值为4.5~6.5时生长良好,所以pH值稍低时,菌胶团生长受到抑制,而真菌的数量则可能大大增加。此外,根据相关经验,水温也是影响污泥膨胀的重要因素。丝状菌在高温季节(水温在25 ℃以上)宜于生长繁殖,可引起污泥膨胀。因此,污水中如碳水化合物较多,溶解氧不足,缺乏氮、磷等养料,水温高或pH值较低,均易引起污泥膨胀。此外,超负荷、污泥龄过长或有机物浓度梯度小等,也会引起污泥膨胀。排泥不畅则引起结合水性污泥膨胀。

由此可见,为防止污泥膨胀,可针对引起膨胀的原因采取措施。如缺氧、水温高等加大曝气量,或降低水温,减轻负荷,或适当降低MLSS值,使需氧量减少等;如污泥负荷率过高,可适当提高MLSS值,以调整负荷,必要时还要停止进水"闷曝"一段时间;如缺氮、磷等养料,可投加硝化污泥或氮、磷等成分;如pH值过低,可投加石灰等调节pH值;若污泥大量流失,可投加5~10 mg/L氯化铁,促进凝聚,刺激菌胶团生长,也可投加漂白粉或液氯(按干污泥的0.3%~0.6%投加),抑制丝状繁殖,特别能控制结合水污泥膨胀。此外,投加石棉粉末、硅藻土、黏土等物质也有一定效果。

污泥膨胀是活性污泥法处理装置运行中一个较难解决的问题,污泥膨胀的原因很多,甚至有些原因还未被认识,尚待研究。

2. 污泥解体

处理水质浑浊、污泥絮凝体微细化、处理效果变坏等则是污泥解体现象。导致这些异常现象的可能是运行中的问题,也可能是污水中混入了有毒物质所致。

运行不当(如曝气过量)会使活性污泥生物营养的平衡遭到破坏,使微生物量减少且失去活性,吸附能力降低,絮凝体缩小质密,一部分则成为不易沉淀的羽毛状污泥,使处理水质浑浊,SV值降低等。当污水中存在有毒物质时,微生物会受到抑制、伤害,净化能力下降,或完全停止,从而使污泥失去活性。一般可通过显微镜观察来判别产生的原因。当鉴别出是运行方面的问题时,应对污水量、回流污泥量、空气量和排泥状态以及SV值、MLSS、DO多项指标进行检查,加以调整。当确定是污水中混入了有毒物质时,应考虑这是新的工业废水混入的结果,需查明来源,按国家排放标准加以处理。

3. 污泥脱氮(反硝化)

污泥在二次沉淀池呈块状上浮的现象,并不是腐败造成的,而是由于曝气池内污泥龄过长,硝化过程进行充分(NO_3^-浓度大于5 mg/L),在沉淀池内产生反硝化,硝酸盐的氧被利用,氮即呈气体脱出附于污泥上,从而比重降低,整块上浮。所谓反硝化是指硝酸盐被反硝化菌还原成氨或氮的作用。反硝化作用一般在溶解氧低于0.5 mg/L时发生。试验表明,如果让硝酸盐含量高的混合液静止沉淀，在开始的30～90 mm左右污泥可以沉淀得很好，但不久就可以看到，由于反硝化作用产生氮气，泥中形成小气泡，污泥整块地浮至水面。做污泥沉降比试验时，只检查污泥30 mm的沉降性能，因此，往往会忽视污泥的反硝化作用，这是在活性污泥法的运行中应当注意的。为防止这一异常现象发生，应采取增加污泥回流量或及时排除剩余污泥，或降低混合液污泥浓度，缩短污泥龄和降低溶解氧浓度等措施，使之不进行到硝化阶段。

4. 污泥腐化

在二次沉淀池有可能由于污泥长期滞留而进行厌气发酵，生成气体（H_2S、CH_4 等），从而发生大块污泥上浮的现象。它与污泥脱氮上浮不同的是，污泥腐败变黑，产生恶臭。此时也不是全部污泥上浮，大部分污泥都是正常地排出或回流，只有沉积死角长期滞留的污泥才腐化上浮。防止措施有：

①安设不使污泥外溢的浮渣设备。

②消除沉淀池的死角。

③加大池底坡度或改进池底刮泥设备，不使污泥滞留于池底。此外，如曝气池内曝气过度，使污泥搅拌过于激烈，生成大量小气泡附聚于絮体上，也容易产生这种现象。防止措施是将供气控制在搅拌所需的限度内，而脂肪和油则在进入曝气池之前加以去除。

5. 泡沫问题

曝气池中产生泡沫的主要原因是，污水中含有大量合成洗涤剂或其他起泡物质。泡沫会给生产操作带来一定困难，如影响操作环境，带走大量污泥。当采用机械曝气时，还会影响叶轮的充氧能力。消除泡沫的措施有：分段注水以提高混合液浓度；进行喷水或投加除沫剂等。据国外一些城市污水厂报道，消泡剂（如机油、煤油等）用量为0.5～1.5 mg/L。过多的油类物质将污染水体，因此，为了节约油的用量和减少油类污染水体，应尽量少投加油类物质。

▶延伸阅读

活性污泥法处理系统的试运行

污水处理厂的开车调试也称为试运行，它包括单机试运行与联动试运行两个环节，调试工作是废水处理系统从工艺设计到设备选型是否满足水处理要求的一个重要环节，也是正式运行前必须进行的一项工作。通过试运行可以及时修改和处理工程设计和施工带来的缺陷与错误，确保污水厂达到设计功能。在调试处理工艺系统过程中，需要机电、自控仪表、化验分析等相关专业的配合，因此，在设备单机调试和联动调试期间，接管单位应组织专门的废水处理工进场参与、上岗操作，熟悉生产条件、操作环境，做好接管生产准备工作。

1. 试运行的内容及目的

(1)试运行的内容

①单机调试：各种设备安装后的单机运行和处理单元构筑物的试水。在未进水和已进

水两种情况下对污水处理设备进行试运行,同时检查构筑物的水位和高程是否满足设计和使用要求。

②联动调试:对整个工艺系统进行设计水量的清水联动试车,打通工艺流程。考核设备在清水流动的条件下,检验设备、自控仪表和连接各工艺单元的管道、阀门等是否满足设计和使用要求。

③对各处理单元分别注入污水,检查各处理单元运行效果,为正式运行做好准备工作。

④整个工艺流程全部打通后,开始进行活性污泥的培养和驯化工作,直至出水水质达标,在此阶段进一步检验设备运转的稳定性,同时实现自控系统的连续稳定运行。

(2)试运行的目的

污水处理厂的试运行包括复杂的生物化学反应过程的启动和调试。过程缓慢,受环境条件和水质水量的影响很大。污水处理厂的试运行目的如下:

①进一步检验土建、设备和安装工程质量,建立相关档案资料,对机械、设备、仪表的选型和设计合理性及运行操作注意事项提出建议。

②通过污水处理设备的带负荷运行,测试其功能是否达到铭牌要求或设计值。

③检验各处理单元构筑物是否达到设计值,尤其二级处理构筑物采用生化法处理污水时,一定要根据进水水质选择合适的方法培养和驯化活性污泥。

④在单元处理设施带负荷试运行的基础上,连续进水打通整个工艺流程,调整各单元工艺参数,使污水处理尽早达标,并探索整个系统及各处理单元构筑物转入正常运行后的最佳工艺参数。

试运行的基本任务是检验设备、熟悉操作、测定工艺技术数据和经济指标数据。具体来说,各组构筑物都应按设计负荷,全流程通过所有构建物,以检验各构筑物高程布置是否符合设计、生产要求,是否有问题。对水泵和风机等设备应按设计开启台数做 48 h 运转试验;要连续做水质化验,分析水处理工艺特性;最后要计算全厂技术经济指标,如 CODcr、BOD_5 去除总量、BOD_5 去除单耗(kW · h/kgBOD_5)、出水 BOD_5 及去除率、污水处理成本(元/kgBOD_5)等。

2. 单机调试

试车前要求所有现场操作人员都要经过理论学习、操作学习及模拟操作等培训,具备上岗操作的技术水平,要将各种技术材料(操作法、管理制度等)全部编写完成、印刷成册,并下发到每位操作人员手中,作为指导开车调试的技术依据。单机试车的主要内容是设备试车和构筑物试漏。一般来说,设备的单机试车可分为空载试车和带负荷试车。空试是在不加负荷的情况下启动设备运行,检查电路和电机的旋转方向是否正确,检查控制系统能否正常工作。有些设备要求空载试车的时间很短,不允许长时间空载运行,防止设备电机过热烧毁设备,只需点试即可。而有一些设备,则要求进行较长时间的空载试车调试。目前,应用于污水处理专业的设备有很多,下面对一些常用设备的试车内容及注意事项分类进行描述。

(1)离心泵

离心泵是污水处理设施中最常见的设备,主要用来输送和提升污水。离心泵有地上式和水下式两类。安装在地上的称作离心污水泵，离心污水泵能提供较大的扬程；安装在水下的称为潜污泵，潜污泵具有扬程低、流量大的特点。根据两类泵的特点，一般长距离输水均选用地上式的离心污水泵，而各处理装置间对污水进行短距离提升则选用潜污泵。离心泵不允许长时间空转，单机试车可以用清水循环进行。

离心污水泵从安装形式上又分为立式污水泵和卧式污水泵，具体选择哪一种由安装位置来决定。试车时，泵流量是否满足要求、电机电流及温度是否在规定范围内是重点考核内容，同时还要注意检查电机、泵体、轴承有无振动和异常声响等情况。

潜污泵在试车时主要检查流量能否达到设计要求、电机电流是否在规定范围内、泵出口与管阀接口是否严密等。由于潜污泵安装在水下，所以在试车时要把泵的实际运行参数和运行状况摸清楚，存在问题及时处理，待投入生产后再进行检修将增加很大困难。

(2)机械格栅机

目前应用最多的是链条传动回转式机械格栅和耙斗式机械格栅。回转式机械格栅的工作过程是连续的，在链条的带动下，固定在链条上的齿耙不断地把格栅截留的杂物刮出。耙斗式机械格栅的工作是不连续的，格栅截留的杂物是耙斗一下一下刮出来的。

机械格栅机安装完成后要按要求进行试车，试车过程可以在不进水情况下空转进行。回转式机械格栅主要检查链条和齿耙的运转情况、电机和减速机运转情况。正常情况下，格栅启动后，链条运转轻快，链条和齿耙与其他部件没有刮卡现象；电机和减速机在运转中应无振动、无杂音、温度正常。耙斗式机械格栅启动后，除电机和减速机要运转正常外，耙斗要与格栅紧密接触，这样才能把格栅截留的杂物刮干净，同时，耙斗要运行平稳，无刮卡现象。由于格栅机是置于水下的，所以在试车时要仔细检查，有问题及时处理，投产后检查和检修都较为困难。

(3)刮泥机或刮吸泥机

在大多数污水处理系统中，沉淀池和污泥浓缩池是不可缺少的处理构筑物。沉淀池的池形有圆形和方形池，目前应用最多的是圆形池，而污泥浓缩池几乎全部是圆形池。

刮泥机和刮吸泥机在试车时，为了减少与池底的摩擦，以免损坏刮板，要向沉淀池内少量注水，水深达200～300 mm即可。在刮泥机运转起来以后，要认真检查刮板与池底的接触情况、刮泥机胶轮的滚动情况、电机和减速机的运转情况。正常情况下，刮板底部的胶皮要与池底紧密接触，有托轮的，托轮要运转灵活，刚性部件不许与池底产生摩擦。刮泥机胶轮要具有足够的强度，按设计弧形行走。电机和减速机温度要正常，运行中无异常声响、无漏油现象。刮吸泥机在试车时还要注意检查每一根吸泥管吸泥量调节装置的灵活性。

污泥浓缩池因其池径较小，刮泥机多采用中心驱动式，池上只设固定桥架。在试车时主要检查刮板与池底的接触情况和电机、减速机的运转情况。

(4)螺杆泵

在污水处理行业中，螺杆泵主要用于输送污泥。同水相比，污泥流动性差，有的污泥还含有沉砂，易堵塞输送设备和管道，所以螺杆泵在安装时要同时安装冲洗装置，在每次停用前要把泵体及出口管道中的污泥冲洗干净。螺杆泵试车可以安排在泵正式投入运行时进行,在试车时重点检查电机、减速机、泵体在运转中有无振动和异常声响,流量能否达到设计要求,冲洗水量、水压能否满足生产要求。

(5)污泥脱水机

在污水处理系统中,作为污染物的最终产物,其处理装置是必不可少的。从目前污水处理技术来看,只有极少的生活污水处理装置的污泥作为农业资源被利用,经处理后进行脱水,然后做成农用肥料。而其他大部分污水处理装置则是以处理工业污水为主,其产生的污泥含有大量有毒有害物质,不能加以利用。这种污泥目前只有两条出路,一是脱水后进行焚烧;二是脱水后填埋。由此可见,污水处理装置产生的污泥无论最终如何处置,在处置前都要脱水。

污泥脱水应用较多的方法为压滤脱水和离心脱水,压滤脱水常用的设备为带式压滤机和板框压滤机,离心脱水使用的设备为离心机。目前,规模较大的污水处理装置几乎全部采用带式压滤机进行污泥脱水,带式脱水机在试车前要进行认真细致的检查,重点检查滤带上有无硬质杂物,有无其他物件刮带,防止割坏和刮坏滤带。对带式脱水机进行详细检查后,可以启动带式机运行。带式机要空载运行一段时间,这期间主要试车内容有:对滤带运行速度进行调试,带速应该在0与最大速度之间自由调节;检查上下滤带张紧压力调节装置,滤带张紧压要能够灵活调节;检查滤带的冲洗情况,冲洗水量和水压要满足生产要求,冲洗水管布水要均匀,各喷头喷水角度及喷水量要一致;初步检查滤带的跑偏情况,观察滤带调偏装置是否灵活好用。

空载运行无异常后,可以进行投料试车。投料试车的重点内容为:对混凝剂进行选择,确定对污泥脱水最有利的混凝剂,如果选用两种混凝剂,还要确定最佳的投药方法;混凝剂确定后,继续对最佳的配药浓度、投药量进行调试;投料试车期间要认真地检查滤带的跑偏情况及调偏装置是否灵活好用;核定泥饼产量及泥饼含水率,考核带式机的生产能力;检查电机及减速机的运行情况,温度是否在规定范围内,有无异常声响。

(6)鼓风机

鼓风机是用生物处理法进行污水处理所需装置中极为重要的(关键)设备,装机容量相对较大,维护和检修较为复杂。它不像其他设备,出现故障检修好后,整套装置马上就可正常运行。因为鼓风机的作用是为生化系统微生物提供溶解氧,在正常情况下,微生物要求周围环境中溶解氧充足且稳定,鼓风机一旦出现故障停运,势必造成生化池内缺氧,破坏微生物的新陈代谢规律,使微生物活性下降,长时间不供氧将造成大量微生物死亡。所以,鼓风机出现故障停运,在一定程度上都会破坏系统的处理功能,需要一段时间来恢复,停运的时间越长,污水处理功能恢复的时间也就越长,鼓风机长时间不能投入运行,可造成系统需要重新启动,甚至重新培养生物。

现在应用的鼓风机有罗茨风机和离心风机,一般罗茨风机的风量都较小,离心风机的风量大,风量可从每小时1万立方米到每小时几万立方米,选择范围很广。污水处理装置要根据处理规模选择风机,规模小的可选择罗茨风机,规模大的一般都选择离心风机。

罗茨风机由机壳前后墙板、齿轮箱、主轮、从轮、叶轮及双列向心球面轴承和单列向心短圆柱滚子轴承等组成。在试车前,认真检查各部位连接螺栓是否牢固,各润滑部位润滑情况是否良好,进出口阀门要灵活好用。罗茨风机试车要进行无负荷试车和带负荷试车。

无负荷试车在启动前,通过手动盘车,风机应运转灵活。关闭风机出口阀门和入口阀门,启动风机运行,使风机在无阻力情况下运转4 h。带负荷试车时打开风机出口阀门及入口阀门,按风机性能逐步升高压力至工作压力,每升一次压力运转2 h,总运转时间不小于8 h。在试车过程中重点检查的项目有:转子运转的声音是否正常,有无杂音;轴承温度是否符合规定,滚动轴承不应大于70 ℃;轴封装置部位有无泄漏;出口温度、风压及电流是否符合规定。

离心风机由机壳、转子组件、轴承、密封组件、润滑装置以及其他辅助零件组成。在试车前,盘车检查传动部件与固定部分有无卡阻摩擦现象,轻重是否一致。检查润滑油油量、油质是否符合要求,启动前油位应高于最高油位10~15 mm,油温不得低于25 ℃。检查冷却水系统是否畅通无阻,电动机、鼓风机旋转方向是否符合要求,检查所有测量仪表的灵敏度及安装情况。启动电动油泵,检查润滑油管道安装的正确性及回流情况。

离心风机也要进行空负荷试车和带负荷试车,在关闭进口阀门的情况下,空负荷试车2 h以上,运转正常后进行带负荷试车。在带负荷试车时重点检查下列内容:风压、风量、电流应平稳,符合要求;运转过程中无异常振动、碰撞和研磨声及泄漏现象;轴承进油管中的油压不低于0.05 MPa,鼓风机的支承轴承或止推轴承的油温不超过65 ℃,轴承振幅不大于0.06 mm,油位下降不低于最低油位线,主油泵温度正常,轴承温度稳定;鼓风机或电动机的轴向窜动小于0.2 mm,试运转时间应不小于8 h。

风机在试车过程中要注意安全,带负荷试车时要逐步升高压力,直至达到工作压力。试车时,一旦发生异常现象,应立即停车处理,待安全无误后再进行试车。试车时,除操作人员外,其他人员应远离,并站在运转设备的轴向位置,以防转动零件飞出伤人,操作人员要距风机2 m以上。

(7)各种阀门

对阀门进行试车主要指对那些直径较大的阀门,包括闸阀、蝶阀、启闭机等,这些阀门不论是地上的还是地下的不论是电动的,还是手动的,都要认真检查。检查内容有:安装完成后是否加注了足量的润滑油,阀门开、关是否轻便灵活,开度指示是否正确,能否开、关到位。

除这些阀门以外,还有一类阀门必须检验,那就是安全阀。安全阀作为压力容器和压缩设备的安全保障设施,必须保证其性能安全可靠,否则将给设备和人身造成损害。安全阀的校验由专门部门负责。

3.联动调试

向污水处理系统中进水,水量由设计负荷的10%逐步提高到100%,该期间预处理系统投入运行。通过水量的变化,对预处理系统投加药剂的种类、配药浓度、加药量进行确认。在联动试车过程中,当生化系统二次沉淀池水位升到一定高度时,对污泥回流系统进行试车,此时系统流程已全部打通。当二次沉淀池水满出水时,联动试车工作结束,开始进入下一阶段投料试车。

在不具备投产条件时，联动试车可以用清水代污水进行，这就要求提供大量的清水，按照流程把水一段段向后输送，直到最终出水为止，系统全部投运，流程全部打通。

4. 活性污泥的培养与驯化

城市污水处理活性污泥的培养一般有4种方法：间歇培养法、低负荷连续培养法、满负荷连续培养法和接种培养法。

(1)接种污泥

活性污泥接种前，先把待运行的生化反应池内的污水量调至80%池容，在确认鼓风机、回流泵、二沉刮泥机、进水提升泵等主流程设备可以连续运行后，即可进行污泥接种工作。为了使系统能够尽快地启动起来，接种污泥应尽量选用与待处理污水相似的污水处理装置。如果运输方便，最好用二次沉淀池回流污泥，若条件不允许，则选用新脱水的泥饼作为接种污泥。接种污泥运到现场后，用污泥泵均匀地投到生化反应池中，兼氧池连续搅拌，保证污泥处于良好的悬浮状态，好氧池连续进行鼓风曝气，保证溶解氧浓度在2 mg/L以上。

一般情况下，生化反应池中接种污泥浓度达到1 000 mg/L即可。对于以生活污水为主、生化性很好的污水处理系统，污泥生长速度快，接种污泥浓度可以适当降低。如果待处理污水生化性较差，污泥生长慢，为了缩短污泥培养时间，则要提高接种污泥浓度，可以提高1 500～2 000 mg/L。接种污泥时，接种污泥量按池容与接种污泥浓度计算。如果选用脱水后泥饼作为接种污泥，则需在池外用水把泥饼稀释成泥浆，然后用泵投入池中。为了保证投泥效果，使污泥在生化反应池中均匀分布，在每座生化反应池上都要分多点投泥，搅拌器全部投入运行，适当提高曝气强度，以保证搅拌效果。

(2)培养和驯化污泥

污泥接种完成以后，为了减少污泥流失，同时也为了使接种的污泥尽快适应处理的污水，尽快恢复活性，快速生长，一般在接种初期就进行闷曝。闷曝就是在生化反应池不进水的情况下，曝气和搅拌正常进行。

一般情况下，闷曝时曝气量不宜过大，保持生化反应池内DO值为2～4 mg/L即可。闷曝的时间长短视具体水质和污泥活性恢复情况而定，一般工业废水处理装置需10～15 d。闷曝期间要每天对生化池内污水的COD、BOD、氮、磷指标进行分析检测，每天对活性污泥微生物进行显微镜观察，并根据检测结果对生化反应池进行间歇换水，必要时还要投加一些氮、磷营养盐。当生化反应池内污水中大部分有机物已被活性污泥微生物利用，各污染指标均有较大幅度下降，这时就要对生化池进行换水操作了。换水时把生化池的搅拌和曝气全部关掉，待泥水混合液静止沉淀1 h后，向生化池进水。第一次换水量可以控制在生化池池容的10%～20%，以后根据活性污泥微生物的适应情况进行调整。如果换水后活性污泥结构及生物相发生了较大变化，就要减少换水量；如果活性污泥结构及生物相没有明显变化，就可以适当提高换水量。当接种的污泥活性得到恢复，形成较大的活性污泥絮凝颗粒，污泥体积明显增长，每次换水后经10 h左右，COD去除率达到40%以上，这时可以进入低负荷联动驯化阶段。

(3)低负荷联动驯化

低负荷联动驯化就是整个污水处理系统以较低的负荷连续生产,处理后出水各项污染指标仍较高,生化池内营养物质相当充分,微生物会迅速生长。联动驯化初期,进水负荷控制为设计负荷的30%左右。当二次沉淀池出水后,启动回流系统向生化池回流污泥,此时,整个污水处理装置已全部投入运行。系统低负荷连续运行后,如果活性污泥微生物适应性良好,能够正常生长,COD去除率达到50%以上,那么就可逐步提高进水负荷,进行提负荷驯化,提负荷驯化的前提条件是微生物适应能力强,活性污泥连续增长,生化系统应保持原有COD去除率。提负荷阶段,根据具体情况,把生产负荷由设计的30%左右逐步提高到100%。

污水处理系统以设计负荷运行,生化处理单元活性污泥菌胶团成熟,原生动物和后生动物产生并能活跃生存,活性污泥絮凝沉淀良好,SV达20%以上,生化处理单元具有较高的去除效率,出水清澈,这时可视为微生物的培养和驯化工作结束。此段工作需2个月左右。系统流程打通,生化处理单元微生物的培养和驯化工作结束,整个污水处理装置进入正常操作后,应该进行装置的优化与调整,并对照各项设计参数进行校核。达标优化的内容包括装置运行方式的调整、原材料与动力消耗的优化,各处理单元运行参数的优化等。最终使装置在消耗最低的条件下,各处理单元达到设计能力,处理后出水实现达标排放。根据开车过程与优化调整情况,对装置的能力、技术水平进行一次全面的总结,为今后装置的运行管理提供指导和借鉴。

5.调试过程中的监测项目与记录

在调试过程中,溶解氧浓度、pH值、MLSS值、MLVSS值、氨氮、磷、出水BOD_5、CODcr、微生物显微镜观察、水温、气温等水质指标需要进行常规监测并做好记录,如表3-3所示。水质化验表如表3-4所示。

表3-3 调试过程监测项目安排表

编号	监测项目	监测时间	要求指标	备注
1	溶解氧浓度	2次/d	曝气时间2.0 mg/L 其他时间0.5 mg/L	
2	pH值	5次/d	6.5~8.5	恒定可少做
3	MLSS值和MLVSS值	高水位后1次/d	大于3 000 mg/L就要对污水进行调整	现场情况好时可不做
4	氨氮和磷	高水位后1次/d	达到设计要求	
5	出水BOD_5和COD_{Cr}	出水稳定后每3 d 1次	达到设计要求	BOD_5适当做
6	微生物显微镜观察	出水稳定后每天1次	有原生动物出现	
7	水温、气温	1次/天	一天内变化小	

表3-4　水质化验表

取样时间	取样人	水温/℃	流量/($m^3 \cdot h^{-1}$)	进水			二次沉淀池出水			接触池溶解氧
				COD_{Cr}	SS	pH	COD_{Cr}	SS	pH值	浓度/($mg \cdot L^{-1}$)

任务4　认识生物膜法的原理及特点

▶情境设计

某市新城区需新建一日处理污水量达40 000 m^3的污水处理厂，该项目有以下几个特点：一是对污水中氮、磷的处理要求较高；二是总的预算资金有限，但项目日处理水量却非常大；三是项目建设场地受限，基地建设费用及能耗控制要求严格。因此，综合考虑活性污泥法基建费、运行费高，能耗大，管理较复杂，易出现污泥膨胀现象，工艺设备不能满足高效低耗等特点，该项目最终采取生物接触转盘工艺。通过实际运行，该工艺充分体现了生物膜工艺运行稳定、抗冲击负荷、更为经济节能、无污泥膨胀、具有一定的硝化与反硝化功能等优点。

▶任务描述

本任务主要介绍生物膜法的原理及特点，并解答为什么生物膜法能够成功替代活性污泥法广泛运用于城市污水的二级生物处理。

▶任务实施

知识点1　生物膜法的处理原理

1. 生物膜及结构

微生物细胞几乎能在水环境中任何适宜的载体表面牢固地附着，并在其上生长和繁殖，逐渐形成一层膜状微生物细胞层，称为生物膜。生物膜主要由微生物及其胞外多聚物组成，生物相主要包括细菌、真菌、藻类（有光的条件下）、原生动物和后生动物等。

附着在载体表面的生物膜的剖面如图3-16所示。生物膜由好氧层和厌氧层组成。好氧层在外侧，厚度一般为2 mm左右，是有机物进行降解的主要场所。由于微生物不断增殖，生物膜的厚度会不断增加，当增厚到水中氧不能透入里侧深部时，里层生物膜即转变为厌氧状态，形成厌氧层。

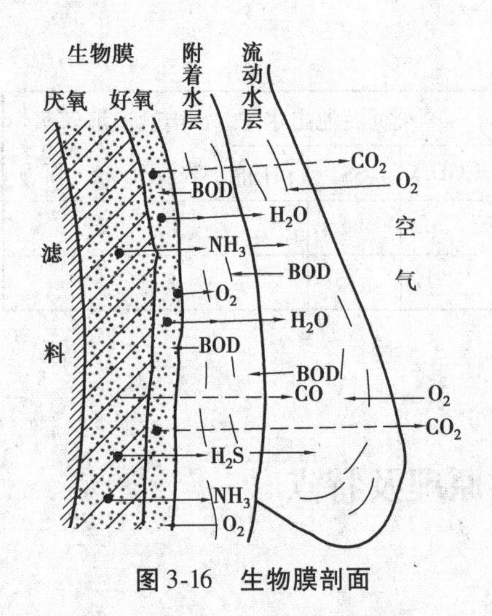

图 3-16　生物膜剖面

一般认为,生物膜厚度为 2～3 mm 时较为理想。由于在一定条件下,水中氧气能够进入生物膜的厚度是相对固定的,当生物膜逐渐增厚时,主要是内部厌氧层的厚度增加,从而导致厌氧层代谢产物也增多。这些代谢产物向外侧逸出,必然要透过好氧层,使好氧层的生态系统的稳定状态遭到破坏;而且,其中的气态代谢产物不断逸出,又会减弱生物膜在载体上的固着力。处于这种状态的生物膜即为老化生物膜,老化生物膜净化功能较差而且易脱落。

2. 生物膜净化水的机理

污水与生物膜接触时,由于生物膜的吸附作用,在其表面会形成一层很薄的附着水层。相对于水相主体,附着水层水流速度缓慢,与生物膜接触的时间相对较长,此水层中有机污染物大多已被微生物氧化,其浓度比滤池进水的有机物浓低得多。因此进入池内的污水沿膜面流动时,由于浓度差的作用,有机物会从污水中扩散转移到附着水层,进而被生物膜所吸附。同理,空气中的氧在溶入污水后,继而进入生物膜,在此条件下,微生物对有机物进行氧化分解和同化合成,产生的代谢产物如 H_2O 等则通过附着水层进入流动水层,并随其排走;而 CO_2 及厌氧层分解产物(如 H_2S、NH_3 以及 CH_4 等气态代谢产物)则从水层逸出进入空气中。如此循环往复,使污水中有机物不断减少,从而得到净化。

在水处理过程中,生物膜总是在不断地增长、更新、脱落,除水力冲刷这一主要因素外,还有膜增厚造成质量增加、原生动物活动使生物膜松动、厌氧层和介质的接力较弱等原因。从处理角度看,生物更新脱落是维持生物膜有效厚度、保持生物膜活性的必要历程。

知识点 2　生物膜法的主要特点

与活性污泥法相比,生物膜法的主要特点包括以下几方面:

(1)适应冲击负荷能力强

生物膜法中微生物主要固着于载体的表面,单位反应器微生物量可达活性污泥法的 5～20 倍,对污水水质、水量变化引起的冲击适应能力较强,短时间中断进水或工艺遭到破坏,反应器的性能不会受到致命的影响。因此,生物膜法适用于处理高浓度难降解的工业废水。

(2)剩余污泥产量低

生物膜上的微生物没有像活性污泥法中的悬浮微生物那样承受强烈的曝气搅拌冲击,生物膜反应器为微生物的繁衍、增殖及生产栖息创造了安稳的环境,除大量细菌生长外,还可能出现大量真菌(丝状菌),以及线虫类等较高级营养水平的原生动物和后生动物,形成较长食物链,对有机物降级比较彻底,形成污泥量少。

(3)同时存在硝化和反硝化过程

由于微生物固着于填料的表面,生物固体停留时间 SRT 与水力停留时间 HRT 无关,因此为增殖速度慢的微生物提供了生长繁殖的可能性。因此，生物膜法中的生物相更为丰富，且沿水流方向膜中微生物群种有一定规律性。生物膜反应器适合生长时间长的硝化细菌生长，而且其中固着生长的微生物使硝化菌各有其适合生长的环境。因此，生物膜反应器内部也会同时存在硝化和反硝化过程。

(4)操作管理简单，运行费用较低

生物膜反应器由于具有较高的生物量，一般不需要污泥回流，因而不需要经常调整反应器内污泥量和剩余污泥排放量，易于运行维护管理。另外，丝状菌的大量繁殖不仅不会导致污泥膨胀，相反还可以利用丝状菌较强的分解氧化能力提高处理效果。生物滤池、转盘等生物膜法采用自然通风供氧，装置不会出现泡沫，管理简单，运行费用较低，操作稳定性较好。

(5)调整运行的灵活性差

除了镜检法以外，生物膜法不能像活性污泥法一样通过测定污泥沉降比、SVI、污泥浓度等方式对生物膜中微生物的数量、活性等指标进行检测，生物膜出现问题后不容易被发现，难以及时调整。

(6)有机物去除率低

和普通活性污泥法相比，生物膜法的 COD_{Cr}(BOD_5)去除率低。有资料表明，50%的活性污泥法处理厂的 BOD_5 去除率高于91%，50%的生物膜法处理厂的 BOD_5 去除率为83%左右，对应出水的 BOD_5 分别为14 mg/L和28 mg/L。

任务5　了解生物膜法的典型工艺

▶情境设计

大学应届毕业生小张应聘到某环保公司运营部，该公司主要为客户进行生物膜法处理废水的工艺设计及运营维护人员的培训。小张应聘的是运行操作控制岗位，正式上岗之前必须经过生物膜法典型工艺的构成、特点及适用范围等相关知识的培训，生物膜法的典型工艺有哪些呢？带着这个疑问，我们一起去了解生物膜法的典型工艺。

▶任务描述

本任务将以生物滤池法与生物转盘法为重点，系统介绍生物膜法反应器的分类、典型工艺构成及工艺特点，为进一步学习生物膜法反应器的运行控制奠定基础。

▶任务实施

知识点1　生物膜法反应器的分类

生物膜法反应器是污水处理的主要技术之一，自18世纪末英国最先在实验中，使用生物滤池以来,生物膜法反应器发展迅速,由单一到复合,有好氧亦有厌氧,逐步形成了一套较完整的污水生物处理工艺系列。根据生物膜法反应器内附着微生物的生长状态,生物反应器可分为固定床和流动床两大类。固定床中附着生长载体固定不动,在反应器内的相对位置基本不变;在流动床中,附着生长载体不固定,在反应器中处于连续流动的状态。基于操作是否有氧气参与,生物膜法反应器又可分为好氧生物膜反应器和厌氧生物膜反应器。生物膜反应器的主要类型如下:

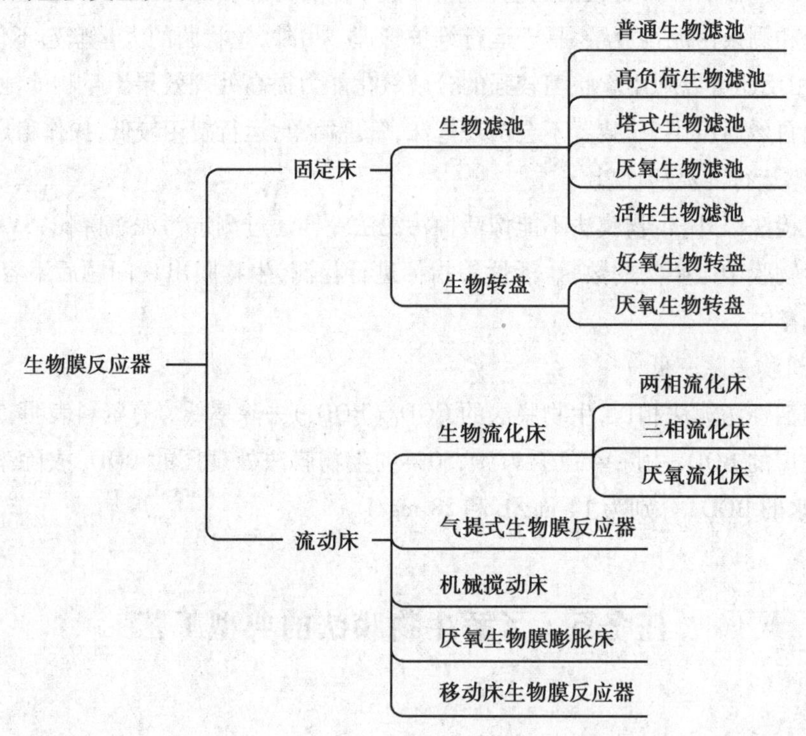

其中生物滤池和生物转盘接触氧化反应器是生物膜法中应用最广泛的两种,下将分别从工作原理及运行管理方面对其进行介绍。

知识点2　生物滤池

生物滤池是在污水灌溉的实践基础上发展起来的人工生物处理法。生物滤池首先于1893年在英国试验成功,从1900年开始应用于废水处理中。生物滤池是以土壤自净原理为依据,在污水灌溉的时间基础上经间歇砂滤池和接触池发展起来的生物处理设备。

采用生物滤池处理的污水必须进行预处理,以去除悬浮物、油脂等堵塞滤料的物质,并对pH值、氮、磷等加以调控。一般在生物滤池前设初次沉淀池或其他预处理设备;生物滤池后设二次沉淀池,截留随处理水流出的脱落生物膜,保证出水水质。

1. 生物滤池的构成与原理

(1)基本结构

生物滤池的结构示意图如图3-17所示。

(2)工艺流程

生物滤池的基本工艺流程如图3-18所示。

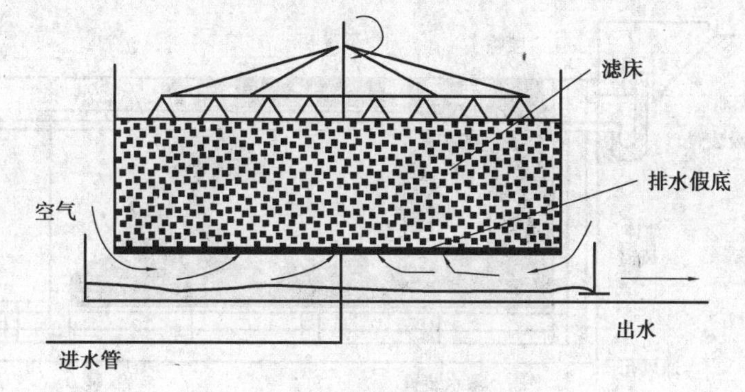

图 3-17　生物滤池示意图

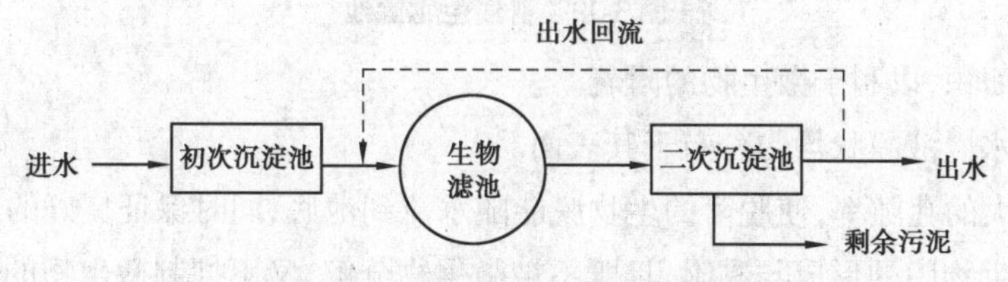

图 3-18　生物滤池的基本工艺流程

与活性污泥工艺流程不同的是，在生物滤池中常采用出水回流，基本不会采用污泥回流，因此从二次沉淀池排出的污泥全部作为剩余污泥进入污泥处理流程进行进一步的处理。

(3)生物滤池的工作原理

含有污染物的废水从上而下，从长有丰富生物膜的滤料空隙流过，与生物膜中的微生物充分接触，其中的有机污染物被微生物吸附并进一步降解，使废水得以净化。净化功能的实现主要依靠的是滤料表面的生物膜对废水中有机物的吸附氧化作用。

2. 典型生物滤池工艺认识

生物滤池按构造特征和净化功能可分为普通生物滤池、高负荷生物滤池、塔式生物滤池、活性生物滤池等。下面着重介绍前 3 种。

(1)普通生物滤池

普通生物滤池又称滴滤池，是最早期出现的第一代生物滤池，适用于处理污水量不大于 1 000 m^3/d 的小城镇污水和有机工业废水。该处理设备具有处理效果好、出水夹带固体量小、无机化程度高、沉淀性能好、运行稳定、易于管理和节省能源的特点，但其负荷低，水力负荷仅 1 ~4 $m^3/(m^2 \cdot d)$，占地面积大，滤料容易堵塞，且卫生条件差，如积水、滋生蚊蝇等，应用受到一定限制。

普通生物滤池由池体、滤床、布水装置和排水系统组成。其构造如图 3-19 所示。

①池体。普通生物滤池池体的平面形状多为方形、矩形和圆形。池壁一般采用砖砌或混凝土建造。有的池壁上带有小孔，用以促进滤层内部通风，为了防止风力对池表面均匀布水的影响，池壁顶端应高出滤层表面 0.4 ~0.5 m，滤池壁下部通风孔总面积不应小于滤池表面积的 1%。

②滤床。滤床由滤料组成，滤料对生物滤池运行影响很大，对污水起净化作用的微生物就生长在滤料表面。理想的滤料应具备下述特性：

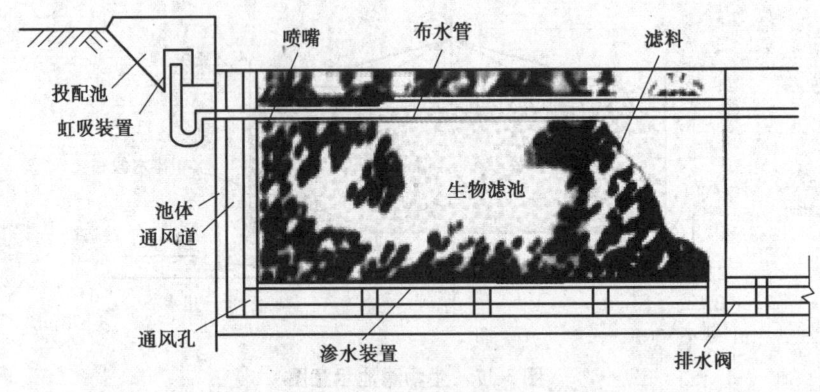

图 3-19　普通生物滤池

a. 大的表面积,以利于微生物的附着。

b. 能使废水以液膜状均匀分布于其表面。

c. 有足够大的孔隙率,使脱落的生物膜能随水流到池底,同时保证良好的通风。

d. 适合于生物膜的形成与黏附,且既不被微生物分解,又不抑制微生物的生长。

e. 有较好的机械强度,不易变形和破碎。

③布水装置。布水装置的作用是将污水均匀分配到整个滤池表面,并应具有适应水量变化、不易堵塞和易于清通等特点。根据结构不同,布水装置可分为固定式和旋转式两种。普通生物滤池多采用固定式布水装置;高负荷生物滤池和塔式生物滤池则常用旋转布水装置。

a. 固定布水装置。固定布水器常用固定喷嘴式布水装置(图 3-20),固定喷嘴式布水装置由馈水池、虹吸装置、布水管道和喷嘴组成。污水进入馈水池,当水位达到一定高度后,虹吸装置开始工作,污水进入布水管路,布水管设在滤料层中,距滤层表面 0.7 ~ 0.8 m,布水管设有一定坡度以便放空。喷嘴安装在布水管上,伸出滤料表面 0.15 ~ 0.2 m,喷嘴的口径一般为 15 ~ 20 mm。当水从喷嘴喷出,受到喷嘴上部设的倒锥体的阻挡,使水流均匀喷洒在滤料上。当馈水池水位下降到一定程度时,虹吸被破坏,喷水停止。

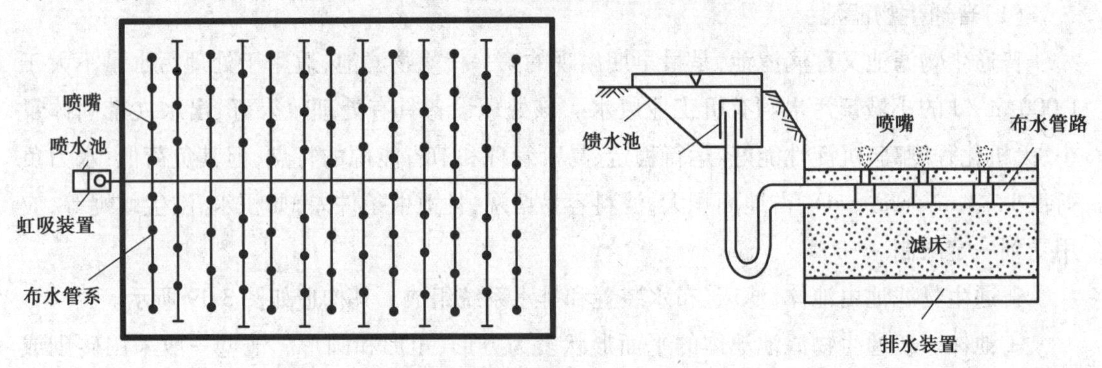

图 3-20　固定喷嘴式布水装置

这种布水器的优点是受气候影响较小,缺点是布水不均匀,需要较大的作用压力,一般需要 20 kPa 左右。

b. 旋转布水装置。在生物滤池的布水系统中常采用旋转布水装置,如图 3-21 所示。它由固定不动的进水竖管和可旋转的布水横管组成。布水横管一般为 2 ~4 根,横管中心高出滤层表面 0.15～0.25 m，横管沿一侧的水平方向开设直径 10～15 mm 的布水孔，孔间距沿半径方向由内至外逐渐变小，以保证布水均匀。旋转布水装置采用电力或水力驱动，目前常用水力驱动，旋转布水装置具有布水均匀、水力冲刷作用强、所需作用压力小等优点。

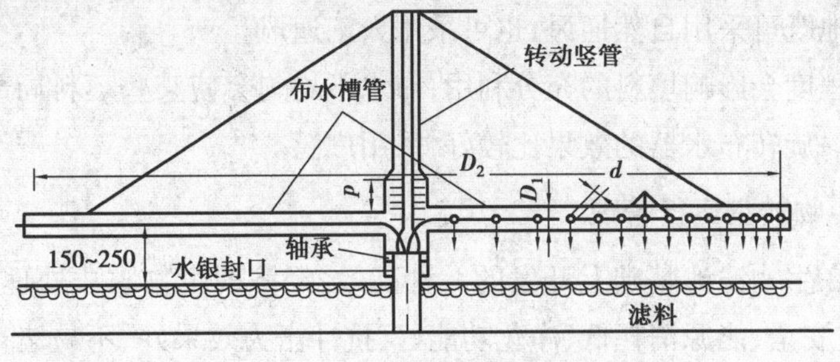

图 3-21　旋转布水装置

④排水系统。排水系统处于滤床的底部，其作用是收集、排出处理后的废水和保证良好的通风；一般由渗水顶板、集水沟和排水渠组成；渗水顶板用于支撑滤料，其排水孔的总面积应不小于滤池表面积的 20%；渗水顶板的下底与池底之间的净空高度一般应在 0.6 m 以上，以利通风，一般在出水区的四周池壁均匀布置进风孔。

(2)高负荷生物滤池

高负荷生物滤池是为了解决普通生物滤池在净化功能和运行中存在的实际弊端而开发出来的第二代生物滤池，它由滤床、布水设备和排水系统 3 部分组成。其滤池平面形状多为圆形，池壁常用砖、石或混凝土砌筑而成。

(3)塔式生物滤池

塔式生物滤池是在普通生物处理污水的基础上，吸收了化工设备中气体洗涤塔的特点而发展起来的新型生物处理设备，属于第三代生物滤池。它的优点是滤层厚度加大，过滤效果好，结构简单，占地面积小，施工方便，运行操作简单，经常性维护费用低，对水质、水量变化的适应性强；其缺点是对入流的悬浮物以及油等要求含量不能太高。

由于低密度滤料的使用，生物滤池突破了高度的限制，可达 8～20 m，外形像塔，故称为塔式生物滤池，其构造如图 3-22 所示。塔式生物滤池主要由塔身、滤料、布水系统、通风系统和排水系统组成，其典型特征是直径与高度之比一般控制在 1∶(6～8)。塔身分为数层，每层设置格栅，承担滤料质量。塔式生物滤池属高负荷滤池，水力负荷可高达 20～200 $m^3/(m^2 \cdot d)$，有机负荷可达 2～3 $kg/(m^3 \cdot d)$。

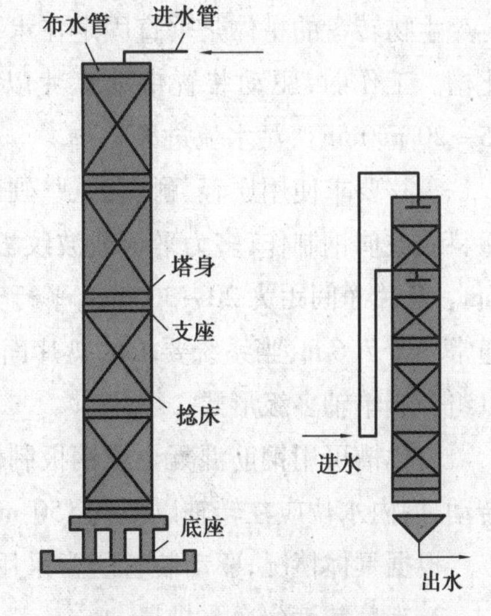

图 3-22　塔式生物滤池构造

选择的滤料要求其比表面积大，孔隙率大，不易堵塞。目前可供选择的滤料，粒状的如焦炭、陶粒等，片状的如波纹板等，立体状的如纸蜂窝、玻璃布蜂窝、塑料蜂窝。

塔式生物滤池的入流方式有分级进水或在顶部一次进水。分级进水有利于滤料充分利用,使生物膜生长均匀。采用顶部一次进水,塔上层微生物膜厚,中、下层较薄,但进水管路比分级进水简单。

塔式生物滤池既可采用自然通风,也可采用人工通风。

布水的均匀程度会影响填料的充分利用,布水不均匀会使某些填料局部负荷过高,不利于提高处理效果。旋转布水器的效果比较好,采用广泛。

知识点3　生物转盘运行管理

生物转盘是在生物滤池基础上开发的一种高效、经济的生物膜法处理设备。它具有结构简单、运行稳定安全、能源消耗低、净化功能好、抗冲击力效果好、不易堵塞等优点,目前已经广泛应用于化纤、石化、印染、制革、造纸、煤气站等工业行业的污水处理,也用于医院污水和生活污水的处理中,并取得了较好的效果。

1. 生物转盘的结构

生物转盘的构造如图3-23所示,由盘片、转轴、氧化槽和驱动装置4个主体部分组成。生物转盘区别于其他生物膜法处理设备的特征是生物膜在水中回转。

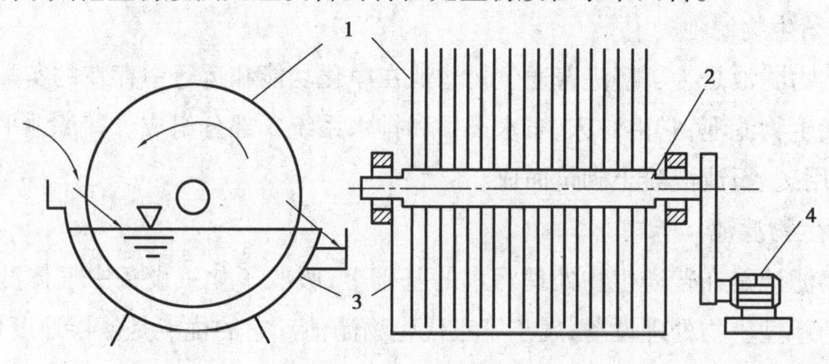

图3-23　生物转盘的构造

1—盘片;2—转轴;3—氧化槽;4—驱动装置

生物转盘的主体是垂直固定在水平转轴上的一组圆形盘片和一个与之配合的半圆形氧化槽。工作时,驱动装置带动盘片以0.3~3 r/min的速度缓慢回转(一般控制线速度在15~20 m/min),污水流过氧化槽。

盘片要求使用质轻、耐腐蚀、坚硬和不易变形的材料加工而成,目前多采用聚乙烯硬质塑料或玻璃钢制作,多为平板或波纹板,直径一般为2~3 m,最大直径达5 m,厚度为2~10 mm。盘片净间距为20~30 mm,平行安装在转轴上,为防止盘片变形,需要支撑加固。轴长通常小于7.6 m,当系统要求的盘片面积较大时,可分组安装,一组称为一级,串联运行,也可以组合成单轴多级形式。

氧化槽可用钢筋混凝土或钢板制作,断面直径比转盘大20~50 mm,使转盘可以在槽内转动,槽内水位应在转轴以下约150 mm,槽底设放空管。

根据具体情况,驱动装置通常采用电动机传动,也可采用水力驱动或空气驱动。

2. 生物转盘的净化机理

生物转盘在工作前,首先应进行“挂膜”,使转盘表面形成一层生物膜。工作时,氧化槽中充满待处理的污水,40% ~45%的转盘(转轴以下的部分)浸没在污水中,上半部敞露在大气中。污水在槽中缓慢流动,作为生物膜载体的盘片在水平轴的带动下缓慢地转动,使盘片上的生物膜和大气与污水交替接触,浸没时吸附水中的有机物,敞露时吸收大气中的氧并在氧作用下分解吸附的有机物,转盘的转动带动空气,并引起水槽内污水紊动,使槽内污水的溶解氧均匀分布。这样,盘片上的生物膜各部分就不断交替地和污水、空气接触,使有机物的吸附、氧化过程不断进行,从而达到净化水体的目的。净化机理如图 3-24 所示。

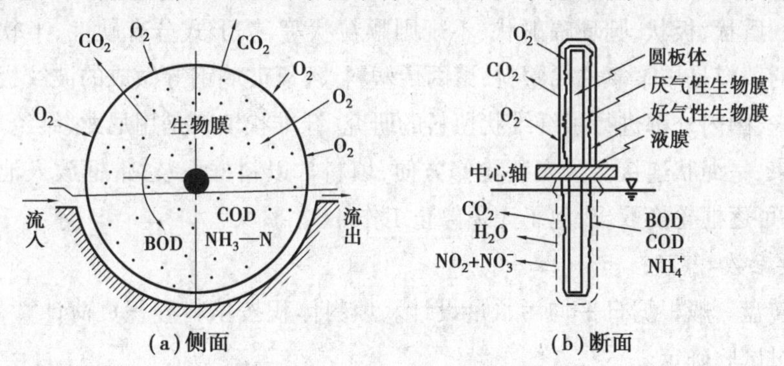

图 3-24 生物转盘净化机理

3. 生物转盘的特点

生物转盘主要具有如下特点:

①节能,即运行费用较低。

②生物量多,净化率高,适应性强,出水水质较好。

③生物膜上生物的食物链长,污泥产量少,为活性污泥法的 1/2 左右。

④维护管理简单,功能稳定可靠,无噪声,无灰蝇。

⑤受气候影响较大,顶部需要覆盖,有时需要保暖。

⑥所需的场地面积一般较大,建设投资较高。

4. 生物转盘的运行管理

生物转盘与生物滤池同属生物膜法处理设备。因此,在转盘正式投产、发挥净化污水功能前,首先要使盘面上生长出生物膜(挂膜)。

(1)生物转盘挂膜

生物转盘挂膜的方法与生物滤池的方法基本相同。因转盘槽(氧化槽)内可以不让污水排放,开始时,可以按照培养活性污泥的方法,培养出适合于待处理污水的活性污泥,然后将活性污泥置于氧化槽中(如有条件,直接引入同类污水处理的活性污泥更佳),在不进水的情况下使盘片低速旋转 12 ~24 h,盘片上便会黏附少量微生物,接着开始进水,进水量根据生物膜生长情况由小到大,直至满负荷运行。

为了保持生物转盘的正常运行,应对生物转盘的所有机械设备定期检修维护。

布水管采用多孔管,其上均匀布置直径为 5 mm 左右的布水孔,间距 20 cm 左右,水流喷出孔径口流速为 2 m/s 左右,以保证污水、空气、生物膜三者之间相互均匀接触,并提高滤床的工作效率,同时防止氧化池发生堵塞。

(2)填料的性能及选用

填料是生物膜的载体,同时兼有截留悬浮物的作用。因此,填料是氧化池的关键,直接影响生物接触氧化池的效能,同时,填料的费用在生物接触氧化处理装置的设备费用中占有较大的比重。因此,填料关系到接触氧化池技术与经济的合理性。

为确保生物膜的生长繁殖、充氧并且不堵塞,要求填料的比表面积大、孔隙率大、水力阻力小、强度大、化学和生物稳定性好、经久耐用。填料的种类很多,按形状分有蜂窝状、束状、波纹状、网状、盾状、板状、圆环辐射状、不规则颗粒状等,按形式分有硬性、半软性、软性等。目前常采用的填料是用聚氯乙烯塑料、聚丙烯塑料、环氧玻璃钢等做成的波纹板状和蜂窝状填料。近年来,国内外都进行了纤维状填料的研究,纤维状填料是用尼龙、维纶、涤纶等化学纤维编结成束,呈绳状连接。为安装检修方便,填料常以料框组装,带框放入池中。当需要清洗检修时,可逐框轮换取出,池子无须停止工作。

(3)主要参数

①生物转盘一般根据日平均污水量设计。填料体积按填料容积负荷计算,填料的容积负荷则应通过试验确定。

②生物转盘不少于2座,并按同时工作考虑。

③污水在生物转盘内的有效接触时间不得少于2 h。

④进水BOD值应控制在100~300 mg/L,当大于300 mg/L时,可考虑采用处理水回流稀释。

⑤填料层总高度一般取3 m,当采用蜂窝状填料时,应分层装填,每层高1 m,蜂窝内切孔径不宜小于25 mm。

⑥生物转盘中溶解氧含量一般应维持在2.5~3.5 mg/L,气、水比约为(15~20):1。

⑦为了保证布水、布气均匀,每格生物转盘的面积一般应不大于25 m^2。

任务6　掌握生物膜法的运行控制要点

▶情境设计

小张同学经过对典型生物膜法工艺的认识,基本了解了主要生物膜法反应器的工艺及特点,但是不同的工艺在实际操作控制过程中又有具体的不同。要想在实际工作中很好地维护工艺稳定运行,就必须掌握生物膜法在具体运行操作中的主要影响因素,明确工艺参数的操控范围以及实际运行控制的要点。带着这样的困惑,小张同学即将对生物膜法的运行控制要点进行深入的学习。

▶任务描述

本任务主要从分析生物膜法的影响因素入手,确定生物膜法反应器的工艺参数选择,并以生物滤池法和生物转盘工艺为例对不同生物膜法工艺的运行控制要点进行分析，从而使学习者掌握生物膜法的运行控制要点。

▶任务实施

知识点1　影响生物膜法的主要因素

在生物膜法中，降解污水中的有机物主要是依靠附着在载体表面的多种微生物的生物氧化作用，因此凡是影响微生物生长代谢活动的因素都会影响生物处理的效果。影响微生物生长代谢活动的因素很多，下面重点讨论生物膜法实际操作控制过程中需要特别注意的几个因素。

1. 温度

温度是影响微生物正常代谢的重要因素之一。任何一种微生物都有一个最佳生长温度，在一定的温度范围内，大多数微生物的新陈代谢活动都会随着温度的升高而增强，随着温度的下降而减弱。好氧微生物的适宜温度是10～35 ℃。水温低于10 ℃，对生物处理的净化效果将产生不利影响；如果水温高于45 ℃，大部分好氧菌会死亡。因此会有夏季生物处理效果好，而冬季处理效果相对较差的现象。

在实际处理过程中，对温度较高的工业废水，如印染废水应予以降温处理。这是因为，一方面水温在接近细菌生长的最高温度时，细菌的代谢速率将达到最大值，此时，可使胶体基质作为呼吸基质而消耗，使污泥结构松散而解体，吸附能力降低，并使出水浑浊，出水SS升高，BOD反而增加；另一方面，水中饱和溶解氧会随着温度的升高而降低，生物膜会因缺氧而腐化，降低处理效率，如果温度过高，最终还会导致微生物死亡，严重影响生物膜的活性。

2. pH值

微生物的生长繁殖与pH值有着密切关系。pH值不仅通过影响细菌细胞内生物酶的活性影响细菌的代谢活动，还通过改变细菌表面电荷影响它对营养的吸收。不同细菌种类都对应有适宜的pH值范围，对好氧微生物来说，pH值为6.5～8.5较为适宜，经驯化后，其对pH值的适应范围可进一步提高。

一般来说，污水中大多含有碳酸、碳酸盐、铵盐及磷酸盐物质，可使污水具有一定的缓冲能力；在一定范围内，对酸或碱的加入能起到缓冲作用，不致引pH值大的变化。但在实际操作控制中，必须重点注意的是要防止pH值的突然改变，即使在适宜微生物生长的pH值范围内，pH值的突然改变也会引起细菌活性的明显下降。

3. 水力负荷

水力负荷的大小直接影响生物膜法的净化效果，主要表现在以下两个方面：一是水力负荷的大小直接关系到污水在反应器中与载体上生物膜的接触时间。微生物对有机物的降解需要接触反应时间作保证。水力负荷越小，污水与生物膜接触时间越长，处理效果越好；但水力负荷过小，设备处理能力就会很低。二是水力负荷带来的不同冲刷力是影响生物膜厚度最主要的因素,水力负荷增大对控制膜厚和改善传质有利,但是要防止水力负荷过大导致冲刷力过强而使生物膜流失。因此不同的生物膜工艺应有其适宜的水力负荷。

4. 溶解氧

溶解氧是生物处理的一个重要控制因素。在污水的好氧生物处理中,微生物以好氧菌为主,反应器应从外部另外供给氧,使环境中有足够的溶解氧供好氧微生物呼吸之需。如果溶解氧不足,好氧微生物便得不到足够的氧,正常的生长规律就会遭到影响,甚至被破坏。好氧微生物的活性受到影响,新陈代谢能力降低,对溶解氧要求较低的微生物就将出现。这样,正常的反应过程将受到影响,污水中有机物质的氧化不能彻底进行,出水 BOD 浓度将升高,反应器中的活性污泥或生物膜恶化变质、发黑发臭,处理效果显著下降。

5. 填料类型及特征

生物载体对处理效果的影响主要反映在载体的表面性质上,包括载体的比表面积大小、表面亲水性及电荷、表面粗糙度,载体的密度、堆积密度、孔隙率、强度等。因此载体的选择不仅决定了可供生物生长的比表面积的大小和生物膜量的大小,而且还影响着反应器中的水动力学状态。实践表明,载体表面的粗糙度有利于细菌在其表面的生长繁殖,最佳孔径为细菌体长的 4 ~5 倍。

6. 生物膜量及活性

生物膜的厚度反映了生物膜量的大小,也影响着溶解氧和基质的传递。当考虑生物膜厚度时,要区分总厚度和活性厚度,生物膜中的扩散阻力(膜内传质阻力)限制了过厚生物膜实际参与降解基质的膜量。只有在膜活性厚度范围(70 ~100 nm)内,基质降解速率才会随膜厚度的增加而增加。当生物膜为薄层膜时,膜内传质阻力小,膜的活性好。当生物膜超出活性厚度时,基质的降解速率与厚度无关。实践研究表明,生物膜的总厚度控制在 159 nm 以下较为适宜;超过 600 nm 后,会导致膜大量自动脱落,填料上出现积泥或被堵塞,从而影响出水水质。

7. 有毒物质

一般在工业废水中存在着对微生物具有抑制和杀害作用的化学物质,这类物质称为有毒物质,如重金属离子、酚、氰等。有毒物质对微生物的毒害作用主要表现为细胞的正常结构遭到破坏以及菌内的酶变质,失去活性。如重金属离子(砷、铅、铬、铁、铜、锌等)能与细胞内的蛋白质结合使其变质,使酶失去活性。因此,在污水处理过程中要将有毒物质的浓度严格控制在允许范围内。

8. 营养物质

污水处理中所谓的营养物质是指能为微生物所氧化、分解、利用的那些物质,应包括组成细胞的各种元素和产生能量的物质。微生物细胞主要由碳、氢、氧、氮、磷、硫组成,另外还含有钠、钙、钾以及锰、铜、钴、镍、钼。曝气生物滤池反应器处理污水时,生物膜微生物以污水中所含有的物质为营养物质。为使得反应器正常运行,污水中所含的营养物质应比例适当。其所需要的主要营养物质比例为 BOD_5 : N : P = 100 : 5 : 1。在实际污水处理中,生活污水的营养物质全面而且均衡,一般不需要额外投加;但对于某些工业废水,则应根据实际情况，按比例投加营养物质。

知识点2　典型生物膜法反应器的运行管理

1.生物滤池的运行管理

生物滤池在投入运行之前先要检查各项机械设备管道，然后用清水代替污水进行试运行，发现问题时需进行必要的整改。

生物滤池的投产也有一个生物膜的培养与驯化阶段，这一阶段一方面是使微生物生长、繁殖，直到滤料表面长满生物膜，微生物的数量满足污水处理的要求，另一方面则是使微生物能逐渐适应所处理的污水水质，即驯化微生物，可先将生活污水投配入滤池，待生物膜形成后(夏季2~3周即达成熟)逐渐加入工业废水，或直接将生活污水与工业废水的混合液投配入滤池，或向滤池投配其他污水处理厂的生物膜或活性污泥等。当处理工业废水时，通常先投配20%的工业废水量和80%的生活污水量来培养生物膜。当观察到有一定的处理效果时，逐渐加大工业废水量和生活污水量的比值，直到全部是工业废水为止。生物膜的培养与驯化结束后，生物滤池便可按设计方案正常运行。

在污水生物处理设备运行中，布水管及喷嘴的堵塞使污水在滤料表面分布不均，会导致进水面积减少，处理效率降低，严重时大部分喷嘴堵塞，使布水器内压力增高而爆裂。

布水管及喷嘴堵塞的防治措施有：清洗所有孔口；提高初次沉淀池对油脂和悬浮物的去除率；维持滤池适当的水力负荷以及按规定对布水器进行涂油润滑等。

2.生物接触氧化反应装置的运行管理

生物接触氧化反应装置可以克服污泥膨胀问题，可以间歇运转，无须回流污泥，生物膜的脱落和增长可以自动保持平衡，处理效果稳定，运行管理方便。但是，在运行过程中仍需加强管理，做好以下几方面的工作。

(1)加强生物相观察

接触氧化池中生物膜上的生物相很丰富，起作用的微生物包括许多门类，细菌、真菌、原生动物、后生动物组成了比较稳定的生态系统。

在正常运行和生物膜降解能力良好时，生物膜上的生物相相对稳定，细菌和原生动物之间存在着制约关系。在运行过程中，若有机物负荷或营养状况有较大变化，则原生动物中的固着性钟虫、等枝虫突然消失，丝状菌稀少，菌胶团结构松散，而游泳性单履虫、钟虫游泳体大量出现，出水水质变差。反之，若原来出水水质较差，一旦出现钟虫、等枝虫，丝状菌丛生，菌胶团结构紧密，而游泳性纤毛虫减少，则说明环境条件有了改善，出水水质变好。因此原生动物纤毛虫，特别是钟虫、等枝虫、盖纤虫是生物接触氧化系统运转良好的有价值的指示性生物。

与活性污泥法不同的是，生物接触氧化池中的生物膜上存在着大量的后生动物如轮虫、线虫、红斑瓢体虫。这些是以食死肉为主的动物，能软化微生物膜，促使其脱落更新，使其保持活性和良好的净化功能。当轮虫等后生动物量多且活跃、个体肥大时，处理后出水水质良好；反之，则处理效果差。一旦发现个体死亡，则预示着处理效果急剧下降。

通过加强生物相观察,可及时发现问题,分析原因,以便采用相应的措施。

(2)控制进水 pH 值

像其他生物处理过程一样,影响生物接触氧化池正常运行的因素主要有温度、pH 值、溶解氧和营养物质。而其中最为直接且易于测定的影响因素是 pH 值。对于 pH 值超高或过低的污水,要进行 pH 值的调节处理,控制生物接触氧化池进水 pH 值在 6.5 ~9.5。否则,氧化池中微生物会受到不适 pH 值冲击损害,影响生物相和处理效果。

(3)防止填料堵塞

防止填料堵塞除在设计过程中采取一些必要措施(如选择的填料同被处理污水的浓度相适应,生化需氧量较低时,可选用蜂窝填料,且分层设置;对于生化需氧量较高的废水,特别是工业废水,选用软纤维填料、半软性填料等)外,在运行过程中应定时加大气量对填料进行反冲,通常每 8 h 进行一次,每次反冲 5 ~10 s。这对填料上衰老生物膜的脱落、促进生物膜新陈代谢、防止填料堵塞是有效的。

任务7　认识厌氧生物处理法的原理及特点

▶情境设计

通过本项目前面各任务的学习,我们知道了好氧生物处理技术目前主要用于处理中、低浓度的有机废水,或者说 BOD 浓度小于 500 mg/L 的有机废水,也就是生活污水或者经过前期处理的有机物浓度较低的废水。但是工业生产废水往往具有有机物浓度高、种类复杂、难降解等特点,对于高浓度的有机废水和有机污泥单靠好氧生物处理技术无法解决问题,这就需要厌氧生物处理技术。那么究竟什么是厌氧生物处理技术? 它与好氧生物处理技术相比有何特点? 本任务将带领大家一起认识厌氧生物处理的原理与特点。

▶任务描述

本任务主要从自然界中的厌氧消化现象谈起,通过分析厌氧消化微生物的种类及各自在有机物分解中的作用,认识厌氧生物处理技术的机理;并通过与好氧生物处理技术进行对比,让大家认识厌氧生物处理技术的优缺点,从而理解厌氧生物处理技术的适用范围,为合理选择厌氧生物工艺奠定理论基础。

▶任务实施

知识点1　厌氧生物处理法的原理

1.厌氧生物处理法的定义

厌氧生物处理法又称厌氧消化法,起源于自然界中的厌氧消化现象。在有机物丰富且供氧不足的地方,例如沼气池、下水道、池塘底泥、粪坑甚至是反刍动物的胃里,都有厌氧消化现象发生。因此,废水厌氧生物处理就是指在无分子氧条件下,通过厌氧微生物(包括兼氧微生物)的作用,将废水中的各种复杂有机物分解转化成甲烷和二氧化碳等物质的过程。

2. 厌氧生物处理法的净化机理

厌氧生物处理是在厌氧条件下,形成厌氧微生物所需要的营养条件和环境条件,通过厌氧菌和兼性菌代谢作用,将污水中的有机物生化降解为甲烷和二氧化碳的过程。

废水的厌氧生物处理是一个复杂的微生物化学过程,它主要靠水解产酸细菌、产氢产乙酸细菌和产甲烷细菌这三大类细菌联合作用来完成。其过程可粗略地划分为3个连续阶段,即水解酸化阶段、产氢产乙酸阶段、产甲烷阶段(图3-25)。

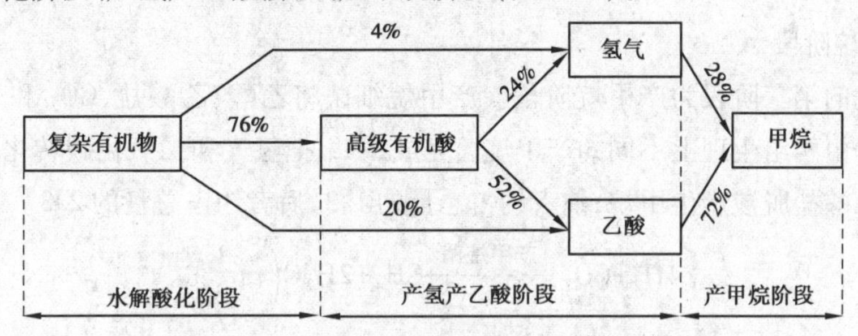

图3-25 厌氧消化的3个阶段和COD转化率

(1)水解酸化阶段

厌氧消化的第一个阶段为水解酸化阶段。复杂的大分子、不溶性有机物先在细胞外酶的作用下水解为小分子、溶解性有机物,然后渗入细胞内,分解产生挥发性有机酸、醇类等。这个阶段主要产生较高级脂肪酸。碳水化合物(多糖、低聚糖)、脂肪和蛋白质的水解酸化过程如图3-26所示。

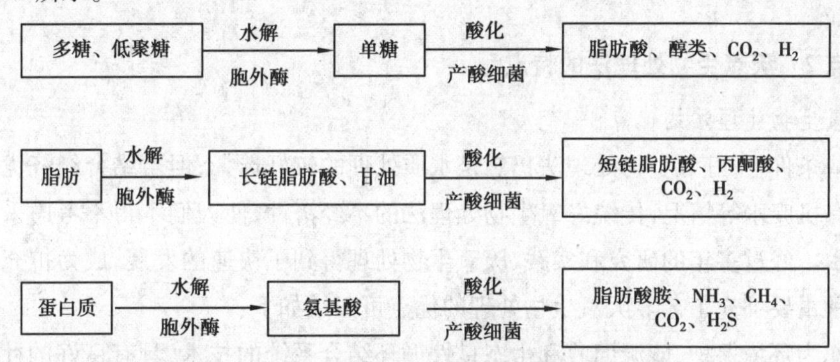

图3-26 碳水化合物、脂肪和蛋白质的水解酸化过程

由于简单碳水化合物的分解产酸作用要比含氢有机物的分解产氨作用迅速,故蛋白质的分解在碳水化合物分解之后完成。

含氨有机物分解产生的NH_3,除提供合成细胞物质的氮源外,在水中部分电离,形成使消化液具有缓冲能力的NH_4NO_3。因此有时也把继碳水化合物分解后的蛋白质分解产氨过程称为酸性减退期,反应为:

$$NH_3+H_2O \xrightleftharpoons{H_2O} NH_4^+ + OH^- \xrightarrow{CO_2} NH_4HCO_3$$

$$NH_4HCO_3+CH_3COOH \longrightarrow CH_3COONH_4+H_2O+CO_2$$

(2)水解酸化阶段

厌氧消化的第二阶段为产氢产乙酸阶段。在产氢产乙酸细菌的作用下,第一阶段产生的各种有机酸被分解转化成乙酸和 H_2。在降解奇数碳有机酸时除产氢产乙酸外还产生 CO_2,如:

$$\underset{(\text{戊酸})}{CH_3CH_2CH_2CH_2COOH}+2H_2O \longrightarrow \underset{(\text{丙酸})}{CH_3CH_2COOH}+\underset{(\text{乙酸})}{CH_3COOH}+2H_2$$

$$\underset{(\text{丙酸})}{CH_3CH_2COOH}+2H_2O \longrightarrow \underset{(\text{乙酸})}{CH_3COOH}+2H_2+2CO_2$$

(3)产甲烷阶段

厌氧消化的第三阶段为产甲烷阶段。产甲烷细菌将乙酸、乙酸盐、CO_2 和 H_2 等转化为甲烷。此过程由两组生理上不同的产甲烷菌完成,一组把氢气和二氧化碳转化成甲烷,另一组从乙酸或乙酸盐脱羧产生甲烷;前者约占总量的1/3,后者约占总量的2/3。

$$4H_2+CO_2 \xrightarrow{\text{产甲烷菌}} CH_4+2H_2O\left(\text{占}\frac{1}{3}\right)$$

$$\left.\begin{array}{l} CH_3COOH \xrightarrow{\text{产甲烷菌}} CH_4+CO_2 \\ CH_3COONH_4 \xrightarrow{\text{产甲烷菌}} CH_4+NH_4HCO_3 \end{array}\right\}\left(\text{占}\frac{2}{3}\right)$$

上述3个阶段的反应速度因废水的性质而异:在含以纤维素、半纤维素、果胶和脂类等污染物为主的废水中,水解易成为反应速度的限制步骤,简单的糖类、淀粉、氨基酸和一般的蛋白质均能被微生物迅速分解;对含以这类有机物为主的废水,产甲烷易成为反应速度的限制步骤。

知识点2　厌氧生物处理法的特点

1.厌氧生物处理法的优点

在某些条件下,好氧生物处理法仍然是水质处理的较好选择,但若结合经济优越性和特定高浓度有机废水等情况,传统好氧生物处理法的不经济性,使人们不得不考虑采用厌氧生物处理技术。经过多年的研究和实践,厌氧生物处理得到了快速的发展,成为扩充好氧生物处理的一种重要补充工艺。厌氧生物处理的优点可归纳如下:

①可作为环境保护、能源回收和生态良性循环结合系统的技术,具有良好的社会、经济、环境效益。

②耗能少,运行费低,对中等以上(1 500 mg/L)浓度废水处理费用仅为好氧工艺的1/3。

③回收能源,产生的沼气可作为燃料。理论上讲1 kg COD可产生纯甲烷0.35 m^3,燃值 3.93×10^{-1} J/m^3,高于天然气。以日排10 t COD的工厂为例,按COD去除率80%、甲烷为理论值80%计算,日产沼气2 240 m^3,相当于2 500 m^3 天然气或3.85 t煤,可发电5 400 kW·h。

④设备负荷高、占地少。由于厌氧系统可承受相当高的负荷率,COD负荷可以达到3.2~

32 kg/(m^3·d),而好氧系统仅为0.5~3.2 kg/(m^3·d),因而设施占地面积小。

⑤由于厌氧微生物增殖缓慢,处理同样数量的废水仅产生相当于好氧法1/10~1/6的剩余污泥,减少了剩余污泥的处置费用。

⑥对N、P等营养物需求低,好氧工艺要求C∶N∶P=100∶5∶1,而厌氧工艺要求C∶N∶P=(350~500)∶5∶1,减少了补充氮、磷营养的费用。

⑦可直接处理高浓有机废水,无须稀释。

⑧厌氧菌可在终止供水和营养的条件下,降低内源代谢强度,使厌氧生物在饥饿状态下存活更长时间,适合间断和季节性运行。

⑨通过污泥颗粒化等手段可使工艺稳定运行。

⑩处理含表面活性剂废水无泡沫问题。

⑪可以降解好氧过程中不可生物降解的物质。越来越多的事实证明,某些高氯化脂肪族化合物在好氧情况下不能被生物降解却能被厌氧生物转化。

⑫可以转化氯化有机物,减少氯化有机物的生物毒性。

⑬系统灵活,设备简单,易于制作管理,规模可大可小。

2.厌氧生物处理法的缺点

在处理某一特定废水时也应该了解厌氧工艺的不足之处。废水温度低、浓度低、碱度不足、出水要求较高等情况都限制了厌氧处理技术的应用。厌氧工艺的缺点可归纳如下:

①由于厌氧微生物增殖缓慢,因此启动时间较长,一般需要8~12周。

②由于厌氧微生物增长缓慢,繁殖期长,处理低浓度或碳水化合物碱度不足的废水效果不好。

③在某些情况下,出水水质不能满足排放要求。厌氧生物法虽然负荷高、去除有机物的绝对量与进液浓度高,但其出水COD值高于好氧生物处理,仍需要后处理才能达到较高的处理要求。

④厌氧过程产生的热量不足以使水温达到35 ℃(厌氧生物处理最佳温度),需要通过其他措施进行额外加热。

⑤含有硫酸根的废水会产生硫化物和气味。

⑥无硝化作用。

⑦氯化的脂肪族化合物对甲烷菌的毒性比好氧异养菌大。

⑧低温下动力学速率低。

⑨对有毒性物质敏感。

在处理高浓度有机废水时,综合近年来的应用和研究情况,直接采用好氧生物处理法是不可取的,因为这不仅要耗用大量的稀释水,而且要消耗大量的电能,此时应优先考虑采用厌氧生物处理法,作为去除有机物的主要手段,或提高有机物的可生化性。而对高浓度有机废水,仅通过厌氧生物处理,往往达不到出水的排放标准,还需要采用好氧生物处理作为后处理,才能满足排放的要求。因此,处理高浓度有机废水应采用厌氧处理和好氧处理相结合的技术路线。

任务8　了解厌氧生物处理法的典型工艺

▶情境设计

污水厌氧生物处理研究开始于19世纪末。1881年,法国人莫拉斯(Mouras)采用一种"自动净化器"处理粪便污水就是一种最早的废水厌氧生物处理技术。20世纪50年代以前,厌氧生物处理技术主要应用于城市污水和污泥的处理。随着城市化、工业化的快速发展,有机废水量急剧增加,厌氧发酵技术以其节能并产能的特点日益受到重视,人们对这一技术在废水处理领域的应用开展了广泛、深入的科学研究,开发了一系列效率高的厌氧处理工艺与设备。那么目前厌氧生物处理技术应用最成熟、最典型的工艺有哪些呢?它们各自有什么样的特点呢?下面让我们一起去了解吧。

▶任务描述

本任务主要讲解厌氧生物处理的典型工艺构成、工艺特点,包括厌氧生物接触工艺、厌氧生物滤池、厌氧流化床、上流式厌氧污泥床、水解酸化工艺和两相厌氧工艺等。通过本任务的学习,掌握目前最典型的厌氧生物处理工艺,为后续进行厌氧生物处理的运营管理奠定理论基础。

▶任务实施

知识点1　厌氧接触法

1.厌氧接触法工艺流程

厌氧接触法又称厌氧活性污泥法,其工艺流程如图3-27所示。运行表明,该法允许废水中含有较多的悬浮固体。该工艺与好氧完全混合活性污泥法一样,废水进入消化池后,迅

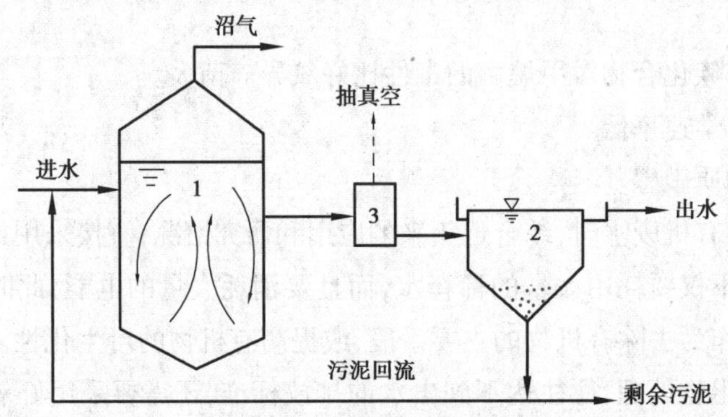

图3-27　厌氧接触法工艺

1—厌氧接触消化池;2—沉淀池;3—真空脱气器

速地与池内混合液混合，泥、水就能充分接触。由厌氧池排出的混合液在沉淀池中进行固液分离，废水从沉淀池上部排出，沉淀污泥回流至消化池。回流量一般为入流废水量（处理有机废水时）或投配污泥量（污泥消化时）的2～4倍。

污泥回流可使污泥不流失，从而使运行稳定，还可提高消化池内污泥浓度，因此，在一定程度上提高了消化池的有机负荷和处理效率。该工艺的缺点是：气泡黏附在污泥上，影响污泥沉降。但如在消化池与沉淀池之间加设脱除气泡的减压装置，则可改善污泥在沉淀池中的沉降性能。

2. 工艺特点

中温消化时，厌氧接触工艺的有机负荷为2～5 kg COD/(m^3·d)。这种工艺仍属于低负荷或中负荷，但其运行稳定，操作较为简单，且有较大的耐冲击负荷能力。由于它较之于普通消化法有这些优点，近年来该法在生产上得到了较广泛的应用。

知识点2　厌氧生物滤池法

1. 厌氧生物滤池的构造

厌氧生物滤池的构造类似于一般的好氧生物滤池。池内放置填料，但池顶密封。如图3-28所示，废水从池底进入，从池顶排出。填料浸没在水中，微生物附着生长在填料上，滤池中的微生物量较高，因此可达到较好的处理效果。滤料可采用拳状滤料，如碎石、卵石等，也可使用塑料填料。塑料填料具有较高的空隙率，质量也较轻，但价格较贵。一般滤料粒径在40 mm左右。

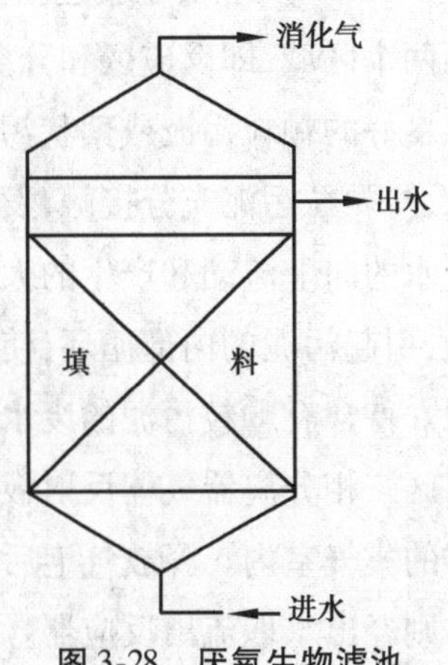

图3-28　厌氧生物滤池

2. 工艺特点

厌氧生物滤池的主要优点是：处理能力较高，出水SS较低，操作方便，设备简单，滤池内可以保持很高的微生物浓度而不需要搅拌设备，也不需要另设泥水分离设备。它的主要缺点是：滤料费用较贵，滤料容易堵塞，尤其是滤池下部（生物膜浓度很大，容易堵塞）；滤池的清洗也还没有简单有效的方法。因此，它主要用于处理含悬浮物很低的溶解性有机物废水。

知识点3　上流式厌氧污泥床反应器法

上流式厌氧污泥床反应器，简称UASB反应器，是由荷兰瓦格宁根农业大学的拉丁格（Lettinga）教授等人于1972—1978年开发研制的。UASB反应器在国外备受重视，成为近年来国外发展最快的一种厌氧处理技术，国内从20世纪80年代初开始UASB反应器的研究。

1. UASB反应器的结构

UASB反应器的结构和分区如图3-29所示，废水自下而上地通过厌氧污泥床反应器。在反应器的底部有一层高浓度（污泥浓度可达60～80 g/L）、高活性污泥层，大部分的有机物在这里被转化为CH_4和CO_2。由于产生的气体的搅动和污泥黏附气体的作用，在污泥层的上部可形成一个污泥悬浮层。反应器的上部为澄清区，设有三相分离器，完成气、液、固相的分离。被分离的沼气从上部导出，被分离的污泥则自动翻到下部反应区。由于在反应器内停留了高浓度的厌氧污泥，反应器的有机负荷有了很大提高，因此对于一般高浓度有机废水，当水温在 30 ℃左右时，负荷可以达到 20 ~ 30 kg COD/(m^3 · d)。

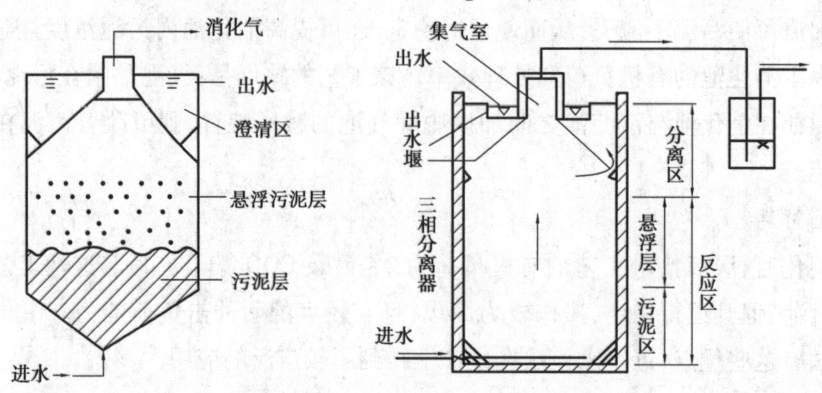

图 3-29　UASB 反应器的结构与分区

UASB 反应器主要包括主体部分和水封、沼气处理等附属设施。主体部分从功能上可分为两个区域，即反应区和分离区，反应区又包括厌氧污泥床和悬浮污泥层，含有大量沉降性能良好的颗粒污泥或絮状污泥。废水尽可能均匀地从反应器底部进入，向上通过厌氧污泥床，与颗粒污泥充分接触，发生厌氧反应，在厌氧状态下产生沼气(主要是甲烷和二氧化碳)。废水的向上流动和产生的大量沼气的上升对反应器内的颗粒污泥起到了良好的自然搅拌作用，引起污泥的内部循环，使一部分污泥向上运动，在污泥床上方形成相对稀薄的污泥悬浮层。待含有颗粒污泥的废水进入分离区后，附着在颗粒污泥上的气泡和自由气泡撞击到分离区三相分离器气体反射板的底部，与污泥和废水发生分离，被收集在反应器顶部三相分离器的集气室内。释放气泡后的颗粒污泥由于重力作用沉淀到污泥层的表面，返回反应区，液体则经出水堰流出反应器。

UASB 反应器还包括进水配水系统和三相分离器。UASB 反应器内设三相分离器而省去沉淀池，又不需搅拌设备和填料，从而使结构趋于简单，便于工程放大和运行管理。

(1)污泥床

污泥床位于整个 UASB 反应器的底部。污泥床内具有很高的污泥生物量，其污泥浓度一般为 40 000 ~ 80 000 mg/L。污泥床中的污泥由活性生物量(或细菌)占 70% ~ 80% 以上的高度发展的颗粒污泥组成，具有优良的沉降性能，其沉降速度一般为 12 ~ 14 cm/s，其典型的污泥体积指数为 10 ~ 20 mL/g 颗粒污泥中的生物相组成比较复杂，主要是杆菌、球菌和丝状菌等。

污泥床的容积一般占整个反应区容积的 30% 左右，但它对 UASB 反应器的整体处理效率起着极为重要的作用，对反应器中的有机物的降解量一般可占到整个反应器全部降解量的 70% ~ 90%。污泥床对有机物如此有效的降解作用，使得在污泥床内产生大量的沼气。微小的沼气气泡经过不断积累、合并，逐渐形成较大的气泡，并通过其上升作用而使整个污泥床层得到良好混合。

(2)污泥悬浮层

在污泥床的上部由于气体的搅动而形成一个污泥浓度相对较小的悬浮层,即污泥悬浮层。它占整个反应区容积的70%左右,其中的污泥浓度要低于污泥床,通常为15 000 ~ 30 000 mg/L,主要由高度絮凝的污泥组成,一般为非颗粒状污泥,其沉速要明显小于颗粒污泥的沉速;污泥体积指数一般为30 ~ 40 mL/g,靠来自污泥床中上升的气泡使此层污泥得到良好的混合。污泥悬浮层中絮凝污泥的浓度呈自下而上逐渐减小的分布状态,这一层污泥担负着整个UASB反应器有机物降解量的10% ~ 30%。

(3)沉淀区(分离区)

沉淀区位于UASB反应器顶部,其作用是使因水流的挟带作用而随上升水流进入出水区的固体颗粒(主要是污泥悬浮层中的絮凝性污泥)沉淀下来,并沿沉淀区底部的斜壁滑下而重新回到反应区内(包括污泥床和污泥悬浮层),以保证反应器中的污泥不致流失而保证污泥床中污泥的浓度。沉淀区的另一个作用是可以通过合理调整沉淀区的水位高度来保证整个反应器的集气室的有效空间高度,防止集气室空间被破坏。气泡带着污泥和水一起上升进入沉淀区,UASB反应器最具特色的部分——三相分离器就设在这个区域。上升的气泡碰到三相分离器下部的折射板会折向板的四周,并穿过水层进入集气室。在三相分离器外部的沉淀区污泥发生絮凝沉淀并在重力作用下沿三相分离器的外壁下滑回反应区,而经泥水分离后的处理出水则从沉淀区溢流堰上部排出。

(4)三相分离器

三相分离器是UASB反应器中最重要的设备,尽管原理相当简单,但其设计直接影响反应器的运行工艺及处理效果。三相分离器安装于反应器的顶部,将反应器分为下部的反应区和上部的沉淀区,其作用则是完成气、液、固体三相的分离。将附着于颗粒污泥上的气体分离,并收集反应区产生的沼气,通过集气室排出反应器;使分离区中的悬浮物沉淀下来,回落于反应区,有效地防止具有生物活性的厌氧污泥的流失,保证反应器中足够的生物量,降低出水中悬浮物的含量。

2. UASB反应器的工艺特点

UASB反应器是一种有发展前途的厌氧处理设备。与厌氧接触法、厌氧生物滤池等相比,UASB反应器具有运行费用低、投资省、效果好、耐冲击负荷、适应酸碱度和温度变化、结构简单便于操作等优点,应用日益广泛。UASB反应器的特色主要体现在反应器内颗粒污泥的形成,使反应器内的污泥浓度大幅度提高,水力停留时间因此大大缩短,加上UASB反应器内设三相分离器而省去了沉淀池,又不需搅拌设备和填料,从而使结构趋于简单。可处理几乎所有以有机污染物为主的废水,例如各类来源于发酵工业、淀粉加工、制糖、牛奶与乳制品加工、豆制品加工、肉类加工、皮革工业、造纸业、制药业与石油精炼及石油化工业等的有机废水。

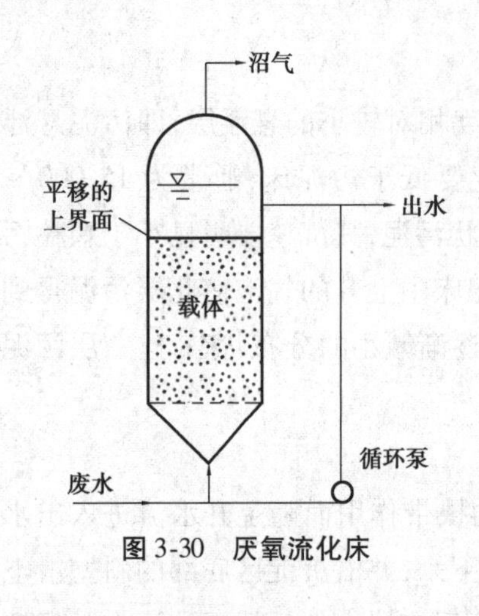

图 3-30 厌氧流化床

知识点 4 厌氧流化床法

1. 厌氧流化床法的工艺流程

厌氧流化床工艺是一种借鉴流态化技术的生物反应装置,如图 3-30 所示。它与床中附着于载体上的厌氧微生物膜不断接触反应,达到降解厌氧生物目的,产生的沼气从床顶部排出。床内填充细小固体颗粒载体,废水以一定流速从池底部流入,使填料处于流态化,每个颗粒可在床层中自由运动,而床层上部保持着清晰的泥水界面。为使填料层呈流态化,一般需要用循环泵将部分出水回流,以提高床内水流的上升速度。为降低回流循环的动力能耗,宜取质轻粒细的载体。常用的填充载体有石英砂、无烟煤、活性炭、聚氯乙烯颗粒和沸石等,粒径一般为 200~1 000 μm,大多为 300~500 μm。

流化床操作的首要条件是:上升流速即操作速度必须大于临界流态化速度,而小于最大流态化速度。一般来说,最大流态化速度要比临界流化速度高 10 倍以上。所以,上升流速的选定具有充分的余地,根据经验,上升流速常为临界流化速度的 1.2~1.5 倍。

2. 厌氧流化床的特点

厌氧流化床具有以下特点:

①载体比表面积大,常为 2 000~3 000 m^2/m^3,因而床内的微生物含量很高,有机物容积负荷大,一般为 10~40 kg COD/(m^3 · d),水力停留时间短,具有较强的耐冲击能力,运行稳定。

②载体处于流化状态,床层不易堵塞,因而适合各种高低浓度废水的处理。

③有机物净化速度快。

④床内生物膜停留时间较长,剩余污泥量少。

⑤占地少、结构紧、投资省等。

另外,为了防止床层堵塞现象和减少动力消耗,可采取下述措施:

①间歇性流化床工艺,即以固定床与流化床间歇性交替操作,固定操作时停止回流,流化床操作时启动回流循环泵。

②尽量取质轻粒细的载体,保持低的回流量,甚至免除回流就可实现床层流态化。

知识点 5 两相厌氧法

1. 两相厌氧法的工艺流程与原理

由于水解酸化菌、产氢产乙酸菌和产甲烷菌的最佳 pH 值范围不同,如果厌氧消化在同一构筑物进行,那么为了保证产甲烷菌的适宜 pH 值范围,水解酸化菌、产氢产乙酸菌的效率就不高。为了解决这一问题,将厌氧消化的酸化阶段和产甲烷阶段分开进行,这就是两相厌氧法。

两相厌氧法是一种将水解酸化过程和甲烷化过程分开在两个反应器内进行,从而使两类微生物都能在各自的最佳条件下生长繁殖,进行厌氧消化的方法。第一个反应器的作用是水解和酸化有机底物使之成为可被甲烷菌利用的有机酸;其次是作为缓冲器,由底物浓度和进水量引起的负荷冲击得到缓冲,有害物质也得到稀释,一些难降解物质得到截流。第二个反应器的作用是严格保持适当的 pH 值和厌氧条件,以利于甲烷菌的生长;其次是降解有机物,产生含甲烷较多的消化气,截留悬浮固体,保证出水水质。

两相厌氧法依照废水水质情况,可以采用不同的方法组合。例如对悬浮物含量多的高浓度工业废水常采用厌氧接触法中的酸化池与上流式厌氧污泥床反应器串联的方法,其流程如图 3-31 所示。

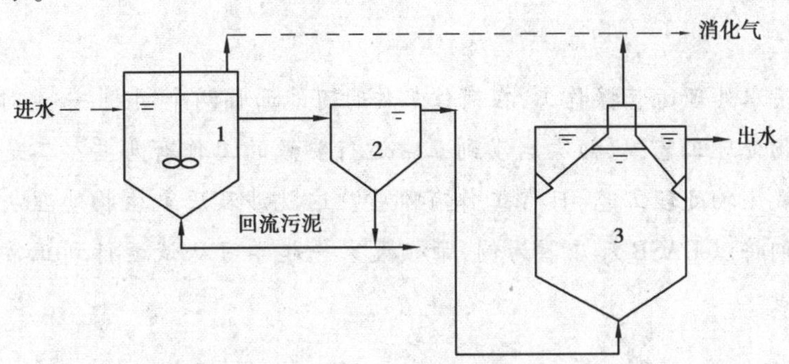

图 3-31　厌氧接触法和上流式厌氧污泥床串联的两相厌氧法的流程

1—水解酸化池;2—沉淀池;3—上流式厌氧污泥床

2. 两相厌氧法的特点

两相厌氧法具有如下特点:

①耐冲击负荷能力强,运行稳定。

②两阶段反应不在同一反应器中进行,互相影响小,可更好地控制工艺条件。

③消化效率高,尤其适于处理含悬浮固体多、难消化降解的高浓度有机废水。

它的缺点是设备较多,流程和操作复杂。研究表明,两段式并不是对各种废水都能提高负荷。对于容易降解的废水,无论采用一段法还是两段法,负荷和效果都差不多。而且,两段法的运行稳定但设备和操作却较复杂。因此,在实际生产中,究竟采用什么样的反应器以及如何组合,要根据具体的水质情况而定。

知识点6　水解(酸化)法

水解是指有机物(底物)进入微生物细胞前,在胞外进行的生物化学反应。这一阶段的基本特征是生物化学反应发生在细胞外,微生物通过释放胞外自由酶或连接在细胞外壁上的固定酶来完成生物催化反应。生物催化反应主要表现为大分子物质的断链和水溶。自然界中许多物质(如蛋白质、糖类、脂肪等)能在好氧、缺氧或厌氧条件进行水解。

酸化是一类典型的发酵过程,这一阶段的基本特征是微生物的代谢产物主要为各种有机酸(如乙酸、丙酸、丁酸等)。在厌氧条件下的混合微生物系统中,即使严格地控制条件,水解和酸化也无法截然分开,这是因为水解菌实际上是一种有水解能力的发酵细菌。水解是耗能过程,发酵细菌耗能进行水解的目的,是取得能进行发酵的水溶性底物,并通过胞内的生化反应取得能源,同时排出代谢产物(厌氧条件下主要为各种有机酸)。如果废水中同时存在不溶性和溶解性有机物,水解和酸化更是不可分割地同时进行。在实际工程中,应使酸化过程控制在最小范围内,因为酸化使混合液 pH 值下降太多时,不利于水解的进行。

任务9 掌握厌氧生物处理法的操作控制要点

▶情境设计

作为一名污水处理运营操作工,在岗位工作时可能面临两个问题,一是对于一个新建好的污水厌氧生物处理工艺,从初次启动到正常运行要做的工作有哪些?二是对于一个正在运行的污水厌氧生物处理工艺,日常工作有哪些?这就涉及厌氧生物处理法试运行和正常运行。下面我们将以 UASB 反应器为例,带领大家一起学习从试运行到正常运行工艺维护的操作控制要点。

▶任务描述

本任务将从厌氧微生物的影响因素分析入手,明确厌氧生物处理工艺的参数控制范围,然后以 UASB 反应器为例,从初次起到二次启动再到正常运行,掌握作为一名污水处理运营操作工应该注意的操作要点。为进行实际岗位操作奠定知识、技能与情感基础。

▶任务实施

知识点1 厌氧微生物处理法的影响因素

虽然厌氧消化过程从机理上可分为 3 个阶段,但是在厌氧反应器中,3 个阶段是同时进行的,并保持某种程度的动态平衡。这种动态平衡一旦被 pH 值、温度、有机负荷等外加因素所破坏,首先就将使产甲烷阶段受到抑制,其结果会导致低级脂肪酸的积存和厌氧进程的异常变化,甚至会导致整个厌氧消化过程停滞。

厌氧处理系统比较复杂,要使其更好地运行,首先要注意控制厌氧处理效率的一些基本因素。因素主要包括温度、pH 值、有毒物质、营养物质的配比和搅拌。

1. 温度

温度是影响厌氧消化的主要因素。温度适宜时,细菌发育正常,有机物分解完全,产气量高。细菌对温度的适应性可分为低温、中温和高温 3 个区:低温消化 10 ~ 30 ℃,中温消化 30 ~ 35 ℃,高温消化 50 ~ 56 ℃。在 0 ~ 56 ℃范围内,甲烷菌并没有特定的温度限制,然而在一定温度范围内被驯化后,温度的变化就会妨碍甲烷菌的活动,尤其是高温消化对温度的变化更为敏感。因此在消化过程中要保持一个相对稳定的消化温度。温度对消化的影响如图 3-32 所示,可见各种甲烷菌适宜的温度区域是不一致的。

2. pH 值

甲烷菌生长的适宜 pH 值范围为6.8～7.2。如 pH 值低于 6 或高于 8,甲烷菌的生长繁殖将大受影响。产酸菌对酸碱度的敏感性不及甲烷菌,其适宜的 pH 值为 4.5～8,pH 值范围较广。所以在用厌氧法处理污泥或废水的应用中,有机物的酸性发酵和碱性发酵在同一构筑物内进行,故为了维持产生的酸和形成的甲烷之间的平衡,避免产生过多的酸,应维持处理构筑物内的 pH 值为6.5～7.5(最好为6.8～7.2)。在实际运行中,挥发酸的控制对高 pH 值更为重要,因当酸量积至足以降低 pH 值时,厌氧处理的效果已显著下降。在正常运行的消化池中,挥发酸(以醋酸计)一般为 200～800 mg/L,如果超出 2 000 mg/L,产气率将迅速下降,甚至停止产气。挥发酸本身不毒害甲烷菌,但 pH 值的下降会抑制甲烷菌的生长。如 pH 值低,可加石灰或碳酸钠,一般加石灰,但不应加得太多,以免产生 $CaCO_3$ 沉淀。

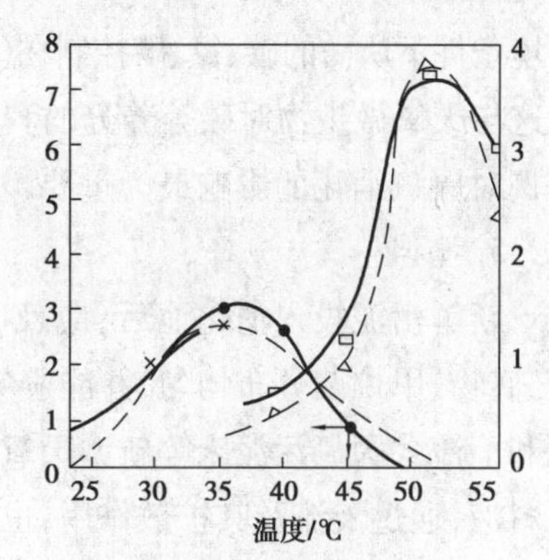

图 3-32 温度对消化过程的影响

3. 有毒物质

有毒物质主要通过抑制厌氧菌群细胞中各种酶和功能蛋白的活性,使厌氧消化菌群的新陈代谢和生长繁殖受到影响,甚至导致菌群消亡。影响厌氧消化菌群的主要有毒物质是重金属和某些阳离子,因此必须严格控制排入城市排水系统的工业废水中的重金属离子等的含量。表 3-5 所列是对工业废水中有害物质进行污泥活化的最大允许浓度,可供参考。

表 3-5 有害物质进行污泥活化的最大允许浓度

有害物质	最大允许浓度/($mg \cdot L^{-1}$ 污泥)	有害物质	最大允许浓度($mg \cdot L^{-1}$ 污泥)
硫酸铝	5	苯	200
铜	25	甲苯	200
镍	500	戊酸	100
铅	50	甲醇	5 000
三价铬	25	丙酮	800
六价铬	3	硫化物	150
三硝基甲苯	60	氨	1 000
合成洗涤剂	100～200	硫酸根	5 000

4. 营养物质的配比

厌氧微生物的生长繁殖需要按一定的比例摄取碳、氮、磷及其他微量元素。工程上主要控制进料的碳、氮、磷比例,因为其他营养元素不足的情况较少见。不同的微生物在不同的环境条件下所需的碳、氮、磷控制在(200～300)∶5∶1为宜。此比值大于好氧法中的100∶5∶1,这与厌氧微生物对碳等养分的利用率较好氧微生物低有关。在碳、氮、磷的比例中,碳、氮比例对厌氧消化的影响最为重要。

5.搅拌

新鲜污泥投入消化池后,应及时加以搅拌,使新、熟污泥充分接触,整个消化池内的温度、底物、甲烷菌分布均匀,并能避免在消化池表面结成污泥壳,加速消化气的释放。厌氧滤池和上流式厌氧污泥床等新型厌氧消化设备,虽没有专设搅拌装置,但以上流的方式连续投入料液,通过液流及其扩散作用,也起到了一定的搅拌作用。

在运行中还必须充分注意安全问题,因为沼气为易燃易爆气体。甲烷在空气中的含量达到5%～6%时,遇明火即爆炸。故消化池、贮气罐、沼气管道等必须绝对密闭。周围严禁明火或电气火花。检修消化池时,必须完全排尽消化池内的消化气。消化池的所有仪表(压力表、真空表、pH计等)应定期检查,随时保证完好。

知识点2　厌氧生物处理法的主要工艺参数选择

在工程技术上,研究产甲烷菌的通性是重要的,这将有助于打破厌氧生物处理过程分阶段的现象,从而最大限度地缩短处理过程的时间。因此厌氧反应的各项影响因素也以对产甲烷菌的影响因素为准。

1.温度

将嗜温厌氧菌分为低温厌氧(15～20 ℃)、中温厌氧(30～35 ℃)、高温厌氧(50～55 ℃)3种。温度对厌氧反应尤为重要,当温度低于最优下限温度时,每下降1 ℃,效率下降11%。在上述范围,温度在1～3 ℃的微小波动,对厌氧反应影响不明显,但温度变化过大(急速变化),则会使污泥活力下降,产生酸积累等问题。

从液温看,消化可在中温进行(称中温消化),也可在高温进行(称高温消化)。中温消化的消化时间(产气量达到总量90%所需的时间)约为20 d,高温消化的消化时间约10 d。因中温消化的温度与人体温度接近,故对寄生虫卵及大肠菌的杀灭率较低,高温消化对寄生虫卵的杀灭率可达99%,但高温消化需要的热量比中温消化要高很多。

2.pH值

厌氧水解酸化工艺,对pH值要求范围较松,即产酸菌的pH值应控制在4～7的范围内;完全厌氧反应则应严格控制pH值,即产甲烷反应将pH值控制在6.5～8.0,最佳范围为6.8～7.2,pH值低于6.3或高于7.8,甲烷化速度均降低。

3.氧化还原电位

研究表明,产酸发酵细菌氧化还原电位可为400～100 mV,培养产甲烷菌的初期,氧化还原电位不能高于320 mV。而严格的厌氧环境是产甲烷菌进行正常活动的基本条件,可以用氧化还原电位表示厌氧反应器中含氧浓度。所以,应控制进水带入的氧的含量,不能因此对厌氧反应器造成不利影响。

4.基质微生物比(COD/VSS)

与好氧生物处理相似,厌氧生物处理过程中基质微生物比对其进程影响很大,在实际中常以有机负荷(COD/VSS)表示,单位为kg/(kg·d)。

有机负荷、处理程度和产气量三者之间存在平衡关系。一般来说,较高的有机负荷可获得较大的产气量,但处理程度会降低。由于厌氧消化过程中产酸阶段的反应速率比产甲烷阶段的反应速率高得多,所以必须十分谨慎地选择有机负荷,使挥发酸的生成及消耗不致失调,形成挥发酸的积累。为保持系统的平衡,有机负荷的绝对值不宜太高。随着反应器中生物量(厌氧污泥浓度)的增加,有可能在保持相对较低污泥负荷的条件下得到较高的容积负荷,这样,能够在满足一定处理程度的同时,缩短消化时间,减少反应器容积。总的说来,厌氧生物处理COD容积负荷率可以达到5~10 kg/(m^3·d),有的甚至高达50 kg/(m^3·d)。

5. 厌氧活性污泥

厌氧活性污泥主要由厌氧微生物及其代谢的产物和吸附的有机物、无机物组成。厌氧活性污泥的浓度和性能与厌氧消化的效率有密切的关系。性状良好的污泥是厌氧消化效率的基础保证。厌氧活性污泥的性质主要表现为它的作用效能与沉淀性能,前者主要取决于污泥中活性微生物的比例及其对底物的适应性;后者是指污泥混合液在静止状态下的沉降速度,它与污泥的凝聚性有关。与好氧生物处理一样,厌氧活性污泥的沉淀性能也以SVI衡量。

厌氧处理时,污水中的有机物主要靠活性污泥中的微生物分解去除。因此在一定的范围内,活性污泥浓度越高,厌氧消化的效率也越高。但至一定程度后,效率的提高不再明显。这主要因为:①厌氧污泥的生长率低,增长速度慢,积累时间过长后,污泥中无机成分比例增高,活性降低;②污泥浓度过高时易引起堵塞而影响正常运行。

6. 搅拌与混合

厌氧消化是由细菌体的内酶和外酶与底物进行的接触反应,因此必须使两者充分混合。此外,有研究表明,产乙酸菌和产甲烷菌之间存在着严格的共生关系。这种共生关系对厌氧工艺的改进有实际意义,但如果在系统内进行连续剧烈搅拌则会破坏这种共生关系。联邦德国一个果胶厂污水厌氧处理装置的运行实践也证实,当采用低速循环泵代替高速泵进行搅拌时,处理效果就会提高。搅拌的方法一般有水射器搅拌法、消化气循环搅拌法和混合搅拌法。

7. 基质的营养比例

为了满足厌氧发酵微生物的营养要求,需要一定的营养物质,在工程中主要是控制进入厌氧反应器原料的碳、氮、磷的比例。一般来说,处理含天然有机物的废水时不用调节,处理化工废水时要特别注意使进料中的碳、氮、磷保持一定的比例。

这3种主要营养元素之间的比例,不论是好氧反应还是厌氧反应,氮磷比是很好确定的,即氮∶磷=5∶1,但碳与它们的比值则差异很大。首先,厌氧反应与好氧反应之间的差异表现为好氧反应的细胞合成率高,而厌氧反应的细胞合成率低,因此,厌氧反应中所需的碳就会高很多。其次,不同性质的废水中所含的碳可生物利用性不同,因此,不同性质的废水要求碳的比值不同。

大量试验表明,厌氧处理的碳、氮、磷比例应控制在(200~300)∶5∶1为宜。在装置启动时,稍微增加氮含量,有利于微生物的繁殖,有利于提高项目反应器的缓冲能力。

8. 毒性物质

与其他生物系统一样,厌氧处理系统也应当避免有毒物质进入。一些含有特殊基团或者活性键的化合物对某些未经驯化的微生物常常是有毒的,但这些有毒的有机化合物本身也是可以由厌氧生物降解的,如三氯甲烷、三氯乙烯等。微生物对各种基质的适应能力是有一定限度的,一些化学物质超过一定浓度时,对厌氧发酵就产生抑制作用,甚至完全破坏厌氧消化过程。

抑制和影响厌氧反应的有害物有3种:无机物,如有氨、无机硫化物、盐类、重金属等,硫酸盐和硫化物抑制作用最为严重;有机化合物,如非极性有机化合物、挥发性脂肪酸(VFA)、非极性酚化合物、单宁类化合物、芳香族氨基酸、焦糖化合物等;生物异型化合物,如氯化烃、甲醛、氰化物、洗涤剂、抗生素等。

知识点3　厌氧生物处理法的操作控制要点

1. 厌氧细菌培养法

厌氧细菌培养法一般有接种污泥法与逐步培养法两种。

(1)接种污泥法

接种污泥法的污泥一般有以下来源:

①正在运行的厌氧处理装置。

②城市污水处理厂的消化污泥、液态消化污泥或污水厂经机械脱水后的干污泥。

③废弃坑塘的腐化有机底泥。

④人粪、禽畜粪、酒糟、初次沉淀池底泥。

接种培养污泥时,先向厌氧消化装置中投加体积为总体积10% ~30%的种泥。接种污泥最好是含固率为3% ~5%的湿污泥。投加接种污泥之后,再逐渐加入新鲜污水至设计液面,通入蒸汽加热,升温速度保持1 ℃/h,直到达到消化温度。在此过程中应注意调节pH值,使pH值维持在6.5 ~7.5。温度升至消化温度后,维持该温度3 ~5 d,污泥即可成熟,再投配新鲜污水并正式运行。如果是大型厌氧消化池,锅炉热量可能会供应不上,可以减缓温度上升速度。因此这种接种污泥法较适合小型的厌氧生物处理厂(站)。

(2)逐步培养法

逐步培养法是指向厌氧消化池内逐步投入未经消化的好氧污泥,使好氧污泥逐渐转化为厌氧活性污泥的培养方式。该方法要使活性污泥经过好氧向厌氧的转化,将活性污泥筛选驯化成厌氧活性污泥,所以培养过程很缓慢,一般需要6 ~10个月。

加热可以加快厌氧菌培养的速度,每天加入适当的好氧污泥,待池内污泥量为一定量时,通入蒸汽,以1 ℃/h的速度加热,当温度升高直到设计温度(消化温度)时,可减少蒸汽通入量,并维持温度不变,以此方法逐日加入一定数量的新鲜污泥,达到设计液面。这种逐步培养的方法,污泥成熟一般需30 ~40 d。污泥成熟之后即可转入正式运行。

2. 厌氧微生物的驯化

微生物的驯化是根据实际水质情况筛选有用微生物的过程。厌氧污泥的培养过程,实际上是通过驯化使厌氧菌成为优势种群，以利于厌氧消化反应的过程。与此同时，驯化过程还针对一些有特殊污染物质（如有毒物质）的污水，使厌氧微生物能适应这些毒物。在驯化过程中，首先保持工艺的正常运转，然后严格控制工艺参数，如 DO 控制在 0.1 mg/L 以下，pH 值在合适范围之内，外回流比为 50% ~100%，内回流比为 200% ~300%，每天排出日产泥 30% ~50% 的剩余污泥。在此过程中，每天测试进、出水水质各指标，达到设计要求即可。

3. UASB 反应器的启动与运行控制要点

废水厌氧生物处理反应器成功启动的标志是：在反应器中短期内培养出活性高、沉降性能优良并适用于处理废水的厌氧污泥。在实际生产中，生产性厌氧反应器建成后，快速顺利地启动反应器是整个废水处理工程中的关键性因素。

UASB 反应器能有良好的去除效果，关键在于 UASB 反应器内有较好沉降性能与较高生物活性的颗粒状污泥。与絮状污泥相比，颗粒状的厌氧污泥有如下特点：①沉降性能好，不容易被冲刷出反应器；②污染负荷高，颗粒状的厌氧活性污泥污染容积负荷可达 30 ~50 kg COD/(m^3·d)，在 UASB 反应器中 90% 的有机物是由颗粒状的污泥去除的；③颗粒状污泥产气量高。

（1）UASB 反应器的启动阶段

UASB 反应器的启动可以有以下几个阶段：

第一阶段：启动初始阶段。在此阶段，反应器中的污染容积负荷应该低于 2 kg COD/(m^3·d)，或污泥有机负荷应为 0.05 ~0.1 kg COD/(kg·d)。在这一阶段中，因为上升水流的冲刷与逐渐产生的少量沼气上逸的推动，一些细小分散的污泥可能会被冲刷出反应器。因此在 UASB 反应器启动阶段不能追求反应器的处理效果、产气率与出水水质，而应将污泥的驯化与颗粒化作为主要工作目标。

第二阶段：在这一阶段可以将反应器容积有机负荷上升至 2 ~5 kg COD/(m^3·d)。在此阶段，污泥逐渐出现颗粒状，在出水中被冲刷出的污泥相比于第一阶段逐渐减少，这时被洗出的污泥多为沉降性能较差的絮状污泥。厌氧污泥的驯化过程在这个阶段完成。

第三阶段：这一阶段完成后反应器的容积负荷增加到 5 kg COD/(m^3·d)。絮状污泥污水处理系统运行与管理迅速减少，颗粒状污泥的含量进一步增高，当反应器中普遍以颗粒污泥为主时，反应器的最大容积负荷可达到 50 kg COD/(m^3·d)。当反应器中污泥颗粒化完成之后，反应器的启动也就完成了。

（2）UASB 启动的工艺条件控制

①接种污泥。厌氧消化污泥、河底淤泥、牲畜粪便、化粪池污泥及好氧活性污泥等均可作为反应器的接种污泥而培养出颗粒污泥。接种污泥的数量和活性是影响反应器启动的重要因素。不同的污泥接种量宏观地表现为反应器中污泥床高度不同，污泥床厚度以 2 ~3 m 为宜，太厚或过浅均会加大沟流和短流。

②废水性质。低浓度废水有利于 UASB 反应器的启动，主要是有利于其中的污泥结团，在低浓度下可避免毒物积累。COD 质量浓度大于 4 000 mg/L 时，废水采用出水回流稀释为宜，以降低局部区域的基质浓度。

启动过程中,悬浮物质量浓度应控制在2 g/L以下。在处理粪便污水时,进水SS质量浓度应控制在3.25～4.02 g/L。UASB反应器若采用颗粒污泥接种,随着启动过程的推进,反应器中颗粒污泥逐渐消失,究其原因,除氨态氮的毒害作用外,悬浮物的影响也较大。对可生化性较差的废水,启动时适当加入易生化物质是有益的,如北京市环境保护科学研究所处理醋酸生产废水和苯二甲酸生产废水时,就分别添加了生活污水和淀粉,对UASB反应器的启动起到了很好的加速作用。

③反应器的升温速率。不同种群产甲烷菌对其适宜的生长温度范围均有严格要求。研究发现,反应器升温速率太快,会导致内部污泥的产甲烷活性短期下降。较合理的升温速率为2～3 ℃/d,最快不宜超过5 ℃/d。

④进水pH值控制。在厌氧发酵过程中,环境的pH值对产甲烷菌的活性影响很大,通常认为最适宜的pH值为6.0～7.5。因此,启动初期进水pH值应根据出水pH值来控制,通常控制在7.5～8.0范围内。由于在有些情况下待处理废水的pH值较低,因此,开始启动时进水需经中和后再进入反应器中,当反应器出水pH值稳定在6.8～7.5时可逐步由回流水和原水混合进水过渡到直接采用原水进水。

⑤进水方式。进水方式可在一定程度上影响反应器的启动时间。在反应器的启动初期,反应器能承受的有机负荷较低,因此可以采用出水回流与原水混合、间歇脉冲的进料方式。反应器可在预定的时间内完成正常的启动,通过对反应器的产气速率进行分析发现,每天进料5～6次,每次进料时间以4 h左右为宜。

⑥反应器进水温度控制。与厌氧消化池相同,温度对反应器的启动与运行都具有很大影响,反应器消化温度的影响因素主要包括进水中的热量值、反应器中有机物的降解产能反应和反应器的散热速率。在生产性反应器的启动期,应采取一定的有效措施,平衡诸影响因素对反应器消化温度的影响,控制和维持反应器的正常消化温度。研究发现,通过对回流水加热,将进水温度维持在高于反应器工作温度8～15 ℃,可保证反应器中微生物在规定的工作条件下进行正常的厌氧发酵。

⑦反应器容积负荷增加方式。反应器的容积负荷直接反映了基质与微生物之间的平衡关系。在确定的反应器中,不同运行时期微生物对有机物降解能力存在着差异。反应器启动初期,容积负荷应控制在合理的限度内,否则将会引起反应器性能的恶化。有机负荷操作控制条件为:当COD去除率大于80%,出水pH值为7.0～7.5,稳定运行4～6 d后,再提高负荷。每次COD负荷提高的幅度为0.5～1.0 kg/(m^3·d)。

⑧启动阶段完成的判断。反应器的有机负荷、污泥活性和沉降性能、污泥中微生物群体、气体中甲烷含量等参数在启动过程中均发生不同程度的变化,可以通过分析反应器耐冲击负荷的稳定性来评价反应器启动、终止与否。

有机负荷的突然增大,使反应器出水COD、产气量和pH值都迅速发生变化。但由于反应器中已培养出活性较高、沉降性能优良的厌氧污泥,因此,当冲击负荷结束后,系统能很快恢复原来的状态。这种情况说明系统已具有一定的稳定性,此时认为反应器已经完成了启动过程,可以进入负荷提高或运行阶段。

(3)缩短 UASB 反应器启动时间的新途径

针对 UASB 反应器启动慢这一限制其广泛利用的特点,环保工作者进行了大量的研究,已获得有效缩短其启动时间的措施。

①投加无机絮凝剂或高聚物。为了保证反应器内的最佳生长条件,必要时可改变废水的成分,方法是向进水中投加养分、维生素和促进剂等。有研究表明,在 UASB 反应器启动时,向反应器内加入质量浓度为 750 mg/L 的亲水性高聚物能够加速颗粒污泥的形成,从而缩短启动时间。

②投加细微颗粒物。在 UASB 反应器启动初期,人为地向反应器中投加适量的细微颗粒物,如黏土、陶粒、颗粒活性炭等,有利于缩短颗粒污泥的出现时间,但投加过量的惰性颗粒会在水力冲刷和沼气搅拌下相互撞击、摩擦,产生强烈的剪切作用,阻碍初成体的聚集和黏结,对颗粒污泥的成长有害无益。实践表明,在反应器中投加少量陶粒、颗粒活性炭等,启动时间明显缩短,这部分细颗粒物的体积占反应器有效容积的 2% ~3%。

4. 厌氧消化系统日常运行管理的注意事项

①消化池的管理。厌氧消化过程在密闭厌氧条件下进行,微生物在这种条件下生存不能像好氧污泥那样,依靠镜检来判断污泥的活性,而只能采用反映微生物代谢变化的指标间接判断微生物活性。与活性污泥好氧系统相比,厌氧消化系统对工艺条件及环境因素的变化反应更敏感。为了消化池的运转正常,应当及时掌握温度、pH 值、沼气产量、泥位、压力、含水率、沼气中的组分等指标,及时做出调整。

②对于日常运行状况、处理措施、设备运行状况都要求做出书面记录,为下一班次提供运行数据,并做好报表向上一级管理层报告,提供工艺调整数据。

③经常检测、巡视污泥管道、沼气管道和各种阀门,防止其堵塞、漏气或失效。除应按时上润滑油脂外,还应对常闭闸门、常开闸门定时活动,检验其是否能正常工作。

④定期由技术监督部门检验压力、保险阀、仪表、报警装置。

⑤定期检查并维护搅拌系统。沼气搅拌主管常有被污泥及其他污物堵塞的现象,可以将其余主管关闭,使用大气量冲吹被堵塞管道。搅拌桨缠绕棉纱和其他长条杂物的问题可采取反转机械搅拌器甩掉缠绕杂物方式解决。另外,要定期检查搅拌轴与顶板相交处的气密性。

⑥在北方寒冷地区,消化池及其管道、阀门在冬季必须注意防冻,进入冬季结冰之前必须检查和维修好保温设施,如消化池顶上的沼气管道、水封阀(罐)。沼气提升泵房内的门窗必须完整无损坏,最好门上加棉帘子。特别是室外的沼气管道、热水管道、蒸汽管道和阀门都必须做好保温、防晒、防雨等工作。

⑦定期检查并维护加热系统,为避免蒸汽加热管道、热水加热管道、热交换器内的泥管道等出现堵塞、锈蚀现象,一般用大流量水冲洗。套管式管道在冲洗热水时要增加泥管中的压力,防止将内管道压瘪。冲洗不开或堵塞严重时应拆开清洗。

⑧消化池除平时要注意加强巡检外,还要对池内进行检查和维修,一般 5 年左右进行一次彻底清砂和除浮渣,并进行全面的防腐、防渗检查与处理。主要对金属管道、部件进行防

腐处理，如损坏严重应更换，有些易损坏件最好换不锈钢材料。维修后投入运行前必须进行满水试验和气密性试验。对于消化池内的沉砂和浮渣状况要进行评估，如果严重，说明预处理不好，要对预处理及时改进，防止沉砂和浮渣进入。另外放空消化池以后，应检查池体结构变化，检查是否有裂缝，是否为通缝，如果存在，请专业人员处理。借此机会也应对仪表进行大修或更换。

⑨沼气柜，尤其是湿式沼气柜更容易受 H_2S 腐蚀，通常 3 年一小修，5 年一大修。但对柜体腐蚀严重的钢板要及时更换，阴极保护的锌块此时也应更换。各种阀门，特别是平常不易维修和更换的闸门也应维修或更换，确保 5 年内不出问题。

⑩整个消化系统要防火、防毒。所有电气设备应采用防燥型，并做好接地、防雷，严禁在防火、防爆区域内吸烟。进入该区域内的汽车应戴防火帽，进入的人严禁留下火种；不允许穿钉鞋和易产生静电服装的人员进入。另外报警探头应正常维护保养，按时完成鉴定、标定工作，确保能正常工作；还要备好消防器材、防毒呼吸器、干电池手电筒等以备急用。

知识点 4　厌氧处理法的主要异常现象分析与处理

1. 厌氧颗粒污泥生长过于缓慢

原因：营养与微量元素不足；进水预酸化度过高；污泥负荷过低；颗粒污泥洗出；颗粒污泥分裂。

解决方法：增加进液营养与微量元素的浓度；减少预酸化程度；增加反应器负荷。

2. 反应器过负荷

原因：反应器泥量不足或污泥产甲烷活性不足。

解决方法：增加污泥活性；提高污泥量；增加种泥量或促进污泥生长；减少污泥洗出。

3. 污泥产甲烷活性不足

原因：营养与微量元素不足；产酸菌生长过于旺盛；有机悬浮物在反应器中积累；反应器中温度降低；废水中存在有毒物或形成抑制活性的环境条件，无机物，如钙离子引起沉淀。

解决方法：添加营养与微量元素；增加废水预酸化度；降低反应器负荷；提高温度；降低悬浮物浓度；减少进液中钙离子浓度；在厌氧反应器前采用沉淀池。

4. 颗粒污泥洗出

原因：气体聚集于空的颗粒物中，在低温、低负荷、低进液浓度易形成大而空的颗粒污泥；颗粒形成分层结构，产酸菌在颗粒污泥外大量覆盖使产气菌聚集在颗粒内；颗粒污泥因废水中含大量蛋白质和脂肪而有上浮的趋势。

解决方法：增大污泥负荷；应用更稳定的工艺条件，增加废水预酸化程度；采用预处理（沉淀或化学絮凝）去除蛋白与脂肪。

5. 絮状的污泥或表面松散“起毛”的颗粒污泥形成并被洗出

原因：进液中悬浮物的产酸菌使颗粒污泥聚集在一起；在颗粒表面或以悬浮状态大量生产产酸菌；表面“起毛”颗粒形成，产酸菌大量附着于颗粒表面。

解决方法:从进液去除悬浮物;增强废水预酸化度。

6. 颗粒污泥破碎分散

原因:负荷或进液浓度突然变化;预酸化度突然增加,使产酸菌处于饥饿状态;或有毒物质存在于废水中。

解决方法:应用更稳定的预酸化条件;进行脱毒的预处理;延长驯化时间稀释进液;降低负荷与上升流速度以及水流剪切力,采用出水循环以增大选择压力,使絮状污泥洗出。

7. 厌氧污泥上浮

原因:三相分离器气室有浮泥,导致沼气排气不顺;负荷突然增加,产气过大,高于分离器能力;温度突然增高,产气过大,高于分离器能力;水封高度有问题;废水中蛋白质产生泡沫以及其他有机物的降解过程中产生的中间产物可能降低了液体的表面张力,从而产生泡沫。

解决办法:降水位,冲洗;降负荷;慢升温,回流;调整水封水位。

▶项目评价

根据任务完成情况,如实填写表3-6。

表3-6　任务过程评价表

考核内容	考核标准	小组评	教师评
理论知识(30分)	不能掌握理论知识得0分		
	基本掌握理论知识得20分		
	掌握理论知识得30分		
操作技能(60分)	不能掌握生物处理技术得0分		
	基本掌握生物处理技术得40分		
	掌握生物处理技术得60分		
职业素养(10分)	无规范操作意识、环境保护意识和责任感、精益求精的工匠精神得0分		
	具有一定规范操作意识、环境保护意识和责任感、精益求精的工匠精神得6分		
	规范操作意识、环境保护意识、责任感强,追求精益求精的工匠精神得10分		
合计			

▶自我检测3

一、选择题

1. 关于厌氧流化床的特点,下列说法不正确的是(　　)。

A. 载体处于流化状态,床层不易堵塞,因而适合各种高低浓度废水的处理
B. 有机物净化速度慢
C. 床内生物膜停留时间较长,剩余污泥量少
D. 占地少,结构紧,投资省

2. 以下生物膜不断脱落的原因中,最为重要的一点是(　　)。
A. 水力冲刷　B. 由于膜增厚造成质量的增大
C. 原生动物使生物膜松动　D. 厌氧层和介质的黏结力较弱

3. 普通生物滤池一般适用于处理每日污水量不高于(　　)m^3 的小城镇污水或有机性工业废水。
A. 100　B. 1 000　C. 10 000　D. 100 000

4. 生物转盘工艺中,会出现白色生物膜,原因是(　　)。
A. 重金属、氯等有毒物质进入
B. 进水 pH 急剧发生变化
C. 高浓度含硫化合物进入,使硫细菌大量生长,并占优势
D. 系统温度低于 13 ℃

5. 生物膜法的工艺类型很多,根据生物膜反应器附着生长载体的状态,生物膜反应器可以划分为(　　)两大类。
A. 间歇式和连续式　B. 分流式和合流式
C. 固定床和流动床　D. 低负荷式和高负荷式

6. 生物膜法产泥量一般比活性污泥的(　　)。
A. 多　B. 少　C. 一样多　D. 不确定

7. 下列关于 UASB 反应器进水配水系统的描述,错误的是(　　)。
A. 进水必须在反应器底部,均匀分配,确保各单位面积的进水量基本相同
B. 应防止短路和表面负荷不均匀现象
C. 应防止具有生物活性的厌氧污泥流失
D. 在满足污泥床水力搅拌的同时,应充分考虑水力搅拌和反应过程产生的沼气搅拌

8. 污泥的厌氧消化中,甲烷菌的培养与驯化方法主要有两种,即(　　)。
A. 接种培养法和逐步培养法　B. 接种培养法和间接培养法
C. 直接培养法和间接培养法　D. 直接培养法和逐步培养法

9. 厌氧消化过程可以分为(　　)。
A. 水解酸化阶段和产甲烷阶段
B. 水解酸化阶段和产氢产酸阶段
C. 产氢产酸阶段和产甲烷阶段
D. 水解酸化阶段、产氢产乙酸阶段和产甲烷阶段

10. 污水厌氧处理水解酸化法的最佳 pH 值是(　　)。
A. 3.5 ~4.5　B. 4.5 ~5.5　C. 5.5 ~6.5　D. 6.5 ~7.5

11. 甲烷菌生长适宜的 pH 值范围为(　　)。

A. 6.8 ~ 7.2　　B. 低于 6　　C. 高于 8　　D. 高于 10

12. (　　)是在 UASB 反应器污泥床上部由于气体的搅动而形成的一个污泥浓度相对较小的区域。

A. 污泥区　　B. 污泥悬浮区　　C. 沉淀区　　D. 三相分离区

13. 重金属(　　)被微生物降解。

A. 难于　　B. 易于　　C. 一般能　　D. 根本不能

14. UASB 反应器主体部分可分为(　　)。

A. 沉淀区和三相分离区　　B. 悬浮区和进水区

C. 污泥区和进水系统　　D. 污泥床区、悬浮区和分离区

二、判断题

1. 生物膜开始挂膜时,进水量应大于设计值,可为设计流量的 120% ~150%。(　　)

2. 生物接触氧化法同活性污泥一样,也需要污泥回流装置。(　　)

3. 当采用生物转盘脱氮时,宜采用较小的盘片间距。(　　)

4. 生物膜法的挂膜初期,反应器内充氧量不需提高;对于生物转盘,盘片的转速可稍慢。(　　)

5. 生物滤池的布水器转速较慢时,生物膜不受水间隔时间亦较长,致使膜量下降;相反,高额加水会使滤池上层受纳营养过多,膜增长过快、过厚。(　　)

6. 生物膜处理系统中,填料或载体表面所覆盖的一种膜状生物污泥,即称为生物膜。(　　)

7. 与活性污泥法相比,生物膜法工艺遭到破坏时,恢复起来较快。(　　)

8. 生物膜法的生物固体停留时间 SRT 与水力停留时间 HRT 相关。(　　)

9. 生物滤池的最大危害是生物膜过量增殖,造成水在滤床的上部集滞。要防止生物膜异常增殖,除限制处理水量,避免滤料负荷过大外,还可以将向下流动的水再循环到上部,使上部的 BOD 稀释到 500 mg/L 以下。(　　)

10. 生物膜法与活性污泥法相比,参与净化反应的微生物种类少。(　　)

11. 生物膜处理工艺有生物滤池、生物转盘、生物接触氧化。(　　)

12. 厌氧生物法营养元素比例要求 BOD : N : P = 200 : 5 : 1。(　　)

13. UASB 反应器装置中的三相分离器中水封的主要作用是截留上流的颗粒污泥。(　　)

14. 高浓度有机废水可用厌氧-好氧工艺处理比较经济。(　　)

15. 厌氧消化过程的反应速率明显地高于好氧过程。(　　)

16. UASB 反应器中废水的流动方向是自上而下。(　　)

17. UASB 反应器中,三相分离器的主要作用是完成气、液、固三相分离。(　　)

18. 在生物厌氧处理过程中,少量的溶解氧能够促进产甲烷菌的产甲烷作用。(　　)

项目4 污泥的处理与处置

▶情境设计

随着国家经济的发展和人口的增加,工业废水和生活污水的排放量日益增多,污泥的产生量也大幅度增长。大量未经处理的污泥,不仅占用土地,而且对环境造成新的污染。目前我国城市污水排放总量已经达到500亿m^3以上,而污泥的产量大约为每年1 500万t(按含水率97%计),我国大部分污水处理厂的污泥并没有得到真正有效的处置,从而造成污染的转移。

污泥问题日益突出的原因在于我国早期的污水处理厂,由于没有严格的污泥排放监管,普遍将污水和污泥处理单元剥离开来,追求简单的污水处理率,尽可能地简化甚至忽略污泥处理处置单元;有的还为了节省运行费用将已建成的污泥处理设施长期闲置,甚至将未做任何处理的湿污泥随意外运、简单填埋或堆放,致使许多大城市出现了污泥围城的现象,并已开始向中小城市蔓延,给生态环境带来了不容忽视的安全隐患。本项目主要针对以上存在的问题进行解决。

▶项目描述

目前我国用于堆放、弃置、填埋的资源越来越少,各地环保部门的监管力度加强,而我国的污水处理正在以前所未有的速度发展和扩大,污泥的处置成为一个棘手的问题。污泥不治,污水处理系统将崩溃,因此,污泥的合理处置必须进行。本项目主要学习污泥的处理与处置,按照减量化、无害化的原则对污泥进行处理后交填埋场进行处置,掌握污泥处理技术。

▶项目目标

知识目标

- 了解污泥的来源与分类;
- 认识污泥的性质和污泥处理系统;
- 掌握污泥处理的浓缩、消化、脱水、干化技术及运行管理方法;
- 了解污泥的处置和利用途径。

技能目标

- 能根据污泥的性质和处理原则选择合适的污泥处理工艺；
- 能对污泥处理设备进行日常维护和异常问题排除。

情感目标

- 培养团结协作的能力；
- 培养职业素养。

任务1　了解污泥的处理与处置

▶情境设计

李师傅说道："同学们，截至2020年年末，重庆市共建成投运城市污水处理厂73座，污水总处理能力达到432.25万吨/天，是'十二五'末总处理能力的1.5倍，实现1级A标排放；'十三五'时期，全市共建成投用污泥处理处置设施40座，总处置能力达到4 692 t/天，污泥处置方式从'十二五'时期以填埋为主转变为水泥窑协同焚烧、烧制陶粒、园林堆肥、热电联产等多元化处置方式。"张三同学问道："这么多的污泥是怎样进行处理和处置的呢?"李师傅答道："首先我们要学习污泥的性质和处理目标，从地区社会经济实际出发，遵循污泥处理处置的减量化、稳定化、无害化和最终安全环保处置及综合利用原则，才能制订出污泥处理处置与利用方式最佳技术路线。"

▶任务描述

在污水处理过程中，会产生大量污泥，其数量占处理水量的0.3%～0.5%（以含水率97%计）。这些污泥必须及时处理及处置才能保证各个单位污水处理装置的正常运行和处理效果，达到消除二次污染，保护环境的目的。本任务主要学习污泥的性质、污泥处理系统和污泥处理目标与处置利用途径。

▶任务实施

知识点1　污泥的来源与分类

一、污泥的来源

在工业废水处理中，水质变化较大，相应的处理工艺变化也很大，因此，工业废水处理过程中的具体污泥来源较难定义。相对而言，城市污水处理厂（站）的污泥污水处理性质和处理工艺具有相似性，其在污水处理过程中的来源比较稳定，如表4-1所示。

表 4-1　城市污水处理厂(站)的污泥来源

污泥类型	来源	污泥特征
栅渣	格栅	在格栅上去除的各种有机物或无机物,有机物料的数量在不同的污水处理厂(站)和不同的季节有所不同;栅渣量为 35 ~ 80 cm^3/m^3,平均为 20 cm^3/m^3,主要受污水水质影响
无机固体颗粒	沉砂池	无机固体颗粒物的量约为 30 cm^3/m^3,这些固体颗粒物中也可能含有机物,特别是油脂,其数量的多少取决于沉砂池的设计和运行情况
初次沉淀污泥	初次沉淀池	由初次沉淀池排出的初次沉淀污泥通常为灰色糊状物,其成分取决于原污水的成分,产量取决污水水质与初次沉淀池的运行情况,干污泥量与进水中的 SS 和沉淀效率有关,湿污泥量除与 SS 和沉淀效率有关外,还直接取决于排泥浓度
剩余活性污泥	二次沉淀池	传统活性污泥工艺等生物处理系统中排放的剩余污泥中含有生物体和化学试剂,产生量取决于污水处理采用的生物处理工艺和排放浓度
化学污泥	化学沉淀池	混凝工艺中形成的污泥,其性质取决于采用的混凝剂种类,数量取决于原污水中的悬浮物量和投加的药剂量
浮渣	初次沉淀池或二次沉淀池	来自初次沉淀池和二次沉淀池,其成分较复杂,一般可含油脂、植物油和矿物油、动物脂肪、菜叶、毛发、纸和棉织品等,浮渣的数量约为 8 g/m^3

二、污泥的分类

城市污水处理厂(站)污泥可按不同特征分类,其中常见的有以下几类。

1. 按污水的来源特性分类

污水按来源特性分类,可分为生活污水污泥和工业废水污泥。

①生活污水污泥,即生活污水处理过程中产生的污泥。生活污水污泥中有机物含量一般相对较高,重金属等污染物的浓度相对较低。

②工业废水污泥,即工业废水处理过程中产生的污泥。工业废水污泥的特性受工业性质的影响较大,其中含有的有机物及各种污染物成分变化也较大。

2. 按污水的成分和某些性质分类

污水按成分和某些性质分类,可分为有机污泥、无机污泥,亲水性污泥、疏水性污泥。

①有机污泥,主要成分为有机物。典型的有机污泥是剩余活性污泥,如活性污泥和生物滤膜、厌氧消化处理后的消化污泥等。此外,还有油泥及废水固相有机污染物沉淀后形成的污泥。有机污泥的特点是污泥颗粒小,往往呈絮凝体状态,密度小,含水率高,不易下沉,压密脱水困难。同时,有机污泥稳定性差,容易腐败和产生恶臭。但有机污泥常含有丰富的

氮、磷等养分,流动性好,便于管道输送。

②无机污泥,主要成分是无机物,如废水利用石灰石中和沉淀、混凝沉淀和化学沉淀的沉淀物等,主要成分是金属化合物(包括重金属化合物)。这种污泥密度大,固相颗粒大,易于沉淀、压密和脱水,含水率低,流动性差,污泥稳定不腐化,但可能出现重金属离子再溶出现象。

③亲水性污泥,主要成分为亲水性物质。这类污泥往往不易压缩和脱水。

④疏水性污泥,主要成分为疏水性物质。这类污泥的缩水和脱水性能较好。

3.按污泥处理的不同阶段分类

污泥按处理的不同阶段分类,可分为生污泥、浓缩污泥、消化污泥、脱水污泥和干化污泥等。

①生污泥或新鲜污泥,即未经任何处理的污泥。

②浓缩污泥,即经浓缩处理后的污泥。

③消化污泥,即经厌氧消化或好氧消化稳定的污泥。厌氧消化可使45%~50%的有机物被分解成 CO_2、CH_4 和 H_2O。消化污泥易脱水。

④脱水污泥,即经脱水处理后的污泥。

⑤干化污泥,即干化后的污泥。

4.按污泥的不同来源分类

污泥按来源不同分类,可分为栅渣、沉砂池沉渣、浮渣、初沉污泥、剩余活性污泥、腐殖污泥、化学污泥等。

①栅渣,即用筛网或格栅截留的悬浮物质、纤维、木屑果壳纸张、毛发等物质。

②沉砂池沉渣,即沉砂池中的沉淀物质。沉渣是废水中含有的泥沙、煤屑、炉渣等,它们以无机物质为主,但颗粒表面易黏附有机物质,平均相对密度约为2.0,容易沉淀。

③浮渣,即不能被格栅清除而浮于初次沉淀池表面的物质。浮渣,如动植物油与矿物质油、蜡、表面活性剂泡沫、塑料制品等,相对密度小于1。二次沉淀池表面也会有浮渣,主要源于池底局部沉淀物或排泥不当,池底积泥时间过长,厌氧消化后随气体(CH_4 等)上浮至池面而成。

④初沉污泥,即初次沉淀池中沉淀的物质。初沉污泥是依靠重力沉降作用沉淀的物质,以有机物为主(约占总干重的65%),易腐烂发臭,极不稳定,色呈灰暗;胶状结构,具有亲水性,相对密度约为1.02,需经稳定化处理。

⑤剩余活性污泥。污水经活性污泥法处理后,沉淀在二次沉淀池中的物质称为活性污泥,其中的排放部分称为剩余活性污泥。剩余活性污泥以有机物为主(占60%~70%),相对密度为1.004~1.008,不易脱水。

⑥腐殖污泥,即污水经生物膜法处理后,沉淀在二次沉淀池中的物质。腐殖污泥主要含有衰老的生物膜与残渣,有机成分约占60%(干固体质量),相对密度约为1.025,呈黑褐色絮状,不稳定,易腐化。

⑦化学污泥,又称为化学沉渣,即用化学沉淀法处理污水后产生的沉淀物。混凝法处理

后产生的沉渣、化学沉淀法处理等后产生的沉渣均称为化学污泥。

知识点2　污泥的性质

考察污泥的性质和制订相应的考核指标不仅有利于科学地认识各种污泥的性质，而且污泥性能指标本身对选择污泥的处理处置方法也具有重要的指示作用。

1. 污泥含水率

污泥含水率是指污泥中所含的水分质量与污泥总质量的百分比。它直接与污泥的收集、储存、输送、处理处置相关。对于有机污泥来说，其含水率高低还与污泥稳定性有关。含水率也是衡量脱水设备工作性能和污泥综合利用产品质量的重要指标。废水生化处理中产生的各种有机污泥含水率都在95%以上，相对密度接近于水。

2. 污泥相对密度

污泥相对密度是指污泥的质量与同体积水的质量的比值。污泥相对密度是污泥中有机物含量高低的反映，在一定程度上对污泥处理方法的选择具有参考价值，如大于水的污泥适合采用重力沉降法分离（如沉砂池污泥、初沉污泥），反之要采用浮上或气浮法分离（如含油污泥、纸浆纤维等）。

3. 污泥比阻

污泥比阻是指单位过滤面积上，单位干重滤饼所受到的过滤阻力。比阻的大小与污泥中有机物含量及其成分有关，比阻越大的污泥越难脱水。

4. 毛细吸水时间

由于比阻试验测试的工作量很大，且人为操作的误差也大，因此国外采用毛细吸水时间（CTS）近似代替比阻。毛细吸水时间是指污泥水在吸水纸上渗透1 cm所需的时间。污泥比阻值越大，CTS值也越大，这是污泥胶体性质和污泥的动力黏度所致。因此污泥比阻与CTS之间存在着一定的对应关系。

5. 挥发性固体和灰分

挥发性固体近似等于有机物含量，又称为灼烧减重，用VSS表示，是指污泥中在600 ℃的燃烧炉中能被燃烧，并以气体逸出的那部分固体。VSS反映污泥的稳定化程度；灰分则表示污泥中的无机物含量，又称为灼烧残渣。

6. 污泥的可消化程度

污泥中的有机物是消化处理的对象，其中一部分是可以被消化降解的；另一部分是不易或不能被降解的，如脂肪和纤维素等。用可消化程度表示污泥中可被消化降解有机物的比例。

7. 污泥肥分

污泥中含有大量植物生长所必需的肥分（氮、磷、钾）、微量元素以及土壤改良剂（有机腐殖质），肥分指标直接决定污泥是否适合作为肥料进行综合利用。但污泥中也含有病菌、病毒和寄生虫卵等，在施用前应采取必要的处理措施。

8. 污泥中重金属离子含量

污泥中的重金属是主要的有害物质。污泥中重金属离子含量，取决于城市污水中工业废水所占比例及工业性质。污水经二级处理后,污水中重金属离子有50%以上转移到污泥中,因此污泥中的重金属离子含量一般都较高。故当污泥作为肥料使用时,要注意重金属离子含量是否超过我国农林业部规定的《农用污泥污染物控制标准》(GB 4284—2018),重金属含量超标的污泥不能用作农肥。

知识点3　污泥处理系统

一个完整的污泥处理系统通常由不同的污泥处理单元组成,污泥处理单元主要有污泥的浓缩、稳定、脱水、干化等。在实际中,应该根据污泥的最终处置方案、污泥的数量和性质,并结合当地的具体条件,选取不同的污泥处理单元,以组成相对最佳的污泥处理系统。

一、污泥处理工艺流程的选择

污泥处理的一般方法与流程的选择决定于当地条件、环境保护要求、投资情况、运行费用及维护管理等多种因素。可供选择的方案大致有:

方案一:生污泥→浓缩→消化→自然干化→最终处置;

方案二:生污泥→浓缩→消化→机械脱水→最终处置;

方案三:生污泥→浓缩→自然干化→堆肥→农肥;

方案四:生污泥→浓缩→机械脱水→干燥焚烧→最终处置;

方案五:生污泥→湿污泥池→农用;

方案六:生污泥→浓缩→消化→最终处置;

方案七:生污泥→浓缩→消化→机械脱水→干燥焚烧→最终处置。

方案一与方案二主要以消化为主,产生生物能(沼气),再经干化或机械脱水后农用或做其他利用;方案三以堆肥为最终目的;方案四对污泥进行浓缩和脱水处理后,干燥焚烧,产生热能进行发电;方案五主要针对环境要求不高的地区,污泥贮存于湿污泥池就近农用;方案六通过消化处理,使污泥稳定化,然后进行最终处置;方案七是最为完整的污泥处理方案,在环境要求高的地区采用。

二、典型污泥处理工艺流程

一般来说,典型污泥处理工艺流程包括4个阶段,如图4-1所示。

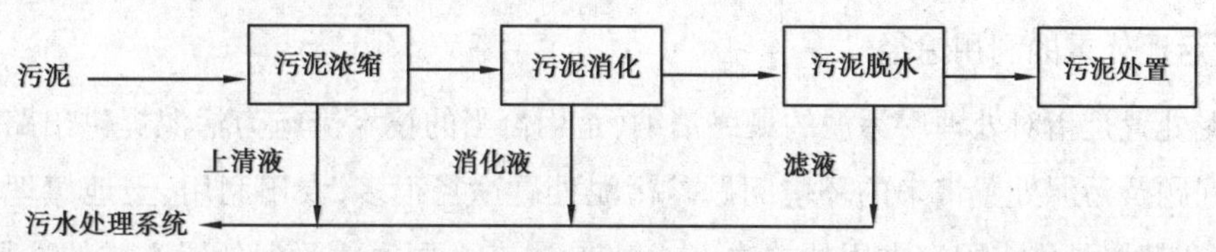

图4-1　典型污泥处理工艺流程

①污泥浓缩阶段的主要目的是使污泥初步减容,缩小后续处理构筑物的容积或设备容量。常采用的工艺有重力浓缩、离心浓缩和气浮浓缩等。

②污泥消化阶段的主要目的是分解污泥中的有机物,减小污泥的体积,并杀死污泥中的病原微生物和寄生虫卵。污泥消化可分为厌氧消化和好氧消化两大类。

③污泥脱水阶段使污泥进一步减容，污泥由液态转化为固态，方便运输和消纳。污泥脱水可分为自然干化和机械脱水两大类。

④污泥处置阶段的目的是最终消除污泥造成的环境污染并回收利用其中的有用成分。污泥处置阶段的主要方法有填埋、污泥焚烧、污泥堆肥、用作生产建筑材料等。

由于中小型城市污水处理厂（站）的污泥产量较少，建设如图 4-1 所示的污泥处理工艺流程，往往需要花费较多的投资，并占用较多的土地，因此许多处理厂（站）不建设污泥消化系统，直接对污泥进行浓缩、脱水和最终处理。目前出现了一种浓缩脱水一体化的污泥处理机械设备。这种设备是将常规的浓缩和脱水整合在一台机器上，具有工艺流程简单、工艺适应性强、自动化程度高、运行连续、控制操作简单和过程可调节性强等优点，已经被广泛地应用于中小型城市污水处理厂（站）和工业废水污泥的处理。

知识点 4　污泥处理目标与处置利用途径

一、污泥的处理目标

随着我国经济的快速发展，废水处理厂（站）越来越多，污泥量也大大增加，污泥的种类和性质也更复杂。在废水处理的过程中，有毒有害物质往往积累于污泥之中，所以无论从量还是质，污泥都是影响环境、造成危害最为严重的因素，因此必须重视污泥的处理和处置。

污泥的处理和处置主要目的如下：

①减量化。由于污泥含水率很高，体积很大，经上述流程处理后，污泥体积减至原来的十几分之一，且由液态转化成固态，便于运输和消纳。

②稳定化。污泥中有机物含量很高，极易腐败并产生恶臭，经消化阶段处理以后，易腐败的部分有机物被分解转化，恶臭大大降低，方便运输及处理。

③无害化。污泥中，尤其是初次沉淀池污泥中，含有大量病原菌、寄生虫卵及病毒，易造成传染病大面积传播。经消化处理，可以杀灭大部分的蛔虫卵、病原菌和病毒，大大提高污泥的卫生指标。

④资源化。污泥是一种资源，可以通过多种方式进行利用。如污泥厌氧消化可以回收沼气，采用污泥生产建筑材料，从某些工业污泥中提取有用的重金属等。

二、污泥处置的利用途径

污泥处置是指对处理后污泥的最终消纳，是用恰当的技术措施为污泥提供出路，同时兼顾经济问题及污泥处置带来的环境问题。污泥处置途径很多，农田利用、土地填埋、制作建材、堆肥和焚烧是许多国家常用的方法。一般来说，各个国家对污泥处置方式的选择是根据本国的地理环境、经济水平、技术措施、交通运输等因素确定的，也会随着公众认识的提高和兴趣的改变而改变。

1. 农田利用

污泥的农田利用很早就得到了应用。在国外，污泥及其堆肥作肥源利用已有 60 多年的历史，城市污泥土地利用比例最高的是荷兰，占 55%；其次是丹麦、法国和英国，占 45%；美国占25%。中国也已开始将污水处理厂(站)的污泥用于城市绿化林地改造。

污泥农田利用使污泥最终剩余物问题得到真正解决,因为其中有机物重新进入自然环境。污泥中含有丰富的各种微量元素,施用于农田能够改良土壤结构、增加土壤肥力、促进作物的生长。同时污泥中也含有大量病原菌、寄生虫(卵),以及铬、汞等重金属和多氯联苯、二噁英、放射性核素等难降解的有毒有害物。一般来说,污泥要作土地处置必须经无毒无害化处理,否则,污泥中的有毒有害物质会导致土壤或水体的二次污染。因此各国对农田利用的污泥标准要求越来越严格。污泥农用必须做到以下几点:首先,严格控制污泥的有毒有害物质及病原微生物,使其达到国家标准;其次,应特别注意污泥中重金属的含量,根据其土壤背景值等情况,严格按照计算得到的污泥施用量进行施用;再次,农田使用污泥数量都有一定限度,当达到这一限度时,污泥的农用就应停止一段时间再继续进行;最后,农田利用应在安全施用量之下控制使用,同时整个利用区需要建立严密的使用、管理、监测和监控体系,还必须时刻关注区域内的土壤、地下水、地表水、作物等相关因子的状态和变化,并根据发生的变化做出相应的调整,以保持污泥农用的安全性,保持农业的可持续发展。因此,污泥农田利用存在着很大的管理问题。

2. 土地填埋

污泥的土地填埋是在传统填埋的基础上,从保护环境的角度出发,经过科学选址和必要的场地防护处理,以严格的管理制度和科学的工程操作加以实施的污泥处置方法。到目前为止,这种方法已发展为一项比较成熟的污泥处置技术。该技术的基本方式是城市污泥经过简单的灭菌处理后,直接倾倒于低地或谷地制造人工平原。它的好处是处理成本低,不需要高度脱水,既解决了污泥的出路问题,又可以增加城市建设用地,故成为大多数西方国家主要的污泥处置方法之一。

然而,城市污泥土地填埋也存在很多问题,如污泥中含有的各种有毒有害物质经雨水的侵蚀和渗透会污染地下水。此外,适宜污泥填埋的场所因城市用地少而显得越来越有限。因此,对污泥作土地填埋处置时,除要考虑城市周围是否有适合填埋的低地或谷地外,还应考虑到环境卫生问题。

污泥填埋场如同生活垃圾卫生填埋场一样,地址需要选在基土体渗透系数低且地下水位不高的区域,填坑应铺设防渗性能好的材料,污泥填埋场还应配设渗滤液收集装置及净化设施。目前中国修建的污泥填埋场中,都用高密度聚乙烯为防渗层,这样可以避免对地下水及土壤二次污染。由于污泥填埋对污泥的土力学性质要求较高,需要大面积的场地和大量的运输费用,地基需作防渗透处理以免污染地下水等,因此近年来污泥填埋处理所占的比例越来越小。但对于不能资源化的固体废物而言,填埋是目前唯一的最终处置途径。

3. 制作建材

污泥中除了有机物外往往还含有20%~30%的无机物,主要是硅、铁、铝和钙等。因此即使将污泥焚烧去除了有机物,无机物仍以焚烧灰的形式存在,需要做填埋处置。为了充分利用污泥中的有机物和无机物,可用处理之后的污泥制作建材。污泥的建材利用是一种经济有效的资源化方法。

污泥的建材利用大致可以归结为：制轻质陶粒、制熔融资材和熔融微晶玻璃，生产水泥等，制砖已经很少应用。过去大部分以污泥焚烧灰作原料生产各种建材，近年来为节省投资（建设焚烧炉），充分利用污泥自身的热值，节省能耗，直接利用污泥作原料生产各种建材的技术已开发成功。

此外，工业废水处理所排出的泥渣中有的含有工业原料，可以回收利用，也是一种污泥处置方式。例如，电镀废水沉渣中含有多种贵重金属，可通过电解、还原或其他方法加以回收利用；有机污泥沉渣干馏可制取可燃气体、氨及焦油等。

4. 污泥堆肥

污泥堆肥是一种无害化、减容化、稳定化的综合处理技术。该处理技术利用好氧的嗜温菌、嗜热菌将污泥中有机物分解，并杀灭传染病菌、寄生虫卵与病毒，提高污泥肥分。

在污泥堆肥处置过程中，需根据污泥的组成和微生物对混合堆料中碳氧化、碳磷化、颗粒大小、水分含量、pH 值等的要求，加入一定量的调理剂和膨胀剂。调理剂是指加进堆肥化物料中的有机物，借以减少单位体积的质量，增加碳源及与空气的接触面积，以利于需氧发酵。污泥堆肥化过程中常用的调理剂有木屑、秸秆、稻壳、粪便、树叶、垃圾等有机废料。膨胀剂是指用有机物或无机物制成的固体颗粒，把它加入湿的堆肥化物质中时，能有足够的大小保证物料与空气充分接触，并能依靠粒子之间的接触起到支撑作用。常用的膨胀剂有木屑、团粒垃圾、破碎成颗粒状的轮胎、塑料、花生壳、秸秆、树叶、岩石及其他物质。

5. 焚烧

污泥焚烧是最彻底的处理方法，基本上可以达到减容化、无害化和资源化的目的。一般污泥经焚烧处理后，其体积可以减少 85% ~95%，质量减少 70% ~80%。高温焚烧还可以消灭污泥中的有害病菌和有害物质。污泥焚烧要求污泥有较高的热值，因此污泥一般不进行消化处理。当污泥不符合卫生要求，有毒物质含量高，不能作为农副业利用时，或污泥自身的燃烧热值高，可以自燃并可利用燃烧热量发电时，可考虑采用污泥焚烧。焚烧所需热量主要来自污泥含有的有机物，如污泥所含有的有机物燃烧所产生的热能。

污泥焚烧的优点是可以迅速使污泥减容、残渣量少、无害化比较彻底，余热还能够发电或供热。该法的缺点是工艺复杂，一次性投资大；设备数量多，操作管理复杂，能耗高，运行管理费也高，焚烧过程存在二噁英污染的潜在危险。近年来，焚烧法采用了合适的预处理工艺和先进的焚烧方法，满足了越来越严格的环境要求，在发达国家应用较为广泛。

随着工业化进程不断推进，针对大型产业园区的污水处理必将向复杂的、多种处理方式、多套处理工艺并行的综合性处理模式发展。针对不同的污泥，须最大限度利用其中的有效组分以及能源，按有效的分类进行处理，利用各类污泥的特点综合考虑构建合理的处理工艺网络流程，发挥最大的效果。

任务2　掌握污泥处理技术

▶情境设计

张三同学问道："李师傅，我在网上查阅相关资料了解到，污水处理厂的出厂污泥含水率均为80%左右，污泥体积量较大，从而增加了运输成本和处置成本，也限制了污泥处置方式的选择。我们怎样降低城市污水处理厂出厂污泥的含水率呢？"李师傅答道："对已经产生的污泥进行处理的主要工艺有污泥浓缩、消化、脱水、干化和焚烧等，我们需要合理地选择处理工艺，并进行综合考虑，从而确定符合其实际情况和需要的处理技术路线。"因此，作为一名污水处理行业的从业人员，必须掌握污泥的处理技术，才能更好地开展工作。

▶任务描述

污泥处理是指对污水处理单元操作过程产生的污泥进行减容、减量、稳定以及无害化处理的过程。本任务主要学习污泥浓缩、污泥消化、污泥的脱水与干化、污泥的干燥与焚烧。

▶任务实施

知识点1　污泥浓缩技术

一、污泥浓缩的概念

废水处理过程中产生的污泥含水率很高，一般为96%～99.8%，体积很大，对污泥的处理、利用和运输造成了很大困难。污泥浓缩就是使污泥的含水率、污泥体积得到一定程度的降低，从而降低污泥后续处理设施的基本建设费用和运行费用。

1.污泥中的水分

污泥中所含水分大致分为以下4类（如图4-2所示）：

①空隙水，指被污泥颗粒包围起来的水分。孔隙水并不与污泥颗粒直接结合，一般占总水分的70%左右。这部分水可以通过重力沉淀（浓缩压密）而分离。

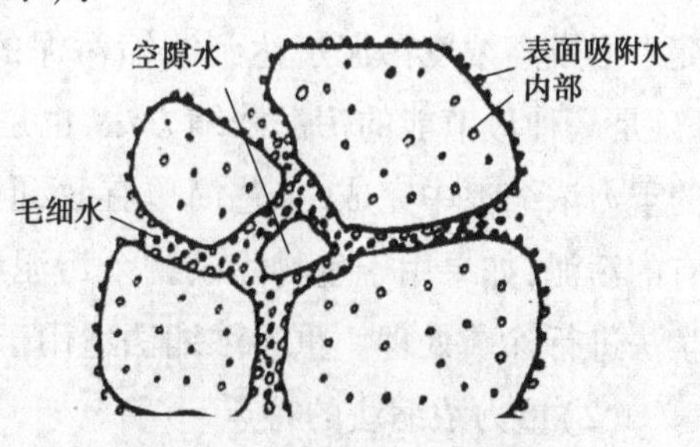

图4-2　污泥中水分示意图

②毛细水，指颗粒间毛细管内的水。毛细水约占总水分的20%。要脱除毛细水，必须向污泥施加外力，如离心力、负压力（真空过滤）等，以破坏毛细管表面张力和凝聚力的作用。

③表面吸附水，指在污泥颗粒表面附着的水分。表面吸附水附着力较强，脱除比较困难，要使胶体颗粒与水分离，必须采用混凝法，通过胶体颗粒的相互絮凝，排除附着在表面的

水分。表面吸附水在胶体状颗粒、生物污泥等固体表面上常出现。

④内部水,指污泥颗粒内部结合的水分,如生物污泥中细胞内部水分,污泥中金属化合物所带的结晶水等。这部分水是不能用机械方法分离的,可以通过生物分解或热力方法除去。

表面吸附水和内部水通常占污泥总水分的10%左右。

2. 污泥浓缩的方法

污泥浓缩的方法主要有重力浓缩、气浮浓缩和离心浓缩3种,中小型规模装置多采用重力浓缩,工业上主要采用后两种。这3种污泥浓缩方法各有优缺点,应根据具体情况与要求予以选择,如表4-2所示。

表4-2　各种污泥浓缩方法的优缺点

方法	优点	缺点
重力浓缩	①贮存污泥的能力强; ②操作要求不高; ③运行费用少,电耗低	①占地面积大; ②会产生臭气; ③对某些污泥工作不稳定
气浮浓缩	①浓缩后污泥含水率较低; ②比重力浓缩法所需土地少,臭气问题少; ③可使砂砾不混于浓缩污泥中; ④能去除油脂	①运行费用较高; ②占地比离心浓缩法多; ③污泥贮存能力小; ④操作要求比重力浓缩法高
离心浓缩	①占地面积小; ②没有或几乎没有臭气问题	①要求专用的离心机; ②电耗大; ③对操作人员要求高

二、污泥浓缩与运行管理

1. 重力浓缩池运行管理

(1)重力浓缩法的原理

重力浓缩法用于污泥处理已有50多年历史,是一种广泛采用方法。重力浓缩通过在沉淀中形成高浓度污泥层达到浓缩污泥的目的,不需要外加能量,利用重力作用自然沉降分离,是一种最节能的污泥浓缩方法,也是目前主要的污泥浓缩方法。单独的重力浓缩在独立的重力浓缩池中完成,工艺简单有效,但停留时间较长时可能产生臭味,而且并非适用于所有的污泥;如果用于生物除磷剩余污泥浓缩时,会出现磷的大量释放,其上清液需要采用化学法进行除磷处理。重力浓缩法适用于初沉污泥、化学污泥和生物膜污泥。

(2)重力浓缩法的特点

重力浓缩法具有重力浓缩池贮泥能力强、动力消耗小(尤其是电耗低)、运行费用低、操作简便等优点。缺点是占地面积较大,浓缩污泥含水率较高,易产生臭气等。

(3)重力浓缩池的运行方式

重力浓缩池按其运转方式可以分为连续式和间歇式两种。连续式主要用于大、中型污水处理厂,间歇式主要用于小型污水处理厂或工业企业的污水处理厂。重力浓缩池一般采用水密性钢筋混凝土建造,设有进泥管、排泥管和排上清液管,平面形式有圆形和矩形两种,多采用圆形。

①间歇式重力浓缩池。间歇式重力浓缩池的进泥与出水都是间歇的。在浓缩池的不同高度上设多个上清液排出管,污泥排入浓缩池经一定浓缩时间后,依次开启设在浓缩池上不同高度的清液管阀门,分层放掉上清液,然后通过排泥管排放污泥,再向浓缩池内排入下一批待处理的污泥。应注意浓缩池的上清液应回到初沉池前重新处理。图 4-3 为间歇式重力浓缩池示意图。

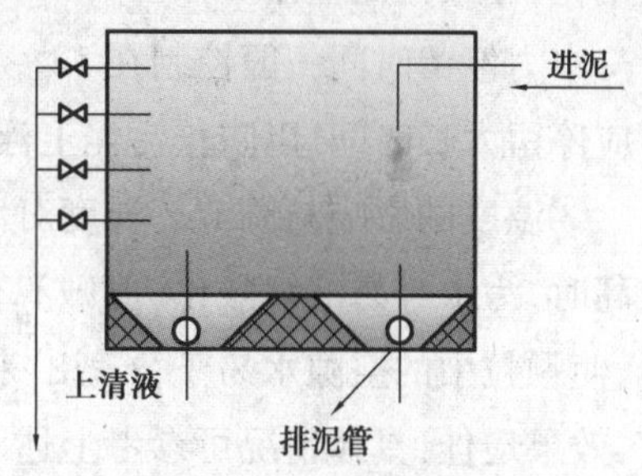

图 4-3　间歇式重力浓缩池示意图

②连续式重力浓缩池。连续式重力浓缩池的进泥与出水都是连续的,排泥可以是连续的,也可以是间歇的。连续式重力浓缩池一般有竖流式或辐流式两种。当池子较大时采用辐流式;当池子较小时采用竖流式。竖流式浓缩池采用重力排泥,辐流式浓缩池多采用刮泥机机械排泥。图 4-4 为有刮泥及搅动栅的连续式重力浓缩池示意图。

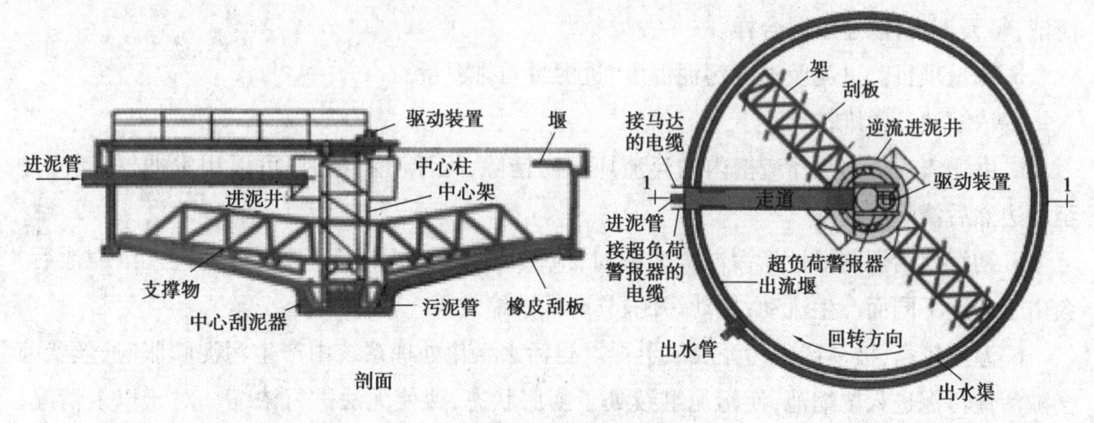

图 4-4　连续式重力浓缩池示意图

(4)重力浓缩池的运行管理

重力浓缩池的运行,要求上清液比较清,无污泥颗粒随水流出,浓缩后污泥含水率较低,最好能降到 95%,但是浓缩的效果往往受污泥的沉淀性能、污泥中的固体浓度、污泥的自身性质与来源影响。

①进泥量的控制。按设计要求进入污泥量,进泥量存在一个最佳控制范围。进泥量太大,超过浓缩能力时,会导致上清液浓度太高,排泥浓度太低,起不到应有的浓缩效果。进泥量太低,不但降低处理量,浪费池容,还可导致污泥上浮,从而使浓缩不能顺利进行下去。

对初沉池污泥来说,固体表面负荷一般控制为 90 ~ 150 $kg/(m^2 \cdot d)$。活性污泥的浓缩性较差,一般控制为 10 ~ 30 $kg/(m^2 \cdot d)$。运行人员在实践过程应摸索出适合本厂(站)的最佳范围。

②水力停留时间的控制。污泥在浓缩池中会发生厌氧分解。污泥在池中停留时间过长,首先会发生水解酸化,密度减小,导致浓缩困难,停留时间继续延长还会导致厌氧分解和反硝化,导致污泥上浮。

水力停留时间一般控制在12～30 h。温度较低时,允许停留时间稍长些;温度较高时,不应停留太长时间,以防止污泥上浮。

③温度的影响与调节。温度对浓缩效果的影响体现在两个相反的方面:一方面当温度较高时,污水容易溶解酸化(腐败),使浓缩效果降低;另一方面,温度升高会使污泥的黏度降低,使颗粒中的空隙水易于分离出来,从而提高浓缩效果。一般来说,当温度在15～20 ℃时,效果最佳,具体情况可参考上述水力停留时间的调节。

④排泥控制。对于连续式重力浓缩池,能够使污泥层保持稳定,对浓缩效果比较有利。无法连续运行的浓缩池,应"勤进勤排",使运行趋于连续,但一次排泥也不能过量,否则排泥速度会超过浓缩速度,使排泥变稀,并破坏污泥层。

⑤分析、测量与记录。

a.分析项目。含水率(含固量):浓缩池进泥和排泥,每天3次,取瞬时样。BOD_5:浓缩池上清液,每天1次,取连续混合样。SS:浓缩池上清液,每天3次,取瞬时样。TP:浓缩池上清液,每天1次,取连续混合样。

b.测量项目。进泥及池内污泥温度;进泥量与排泥量。

⑥浓缩池日常维护。

a.由浮渣刮板刮至浮渣槽内的浮渣应及时清除,无浮渣刮板时,可以用水冲,将浮渣冲至池边然后清除。

b.初沉池污泥与活性污泥混合浓缩时,应保证两种污泥混合均匀,否则进入浓缩池后,会由于密度不同而产生流动,扰动污泥层,降低浓缩效果。

c.温度较高,极易产生污泥厌氧上浮。当污水生化处理系统中产生污泥膨胀时,丝状菌会随活性污泥进入浓缩池,使污泥继续处于膨胀状态,致使无法进行浓缩。对于以上情况,可向浓缩池入流污泥中加入Cl_2等氧化剂,抑制微生物的生长,保证浓缩效果,同时,还应从污水处理系统中寻找膨胀原因,并予以排除。

d.在浓缩池入流污泥中加入部分二沉池出水,可防止污泥厌氧上浮,提高浓缩效果,同时还能适当降低恶臭程度。

e.浓缩池较长时间没排泥时,应先排空清池,严禁直接开启污泥浓缩机。

f.应定期检查上清液溢流堰的平整度,如不平整应予以调节,否则将导致池内流态不均匀,产生短路现象,降低浓缩效果。

g.浓缩池是恶臭很严重的一个处理单元,因而应对池壁、浮渣槽、出水堰等部位定期清理,尽量使恶臭降低。

h.应定期(每隔半年)排空彻底检查是否积泥或积砂,并对水下部件进行防腐处理。

(5)重力浓缩池运行时常见的异常问题及解决对策

重力浓缩池运行时常见的异常问题、产生原因及对策如表4-3所示。

表 4-3 重力浓缩池运行时常见的异常问题、产生原因及对策

<table>
<tr><th>现象</th><th>产生原因</th><th>对策</th></tr>
<tr><td rowspan="4">污泥上浮,液面有小气泡逸出,且浮渣量增多</td><td>集泥不及时</td><td>可适当提高浓缩机的转速,从而加大泥收集速度</td></tr>
<tr><td>排泥不及时,排泥量太小,或排泥历时太短</td><td>加强运行调度,及时排泥</td></tr>
<tr><td>进泥量太小,污泥在池内停留时间太长,导致污泥厌氧上浮</td><td>措施一是加 Cl_2、O_3 等氧化剂,抑制微生物生长;措施二是尽量减少投运池数,增加每池的进泥量,缩短停留时间</td></tr>
<tr><td>由于初次沉淀池排泥不及时,污泥在初次沉淀池内已经腐败</td><td>此时应加强初次沉淀池的排泥操作</td></tr>
<tr><td rowspan="5">排泥浓度太低,浓缩比太小</td><td>进泥量太大,使固体表面负荷增大,超过了浓缩池的浓缩能力</td><td>应降低入流污泥量</td></tr>
<tr><td>排泥太快</td><td>当排泥量太大或一次性排泥太多时,排泥速率会超过浓缩速率,导致排泥中含有一些未完全浓缩的污泥,应降低排泥速率</td></tr>
<tr><td>浓缩池内发生短流,即溢流堰板不平整,使污泥从堰板较低处短路流失,未经过浓缩</td><td>应对溢流堰板予以调节</td></tr>
<tr><td>进泥口深度不合适,入流挡板或导流筒脱落,也可导致短流</td><td>此时可予以改造或修复</td></tr>
<tr><td>温度的突变、入流污泥含固量的突变或冲击式进泥,均可导致短流</td><td>应根据不同的原因予以处理</td></tr>
</table>

2. 气浮浓缩池的运行管理

(1)气浮浓缩法的原理

气浮浓缩是采用大量的微小气泡附着在污泥颗粒的表面,从而使污泥颗粒的相对密度降低而上浮,实现泥水分离的浓缩方法。气浮浓缩法适用于浓缩活性污泥和生物滤池等颗粒相对密度较低的污泥。气浮浓缩可使活性污泥的含水率从 99.4% 浓缩到 94% ~97%。

(2)气浮浓缩法的特点

气浮浓缩法的优点是单池容积的处理能力大、脱水效率高,占地面积小,富含养分的污泥不易腐化变质,适用于有机性污泥的浓缩脱水。但缺点是运行电耗高,设施较多,操作管理比较烦琐。

(3)气浮浓缩池的运行方式

气浮浓缩有部分回流气浮浓缩系统和无回流气浮浓缩系统两种,其中部分回流气浮浓缩系统应用较多。图4-5为部分回流气浮浓缩系统。澄清水从池底引出,一部分排走,另一部分用水泵回流。通过水射器或空压机将空气引入,然后在溶气罐内溶入水中。溶气水经减压阀进入混合池,与流入该池的新污泥混合。减压析出的空气泡附着于污泥固体上,形成相对密度小于1的混合体,一起浮于水面形成浮渣,由刮渣机刮出从而实现泥水分离和污泥浓缩。

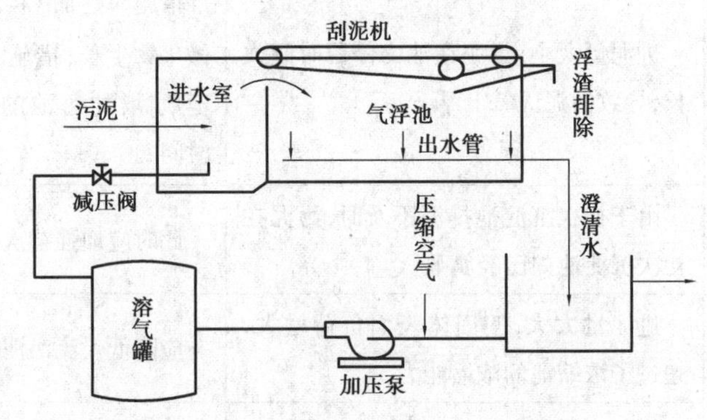

图4-5　部分回流气浮浓缩系统示意图

(4)气浮浓缩池的运行管理

①工艺参数控制:

a.进泥量的控制。如果进泥量太大,超过气浮浓缩系统的浓缩能力,则排泥浓度降低;反之,则造成浓缩能力浪费。当浓缩活性污泥时,进泥量一般控制在50~120 kg/(m^2·d),可在运行实践中得出适合本厂(站)污泥的负荷值。

b.水力表面负荷的控制。确定了进泥量、空气量及加压水量之后,还应对气浮池进行水力表面负荷的核算。对于活性污泥,水力表面负荷一般应控制在120 m^3/(m^2·d)以内。此外,污泥在气浮内的停留时间也会影响浓缩效果。对于活性污泥,要得到较好的气浮浓缩效果,停留时间一般控制在$t>20$ min。

c.加压水量的控制。加压水量应控制在合适的范围内,水量太少,溶不进气体,不能起到气浮效果;水量太多,不仅能耗升高,也可能影响细气泡的形成。

d.气量的控制。气量控制直接影响排泥浓度的高低。一般来说,溶入的气量越大,排泥浓度也越高,但能耗也相应增加,应控制合适的气固比。

e.回流比。加压容器所用水量与需要浓缩的污泥量之比(以体积百分比计),一般为25%~35%。

f.溶气罐。加压水在溶气罐内停留的时间一般为1~3 min,绝对压力一般为0.3~0.5 MPa,罐高与直径之比常为(2~4):1。

g.回流水加压泵。要求泵的出口压力不低于溶气罐的压力,一般采用0.3~0.5 MPa。

②泥渣的刮除。在气浮池出口处设置可调节高度的出口堰,通过调节堰板在池中的高低位置,控制适宜的浮渣层厚度,一般控制在0.15~0.3 m。浮渣的刮除一般采用刮渣机,刮

渣机刮板的移动速度以控制在0.5 m/min左右为宜。

③分析测量与记录。分析项目包括含水率(含固量)、BOD_3(分离清夜)、SS(分离清液)。测量项目包括温度(环境温度与污泥温度)、流量(溶入每池的空气量、加压水量、进泥量与排泥量)。

(5)异常问题及对策

气浮池运行时的异常问题及对策如表4-4所示。

表4-4 气浮池运行时的异常问题及对策

现象	产生原因	对策
气浮污泥含固量太低	刮泥周期太短,刮泥太勤,不能形成良好的污泥层	降低刮泥频率,延长刮泥周期
	溶气量不足,导致气固比降低,因此气浮污泥的浓度也降低	增大空压机的供气量
	入流污泥量太大或浓度太高,超过了气浮浓缩能力	降低进泥量
	入流污泥SVI值太高(SVI值为100左右时,气浮效果最好,这一点与重力浓缩是一致的),当SVI值大于200时,浓缩效果将降低	向入流污泥中投入适量混凝剂,暂时保证浓缩效果;从污水处理系统中寻找SVI值升高的原因,针对原因予以排除
气浮分离清液中含固量升高	入流污泥量太多或含固量太高,超过了系统浓缩能力	适当降低入流污泥量
	刮泥周期太长。如果长时间不刮泥,使气浮污泥层过厚,也将影响浓缩效果,导致分离液SS升高	立即刮泥
	溶气量不足,气固比太低	增大溶入的气量
	池底积泥,腐败酸化。池底的排泥常常得不到重视。池底积泥时间太长,会影响浓缩效果直接导致分离液SS升高	加强池底积泥的排除

3.离心浓缩机的运行管理

(1)气浮浓缩法的原理

离心浓缩法的原理是利用污泥中固、液相的密度不同,在高速旋转的离心机中受到不同的离心力而使两者分离,达到浓缩的目的。由于离心力是重力的500~3 000倍,因而在很大的重力浓缩池内要几小时才能达到的浓缩效果,在很小的离心机内就可以完成,且只需几分钟。含水99.5%的活性污泥,经离心浓缩后,含水率可降低到94%。离心浓缩过程封闭在离心机内进行,因此一般不会产生恶臭。

(2)离心浓缩法的特点

污泥离心浓缩装置具有工作场地卫生条件好、占地面积小、浓缩后污泥含水率较低等优点。但离心浓缩装置的电耗高,设备维修工作量大,对操作人员技术要求高。

(3)离心浓缩装置的种类

用于污泥浓缩的离心装置和设备有:

①转盘式离心机。这种离心机是连续运行的,其构件包括多层叠的锥形转盘(每个转盘相当于独立的、生产能力较低的离心机),污泥在转盘间进行分离,澄清液沿着中心轴向上流动,并从顶部排出,而固体集中于离心机转筒底边缘,并经排放口排出。

②螺旋式离心机。这种离心机也是连续运转的,它由一个长的转筒和一个同心的螺旋轴构成。通常,转筒是水平安装,且一端是逐渐缩小的。污泥被连续引入装置,固体向周围离心浓缩。旋转速率略微不同的螺旋轴,将积聚的污泥移向渐缩端,固体在渐缩端更加浓缩,脱水和离心分离液分别从前后端排出。

③筐式离心机。在筐式离心机中,污泥从底部进入,并朝着筐的外壁流动。滤饼连续堆积在筐内,直到离心滤液(溢流通过装置顶部的堰板)中固体含量开始增加为止。此时就要停止进料,离心机减速,并把撇除器放进转筒中,以脱除留在装置内的液层。然后把刮刀移进转筒中刮除滤饼,滤饼掉到离心机底部并排出。此装置是间歇运行的,污泥进料和脱水滤饼的排出交替进行,一般用于小规模污泥量的处理。

(4)离心浓缩装置的主要技术参数

当采用转盘式、筐式和螺旋式离心装置浓缩剩余活性污泥时,其典型技术参数如表4-5所示。

表4-5　剩余活性污泥离心浓缩的典型技术参数

离心装置类型	处理能力/($m^3 \cdot min^{-1}$)	含水率/%		固体回收率/%	混凝剂投量/($kg \cdot t^{-1}$)
		浓缩前	浓缩后		
转盘式	0.75	99~99.2	94.5~95	85~90	0
		—	—	90~95	0.5~1.5
	2	—	96	80	0
螺旋式	0.05~0.06	85	77~81	90	0
筐式	0.165~0.35	93	90~91	70~90	0

知识点2　污泥消化技术

污泥经过浓缩处理后体积减小,但污泥中仍含有大量的有害成分,因此在处置之前需将之转化为惰性成分,最常用的方法是生物降解稳定。因为这个过程是为了将物质最终转化为无菌产物,常应用消化的方法。污泥消化既能进一步减少污泥体积也能使所含固体转化为惰性物质,并且大体上没有病菌。通过厌氧消化或好氧消化都能达到污泥消化目的。

污泥厌氧消化是一种污泥在无氧条件下,利用兼性菌和厌氧菌进行厌氧生化反应,分解污泥中的有机物质的污泥处理工艺。厌氧消化可去除废物中 30% ~50% 的有机物，最终生物降解有机物为 CH_4、CO_2、H_2O 和 H_2S 气体，是污泥减量化、稳定化的常用手段之一，是大型污水厂最为经济的污泥处理方法。

一、消化的原理

1. 厌氧消化机理

污泥的厌氧消化是一个极其复杂的过程，一般分为 3 个阶段。

(1)水解酸化阶段

水解过程一般发生在污泥厌氧消化的初始阶段，污泥中的非水溶性高分子有机物，如碳水化合物、蛋白质、脂肪、纤维素等在微生物水解酶的作用下水解成溶解性的物质。水解后的物质在兼性菌和厌氧菌的作用下，转化成短链脂肪酸，如乙酸、丙酸、丁酸等，还有乙醇、二氧化碳。

(2)产氢产乙酸阶段

水解阶段产生的简单可溶性有机物在产氢和产乙酸细菌的作用下，进一步分解成乙酸、二氧化碳和氢气等。该过程中乙酸菌和甲烷菌是共生的。

(3)产甲烷阶段

甲烷化阶段发生在污泥厌氧消化后期，在这一过程中，甲烷菌将乙酸(CH_3COOH)和 H_2、CO_2 分别转化为甲烷，即

$$2CH_3COOH \longrightarrow 2CH_4\uparrow + 2CO_2\uparrow$$

$$4H_2 + CO_2 \longrightarrow CH_4 + 2H_2O$$

在整个厌氧消化过程中，由乙酸产生的甲烷约占总量的 2/3，由 CO_2 和 H_2 转化的甲烷约占总量的 1/3。

2. 厌氧消化的影响因素

(1)温度

温度是影响消化的主要因素。温度适宜时，细菌发育正常，有机物分解完全，产气量高。根据微生物对温度的适应性，可将污泥厌氧消化分为中温(30 ~36 ℃)厌氧消化和高温(50 ~55 ℃)厌氧消化。有研究表明，在污泥厌氧消化过程中，温度发生±3 ℃变化时，就会抑制污泥消化速度；温度发生± 5 ℃变化时，就会突然停止产气，使有机酸发生大量积累而破坏厌氧消化。尤其是高温消化，对温度变化更为敏感。因此在运行时，应保持温度不变。

(2)污泥投配率

污泥投配率是指每日加入污泥消化池的新鲜污泥体积与消化污泥体积的比率，以百分数计。根据经验，投配率中温消化 6% ~8% 为宜。在设计时，新鲜污泥投配率可在 5% 和 12%之间选用。投配率大，有机物分解程度降低，产气量下降，所需消化池体积小，反之产气量增加，所需消化池容积大。

(3)营养与碳氮比

消化池的营养由投配污泥供给，营养配比中最重要的是碳氮比(C/N)。碳氮比(C/N)

太高或太低都不利于污泥消化，一般以 10 ~ 20 较为合适。

(4)搅拌混合

污泥搅拌混合是影响污泥消化的重要因素。搅拌可以使新鲜污泥与熟污泥均匀接触，加强热传导，均匀地供给细菌以养料，打碎液面上的浮渣层，提高消化池的负荷。

(5)酸碱度

微生物对酸碱度的变化非常敏感，甲烷菌的最佳 pH 值是 7.0 ~ 7.5。酸碱度影响消化系统的 pH 值和消化液的缓冲能力。

(6)有毒物质

有毒物质的存在对甲烷菌的产甲烷过程有影响，这些有毒物质包括金属钠离子、钾离子、钙离子、镁离子、铵离子、表面活性剂以及硫酸根离子、亚硝酸根离子、硝酸根离子等。在污泥厌氧消化中，有毒物质对甲烷菌的生长是促进作用还是抑制作用，关键在于有毒物质的毒阈浓度。低于毒阈浓度，对甲烷菌生长有促进作用；在毒阈浓度范围内，有中等抑制作用，随浓度逐渐增加，甲烷菌可被驯化；超过毒阈上限，则对微生物生长具有强烈的抑制作用。

二、厌氧消化工艺

目前，比较广泛采用的厌氧消化工艺主要分为 3 类：一级消化、二级消化和两相厌氧消化。

1. 一级消化工艺

一级消化是指在一个消化装置内完成消化全过程，这种消化池内一般不设搅拌设备，因而池内污泥有分层现象，仅一部分池容积对有机物起分解作用，池底部容积主要用于储存和浓缩熟污泥。由于微生物不能与有机物充分接触，消化速率很低，消化时间很长，一般为 30 ~ 60 d。因此一级消化工艺仅适用于小型装置，目前已很少应用。图 4-6 为一级消化工艺示意图。

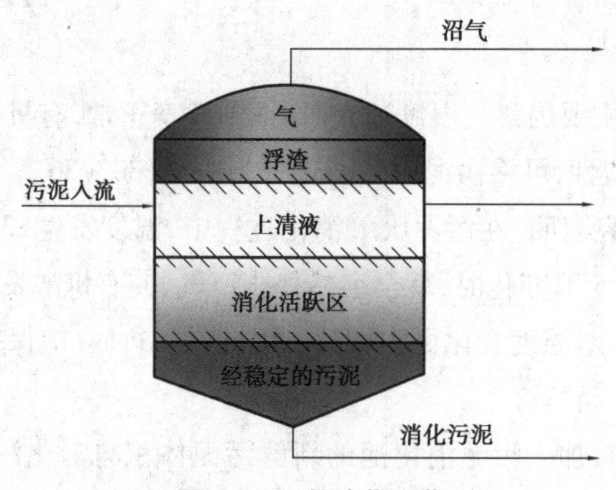

图 4-6　一级消化工艺

2. 二级消化工艺

二级消化是指将消化池一分为二，污泥先在第一级消化池中消化(消化池中设有加温、搅拌装置，并有集气罩收集沼气)，经过 7 ~ 12 d 的消化反应后，排出的污泥送入第二级消化池；第二级消化池中不设加温和搅拌装置，依靠来自一级消化池污泥的余热继续消化污泥，由于不搅拌,第二级消化池兼有浓缩功能。二级消化池应设置集气和排出上清液的管道。污泥中的有机物分解主要在一级消化池中完成。图4-7为二级消化工艺示意图。

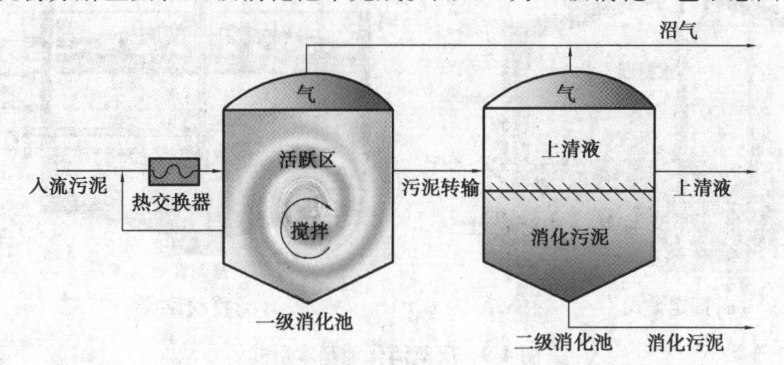

图4-7　二级消化工艺

二级消化是对一级消化的改善,二级消化工艺比一级消化工艺的总耗热量少,并减少了搅拌能耗、熟污泥的含水率、上清液固体含量。

3. 两相厌氧消化工艺

两相厌氧消化工艺实现了生物相的分离,使产酸相和产甲烷相成为两个独立的处理单元,以便于分别调控,确保发挥两大类微生物各自优势所需的条件,大幅度提高了废水处理能力和反应器的运行稳定性,又进一步提高了厌氧法处理废水的能力和范围。图4-8为两相厌氧消化工艺示意图。

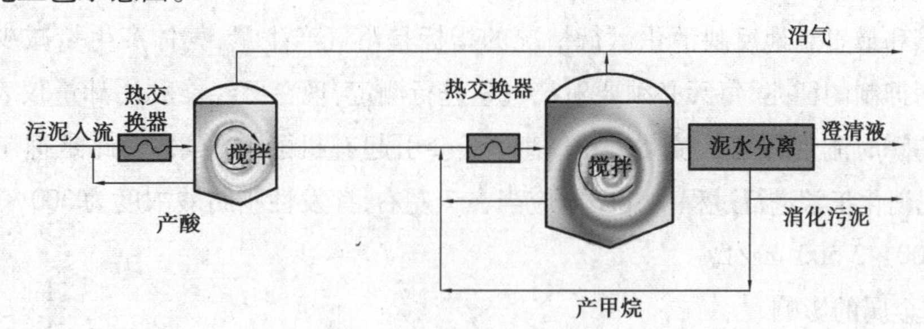

图4-8　两相厌氧消化工艺

两相厌氧消化工艺使厌氧生化反应的各阶段处于最优条件下运行,系统处理效率高,总池容小,加温和搅拌能耗少,运行管理方便,消化更彻底。

三、厌氧消化池

厌氧消化池有固定盖式和浮动盖式两种,常用的是固定盖式,如图4-9所示。按几何形状分为圆柱形和蛋形两种。圆柱形消化池池径一般为6～35 m,池总高与池径之比为0.8～1.0,池底、池盖倾角一般取15°～20°,池顶集气罩直径取2～5 m,高1～3 m。

蛋形消化池长轴直径与短轴直径比为1.4～2.0,其具有的优点如下:

①搅拌均匀。

②池内污泥表面不易生成浮渣。

③在池容相等的条件下,池子总表面积比圆柱形小,散热面积小,易于保温。

④蛋形的结构与受力条件最好,节省建筑材料。

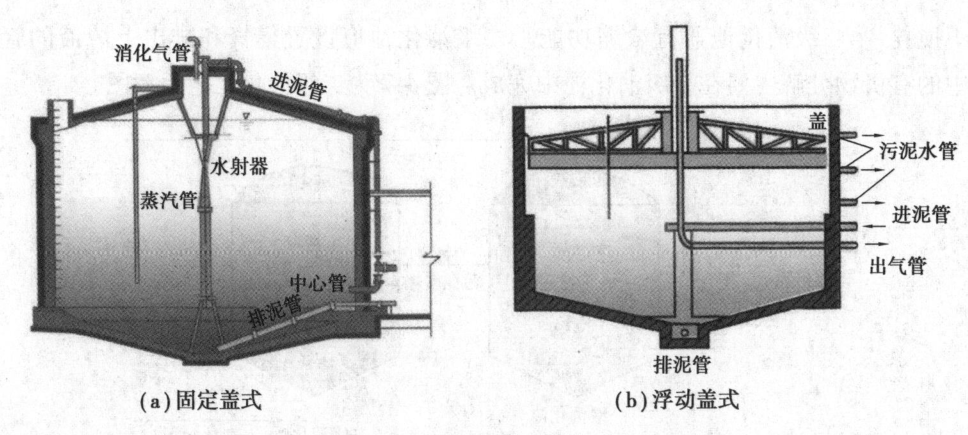

(a)固定盖式　　(b)浮动盖式

图4-9　厌氧消化池基本形式

⑤防渗水性能好,聚沼气效果好。

四、污泥厌氧消化的运行管理

1.日常管理检测指标

在厌氧消化池中,一般采用能反映微生物代谢的指标间接判断微生物活性。为了掌握消化池的运转状态,应当及时监测的指标有沼气产生量、消化污泥中的有机物含量、挥发性脂肪酸浓度、碱度、pH值等,这些指标也就是消化池的日常管理检测指标。

(1)沼气产生量

最敏感和最直观地反映消化运行情况的指标是沼气产生量,气体产生量减少往往是消化开始受到抑制的征兆,每天必须要对产气量进行测定,现在已经能利用计量仪表随时检测气体产生的瞬时流量和累计流量。pH值降低会引起有机酸的积累,因此是抑制气化的表征。在污泥消化正常进行过程中,pH值应当在7左右,挥发性脂肪酸浓度为300~700 mg/L、碱度为2 000~2 500 mg/L。

(2)重金属的影响

一般来说,如果好氧生物处理系统运转正常,那么从二次沉淀池排出的剩余污泥对消化池中厌氧微生物的毒害作用也不会出现,甚至其中的部分金属元素是污泥消化池中厌氧微生物必需的营养元素。但由于污水成分复杂以及污泥的富集作用,有时会造成剩余污泥中某种重金属含量过高,往往也会对消化过程产生抑制作用。为了降低和消除重金属的毒性,可以采用向消化池内投加消石灰、液氨和硫化钠等药剂,提高pH值。

(3)负荷和温度的影响

在消化池的管理上,最重要的工作是防止超负荷投加以及不使消化温度降低。超负荷和温度降低对厌氧消化的影响比对好氧处理的影响显著,恢复需要的时间更长。一旦出现消化被抑制的征兆,必须立即采取处理对策。但当进泥量远小于消化池设计进泥量时,由于负荷较低,为充分利用消化池的容积,可延长污泥在消化池内的水力停留时间,即消化的天数,如果消化时间能达到60 d以上,可不对消化池进行加热,而只进行常温消化、节约加热所需的能量。

2. 日常维护及异常问题排除

①经常通过进泥、排泥和热交换器管道上设置的清洗口，利用高压水冲洗管道，以防止泥垢增厚。当结垢严重时，应当停止运行，用酸清洗除垢。

②定期检查并维护搅拌系统：沼气搅拌立管经常有被污泥及其他污物堵塞的现象，可以将其余立管关闭，使用大气量冲洗被堵塞的立管。机械搅拌浆被长条状杂物缠绕后，可使机械搅拌器反转甩掉缠绕杂物。另外，必须定期搅拌轴穿过顶板处的气密性。

③定期检查并维护加热系统：蒸汽加热立管也经常有被污泥及其他污物堵塞的现象，可以将其余立管关闭，使用大气量吹开堵塞物。当采用池外热交换器加热、泥水热交换器发生堵塞时，换热器前后的压力表显示的压差会升高很多，此时可用高压水冲洗或拆开清洗。

④污泥厌氧消化系统的许多管道和阀门为间歇运行，因而冬季必须注意防冻，在北方寒冷地区必须定期检查消化池和加热管道的保温效果，如果保温不佳，应更换保温材料或保温方法。

⑤消化池应定期进行清砂和清渣：池底积砂过多不仅会造成排泥困难，而且会缩小有效池容，影响消化效果；池内液面积渣过多会阻碍沼气由液相向气室转移。如果运行时间不长，污泥消化池就积累很多泥沙或浮渣，则应当检查沉砂池和格栅的除污效果，加强对预处理设施的管理。一般来说，污泥厌氧消化池运行5年后应清砂一次。

⑥污泥消化池运行一段时间后，应停止运行并放空，进行检查和维修：对池体结构进行检查，如果有裂缝必须进行专门的修补；检查池内所有金属管道、部件及池壁防腐层的腐蚀程度，并对金属管道、部件进行重新防腐处理，对池壁进行防渗、防腐处理；维修后重新投运前，必须进行满水试验和水密性试验。此项工作可以和清砂结合在一起进行。

⑦定期校验值班室或操作巡检位置设置的甲烷浓度检测和报警装置，保证仪表的完好和准确性。

知识点3　污泥脱水与干化技术

污泥浓缩主要是分离污泥中绝大部分空隙水，但污泥经浓缩之后，其含水率仍在95%以上，呈流动状态，体积庞大，且易腐败发臭，不利于运输和处置，给后续处理带来相当大的困难。因此，应进一步采取措施脱除污泥的水分，降低污泥的含水率。

脱水主要是将污泥中的表面吸附水和毛细水分离出来，一般经过脱水、干化处理后，污泥含水量能从95%左右下降到60%～80%，体积减小到原来的1/10～1/5，大大降低了后续处理的难度。污泥脱水与干化的方法主要有机械脱水和干化两种。

一、污泥的机械脱水

1. 机械脱水的原理

污泥机械脱水是以过滤介质（如滤布）两面的压力差为推动力，迫使污泥中的水强制通过过滤介质，而固体则被截留在介质上，从而使污泥达到脱水的目的。机械脱水可以是在过滤介质的一面形成负压（如真空过滤机），或在过滤介质的一面加压污泥把水压过过滤介质（如压滤）或造成离心力（如离心脱水）等。

机械脱水的基本过程为:过滤刚开始时,滤液仅需克服过滤介质(滤布)的阻力;当滤饼层形成后,滤液不仅要克服过滤介质的阻力而且要克服滤饼的阻力,这时的过滤层包括了滤饼层与过滤介质。

2. 机械脱水的预处理

(1)污泥预处理的目的

污泥预处理的目的在于改善污泥脱水性能,提高机械脱水效果与机械脱水设备的生产能力。

初沉池污泥、活性污泥、腐殖污泥、消化污泥均由亲水性带负电荷的胶体颗粒组成,挥发性固体含量高,比阻值大,脱水困难。因此,在污泥脱水之前,需采用化学的、物理的或者热工的方法对污泥进行预处理,即污泥调理。通过污泥调理减小污泥水与污泥固体颗粒的结合力,改善污泥脱水性能,加速污泥脱水过程。

(2)污泥预处理的方法

根据处理机制不同,污泥预处理可以分为物理调理、化学调理和水力调理 3 类。

①物理调理。

物理调理是通过外加能量去改变污泥结构的方法,主要利用温度改变(如热处理、冷冻融化处理、日照法)、高频破碎(如超音波振荡)、机械应力(如机械研磨、高压法)、电磁波(如紫外线照射、电子束照射)等原理去破坏污泥原本高度疏松的形态,以达到改善脱水或杀菌水解的效果。

热处理通过大量热能直接破坏污泥结构,促使菌体死亡与有机物释出。热处理的温度一般在 70 ℃以上,并持续至少 30 min 以保证处理效果。热处理被认为是最适于杀菌与污泥水解的前处理法,但缺点是需要耗费大量能量。冷冻冻融处理是近年发展起来的污泥处理新方法。污泥在完全冷冻后再融化,原本疏松的粒子会变得大而致密,沉降迅速大且沉积物体积变小,其脱水性大大改善。经冻融处理的污泥,过滤效果大幅提升,可大大节约成本。

②化学调理。

化学调理即通过投加化学试剂(混凝剂、助凝剂等)而使污泥发生凝聚和絮凝,提高污泥的脱水性能。一般的化学试剂包括酸类、金属盐类、表面活性剂、高分子聚电解质等。而促进杀菌及水解的药剂则有碱类、强氧化剂(如臭氧)、高锰酸钾,以及一些生物试剂。

混凝剂有两大类:一类是无机混凝剂,包括铝盐和铁盐;一类是高分子聚合电解质,包括有机高分子聚合电解质(如聚丙烯酰胺 PAM)、无机高分子混凝剂(如聚合氯化铝 PAC)。至于调理药剂的选择、投加量的确定和药品的配制条件等要通过现场试验确定。一般情况下,无机药剂更适合真空过滤和压滤,而有机药剂更适合离心脱水或带式压滤。

③水力调理。

水力调理是以污水处理厂的出水或自来水、河水把消化污泥中的碱度洗掉以便节省混凝剂用量。但由于水力调理法需增设淘洗池及搅拌设备,使得造价提高,与节约的混凝剂费用比较后,两者差不多抵消,加上目前高效混凝剂的不断开发,故淘洗法在实际中很少采用,仅适用于消化污泥的调理。

3. 常用的机械脱水设备

常用的机械脱水设备主要有真空过滤机、压滤机、离心脱水机3种。

(1)真空过滤机

真空过滤是目前使用较为广泛的一种污泥脱水机械方法，使用的机械是真空转鼓过滤机，也称转鼓式真空过滤机。

①真空过滤机的工作原理。

真空过滤脱水是将污泥置于多孔性过滤介质上，在介质另一侧造成真空，将污泥中的水分强行吸入，使之与污泥分离，从而实现脱水，常用的设备有各种形式的真空转鼓过滤脱水机。

②真空过滤机的构造与脱水过程。

真空过滤机的特点是能够连续操作，运行平稳，可自动控制，滤液澄清率高，单机处理量大；但是真空过滤机附属设备较多，占地面积大，滤布消耗多，更换清洗麻烦，工序复杂，运行管理费用较高，正逐步被带式压滤机和板框压滤机代替。真空过滤机主要用于初沉池污泥的脱水。国内使用较广的是GP型转鼓真空过滤机，其构造与工作过程如图4-10所示。其主要部件是空心转筒1和下部污泥贮槽2。

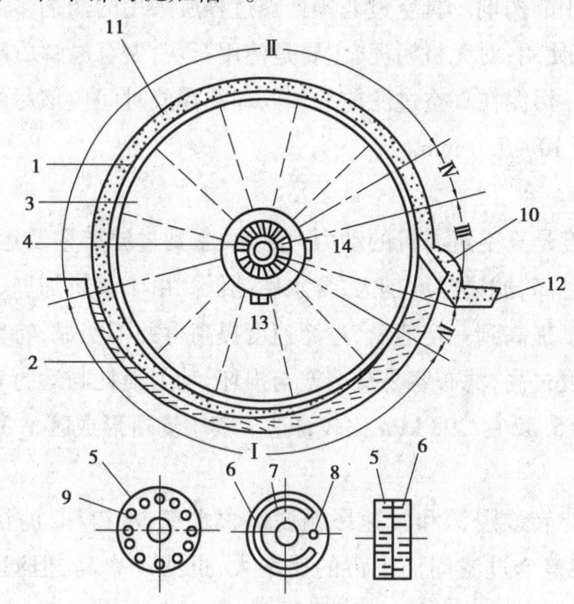

图4-10　GP型转鼓真空过滤机

Ⅰ—滤饼形成区；Ⅱ—吸干区；Ⅲ—反吹区；Ⅳ—休止区；1—空心转筒；2—污泥贮槽；3—扇形格；4—分配头；5—转动部件；6—固定部件；7—与真空管路相通的缝；8—与压缩空气管路相通的孔；9—与各扇形格相通的小孔，10—刮刀；11—泥饼；12—皮带输送器；13—真空管路；14—压缩空气管路

在空心转筒1的表面上覆盖有过滤介质，并浸在污泥贮槽2内。转鼓用径向隔板分隔成许多扇形格3，每格有单独的连通管，管端与分配头4相接。分配头由两片紧靠在一起的部件：转动部件5与固定部件6组成。固定部件有缝7与真空管路13相通。孔8与压缩空气管路14相通。转动部件5有一系列小孔9，每孔通过连接管与各扇形格相通。转鼓旋转时，由于真空的作用，将污泥吸附在过滤介质上，液体通过介质沿真空管路13流到气水分离罐。吸附在转鼓上的滤饼转出污泥面后，若扇形格的连通小孔9在固定部件的缝7范围内，

则处于滤饼形成区Ⅰ及吸干区Ⅱ,继续吸干水分。当小孔9与固定部件的孔8相通时,便进入反吹区Ⅲ,与压缩空气相通,滤饼被反吹松动,并行剥落。剥落的滤饼用皮带输送器12运走。

转筒每旋转一周,依次经过滤饼形成区、吸干区、反吹区和休止区。除了真空过滤主机以外,还需要配备调理剂投加系统、真空系统和空气压缩系统,有时还需要在污泥槽内设置搅拌设施。真空过滤机的脱水能力与污泥性质和污泥浓度有关,转筒真空过滤机对消化污泥脱水时,泥饼的含水率为60%~80%;对单纯的活性污泥脱水时,真空过滤机的产率较低;如果与初次沉淀池污泥或浮渣混合脱水,可提高过滤产率。

③真空过滤机脱水效果的影响因素。

真空过滤的主要影响因素有工艺和机械两方面。

A. 工艺方面:

a. 污泥性质。污泥种类对过滤性能影响最大。原污泥的干固体浓度高,过滤产率也高,两者成正比。但污泥干固体浓度最好不超过8%~10%,否则污泥的流动性较差,输送困难,不适合处理很亲水的胶体污泥。

b. 预处理过程采用的药剂。真空过滤预处理过程所采用的药剂多为无机药剂。对有机污泥,铁盐和石灰结合使用;对无机污泥,主要是使用石灰,聚合电解质则很少采用。

c. 污泥存放时间。污泥在真空过滤前的预处理及存放时间应该尽量短,贮存时间越长,脱水性能越差,一般为10~730 min。

B. 机械方面:

a. 真空度。真空度是真空过滤机的动力,直接关系到过滤产率及运行费用,影响比较复杂。一般来说真空度越高,滤饼厚度越大,含水率越低。由于滤饼加厚、过滤阻力增加,又不利于过滤脱水。真空度提高到一定值后,过滤速度提高得并不明显,特别是对压缩性的污泥更是如此。另外真空度过高,滤布容易被堵塞与损坏,动力消耗与运行费用增加。根据污泥的性质,真空度一般为5.32~7.98 kPa比较合适。其中滤饼形成区5.32~7.98 kPa,吸干区6.65~7.98 kPa。

b. 转鼓浸没深度。转鼓浸深和转速影响滤饼含水率,浸得深,滤饼形成吸干区的范围广,滤饼形成区时间在整个过滤周期中占的比率大,过滤产率高,但滤饼含水率也高;浸得浅,转鼓与污泥槽内的污泥接触时间短,滤饼较薄,含水率也比较低。一般转鼓浸在水面下的转筒部分为全部面积的15%~40%,平均为25%,以此来计算转鼓的浸没深度。

c. 转鼓转速。转速快,周期短,滤饼含水率高,过滤产率也高,滤布磨损加剧;转速慢,滤饼含水率低,产率也低。因此转速过快或过慢都不好,转鼓转速主要取决于污泥性质、脱水要求以及转鼓直径。一般转鼓的转速约为1 r/min,线速度为1.5~5 m/min。具体转速需根据污泥性质、脱水目标和真空过滤机转筒直径等因素综合考虑。

d. 滤布性能。滤布孔目的选择取决于污泥颗粒的大小及性质。网眼太小,容易堵塞,阻力大,固体回收率高,产率低;网眼过大,阻力小,固体回收率低,滤液浑浊。滤布目前常用合成纤维如锦纶、涤纶、尼龙等制成。为防止堵塞,也可用单独外部清洗的双层金属盘簧代替滤布,但这种材料网眼太大,产生的滤液太浓。

(2)压滤机

压滤脱水是将污泥置于过滤介质上,在污泥一侧对污泥施加压力,强行使水分通过介质,使之与污泥分离,从而实现脱水,常用的设备有各种形式的板框压滤机和带式压滤机。

①板框压滤机。

压滤脱水使用的机械叫板框压滤机,板框压滤机的基本结构如图 4-11 所示,由滤板和滤框相间排列而成。在滤板两面覆有滤布,滤框是接纳污泥的部件。滤板的两侧面覆有凸条和凹槽相间,凸条承托滤布,凹槽接纳滤液。凹槽与水平方向的底槽相连,把滤液引向出口。滤布目前多采用合成纤维织布,有多种规格。

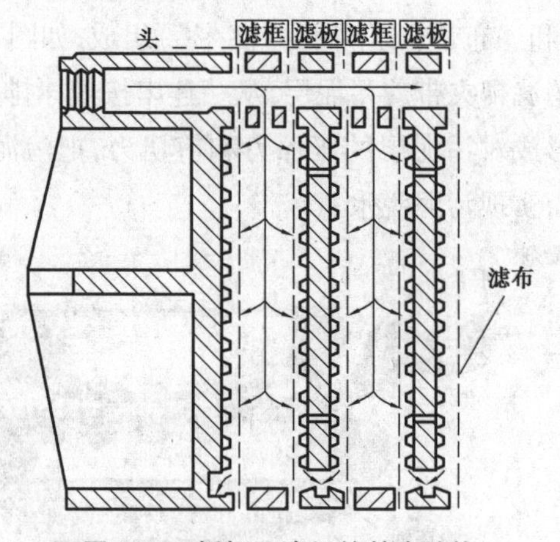

图 4-11　板框压滤机的基本结构

板框压滤机的工作原理如图 4-12 所示。在过滤时,先将滤框和滤板相间放在压滤机上,并在它们之间放置滤布,然后开动电机,通过压滤机上的压紧装置,把板、框、布压紧,这样,在板与板之间形成压滤室。在板与框的上端相同部件开有小孔。压紧后,各孔连成一条通道,脱水的污泥经加压后由通道进入压滤室。滤液在压力作用下,通过滤布背面的凹槽收集,并由经过各块板的通道排走,达到脱水的目的,排出的水回到初沉池进行处理。当滤饼完全填满压滤室时,脱水过程结束,此时应停止向压滤机送入污泥。接着,打开压滤机,依次抽出各块滤板、滤框,剥离滤饼,并清洗滤布。板框压滤机的脱水工作循环进行,一个工作周期包括:板框压紧、进料、压干滤渣、放空(排料卸荷)、正吹风、反吹风、板框拉开、卸料、洗涤滤布 9 个步骤。

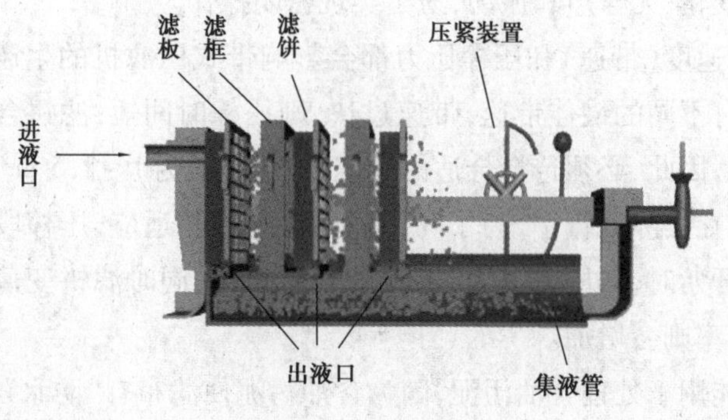

图 4-12　板框压滤机

压滤机可分为人工板框压滤机与自动板框压滤机两种。人工板框压滤机需要一块一块地卸下,剥离滤饼并清洗滤布后再逐块装上,劳动强度大、效率低。自动板框滤机上述过程都是自动的,效率较高,劳动强度低。

板框压滤机的优点是:结构简单、操作容易、运行稳定、故障少、保养方便、机器使用寿命长;过滤推动力大,所得滤饼的含水率低;过滤面积的选择范围较宽,且单位过滤面积占地较小;对物料的适应性强,适用于各种污泥;滤液澄清,固相回收率高。其主要的缺点是:间歇操作、处理量小、产率低、劳动强度大、滤布消耗大,适用于中小型污泥处理场合。

②带式压滤机。

带式压滤机由滚压轴和滤布带(以下简称"滤带")组成,如图4-13所示。它属于压力脱水类型,由上下两条张紧的滤带夹带着污泥层,从一连串按规律排列的辘压筒中呈S形弯曲经过,靠滤带本身的张力形成对污泥层的压榨力和剪切力,把污泥层中的毛细水挤压出来,获得含固量高的泥饼,从而实现污泥脱水。

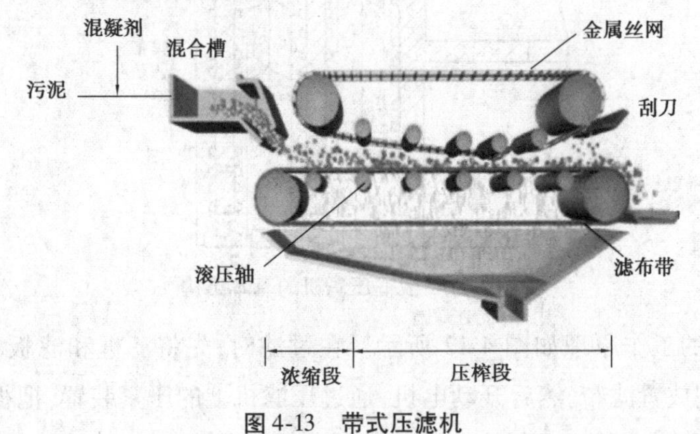

图4-13　带式压滤机

带式压滤机的成功开发是滤带开发和合成有机高分子絮凝剂发展的结果。带式压滤机的滤带是以高黏度聚酯切片生产的高强度低弹性单丝为原料,经过纺织、热定型、接头加工而成,具有拉伸强度大、耐折性好、耐酸碱、耐高温、滤水性好等优点。

带式压滤机是连续运转的污泥脱水设备,进泥的含水率一般为96%~97%,脱水后滤饼的含水率为70%~80%。带式压滤机的优点是:操作简便,可维持稳定运转,其脱水效果主要取决于滤带的速度和张力;结构紧凑、简单,低速运转,易保养;处理能力高、耗电少,允许负荷有较大范围的变化;无噪声和振动,易于实现密闭操作。

另外,滤带行走速度(带速)和压榨压力都会影响带式压滤机的生产能力和滤饼的含水率。对不同的污泥有不同的最佳带速,带速过快,则压榨时间短,滤饼含水率高,带速过慢,又会降低滤饼产率。因此,必须选择合适的带速,带速一般为1~2.5 m/min。压榨压力直接影响滤饼的含水率,在实际运行中,为了与污泥的流动性相适应,压榨段的压力是逐渐增大的。特别是在压榨开始时,如压力过大,污泥就要被挤出,同时滤饼变薄,剥离也困难;如压力过小,滤饼的含水率则会增加。

带速压滤机不能用于处理含油污泥,因为含油污泥使滤布有"防水"作用,而且容易使滤饼从设备侧面被挤出。

(3)离心脱水机

离心脱水是利用泥水密度不同,以离心力为动力实现泥水分离。离心脱水设备主要是离心机,离心机的种类很多,适用于污泥脱水的一般为卧式螺旋卸料离心脱水机(图4-14)。

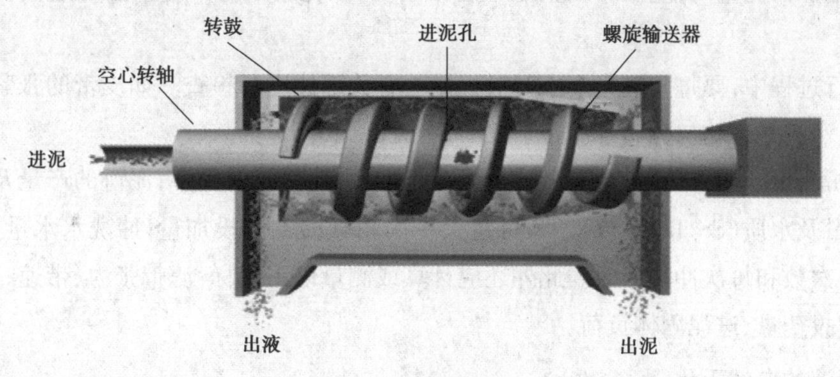

图4-14 离心脱水机

离心脱水机的分离性能常用分离因数反映,分离因数越大,离心分离的效果越好。离心机按分离因数的大小可分为高速离心机、中速离心机和低速离心机;按几何形状不同可分为筒式离心机、盘式离心机和板式离心机等。卧式离心脱水机的基本构造如图4-14所示。它主要由转鼓、螺旋输送器及空心转轴组成。螺旋输送器与转鼓由驱动装置传动,向同一个方向转动,但两者之间有一个小的速差,依靠这个速差,输送器能够缓缓地输送浓缩的泥饼。

离心脱水可以连续进行,操作方便,可自动控制,卫生条件好,占地面积小,但污泥预处理要求较高,必须使用高分子聚合电解质作絮凝剂,投加量一般为污泥干重的0.1%~0.5%。通过离心机脱水后的泥渣含水率为70%~80%。

4.机械脱水设备的日常维护与管理

用于污泥脱水的机械有真空滤机、带式压滤机、板框压滤机、离心机等,其中带式压滤机较为常用。下面主要介绍带式压滤机的日常维护与管理。

①注意观察滤带的损坏情况,并及时更换新滤带。滤带的损坏常表现为撕裂、腐蚀或老化。滤带的使用寿命一般为3 000~10 000 h,如果滤带过早损坏,应分析原因。常见的原因有:尺寸不合理、滤带的接缝不合理、滚压筒不整齐致张力不均匀、纠偏系统不灵敏等。

②每天应保证足够的滤布冲洗时间。脱水机停止工作后,必须立即冲洗滤带,不能过后冲洗。另外,还应定期对脱水机周身及内部进行彻底清洗,以保证清洁,降低恶臭。一般来说,处理1 000 kg的干污泥需冲洗水15~20 m^3,每米滤带的冲洗水量为10 m^3/h左右,每天应保证6 h以上的冲洗时间,冲洗压力一般不低于586 kPa。

③定期对机械部分进行检修和维护。如按时加润滑油、及时更换易损件、定期对易腐蚀部分进行防腐处理等。

④定期分析滤液的水质,并通过滤液水质的变化,判断脱水效果是否降低。正常情况下,滤液SS值为200~1 000 mg/L,BOD_5为200~800 mg/L。如果水质不在以上范围,则说明冲洗次数、冲洗水量、冲洗历时等工艺参数控制过大或过小。

⑤脱水机房内的恶臭气体，除影响身体健康外，还腐蚀设备。因此脱水机易腐蚀部分应定期进行防腐处理，加强室内通风。此外，增加换气次数，也能有效降低腐蚀程度。

⑥当增加污泥量时，应及时调整滤带的张紧度，以免造成滤带的张紧力过大，使滤带跑偏或打折。

⑦运行过程中，要每间隔半个小时对机械的有关部位进行检查。如皮带的张紧情况、皮带的走向、污泥是否均匀分布于滤带上、滤带有无跑偏等。

⑧分析测量及记录，每班应监测分析以下指标：进泥量及含固率；泥饼的产量及含固率；滤液的流量及水质（SS、BOD_5、TN、TP 可每天一次）；絮凝剂的投加量；冲洗水水量及冲洗后水质、冲洗次数和每次冲洗历时。此外还应计算或测量以下指标：滤带张力、带速、固体回收率、干污泥投药量、进泥固体负荷。

二、污泥的自然干化

污泥经脱水后仍含有较多的水分，为了便于运输和进行综合利用或最终处置还需通过干化来进一步降低含水率。污泥干化常规方法主要有自然干化和热力干化。

1. 自然干化

自然干化常在污泥干化场（或称晒泥场）进行，是它利用天然的蒸发、渗透、重力分离等作用，使泥水分离，从而达到脱水的目的，是污泥脱水中最经济的一种方法。排入污泥干化场的城市污水厂的污泥含水率，95% ~97% 来自初沉池，97% 来自生物滤池后的二沉池。通过自然干化，污泥的含水率可降低到 75%，污泥体积大大缩小。干化后的污泥压成饼状，可以直接运输。

（1）污泥干化场的构造

污泥干化场的四周筑有土围堤，中间则用围坝或木板将其分成若干块（常不少于 3 块）。为了便于起运污泥，每块干化场的宽度应不大于 10 m。围堤高度可采用 0.5 ~1.0 m，顶宽采用 0.5 ~1.0 m。围堤上设输泥槽，坡度取 0.01 ~0.03。在输泥槽上隔一定距离设放泥口，以便往干化场上均匀分布污泥，输泥槽和放泥口一般可用木板或钢筋混凝土制成。

干化场应设人工排水层。人工排水层的填料可分为两层，层厚各为 0.2 m，上层用细矿渣或砂等，下层用粗矿渣、碎石。排水层下可设不透水层，宜用 0.2 ~0.4 m 厚的黏土做成。在不透水层上敷设有排水管，如果污泥干化场需要设置顶盖，还需支柱和透明顶盖。若采用混凝土做成时，厚度取 0.10 ~0.15 m；用三七灰土夯实时，厚度取 0.15 ~0.30 m，均应当有 0.01 ~0.02 的坡度倾向排水设施。图 4-15 为污泥干化场。

（2）污泥脱水的影响因素

①气候条件。

由于污泥中占很大比例的水分是靠自然蒸发干化的，因此气候条件如降雨量、蒸发量、相对湿度、风速及年冰冻期等对干化场的脱水有很大的影响。研究证明，水分从污泥中蒸发的数量约等于从清水中直接蒸发量的 75%，降雨量的 57% 左右要被污泥所吸收，因此，在干化场的蒸发量中必须加以考虑。由于中国幅员辽阔，上述有关数据不能作为定论，必须根据各地条件,加以调整或通过试验决定。

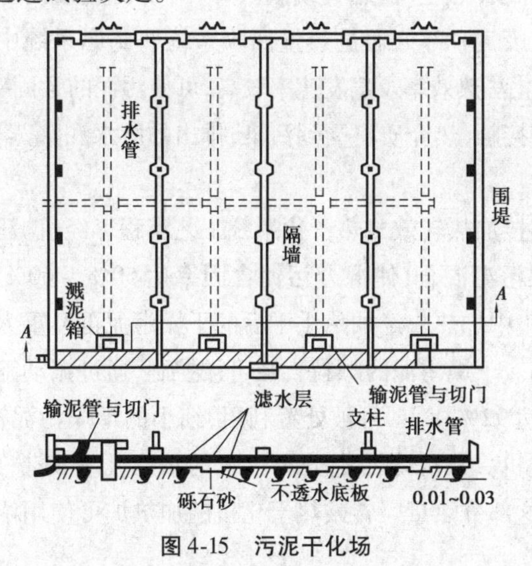

图4-15　污泥干化场

②污泥性质。

污泥性质对干化效果影响很大。例如消化污泥在消化池中,承受着比大气压高的压力,并含有很多消化气泡,排到干化场后,压力降低,体积膨胀,气体迅速释出,把固体颗粒夹带到泥层表面,降低水的渗透阻力,提高了渗透性能。对脱水性能差的污泥,水分不易渗透稠密的污泥层,往往会形成沉淀,分离出上清液。这种污泥主要靠蒸发进行脱水,并可在围堤或围墙的一定高度上开设滗水窗,去除上清液,以加速脱水过程。

③污泥干化场面积的确定。

干化场所需面积随污泥性质、地区的平均降雨量及空气湿度等不同而异。一般来说,对生活污水的消化污泥而言,每1.5~2.5人应设置0.84 m^2,当未消化的污泥不得不在干化场干化时,则需提供更大的面积。一次送来的污泥集中放在一块干化场上时,所需的面积可根据每次放泥厚度30~50 cm计算。污泥干化场占地面积大,卫生条件差,大型污水处理厂不宜采用。但污水自然干化比机械脱水经济,在一些中小型污水处理厂,尤其是气候比较干燥、有废弃土地可利用以及环境卫生运行的地区可以采用。

近年来,出现一种由沥青或混凝土浇筑,不用滤水层的干化场,这种干化场特别适用于蒸发量大的地区,其主要优点是泥饼容易铲除。对于降雨量或冰冻期长的地区,可在干化场上加盖。加盖后的干化场,能够提高污泥的干化效率。盖可做成移动盖式的,在雨季或冰冻期盖上,而在温暖季节、蒸发量大时不盖。加盖式干化场卫生条件好,但造价高,在实际工程中使用得较少。

2. 热力干化法

污泥的大规模、工业化处理工艺中最常见的是热力干化。热力干化是指利用燃烧化石燃料所产生的热量或工业余热、废热,通过专门的工艺和设备,使污泥失去部分或大部分水分的过程。这一过程具有处理时间短、占用场地小、处理能力大、减量率高、卫生化程度高、外部因素影响小(如气候、污泥性质等)、最终处置适用性好和灵活性高等优点。

在操作过程中,热介质(热空气、燃气或蒸汽等)与污泥直接接触并低速流过污泥层,吸收污泥中的水分。排出废气一部分通过热量回收系统回到原系统中再用,剩余部分至废气处理系统。直接加热干化法热效率及蒸发速率较高,可使污泥的含固率从25%提高至85%~95%。由于与污泥直接接触,热介质将受到污染,排出的废水和水蒸气须经过无害化处理后才能排放。

国外某公司采用直接加热转鼓式热干化系统工艺流程。经机械脱水后的污泥(湿污泥)进入造粒机同部分干燥污泥混合,使混合污泥含固率达50%~60%,然后进入转鼓热干化机,同热气流接触混合集中加热。经加热烘干后的干燥污泥再经重力沉降,在沉降器中将干燥污泥同水汽进行分离。干燥污泥的颗粒直径可被控制,通过振动筛后,干燥污泥颗粒直径控制在1~4 mm,干度达92%以上,可被处置利用,细小的干燥污泥被送入造粒机同湿污泥混合再送入转鼓热干化机。从沉降器中分离出来的水汽几乎携带了污泥干燥后的全部余热,再通过冷凝器回收这部分热量。转鼓热干化机的加热炉可使用沼气、天然气或热油等为燃料。

热力干化法的特点是:在无氧环境中操作,不产生灰尘;干燥污泥呈颗粒状,粒径可控;水汽循环回用,减少尾气处理成本。

3.污泥干化场的运行维护

(1)工作周期

从向场地灌入污泥、脱水到清除污泥,构成一个工作周期。对于城市污泥,平均工作周期是35~60 d,也有最短工作周期为一周左右的。影响工作周期的因素甚多,尤其受气候条件的影响。

(2)灌泥深度

灌泥深度一般为20 cm,每平方米有效场地每年可接纳污泥1.2~2 m^3。

(3)污泥的暂贮存

当气候恶劣时,污泥干化场的工作周期拉得很长,会出现场地不空,从而出现来泥需暂时贮存的情况,一般常在消化池中提供贮泥容积,或另设贮泥池。这需操作人员把握好天气变化及干化场污泥脱水情况,以便及时做好来泥暂存操作。

知识点4　污泥的干燥与焚烧技术

脱水后的污泥,体积与质量仍很大,如需进一步降低其含水率,可进行干燥处理或加以焚烧。干燥法的脱水对象是毛细管水、吸附水和颗粒内部水。经过干燥处理后,污泥含水率可降至10%~20%,便于运输,还可以作为农田和园艺的肥料。这种方法同时也是污泥最终处置的有效方法。燃烧可使污泥成为灰尘,处理的对象是吸附水、颗粒内部水及有机物。它使含水率降至零值,从而使污泥体积与质量最大限度地减小,卫生条件大为提高。

一、污泥的干燥

污泥的干燥处理方法很多,常用的设备有回转圆筒干燥装置、急骤干燥装置、流化床干燥装置等。表4-6是3种干燥设备的处理效果比较。

表4-6　3种干燥设备的处理效果比较

项目	回转圆筒干燥装置	急骤干燥装置	流化床干燥装置
热气体温度/℃	120～150	530	85
卫生条件	杀灭病原菌等	杀灭病原菌等	杀灭病原菌等
干燥后污泥的含水率/%	15～20	10	5
干燥时间/min	30～32	<1	7～15
热效率	低	高	高

二、污泥的焚烧

焚烧是目前最终处置含有毒物质的有机污泥的最有效方法。因为这些污泥不能用作肥料,同时本身又不稳定,而且具有较高的热值。

污泥焚烧炉主要有回转炉、立式炉、立式多段炉及流化床炉等。

污泥焚烧时,水分蒸发,需消耗大量能量,为了减少能量消耗,应尽可能在焚烧前减少污泥的含水率。一般的焚烧装置同污泥的干化过程是合为一体的。焚烧过程大致可分为以下4个阶段:

①将污泥加热到80～100 ℃,将除内部结合水之外的全部水分蒸发掉。

②继续升温至180 ℃,进一步蒸发内部结合水。

③继续加热到300～400 ℃,干化的污泥分解,析出可燃气体,开始燃烧。

④最终加热到800～1 200 ℃,使可燃固体成分完全燃烧。

一般有机污泥的燃烧,应保证燃烧温度在815 ℃左右。为避免二次污染,一些有机物的燃烧温度应高于污泥燃烧温度,此外需对焚烧产生的烟气进行处理,如用碱液进行湿式洗涤处理。

▶项目评价

根据任务完成情况,如实填写表4-7。

表4-7　任务过程评价表

考核内容	考核标准	小组评	教师评
理论知识(30分)	不能掌握理论知识得0分		
	基本掌握理论知识得20分		
	掌握理论知识得30分		
操作技能(60分)	不能掌握污泥处理处置技术得0分		
	基本掌握污泥处理处置技术得40分		
	掌握污泥处理处置技术得60分		

续表

考核内容	考核标准	小组评	教师评
团队协作（10分）	无全局观、团队协作的能力，无职业道德素养及敬业精神得0分		
	具有一定的团队协作的能力，具有一定的职业道德素养及敬业精神得6分		
	分工明确，协调配合，各尽其职得10分		
合计			

▶自我检测4

一、选择题

1. 污泥可以作为肥料，但必须满足卫生要求，有毒物质的含量也必须（　　）。

A. 为零　　B. 很少　　C. 微量　　D. 在限量以内

2. 滚压带式过滤机由于可连续生产、动力消耗少，又不需要真空或加压设备，用滤布的（　　）或张力使污泥脱水，在国内外有广泛使用。

A. 压力　　B. 长度　　C. 表面积　　D. 柔软性

3. 目前我国典型的污泥处理工艺流程是（　　）。

A. 污泥—污泥消化—污泥脱水—污泥处置

B. 污泥—污泥浓缩—污泥干燥—污泥处置

C. 污泥—污泥浓缩—污泥脱水—污泥处置

D. 污泥—污泥浓缩—污泥焚烧—污泥处置

4. 间歇式重力浓缩池的污泥停留时间通常采用（　　）。

A. <2 h　　B. 3 ~ 5 h　　C. 9 ~ 24 h　　D. >48 h

5. 下列浓缩方法中，需要时间最短的是（　　）。

A. 间歇式重力浓缩池　　B. 连续式重力浓缩池

C. 气浮浓缩池　　D. 离心浓缩池

二、判断题

1. 污泥处置的目标是减量化、稳定化、无害化、资源化。（　　）

2. 典型的污泥处理流程一般包括污泥浓缩、污泥消化、污泥脱水和污泥处置。（　　）

3. 污泥处置阶段的目的是最终消除污泥造成的环境污染并回收利用其中的有用成分。（　　）

4. 气浮法属于污废水处理中的化学处理方法。（　　）

5. 污泥经浓缩或脱水后，含水率为60% ~80%，这时可以直接通过焚烧的方法除去水分

和氧化污泥中的有机物。 (　　)

6. 重力浓缩法具有浓缩后污泥含水率较低、臭气少、占地面积小、运行费用少等优点。 (　　)

7. 离心脱水的优点是可以连续生产、操作方便、可自动控制、卫生条件好、占地面积小。 (　　)

8. 带式压滤脱水的关键步骤是调整带速。 (　　)

9. 污泥中的无机物是消化处理的主要对象。 (　　)

10. 板框压滤机的一个工作周期包括污泥注入、压滤、滤饼除去和滤机闭合4个步骤。 (　　)

三、操作题

1. 带式压滤机的日常维护管理操作。

2. 气浮工艺过程的主要管理与操作。

四、问答题

1. 简述带式压滤机的工艺控制方法。

2. 画出典型污泥处理工艺流程,并简述各处理阶段目的。

项目5 常见污废水处理机械

▶情境设计

随着改革开放的日益深化、国民经济的飞速增长及社会的快速发展,水污染问题日趋严重。水是生命之源,一旦失去了这个宝贵的资源,我们将无法生存,所以对目前污染的水源进行治理就显得尤为重要。我国水处理设备经过了近50年的发展,现在已逐步完善。一般把水处理机械设备分为通用机械设备与专用机械设备两个大类。在通用机械设备中,主要是阀类、泵类与风机类,而专用机械设备则包括很多种,如拦污、加药、搅拌、排渣、曝气、排泥、除砂、浓缩与脱水设备等。而且随着近些年机械化程度逐渐提高,污水处理厂的机械设备逐渐向着复杂化发展,很多机械设备的正常工作都需要保证严格的工作状态,才能达到预期的污水处理效果,设备的正确使用及维护将直接影响污水处理质量。

▶项目描述

在新建的各种规模的污水处理项目中,污水处理机械设备数量多、种类多,对运营人员和维护人员的专业素质要求高。本项目主要学习污水处理中的通用机械设备和专用机械设备,通过本项目的学习,初步掌握污水处理机械的结构和设备维护的方法。

▶项目目标

知识目标

- 认识污水处理机械的结构及其用途;
- 掌握常见污水处理机械设备的选型。

技能目标

- 掌握常见污水处理机械设备的操作方法;
- 会处理简单的污水处理机械设备故障。

情感目标

- 培养团结协作的能力;
- 培养职业素养。

任务1　认识污废水处理通用机械设备

▶情境设计

张三是污水处理厂新进的机械设备维护人员,今天跟随他的师傅李明去现场巡检,李明师傅说:“污水处理厂有许多机械设备,我们维护人员的职责是对机械设备进行定期保养和维护,虽然厂里的机械设备多,但总体上分为两类,即通用机械设备和专用机械设备,你现在看到的板框压滤机就是专用机械设备,旁边的阀门就是通用机械设备。对于通用机械设备,设备出了问题无法修好的话,按型号购买就可以,你作为新来的员工,先从最简单的通用机械设备开始学习。”

▶任务描述

阀门是用来开启、关闭和调节流量及控制安全的机械装置,在污水处理中用来对污水进行流量调节;泵的作用是对污水进行提升,方便后续污水的处理;风机的作用是进行供氧曝气和搅拌水体。这3种机械是污水处理中最常用的通用机械设备,都是标准化的设备。本任务主要学习通用机械设备的结构及维护方法。

▶任务实施

知识点1　阀　门

一、阀门的种类及结构

1. 闸阀

闸阀(图5-1)作为截止介质使用,在全开时整个流通直通,此时介质运行的压力损失最小。闸阀通常用于不需要经常启闭,而且保持闸板全开或全闭的工况,不适合作调节或节流使用。对于高速流动的介质,闸板在局部开启状况下可以引起闸门的振动,而振动又可能损伤闸板和阀座的密封面,而节流会使闸板遭受介质的冲蚀。从结构形式上,主要的区别是所采用的密封元件的形式。根据密封元件的形式,常常把闸阀分成几种不同的类型,如:楔式闸阀、平行式闸阀、平行双闸板闸阀、楔式双闸板闸阀等。最常用的形式是楔式闸阀和平行式闸阀。

2. 截止阀

截止阀(图5-2)的阀杆轴线与阀座密封面垂直。阀杆开启或关闭行程相对较短,并具有非常可靠的切断动作,使得这种阀门非常适合作介质的切断或调节及节流使用。截止阀的阀瓣一旦处于开启状况,它的阀座和阀瓣密封面之间就不再接触,并具有非常可靠的切断动作,这种阀门非常适合作介质的切断或调节及节流使用。

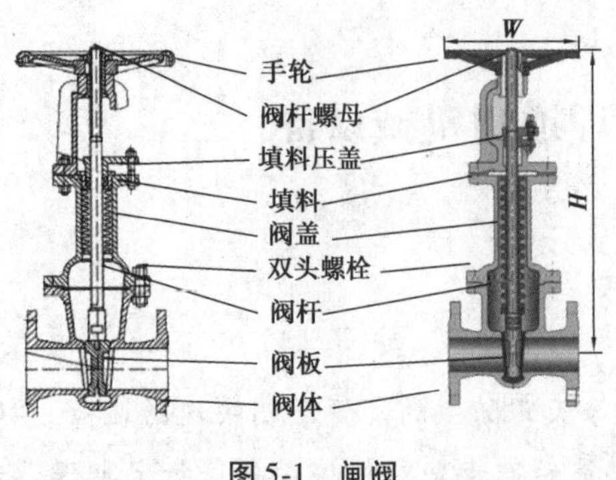

图 5-1　闸阀

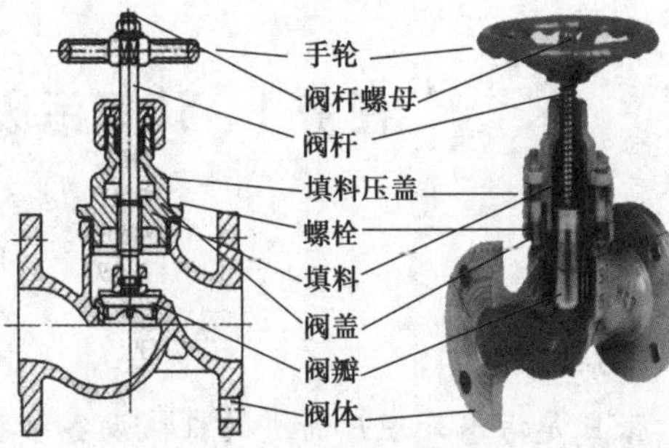

图 5-2　截止阀

截止阀一旦处于开启状态,它的阀座和阀瓣密封面之间就不再有接触,因而它的密封面机械磨损较小,由于大部分截止阀的阀座和阀瓣比较容易修理,更换密封元件时无须把整个阀门从管线上拆下来,这对阀门和管线焊接成一体的场合是很适用的。介质通过此类阀门时,流动方向发生变化,因此截止阀的流动阻力高于其他阀门。

常用的截止阀有以下 3 种:

①角式截止阀(图 5-3)。在角式截止阀中,流体只需改变一次方向,因此通过此阀门的压力降比常规结构的截止阀小。

②直流式截止阀(图 5-4)。在直流式或 Y 形截止阀中,阀体的流道与主流道成一斜线,这样流动状态的破坏程度比常规截止阀要小,因而通过阀门的压力损失也相应变小。

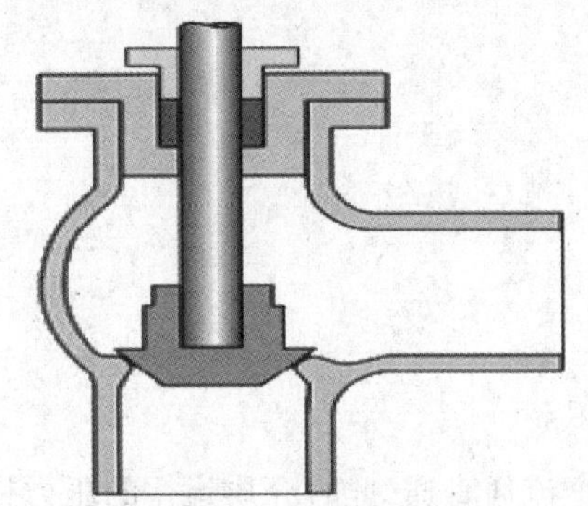

图 5-3　角式截止阀

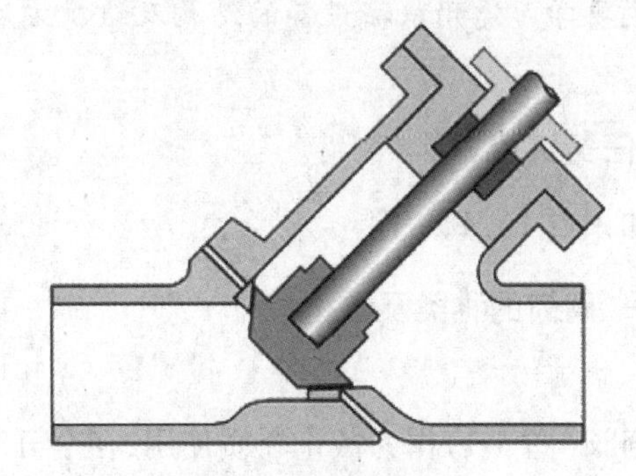

图 5-4　直流式截止阀

③柱塞式截止阀。这种形式的截止阀是常规截止阀的变形。在该阀门中,阀瓣和阀座通常是基于柱塞原理设计的。阀瓣磨光成柱塞与阀杆相连接,密封是由套在柱塞上的两个弹性密封圈实现的。两个弹性密封圈用一个套环隔开,并通过由阀盖螺母施加在阀盖上的载荷把柱塞周围的密封圈压牢。弹性密封圈能够更换,可以采用各种各样的材料制成,该阀门主要用于"开"或者"关",但是备有特制形式的柱塞或特殊的套环,也可以用于调节流量。

3. 蝶阀

蝶阀的蝶板安装于管道的直径方向。在蝶阀阀体圆柱形通道内,圆盘形蝶板绕着轴线旋转,旋转角度为 0 ~ 90°,旋转到 90°时,阀门处于全开状态。

蝶阀结构简单、体积小、质量轻,只由少数几个零件组成,如图 5-5 所示,而且只需旋转 90°即可快速启闭,操作简单,同时该阀门具有良好的流体控制特性。蝶阀处于完全开启位置时，蝶板厚度是介质流经阀体时唯一的阻力，因此通过该阀门所产生的压力降很小，故具有较好的流量控制特性。蝶阀有弹性密封和金属密封两种密封形式。弹性密封阀门、密封圈可以镶嵌在阀体上或附在蝶板周边。

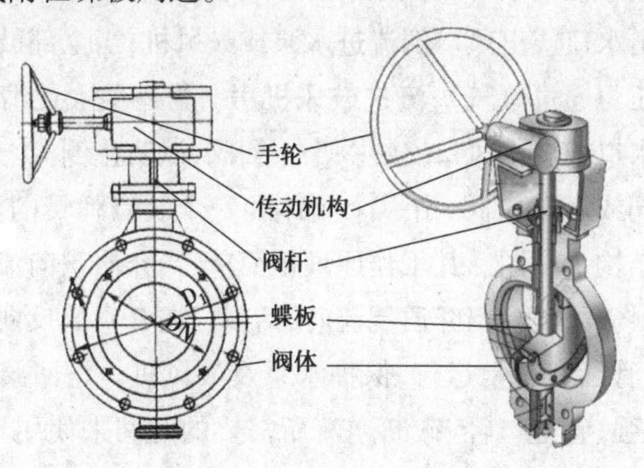

图5-5 蝶阀

采用金属密封的阀门一般比弹性密封的阀门寿命长，但很难做到完全密封。金属密封能适应较高的工作温度，弹性密封则有受温度限制的缺陷。

如果要求蝶阀作为流量控制使用，最主要的就是正确选择阀门的尺寸和类型。蝶阀的结构原理尤其适合大口径阀门。蝶阀不仅在石油、煤气、化工、水处理等一般工业上得到广泛应用，而且还应用于热电站的冷却水系统。

常用的蝶阀有对夹式蝶阀和法兰式蝶阀两种。对夹式蝶阀是用双头螺栓将阀门连接在两管道法兰之间，法兰式蝶阀是阀门上带有法兰，用螺栓将阀门两端法兰连接在管道法兰上。

4. 球阀

球阀由旋塞阀演变而来(图5-6)。它具有相同的旋转90°开关动作，不同的是旋塞体是球体，有圆形通孔或通道通过其轴线。球面和通道口的比例应该是这样的，即当球旋转90°时，在进、出口处应全部呈现球面，从而截断流动。

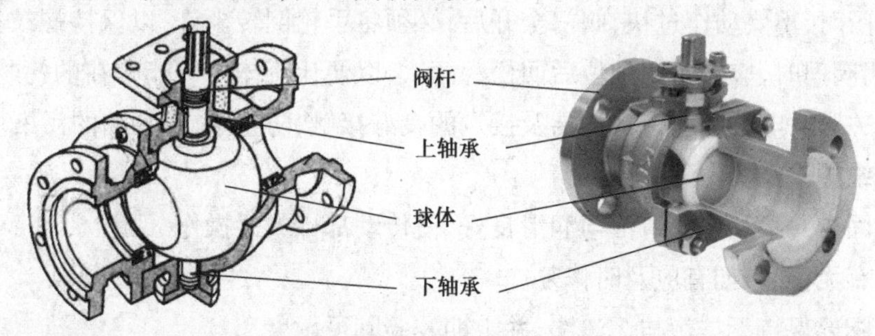

图5-6 球阀

球阀只需用旋转90°的操作和很小的转动力矩就能关闭严密。完全平等的阀体内腔为介质提供了阻力很小、直通的流道。通常认为球阀最适宜直接做开闭使用，但近来的发展已将球阀设计成使它具有节流和控制流量之用。球阀的主要特点是本身结构紧凑，易于操作和维修，适用于水、溶剂、酸和天然气等一般工作介质，而且还适用于工作条件恶劣的介质，如氧气、过氧化氢、甲烷和乙烯等。球阀阀体可以是整体的，也可以是组合式的。

5. 止回阀

在废水处理厂的水泵房和鼓风机房,往往要若干台水泵或者鼓风机并联工作,才能满足所需的进水量或送风量。当其中一台因某种因素停止工作时,管网中的压力水或空气会从该台水泵或鼓风机的出水口或出风口倒流进水泵或鼓风机;当全部鼓风机停止运行后,曝气池中的水会因池底的压力通过曝气头流进鼓风机房。为避免上述情况出现,可以在每一台水泵或者鼓风机的出水口或者出风口安装一个止回阀,以防止倒流。

止回阀又称逆止阀或者单向阀,由一个阀体和一个装有弹簧的活瓣门组成。图 5-7 为卧式升降式止回阀的结构示意图。其工作原理很简单:当介质正向流动时,活瓣门在介质的冲击下全部打开,管道畅通无阻;当介质倒流时,活瓣门在介质的反向压力下关闭,以阻止倒流继续,从而保证整个管网的正常运行,保护水泵及鼓风机。止回阀的品种和规格很多,根据介质、管道流量或压强、管道口径、截断逆流所需要的时间来使用不同的止回阀。除了升降式止回阀,还有旋启式止回阀(图 5-8)、浮球式止回阀、对夹式止回阀等。

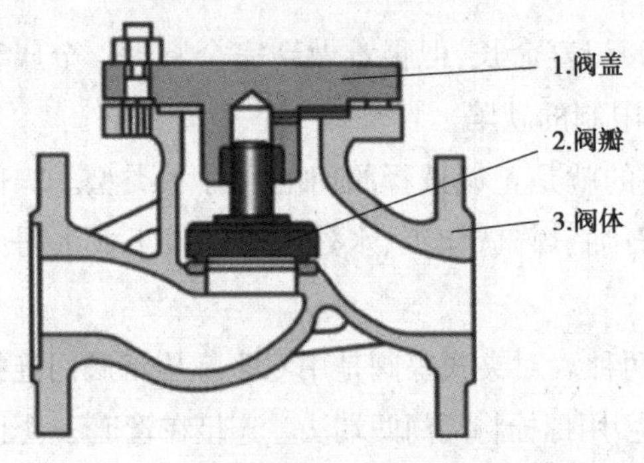

图 5-7　卧式升降式止回阀结构示意图

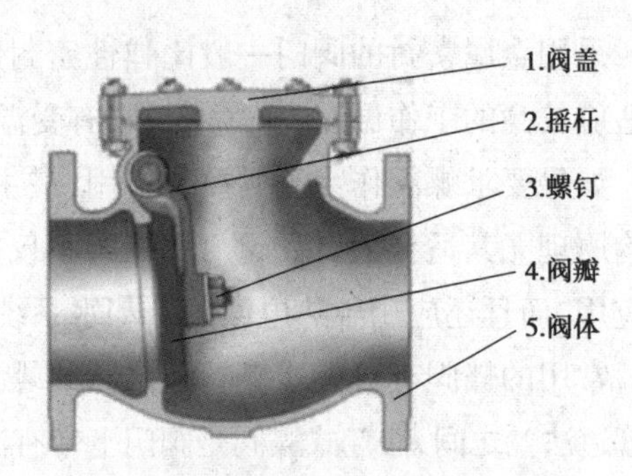

图 5-8　旋启式止回阀结构示意图

二、阀门的操作与维护

阀门在管路中的使用是非常广泛的,为此做好阀门的正常操作和维护工作是十分重要的。启闭阀门时,不要动作过快,阀门全开后,必须将手轮倒转少许,以保持螺纹接触严密又不损伤,关闭阀门时,应在关闭到位后回松一两次,以便让流体将可能存在的污物带走,然后再适当用力关紧。电动阀应保持清洁及接点的良好接触,防止水、汽和油的污染。

阀门的维护工作要做到:

①保持固体支架和手轮清洁与润滑良好,使传动部件灵活操作。

②检查有无渗漏,如有应及时修复。

③安全阀要保持无挂污与无渗漏,并定期校验其灵敏度。

④注意观察减压阀的减压功能。若减压值波动较大,应及时检修。

⑤阀门全开后,必须将手轮倒转少许,以保持螺纹接触严密、不损伤。

⑥露天阀门的传动装置必须有防护罩,以免大气及雪雨的侵蚀。

⑦要经常侧听止逆阀阀芯的跳动情况,以防止掉落。

⑧做好保温与防冻工作,应排净停用阀门内部积存的介质。

⑨电动阀应保持其接点的良好接触,以防水、汽、油的污染。

⑩阀门关闭费力时应用特制扳手，尽量避免用管钳，不可用力过猛或用工具将阀门关得过死。

⑪蒸汽阀开启前应先预热并排出凝结水，然后慢慢开启阀门，以免汽、水冲击；阀门全开后，应将手轮倒转少许，以保持螺纹接触严格又不损伤。

⑫对于减压阀、调节阀、疏水阀等自动阀门，在启用时，应先将管道冲洗干净；注意观察减压阀的减压效能，如减压值波动较大，应及时检修。

三、阀门的故障及排除

发现阀门异常时，应及时处理，处理的方法如表5-1所示。

表5-1　阀门异常现象及其原因与处理方法

异常现象	发生原因	处理方法
填料函泄漏	①压盖松动 ②填料装得不严 ③阀杆磨损或腐蚀 ④填料老化失效或填料规格不对	①均匀压紧填料，拧紧螺母 ②采用单圈、错口顺序填装 ③更换新阀杆 ④更换新填料
密封面泄漏	①密封面之间有脏物 ②密封面锈蚀磨伤 ③阀杆弯曲使密封面错开	①反复微开、微闭冲走或冲洗干净 ②研磨锈蚀处或更新 ③调直后调整
垫圈泄漏	①垫圈材质不耐腐蚀，或者不适应介质的工作压力及温度 ②高温阀门内所通过的介质温度变化	①采用与工作条件相适应的垫圈 ②使用时再适当紧一遍螺栓
阀杆转动不灵活	①填料压得过紧 ②阀杆螺纹部分太脏 ③阀体内部积存结垢 ④阀杆弯曲或螺纹损坏	①适当放松压紧 ②清洗擦净脏物 ③清理积存物 ④调直后修理
安全阀灵敏度不高	①弹簧疲劳 ②弹簧级别不对 ③阀体内水垢严重	①更换新弹簧 ②按压力等级选用弹簧 ③彻底清理
减压阀压力自调失灵	①调节弹簧或膜片失效 ②控制通路堵塞 ③活塞或阀芯被锈斑卡住	①更换新件 ②清理干净 ③清理干净，打磨光滑
机电机构动作不协调	①行程控制器失灵 ②行程开关触点接触不良 ③离合器未齿合	①检查调节控制装置 ②修理接触片 ③拆卸修理
双闸板阀门的闸板不能压紧密封面	顶楔材质不好，使用过程中磨损严重或折断	用碳钢材料自行制作顶楔，换下损坏件

知识点2　水　泵

泵是输送流体或使流体增压的机械。它将原动机的机械能或其他外部能量传送给液体,使液体能量增加。泵主要用来输送水、油、酸碱液、乳化液、悬乳液和液态金属等,也可输送液、气混合物及含悬浮固体物的液体。在污水处理中,用得最多的是离心泵。

一、泵的种类

在污水处理和石油化工中,所要输送的液体数量、性质、压力大小等各不相同,为了适应这些不同的要求,设计并制造了各种各样的泵。常用泵根据作用原理和结构特征可概括划分为三大类:

①叶片式泵:离心泵(单吸泵、双吸泵;单级泵、多级泵;蜗壳式泵、分段式泵;立式泵、卧式泵;屏蔽泵)、混流泵、旋涡泵(闭式泵、开式泵;单级泵、多级泵)、轴流泵等。

②容积式泵:往复泵(蒸汽直接作用泵);电动泵:三联泵、计量泵、隔膜泵;转子泵:齿轮泵、螺杆泵等。

③流体动力泵:喷射泵、扬酸器(酸蛋)等。

二、各类泵的应用范围

各类泵都有自己的特点和适用范围。离心泵主要适用于大、中流量和中等压力的场合;往复泵适用于小流量和高压力的场合;齿轮泵等转子泵则多适用于小流量和高压力的场合。其中离心泵适用范围广、结构简单、运转可靠,在石油化工及其他生产中广泛尤其应用。容积式泵只在一定场合下使用,其他类型泵则使用较少。

三、离心泵的工作原理及分类

1.离心泵的工作原理

离心泵的工作原理如图5-9所示。离心泵的结构特点为:在一个蜗壳形的泵壳内,安装了一个可以快速旋转的叶轮,在叶轮上有2~8片叶片。泵壳上有两个接口,通向叶轮中心的为进口,与吸入管路相连接;泵壳切线方向的为出口,与排出管路相连接。

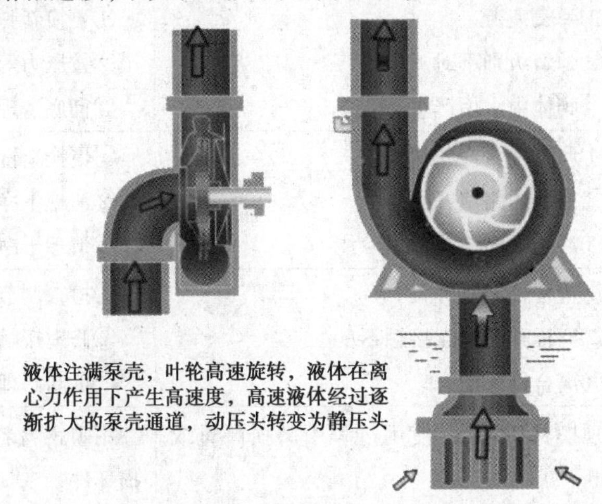

图5-9　离心泵工作原理

离心泵的主要工作部件是叶轮。当叶轮旋转时,液体就连续不断地从排出管排出,并使被产生的压力送至高处。

离心泵为什么能把液体送到高处呢？这可以从日常生活现象来说明。雨天,当我们打着雨伞外出时,如果将伞柄急速旋转,伞上的雨水由于离心力的作用便沿着伞的周围飞溅出去,离心泵的工作原理和这种现象很相似。

在启动泵前要先用液体从漏斗将泵壳灌满。当叶轮快速旋转时,叶片间的液体也跟着旋转起来。液体在离心力作用下,沿着叶片流道从叶轮的中心往外运动,然后从叶片的端部被甩出,进入泵壳内蜗室和扩散管(或导轮)。当液体流到扩散管时,由于液流断面积渐渐扩大,流速减慢,将一部分动能转化为静压能,使压力上升,最后从排出管压出。与此同时,在叶轮中心,由于液体甩出产生了局部真空,因此吸液池内的液体在液面压力的作用下就从吸入管源源不断地被吸入泵内。叶轮连续旋转,将液体不断地由吸液池送往高位槽或压力容器。离心泵能输送液体是靠高速旋转的叶轮使液体受到离心力的作用,故名为离心泵。

离心泵进出管线上的管路附件,对泵的正常操作作用很大。底阀是一个止回阀,它的作用是保证启动泵前往泵内灌的液体不会从吸入管流走。滤网可防止吸液池内的杂物进入管道和泵壳造成堵塞。

离心泵启动后,如果泵体和吸入管路中没有液体,它就没有抽吸液体的能力。因为它的吸入口和排出口是相通的,叶轮中无液体而只有空气时,由于空气的密度比液体的密度小得多,不论叶轮怎样高速旋转,叶轮吸入口都不能达到较高的真空度。因此离心泵必须在泵壳内和吸入管中灌满液体或抽出空气后才能启动工作。

2. 离心泵的分类

离心泵的分类方法很多,一般可按以下几种方法来分类。

(1)按叶轮数目分类

①单级泵。单级泵泵中只有一个叶轮,所产生的压力不高,一般不超过 1.5×10^3 kPa。

②多级泵。同一根泵轴上装有串联的两个以上的叶轮。

(2)按叶轮吸入方式分类

①单吸泵。在单吸泵中液体从一侧流入叶轮,即泵只有一个吸入口。这种泵的叶轮制造容易,液体在其间流动的情况较好,但缺点为叶轮两侧受到的液体压力不同,使叶轮承受轴向力的作用。

②双吸泵。在双吸泵中液体从两侧同时流入叶轮,即泵具有两个吸入口,这种泵的叶轮及泵壳制造比较复杂,两股液体在叶轮的出口汇合时稍有冲击,影响泵的效率,但叶轮的两侧液体相等,没有轴向力存在,而且泵的流量几乎是单吸泵的 2 倍。

(3)按从叶轮液体引向泵室的方式分类

①蜗壳式泵。泵室为蜗壳形,液体从叶轮流出后经蜗壳流速降低,压力升高,然后由排出口流出。

②导叶式泵。液体从叶轮流出后先经过固定的导叶轮,在其中降速增压后,进入泵室,再经排出口流出。早期,这种泵称为透平泵。多级泵大多是这种形式。

(4)按壳体剖分方式分类

①中开式泵。壳体在通过轴中心线的平面上分开。

②分段式泵。壳体按与主轴垂直的平面剖分。

(5)按泵的用途和输送液体的性质分类

泵按用途和输送液体的性质可分为水泵、杂质泵、酸泵、碱泵、油泵、低温泵、高温泵和屏蔽泵等。

若将离心泵的叶轮和叶片加以适当改变,则可得到3种不同形式的泵,这些泵都有叶轮和叶片,故均称为叶片泵,但其流动特点是有区别的。

①离心泵。液流轴向进入叶轮,而以垂直于轴的径向叶轮流出。这种泵产生的压力主要是离心力所致。

②轴流泵。液流都是轴向进出叶轮。在这种泵中,叶轮或叶片的形式类似螺旋桨,液体的压力主要由叶片的升力所产生,而离心力不起作用。

③混流泵。液流轴向进入叶轮,而以轴向与径向之间的某一方向流出。这种泵的每个叶片一部分像离心泵,一部分像轴流泵,即叶片是扭曲形的。它的压力一部分由离心力产生,一部分由叶片升力产生。

四、离心泵的结构及主要零件

1. 离心泵的型号编制

我国泵类产品型号编制常由3个单元组成:

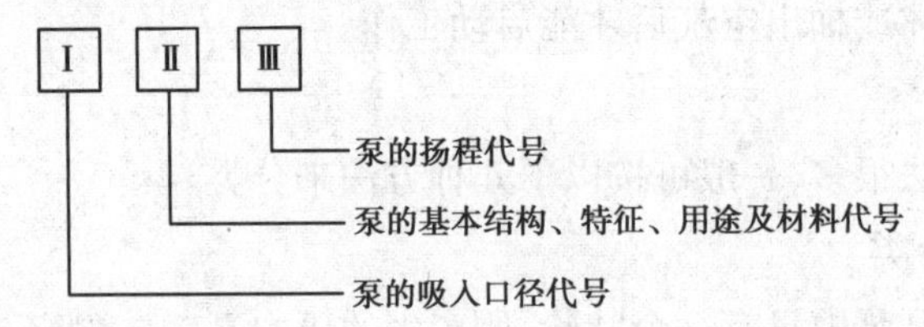

离心泵型号中的第一单元通常是以mm表示吸入口直径。但大部分老产品用“英寸”表示,即以mm表示的吸入口直径除以25后的整数值。第二单元是以汉语拼音首字母表示的泵的基本结构、特征、用途及材料等。例如,B表示多级悬臂式离心水泵;D表示分段式多级离心水泵;S表示单级双吸离心水泵;DK表示多级中开式水泵;DG表示锅炉给水泵;N表示冷凝水泵;R表示热水循环泵;L表示立式浸没式水泵;CL表示穿用离心泵等,这些都被列为清水泵类型。耐腐蚀泵用字母F表示;离心式油泵用字母Y表示;杂质泵用字母P表示;离心式深井泵用字母J表示等。第三单元一般用数字表示泵的参数,对于过去的大多数老产品,这些数字表示该泵比转数除以10的整数值,而目前表示以m水柱为单位的泵的扬程及级数。有时泵的型号尾部后还带有字母A或B,这是泵的变型产品标志,表示在泵中装的是切割过的叶轮。

现将型号表示方法举例如下:

①2B31A:这是老产品上的表示方法,表示吸入口直径为50 mm(流量为12.5 m^3/h),扬程为31 m水柱,同型号叶轮外径经第一次切割的单级吸悬臂式离心清水泵。

②50Y-60A:表示吸入口直径为50 mm的单级离心式油泵。60表示单级扬程为60 m;A表示叶轮外径第一次切割。

近年来我国泵行业采用国际标准ISO 2858—2010的有关标记、额定性能参数和系列尺寸,设计制造了新型号泵。其型号意义如下:

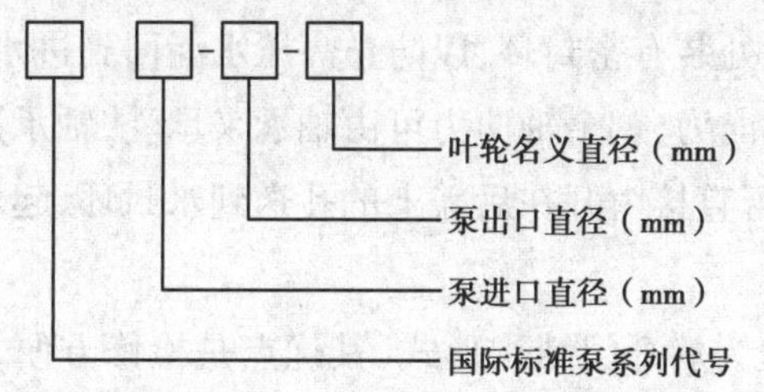

现将新型号表示方法举例如下:

①IS80-65-160,表示单级单吸悬臂式清水泵:吸入口直径为80 mm,排出口直径为65 mm,叶轮名义直径为160 mm;适用于输送清水或物理及化学性质类似清水的其他液体,温度不高于800 ℃。

②IH50-32-160,表示单级单吸悬臂式化工离心泵:吸入口直径为50 mm,排出口直径为32 mm,叶轮名义直径为160 mm;适用于输送温度为-20~105 ℃腐蚀介质或物理及化学性能类似的介质。

2. 离心泵的结构

离心泵的品种很多,各种类型泵的结构又不一样。但组成泵的基本零件主要有:泵盖、泵体(又称泵壳)、叶轮、填料函、泵轴、联轴器、轴承及托架等,如图5-10所示。用电动机通过弹性联轴器直接传动。

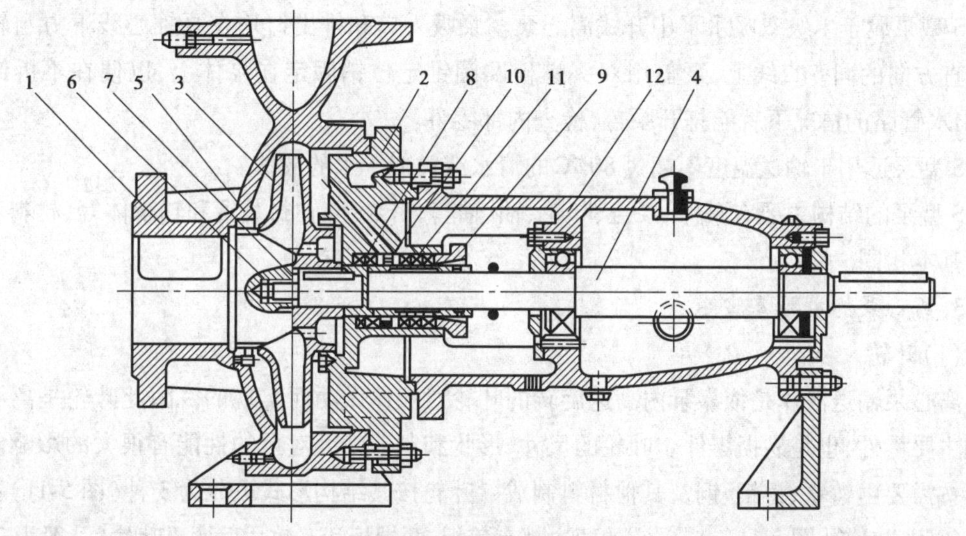

图5-10 离心泵的结构

1—泵体;2—泵盖;3—叶轮;4—轴;5—密封环;6—叶轮螺母;7—制动垫圈;
8—轴套;9—填料压盖;10—填料环;11—填料;12—悬架轴承部件

上述基本零件可分为转动零件和固定零件两部分。属于转动零件的有:叶轮、泵轴、轴承、联轴器等;属于固定零件的有:泵体、泵盖、填料函、托架等。下面对单级泵的结构进行介绍,通过对这些最常用的离心泵的结构进行分析,了解离心泵的结构和各个零件的作用。

(1)B 型泵

B 型泵具有前开式与后开式两种结构,叶轮用键和特制的叶轮螺母及止推垫圈固定在转轴上。泵轴由单列向心轴承支承并搁置在托架上。泵体内部有逐渐扩大的蜗形流道。泵盖内壁与叶轮接触易磨损处装有密封环,以防止高压水漏回到进水段,影响泵的效率。叶轮上开有平衡孔用以平衡轴向力,剩余轴向力可由轴承来承受,轴承用黄油润滑。轴封装置采用填料密封,泵内的压力可直接由开在后盖上的孔送到水封环,起水封作用。

(2)IS 型泵

IS 型泵的泵体和泵盖为后开门结构形式,其优点是检修方便,即不用拆卸泵体、管路和电机,只需拆下加长联轴器的中间连接件,就可退出转子部件进行检修。叶轮、轴和滚动轴承等为泵的转子,悬架轴承部件支承着的泵的转子部件。滚动轴承承受泵的径向力和轴向推力。为了平衡泵的轴向推力,大多数泵的叶轮前、后均有密封环,并在叶轮后盖板上设有平衡孔。由于有的泵的轴向推力不大,所以叶轮背面未设置密封环和平衡孔。

泵的轴向密封由填料压盖、填料环和填料等组成,以防止进气或大量漏水。为避免轴的磨损,在轴通过填料腔的部位装有轴套保护。轴套与轴之间装有“O”形密封圈,以防止沿着配合表面进气或漏水。

IS 型泵是根据国际标准所规定的性能和尺寸设计的,该系列泵共有 29 个品种。它适用于工业和城市给水、排水,也可用于农村排灌。供输送清水或物理及化学性质类似清水的其他液体之用,温度不高于 800 ℃。

(3)S 型泵

S 型泵属于单级双吸水平中开式离心泵。泵吸入口和排出口均在泵轴心线下方与轴线成垂直方向的同一直线上,泵盖用双头螺栓及圆锥定位销固定在泵体上,以便在不拆卸进水、出水管路的情况下就能打开泵盖,检查内部零件。

S 型泵适用于输送温度不超过 80 ℃的清水或类似于水的液体。

S 型泵的结构主要有泵体、泵盖、叶轮、轴、轴套、密封环、轴封装置和轴承体等,材料和 B 型泵基本相同。

3. 离心泵的主要零部件

(1)叶轮

离心泵输送液体是依靠泵内高速旋转的叶轮对液体做功而实现的。因此叶轮是离心泵中的主要零件,也是易损零件。叶轮的尺寸、形状和制造精度对泵的性能有很大的影响。叶轮可按需要由铸铁、铸钢、铜及其他材料制成。叶轮按其结构形式可分为 3 种(图 5-11):

①闭式叶轮[图 5-11(a)]。它的两边都有盖板,两端板间有数片后弯式叶片(一般为 7 ~ 8 片),叶轮内形成封闭的流道。这种叶轮的效率较高,应用最多,适用于输送干净的液体。闭式叶轮有单吸和双吸两种。

②半开式叶轮[图 5-11(b)]。半开式叶轮靠吸入口一边没有盖板,另一边有盖板,适用于输送具有黏性或含有固体颗粒的液体。

③开式叶轮[图5-11(c)]。叶轮的两侧均没有盖板,效率低,适用于输送污水、含泥沙及含纤维的液体。

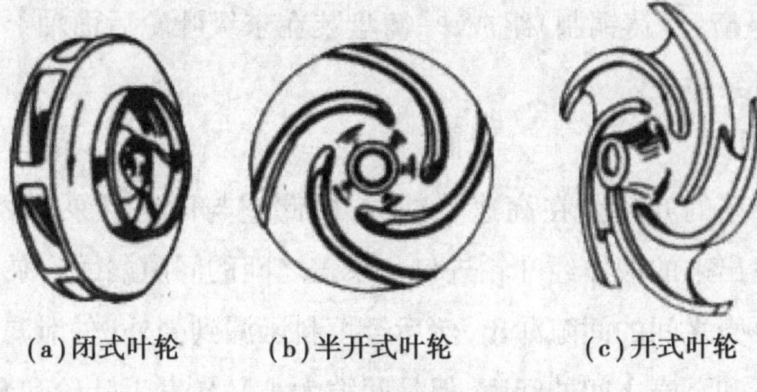

图5-11　叶轮的结构形式

(2)蜗壳和导轮

①蜗壳(图5-12)。单级泵中采用的蜗壳由铸铁铸成,呈螺旋线形,其内流道逐渐扩大,出口为扩散管状。液体从叶轮流出后其流速可以平缓地降低,使很大一部分动能头转化为静能头。

蜗壳的优点是制造方便,泵的性能曲线的高效率区域比较宽,车削叶轮后泵的效率变化小。缺点是蜗壳形状不对称,在使用单蜗壳时作用在转子径向的压力不均匀,易使轴弯曲。

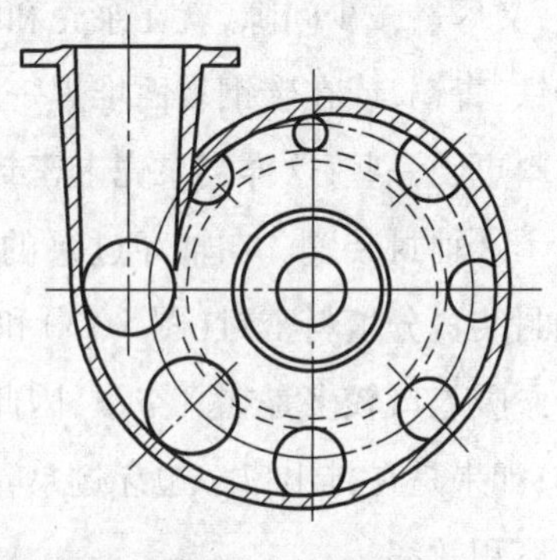

图5-12　蜗壳

②导轮。导轮是一个固定不动的圆盘,正面有包在叶轮外缘的正向导叶,这些导叶构成了一条条扩散形流道,背面有将液体引向下一级叶轮入口的反向导叶。液体从叶轮甩出后,平缓地进入导轮,沿着正向导叶继续向外流动,速度逐渐降低,动能大部分转变为静能头。液体经导轮背面的反方向导叶被引向下一级叶轮。

导轮和蜗壳相比较,其优点是外形尺寸小,缺点是效率低。这是由于导轮中有多个导叶,当泵的实际工况与设计工况偏离时,液体流出叶轮时的运动轨迹与导叶形状不一致,使其产生较大的冲击损失。

(3)轴向力及其平衡装置

单面进水的离心泵工作时,叶轮正面和背面所受的液体压力是不相同的,其合力总是沿着轴向,称为轴向力。由于不平衡的轴向力的存在,泵的整个转子向吸入口传动,造成振动并使叶轮入口外缘与密封环发生摩擦,严重时使泵不能正常工作,因此必须平衡轴向力并限制转子的轴向传动。常见的平衡轴向力的措施有:

①叶轮上开设平衡孔。在泵的叶轮后盖板靠近轴孔处钻几个小孔(每个叶片一个),称为平衡孔,用来平衡轴向力。

②采用双吸式叶轮。

③叶轮对称布置。在多级泵中可以采用叶轮对称排列来消除轴向力。

④平衡盘装置。对级数较多的离心泵,更多采用平衡盘来平衡轴向力。平衡盘装置由平衡盘(铸铁制)和平衡环(铸铜制)组成,平衡盘装在末级叶轮后面轴上,和叶轮一起转动;平衡环固定在出水段泵体上。

(4)密封装置

①密封环。离心泵的叶轮是在高速转动的,因此它与固定的泵壳之间必然要留间隙。这样就造成了从叶轮出来的液体经叶轮进口与泵盖之间的间隙漏回到泵的吸液口(内泄漏)以及从叶轮背面与泵壳之间的间隙漏出,然后经填料函漏到壳外(外泄漏)。为了减少泄漏,必须尽量减小小叶轮和泵壳之间的间隙,但是间隙太小又易发生叶轮和泵壳的摩擦,特别是当液体中含有固体颗粒,或安装不正时,磨损更为严重。所以要保护叶轮和泵壳不致被磨损,又尽量减少间隙,就在泵壳和叶轮间隙的两边或一边装上密封环,密封环由耐磨材料(如铸铁、青铜,或在碳钢表面堆焊一层硬质合金等)制成。一般叶轮上的密封环可比泵壳上的材料更硬一些,这样当泵壳上密封磨损后间隙增大时,可先予更换。

②轴封装置。在轴穿过泵的地方会产生液体的泄漏,所以在那里必须要有轴封装置。轴封装置分填料密封(图 5-13)和机械密封(图 5-14)两种。在泵的吸入口一边穿过泵壳,由于泵吸入口较多是在真空下,因此密封装置就可以阻止外界空气漏入泵内,保证泵的正常操作;如果是在排出口一边穿过泵壳,由于排出液压力较高,轴封装置就可以阻止液体外泄,提高容积效率。

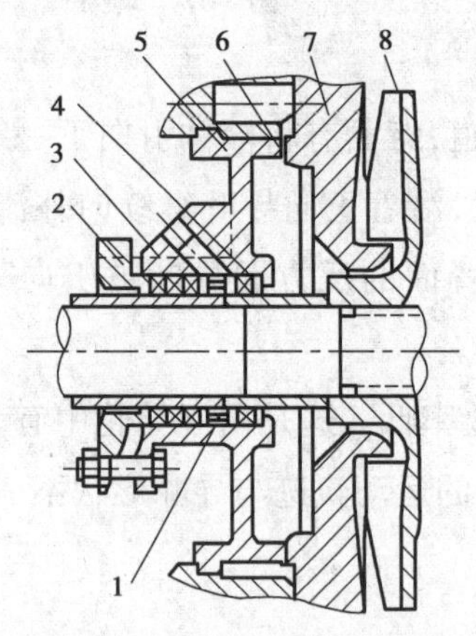

图 5-13　填料密封的常见结构

1—水封环;2—填料压盖;3—填料;
4—填料垫;5—填料箱;6—密封圈;
7—后护板;8—叶轮

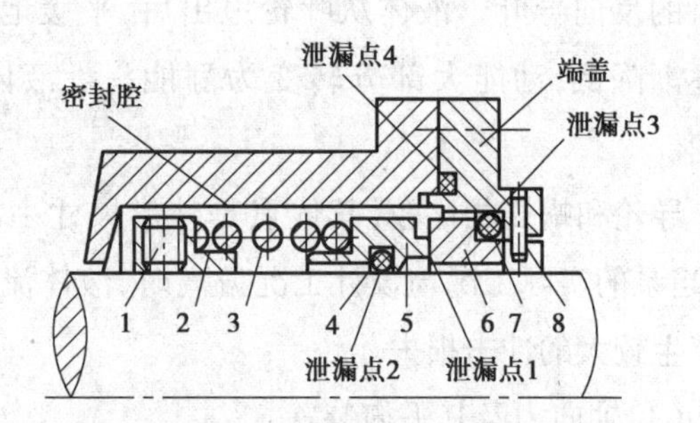

图 5-14　机械密封的常见结构

1—紧定螺钉;2—弹簧座;3—弹簧;
4—动环辅助密封圈;5—动环;6—静环;
7—静环辅助密封圈;8—防转销

五、离心泵的安装与修理

在化工生产中,液体输送是主要的生产过程之一。输送液体的机器是各种泵,其中离心泵应用最广。

1. 离心泵的安装

离心泵的安装技术要求如下：离心泵安装后，泵轴的中心线应水平，其位置和标高必须符合设计要求；离心泵轴的中心线与电动机轴的中心线应同轴；离心泵各连接部分，必须具备较好的严密性；离心泵与机座、机座与基础之间，必须连接牢固。

离心泵的安装工作包括机座的安装、离心泵的安装、电动机的安装、二次灌浆和试车。

(1)机座的安装

机座，又称底盘、台板、基础板等，它的安装在离心泵的安装工作中占有重要的地位。因为离心泵和电动机都是直接安装在机座上的(一般小型泵为同一个机座，大型泵可分为两个机座)，如果机座的安装质量不好，会直接影响泵的正常运转。

机座安装的步骤如下：

①基础的质量检查和验收。

②铲麻面和放垫板。

③安装机座。安装机座时，先将机座安装在吊板上，然后进行找正和找平。

(2)离心泵和电动机的安装

机座安装好后，一般先安装泵体，然后以泵体为基础安装电动机。因为一般的泵体比电动机重，而且要用管路与其他设备相互连接，当其他设备安装好后，泵体的位置也就确定了，而电动机的位置则可根据泵体的位置作适当调整。

(3)二次灌浆

离心泵和电动机完全装好以后，就可进行二次灌浆。待二次灌浆时的水泥砂浆硬化后，必须再校正一次联轴器的中心，看是否有变动，并作记录。

(4)试车

离心泵安装好后，必须经过试车，其目的是检查及消除在安装中没有发现的问题，使离心泵的各配合部分运转协调。

①离心泵在试车前必须进行检查，以保证试车安全。

②试车步骤如下：

a. 关闭排出管上的阀门。

b. 用水(或其他被运输的液体)注满泵内，以排出泵内的空气。通常小型的离心泵就直接把水(或其他液体)从泵体上的漏斗注入；大型的离心泵则需开动附设的真空泵，把泵内的空气抽除，造成负压，液体便由进口的单向阀门进入泵内。

c. 开动电动机。

d. 当电动机达到正常转速后，打开排出管上的阀门，正式输送液体。

③在试车中可能出现各种问题，要随时注意轴承温度以及进口真空度和出口压力的变化情况。若轴承温度、进口真空度和出口压力都符合要求，且泵在运转时振动很小，则可以认为整个泵的安装质量符合要求。离心泵试车后，便可把所有的安装记录文件及图纸移交

给生产单位,该泵可以正式投入生产。

2. 离心泵的故障与修理

离心泵异常现象与处理方法如表5-2所示。

表5-2　离心泵异常现象与处理方法

故障名称	产生原因	解决办法
离心泵不能启动或启动负荷大	①原动机或电源不正常 ②泵卡住 ③填料压得太紧 ④排出阀未关 ⑤平衡管不通畅	①检查电源和原动机情况 ②用手盘动联轴器检查,必要时解体检查,消除动静部分 ③放松填料 ④关闭排出阀,重新启动 ⑤疏通平衡管
泵不排液	①灌泵不足(或泵内气体未排完) ②泵转向不对 ③泵转速太低 ④滤网堵塞,底阀不灵 ⑤吸上高度太高,或吸液槽出现真空	①重新灌泵 ②检查旋转方向 ③检查转速,提高转速 ④检查滤网,消除杂物 ⑤减低吸上高度;检查吸液压力
排液后中断	①吸入管路漏气 ②灌泵时吸入侧气体未排完 ③吸入侧突然被异物堵住 ④吸入大量气体	①吸入侧管道连接处及填料函密封 ②重新灌泵 ③停泵处理异物 ④检查吸入口有无漩涡,淹没深度是否太浅
轴承发热	①刮研不符合要求 ②轴承间隙过小 ③润滑油量不足,油质不良 ④轴承装配不良 ⑤冷却水断路 ⑥轴承磨损或松动 ⑦泵轴弯曲 ⑧甩油环变形,甩油环不能转动,带不上油 ⑨联轴器对中不良或轴向间隙太小	①修理轴承瓦块或更换 ②重新调整轴承间隙或刮研 ③增加油量或更换润滑油 ④按要求检查轴承装配情况 ⑤检查、修理 ⑥修理轴承或报废 ⑦矫正泵轴 ⑧更新甩油环 ⑨检查对中情况或调整轴向间隙

知识点3　风　机

风机是依靠输入的机械能,提高气体压力并排送气体的机械,是一种从动流体机械。通常所说的风机包括通风机、鼓风机。

一、风机的用途及发展历史

通风机广泛用于工厂、矿井、隧道、冷却塔、车辆、船舶和建筑物的通风、排尘和冷却;锅炉和工业炉窑的通风和引风;空气调节设备和家用电器设备中的冷却和通风;谷物的烘干和选送;风洞风源和气垫船的充气和推进等。

通风机的工作原理与透平压缩机基本相同,只是由于气体流速较低,压力变化不大,一般不需要考虑气体比容的变化,即将气体作为不可压缩流体处理。

通风机有悠久的历史。中国在公元前许多年就已制造出简单的木制砻谷风车,它的作用原理与现代离心通风机基本相同。1862 年,英国的圭贝尔发明离心通风机,其叶轮、机壳为同心圆形,机壳用砖制,木制叶轮采用后向直叶片,效率仅为 40% 左右,主要用于矿山通风。1880 年,人们设计出用于矿井排送风的蜗形机壳和后向弯曲叶片的离心通风机,结构已比较完善了。

1892 年法国研制成横流通风机;1898 年,爱尔兰人设计出前向叶片的西罗柯式离心通风机,并为各国广泛采用;19 世纪,轴流通风机已应用于矿井通风和冶金工业的鼓风,但其压力仅为 100 ~300 Pa,效率仅为 15% ~25% ,直到 20 世纪 40 年代以后才得到较快的发展。

1935 年,德国首先采用轴流等压通风机为锅炉通风和引风;1948 年,丹麦制成运行中动叶可调的轴流通风机;旋轴流通风机、子午加速轴流通风机、斜流通风机和横流通风机也都获得了发展。

二、风机的分类及结构

按气体流动的方向,通风机可分为离心式、轴流式、斜流式和横流式等类型。

离心通风机工作时,动力机(主要是电动机)驱动叶轮在蜗形机壳内旋转,空气经吸气口从叶轮中心处吸入。由于叶片对气体的动力作用,气体压力和速度得以提高,并在离心力作用下沿着叶道甩向机壳,从排气口排出。因气体在叶轮内的流动主要是在径向平面内,故又称径流通风机。

离心通风机主要由叶轮和机壳组成,小型通风机的叶轮直接装在电动机上,中、大型通风机通过联轴器或皮带轮与电动机连接。离心通风机一般为单侧进气,用单级叶轮;流量大的可双侧进气,有两个背靠背的叶轮,又称为双吸式离心通风机。

叶轮是通风机的主要部件,它的几何形状、尺寸、叶片数目和制造精度对性能有很大影响。叶轮经静平衡或动平衡校正才能保证通风机平稳地转动。按叶片出口方向不同,叶轮分为前向、径向和后向 3 种形式。前向叶轮的叶片顶部向叶轮旋转方向倾斜;径向叶轮的叶片顶部是径向的,又分直叶片式和曲线形叶片;后向叶轮的叶片顶部向叶轮旋转的反向倾斜。

前向叶轮产生的压力最大,在流量和转数一定时,所需叶轮直径最小,但效率一般较低;后向叶轮相反,所产生的压力最小,所需叶轮直径最大,而效率一般较高;径向叶轮介于两者之间。叶片以直叶片最简单,机翼形叶片最复杂。

为了使叶片表面有合适的速度分布,一般采用曲线形叶片,如等厚度圆弧叶片。叶轮通常都有盖盘,以增加叶轮的强度和减少叶片与机壳间的气体泄漏。叶片与盖盘的连接采用焊接或铆接。焊接叶轮的质量较轻、流道光滑。低、中压小型离心通风机的叶轮也有采用铝合金铸造的。

轴流式通风机工作时,动力机驱动叶轮在圆筒形机壳内旋转,气体从集流器进入,通过叶轮获得能量,提高压力和速度,然后沿轴向排出。轴流通风机的布置形式有立式、卧式和倾斜式3种,小型的叶轮直径只有100 mm左右,大型的可达20 m以上。

小型低压轴流通风机由叶轮、机壳和集流器等部件组成,通常安装在建筑物的墙壁或天花板上;大型高压轴流通风机由集流器、叶轮、流线体、机壳、扩散筒和传动部件组成。叶片均匀布置在轮毂上,数目一般为2～24。叶片越多,风压越高;叶片安装角一般为10°～45°,安装角越大,风量和风压越大。轴流式通风机的主要零件大都用钢板焊接或铆接而成。

斜流通风机又称混流通风机,在这类通风机中,气体以与轴线成某一角度的方向进入叶轮,在叶道中获得能量,并沿倾斜方向流出。通风机的叶轮和机壳的形状为圆锥形。这种通风机兼有离心式和轴流式的特点,流量范围和效率均介于两者之间。

横流通风机是具有前向多翼叶轮的小型高压离心通风机。气体从转子外缘的一侧进入叶轮,然后穿过叶轮内部从另一侧排出,气体在叶轮内两次受到叶片的力的作用。在相同性能条件下,它的尺寸小、转速低。

与其他类型低速通风机相比,横流通风机具有较高的效率。它的轴向宽度可任意选择,而不影响气体的流动状态,气体在整个转子宽度上仍保持流动均匀。它的出口截面窄而长,适宜安装在各种扁平形的设备中用来冷却或通风。

通风机的性能参数主要有流量、压力、功率、效率和转速。另外,噪声和振动的大小也是通风机的主要技术指标。

三、典型风机——罗茨鼓风机简介

1. 工作原理

罗茨鼓风机为容积式风机,输送的风量与转数成比例,目前市场上较多的是三叶型罗茨鼓风机,三叶型叶轮每转动一次由2个叶轮进行3次吸、排气,与二叶型相比,气体脉动变化少、负荷变化小、机械强度高、噪声低、振动也小。在两根平行的轴上设有2个三叶型叶轮,轮与椭圆形机箱内孔面及各叶轮之间始终保持微小的间隙,由于叶轮互为反方向匀速旋转,箱体和叶轮所包围着的一定量的气体由吸入一侧输送到排出一侧。各叶轮始终由同步齿轮保持正确的相位,不会出现互相碰触现象,因而可以实现高速化,不需要内部润滑,而且结构简单、运转平稳、性能稳定,适应多种用途,已运用于广泛的领域。

2. 特点

由于采用了三叶型叶轮及带螺旋线形的箱体,所以风机的噪声和振动很小。叶轮和轴为整体结构,且叶轮无磨损,风机性能持久不变,可以长期连续运转;速高效率,且结构非常紧凑;结构简单,由于采用了特殊轴承,具有超群的耐久性,使用寿命比国内风机长,且维修管理也方便。

3. 结构

罗茨鼓风机主要由机壳、传动轴、主动齿轮、从动齿轮与一对叶轮转子等组成。罗茨鼓风机的结构示意图如图5-15所示，相应的零件如表5-3所示。

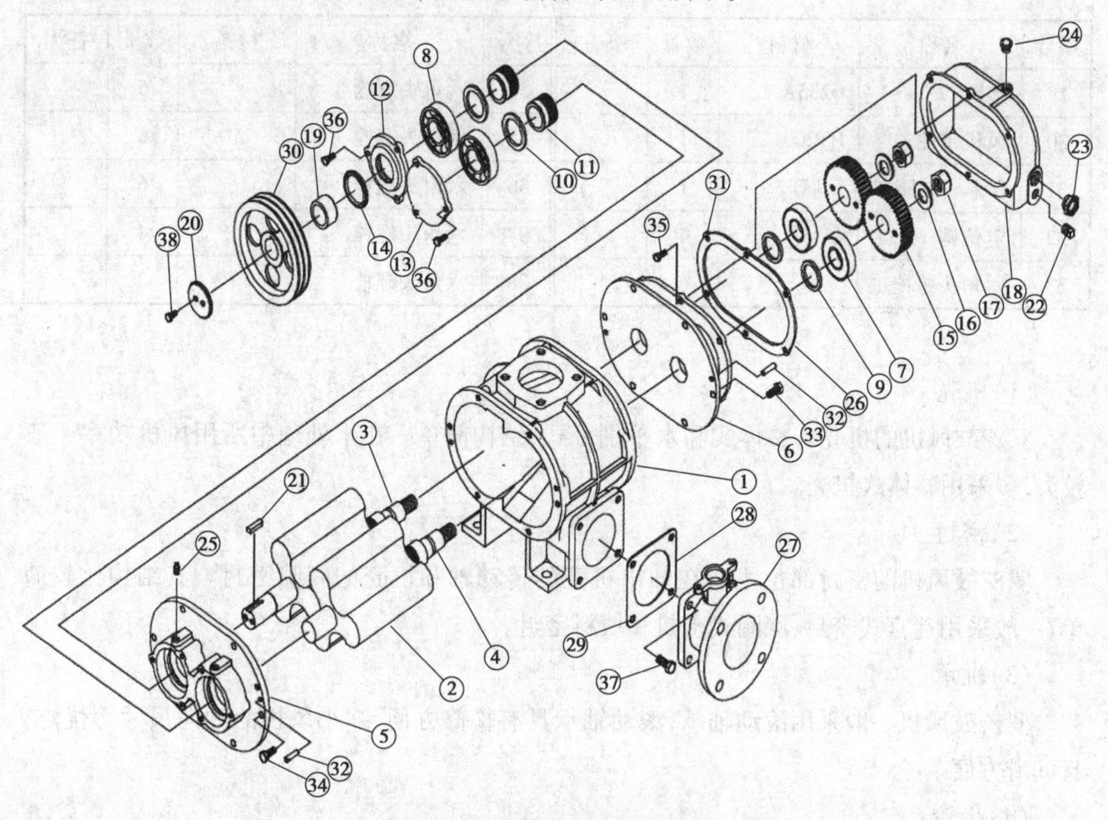

图5-15　罗茨鼓风机结构示意图

表5-3　罗茨鼓风机零件

序号	名称	材料	数量	备注	序号	名称	材料	数量	备注
1	机壳	HT200	1		15	齿轮	35GrMo	2	进口
2	叶轮	HT200	2		16	平垫		2	
3	主动轴	45	1		17	U形螺母		2	进口
4	从动轴	45	1		18	齿轮箱	HT200	1	
5	驱端侧板	HT200	1		19	轴套	45	1	
6	齿端侧板	HT200	1		20	端盖	Q235A	1	
7	轴承	SUJ2	2	进口	21	平键	45	1	
8	轴承	SUJ2	2	进口	22	丝堵	35	1	
9	齿端密封圈	丁腈胶	2		23	油标		1	
10	驱端密封圈	丁腈胶	2		24	排气体	酚醛塑料	1	
11	轴承套筒	45	2		25	黄油杯		2	进口
12	主动轴承压盖	HT200	1		26	齿轮箱垫片	青稞纸		
13	从动轴承压盖	HT200	1		27	风口接管	HT200	1	
14	Z形密封圈	丁腈胶	1	进口	28	风口垫片	石棉	1	

续表

序号	名称	材料	数量	备注	序号	名称	材料	数量	备注
29	垫圈	Q235A	1		34	六角头螺栓		6	
30	风机带轮	HT200	1		35	六角头螺栓		6	
31	O 形密封圈	丁腈胶	1		36	六角头螺栓		6	
32	定位销	45	4		37	六角头螺栓		4	
33	六角头螺栓		6		38	六角头螺栓		2	

(1)机壳

罗茨鼓风机的机壳有整体式和水平剖分式,结构简单。在水处理中所用风机功率一般较大,多采用整体式机壳。

(2)密封

罗茨鼓风机的密封部位主要在伸出机壳的传动轴和机壳的间隙密封。其结构比较简单,一般采用迷宫式密封、涨圈式密封和填料密封。

(3)轴承

罗茨鼓风机一般采用滚动轴承,滚动轴承具有检修方便、缩小风机的轴向尺寸等优点,且润滑方便。

(4)齿轮

罗茨鼓风机机壳内两转子的转动是靠各自的齿轮啮合同步传递转矩的,所以其齿轮也叫同步齿轮,同步齿轮既进行传动,又有叶轮定位作用。同步齿轮又分为主动轮和从动轮,主动轮一端与联轴器连接。

(5)转子

罗茨鼓风机的转子由叶轮和轴组成,叶轮又可分为直线型和螺旋型,叶轮的叶数有两叶、三叶。

4. 安装和使用

(1)安装注意事项

不应把风机安装在人经常出入的场所,以防烫伤;不应把风机安装在易产生易燃、易爆及腐蚀性气体的场所,以防火灾和中毒等事故;根据进、排气口方向和维修需要,基础面四周应留有适当宽裕的空间;风机安装时,应查看地基是否牢固,表面是否平整,地基是否高出地面等;风机室外配置时,应设置防雨棚;风机在不大于 40 ℃的环境温度下可长期使用,超过 40 ℃时,应安装排气扇等降温措施,以提高风机使用寿命;当输送空气介质,其含尘量一般不应超过 100 mg/m^3。

(2)操作使用注意事项

应对风机各部件全面进行检查,查看机件是否完整,各螺栓、螺母的连接松紧情况,各紧固件和定位销的安装质量、进排气管道和阀门安装质量等;为了保证鼓风机安全运行,不允许承载管道、阀门、框架等外加负荷；检查鼓风机与电动机的找中、找正质量；检查机组的底座四周是否全部垫实，地脚螺栓是否紧固；向油箱注入规定牌号的机械油至油位线中，润滑油牌号为 N220 的中负荷工作齿轮油；检查电动机转向是否符合指向要求；在皮带轮（联轴器）处应安装皮带罩（防护罩），以保证操作使用的安全；全部打开鼓风机进、排气口阀门，盘动风机转子，应转动灵活，无撞击和摩擦等现象，确认一切正常的情况下，方可启动风机进行试运转使用。

(3)罗茨风机空负荷试运转

新安装或大修后的风机都应经过空负荷试运转。罗茨鼓风机空负荷运转是在进、排气口阀门全开的条件下进行。没有不正常的气味或冒烟现象及碰撞或摩擦声，轴承部位的径向振动速度不大于 6.3 mm/s。空负荷运行 30 min 左右，如情况正常，即可投入带负荷运转，如发现运行不正常，进行检查排除后仍需做空负荷试运转。

(4)罗茨鼓风机正常带负荷持续运转

要求逐步缓慢地调节，带上负荷直至额定负荷，不允许一次即调节至额定负荷。所谓额定负荷，是指进、排气口之间的静压差等于铭牌上的标定压力值。在排气口压力正常情况下，须注意进气口的压力变化，以免超负荷。风机正常工作中，严禁完全关闭进、排气口阀门，应注意定期观察压力情况，超负荷时安全阀是否动作排气，否则应及时调整安全阀，不准超负荷运行。罗茨鼓风机不允许将排气口的气体长时间地直接回流入鼓风机的进气口（改变了进气口的温度），否则必将影响机器的安全，如需采取回流调节，则必须采用冷却措施。要经常注意润滑油的油量位置，定期检查，并做好记录，确保油量。

(5)停车

罗茨鼓风机不宜在满负荷情况下突然停车，必须逐步卸负荷后再停车，以免损坏机器。紧急停车原则，用户可另行拟订细则。

5. 维护和检修

鼓风机的安全运行及使用寿命，取决于正确而经常的维护和保养，并应注意检查各部位的紧固情况及定位销是否有松动现象；鼓风机机体内部无漏油现象；鼓风机机体内部不能有结垢、生锈和剥落现象存在；注意润滑和散热情况是否正常，注意润滑油的质量，经常倾听鼓风机运行有无杂声，注意机组是否在不符合规定的工况下运行，并注意定期加黄油；鼓风机的过载，有时不是立即显示出来的，所以要注意进、排气压力，轴承温度和电动机电流的增加趋势，来判断机器是否运行正常；拆卸机器前，应对机器各配合尺寸进行测量，做好记录，并在零部件上做好标记，以保证装配后维持原配合要求；新机器或大修后的鼓风机，油箱应加以清洗，并按使用步骤投入运行，建议运行 8 h 后更换全部润滑油；维护检修应按具体使用情况拟订合理的维修制度，按期进行，并作好记录，建议每年大修一次，并更换轴承和有关易损件；鼓风机大修建议由原生产公司或专业维修人员进行检修。

6. 风机主要故障及其原因

风机主要故障及其原因如表 5-4 所示。

表 5-4　风机主要故障及其原因

故障名称	产生原因	解决办法
风量不足	①叶轮与机体因磨损而引起间隙增大 ②配合间隙有所松动 ③系统有泄漏	①更换磨损零件 ②按要求调整 ③检查后排除
电动机超载	①a. 进口过滤器填塞或其他原因造成压力增高,形成负压(在出口压力不变的情况下,升压增高);b. 出口系统压力增加 ②a. 静动件发生摩擦;b. 齿轮损坏;c. 轴承损坏	①检查后排除 ②更换
温度过高	①a. 由于压比值 $P_{出}/P_{进}$ 增大;b. 由于进口气体温度增高;c. 静动件发生摩擦 ②a. 轴承损坏;b. 润滑油过多或不足 ③a. 齿轮啮合不正常或损坏;b. 轴承损坏;c. 油质欠佳	①检查后排除调整间隙 ②更换轴承调整油量 ③检查后调整或更换齿轮、润滑油
叶轮与叶轮之间发生撞击	①轮齿发生位移 ②齿面磨损而齿隙增大,导致叶轮之间间隙变化 ③齿轮与轴松动 ④主、从动轴弯曲超限 ⑤机体内混入杂质或由于介质形成结垢 ⑥滚动轴承磨损,游隙增大 ⑦超额定压力运行	①调整间隙并紧固 ②调整间隙 ③更换自锁螺母 ④校直或更换轴 ⑤清除杂质或结垢 ⑥更换轴承 ⑦检查超压原因后排除
叶轮与机壳径向发生摩擦	①间隙超值 ②滚动轴承磨损,游隙增大 ③主从动轴弯曲超限 ④超额定压力运行	①调整间隙 ②更换轴承 ③校直或更换轴 ④检查超压原因后排除
叶轮与墙板之间发生摩擦	①间隙超值 ②叶轮与墙板端面附黏着杂质或介质结垢 ③滚动轴承磨损,游隙增大	①调整间隙 ②清除杂质和结垢 ③更换轴承

任务2　认识污废水处理专用机械设备

▶情境设计

张三对李明师傅说:“李师傅,经过这两个多月的学习,我已经基本掌握了污水处理的通用机械设备的结构和操作方法,常见的阀门、泵、风机中,罗茨风机的结构和维护还是有一定难度的,我什么时候可以开始学习专用机械设备的维护呢?”李明师傅说道:“通用机械设备你掌握得还不错,我们厂的专用机械设备有:格栅除污机、砂水分离设备、刮泥机、曝气器、滗水器、板框压滤机等。这几种设备的结构涉及PLC控制以及不少的电路结构,学习起来还是比较难,我们从下个月开始进行专用机械设备的学习。”

▶任务描述

污水处理厂若想取得良好的处理效果,必须使用各类设备,并使设备处于良好的工作状况和保持应有的技术性能。专用机械设备是污水处理中的关键设备,如格栅除污机用来清除水中的较大颗粒杂质;曝气器用于机械曝气;板框压滤机用于最后的污泥脱水。污水处理的专用机械都是有特定用途的,常常是非标产品,因此专用机械的维护保养相对通用机械来看,通常更复杂。本任务主要学习专用机械设备的结构及维护方法。

▶任务实施

知识点1　格栅除污机

一、工艺原理和过程

1. 格栅的作用

格栅通常安装于处理工艺流程的最前端。它的功能是:去除污水中尺寸较大的悬浮物,保护后继的机械设备。悬浮物包括塑料袋及其制品、果皮、蔬菜、木屑、碎布等。通常含水率为70% ~80%,容重960 kg/m^2。格栅一般分为人工清理格栅和机械格栅。

2. 格栅的种类

①按栅条的形式分为直棒式格栅、弧形格栅、辐射式格栅、转筒式格栅、活动式格栅等。

②按栅距分为细格栅(4 ~10 mm)、中格栅(15 ~25 mm)、粗格栅(30 ~40 mm)。

3. 栅渣的清除

粗格栅的栅渣一般人工清除,中格栅和细格栅的栅渣采用机械清除。

4. 除污机的分类

①按除污机的机构分为齿耙式和旋转链斗式。

②按齿耙的传动方式分为高链式、连续自动回转式和钢丝绳式。

③按安装方式分为垂直安装式和倾斜安装式。

另外,除污机还可分为栅前清污和栅后清污。

考虑到栅渣的有机成分高达85%,极易腐败,污染环境,有的厂在除污机后设置栅渣压榨机,有的厂还设置了破碎机。

二、格栅除污机的分类

1. 移动式格栅除污机

移动式格栅除污机,又称行走式格栅除污机,一般用于粗格栅除渣,少数用于较粗的中格栅。

2. 弧形格栅除污机

弧形格栅除污机(图5-16)用细格栅或者较细的中格栅,其齿耙臂的转动轴是固定的。齿耙绕定轴转动,条形格栅也依齿耙运动的轨迹制成弧形,齿耙的每一个旋转周期清除一次渣,每旋转到格栅的顶端便触动一个小耙,小耙将栅渣刮到皮带输送机上。为了防止小耙回程时的冲击,小耙的耙臂上装有一个阻尼式缓冲器。有效间距在15 mm以上的中格栅的栅条一般用普通钢板制造,细格栅有些使用了不锈钢材料。这种弧形格栅除污机结构简单紧凑,动作也简单规范,但是它对栅渣的提升高度有限,不适于在较深的格栅井中使用。

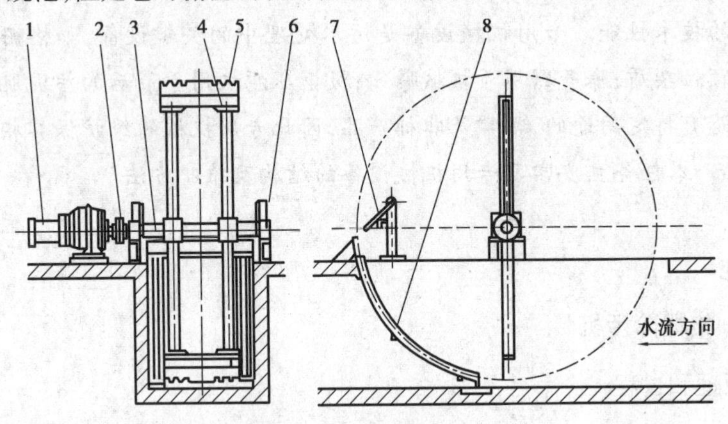

图5-16 弧形格栅除污机

1—带电机减速机;2—联轴器;3—传动轴;4—旋臂;5—耙齿;6—轴承座;7—除污器;8—弧形栅条

3. 钢丝绳式格栅除污机

钢丝绳式格栅除污机是国内最常见的格栅除污机,也是国内最早生产的类型,主要用于中格栅与细格栅,可倾斜安装也可垂直安装。

4. 回转式格栅除污机

回转式格栅除污机是集细格栅与除污机于一身的产品,是一种在国内的大中小型污水厂中使用较广泛的固液分离装置,具有结构简单、成本低、除污能力强、用途广泛、噪声低等优点。该设备由驱动装置、机架、耙齿(又称幕箅)、清洗刷、链轮及电控机构组成。动力装置一般采用悬挂式蜗轮减速机或者摆线行星针轮减速机,用以驱动轮及链轮转动。耙齿系统由无数带钩的链节构成,覆盖整个迎水面,形成独特的结构格栅。它在链轮的驱动下,以约

2 m/min 的线速度进行回转运动。耙齿链的下部浸没在过水槽中，运动时，无数链节上的小钩（耙齿）在迎水面将水中的杂物分离开来勾出水面。携带杂物的耙齿运转到格栅除污机的上部时，由于链轮及弯轨的导向作用，每组耙齿之间产生相对运动，钩尖转为向下，大部分固体栅渣靠自重落在皮带输送机上，另一部分粘在耙齿上的杂物则依靠清洗机构的橡胶刷反向运动洗刷干净。

5. 链条式格栅除污机

链条式格栅除污机（图5-17）由载有特殊耙齿所组成的回转栅链、减速机驱动传动装置、反转清洗刷及电气控制箱等部分组成。各个特殊形的耙齿，在横轴上连接成耙齿链，耙齿间按要求形成一定间隙的栅缝。耙齿链随机体下部沉浸于原进水口的沟渠中，水流流经耙齿链栅隙时，对水体中的污物进行截留，耙齿链在机体上部的减速驱动、传动机构的作用下，绕一定方向缓慢恒速移动，将所截留物提出水面，液体从耙齿栅隙中顺利通过，进入下一道处理工序。链条式格栅除污机适用于深度不大的池体，是一种中小型格栅，主要清除长纤维、带状物等。

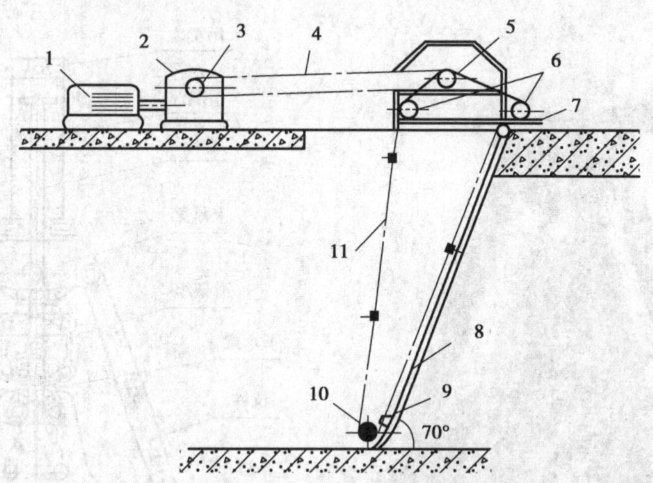

图5-17　链条式格栅除污机的结构示意图

1—电动机；2—减速器；3—主动链轮；4—传动链条；5—从动链轮

6—张紧轮；7，10—导向轮；8—格栅；9—齿耙；11—除污链条

三、运行与管理

①过栅流速的控制。合理控制过栅流速，能够使格栅最大限度地发挥拦截作用，保持最高的拦污效率。污水过栅越缓慢，拦污效果越好。栅前流速 $v_1 = Q/BH_1$，格栅台数一般按最大处理流量设置，可利用投入工作的格栅台数控制过栅流速。

②栅渣的清除。及时清除栅渣，也是保证过栅流速在合理范围内的重要措施。

③定期检查渠道的沉砂情况。

④卫生与安全。格栅间应采用强制通风措施，既有益于值班人员的身体健康，又能减轻硫化氢对设备的腐蚀；清除的栅渣应及时运走处理，防止腐败产生恶臭。

⑤分析测量与记录。

知识点2　除砂与砂水分离设备

除去水中的无机砂粒是污水处理的一道重要工序，它可以减少污泥中所含砂粒对污泥泵、管道破碎机、污泥阀门及脱水机的磨损，最大限度地减少砂粒特别是较粗砂粒在渠道、管道及消化池中的沉积。

除砂机的种类很多。20世纪80年代以前，采用抓斗式或链斗式，利用链条刮板从池底集砂沟中收集沉砂，并通过抓斗将收集的沉砂装车运走。20世纪80年代以来，开始出现了新型的除砂手段，即用安装在往复行走的桥车上的泵，抽出池底的砂水混合物，再用旋流式砂水分离器或者水力旋流器加螺旋洗砂机将砂与水分开，完成除砂、砂水分离、装车等工序。

1. 抓斗式除砂机

抓斗式除砂机（图5-18）的工作方式是：当沉砂池底积累了一部分砂子后，操作人员将大车开到某一位置，用抓斗深入池底砂沟中抓取池底的沉砂，提出水面，并将抓斗升到除砂池或者砂斗上方卸掉砂子。

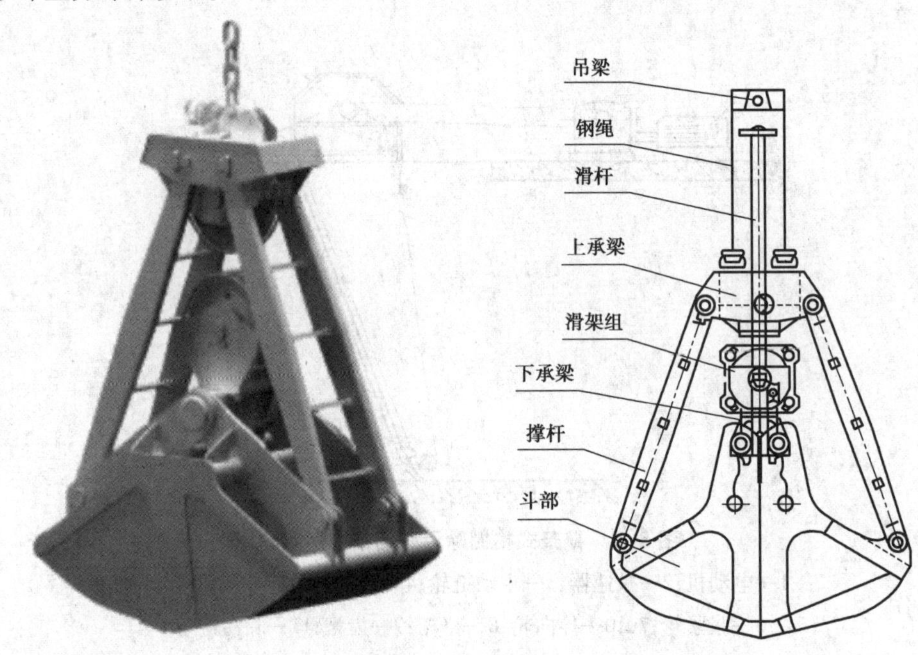

图5-18　抓斗式除砂机

2. 链斗式除砂机

链斗式除砂机又称为多斗式除砂机，在污水处理厂采用比较普遍。

链斗式除砂机的主链运行速度应以不使沉砂上浮为首要条件，换句话说就是在最大流量时也有足够的提砂能力。现在的商品除砂机主链的运行速度为3 m/min左右，使用这种速度一般只在暴雨季节时为连续运转，而在平时原则上为间隙运转。操作人员经过一段时间的运转与观察方可定出间隙运转的时间。

沉砂池中如有较长时间泥沙的沉积，开动设备时一定要注意观察。如发现超负荷运转时应立即停机。链斗式除砂机由于在污水中运转，各部分特别是链条极易生锈，如果长期停用，为防止生锈也要每月开动2~3次，每次30 min，以保证链节的转动灵活。

主链条在运转一段时间后会因销磨损而伸长，此时因调整紧张装置，如紧张装置在水下，应将池水排空后进行调整。

各驱动轴与从动轴，翻露出水面的应每月加一次润滑油脂；加油脂时应通过加入的新油脂将旧的润滑脂排挤出。水下从动轴应尽量利用停水的机会加润滑脂。最好准备一套水下从动轴的备件，以便随时更换，减少停水停机维修时间。

3. 砂水分离设备

除砂机从池底抽出的混合物，其含水率多达97% ~ 99%，还混有相当数量的有机污泥。这样的混合物运输、处理都相当困难，必须将无机砂粒与水及有机污泥分开，这就是污水处理的砂水分离及洗砂工序。

常见的砂水分离设备有水力旋流器、螺旋式洗砂机及振动筛式砂水分离器。下面着重介绍前两种。

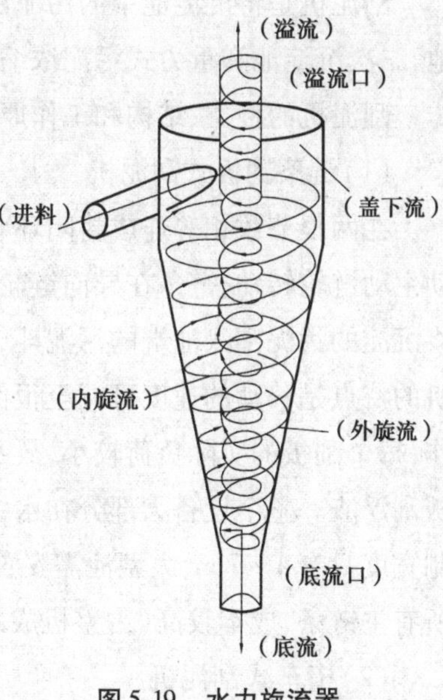

图5-19　水力旋流器

(1)水力旋流器

水力旋流器(图5-19)又称螺旋式砂水分离器。入流管从圆筒上部切线方向进入圆筒；溢流管从顶盖中心引出，锥体的下尖部连有排砂管。

(2)螺旋式洗砂机

螺旋式洗砂机(图5-20)又称螺旋式砂水分离器，作用有两个：一是进一步完成砂水分离及砂与有机污泥的分离；二是将分离的干砂装上运输车。

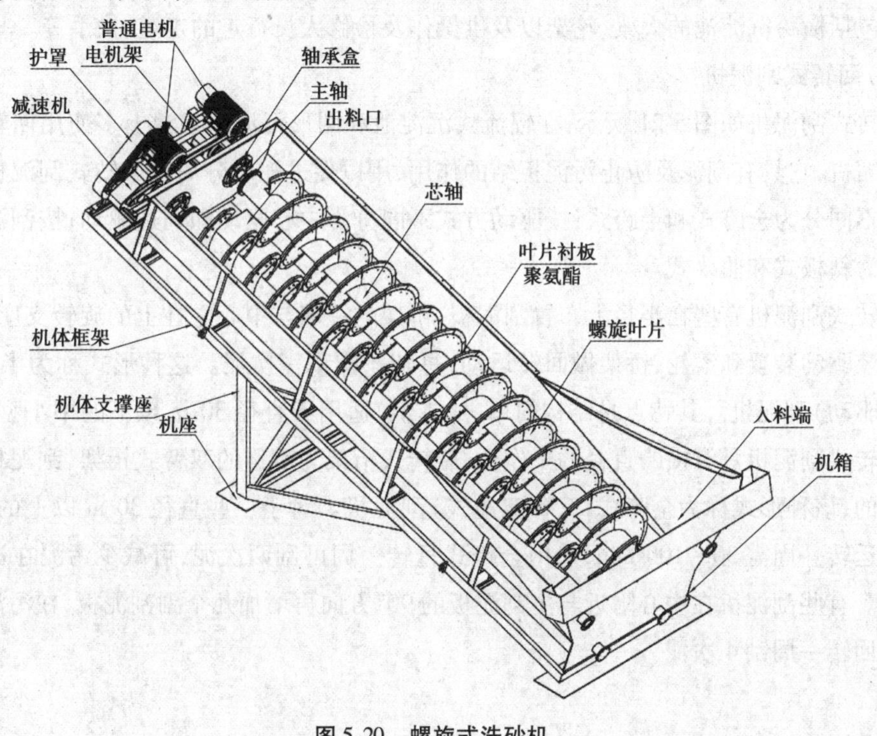

图5-20　螺旋式洗砂机

知识点3　刮泥机

刮泥机是将沉淀池中的污泥刮到一个集中部位的设备,多用于污水处理厂的初次沉淀池、二次沉淀池和重力式污泥浓缩池。

刮泥机的种类、结构和工作原理

(1)链条刮板式刮泥机

在两根节数相等连成封闭环状的主链上,每隔一定间距装有一块刮板。由驱动装置带动主动链轮转动,链条在导向链轮及导轨的支承下缓慢转动,并带动刮板移动,刮板在池底将沉淀的污泥刮入池端的污泥斗,在水面回程的刮板则将浮渣刮到渣槽。链条刮板式刮泥机的特点是移动的速度可调至很低,常用速度为0.6~0.9 m/min。由于刮板数量多,连续工作,每个刮板的实际负荷较小,故刮板的高度低,它不会使池底污泥泛起,又可利用回程的刮板刮浮渣。整个设备大部分在水中运转,沉淀池可加盖密封,防止臭气散发。缺点是单机控制宽度只有4~7 m,大型池需安置多台刮泥机;水中运转部件较多,维护困难;大修时需更换所有主链条,成本较高(占整机成本的70%以上)。

(2)桁车式刮泥机

桁车式刮泥机安装在矩形平流式沉淀池上。桁车式刮泥机的运行方式为往复式运动。每一个运行周期包括一个工作行程和一个不工作返回行程。这种刮泥机的优点是:在工作行程中,浸没于水中的只有刮泥板及浮渣刮板,而在返回行程中全机都提出水面,这给维修保养带来了很大的方便;由于刮泥与刮渣都是单向推动的,故污泥在池底停留时间少,刮泥机的工作效率高。缺点是:运动较为复杂,因此故障率相对高一些。桁车式刮泥机的结构部分主要包括横跨沉淀池的大梁、轮架以及供操作及检修人员行走的走道、扶手等。

(3)回转式刮泥机

回转式刮泥机如图5-21所示,在辐流式沉淀池和圆形污泥浓缩池上多使用回转式刮泥机和浓缩机,它具有刮泥及防止污泥板结的作用,用以促进泥水分离。回转式刮泥机按照桥架结构不同分为全跨式和半跨式;按驱动方式不同分为中心驱动和周边驱动;按刮泥板形式不同分为斜板式和曲线式。

回转式刮泥机有些在半径上布置刮泥板,桥架的一端与中心立柱上的旋转支座相接,另一端安装驱动装置和滚轮,桥架做回转运动,每转一圈刮一次泥。这种形式称为半跨式(又称周边驱动)刮泥机。其特点是结构简单、成本低,适用于直径30 m以下的中小型沉淀池。一些回转式刮泥机具有横跨直径的工作桥,旋转式桁架为对称的双臂式桁架,刮泥板也是对称布置的,该种形式称为全跨式(又称双边式)刮泥机。对于一些直径30 m以上的沉淀池,刮泥机运转一周需30~100 min,采用全跨式每转一周可刮两次泥,可减少污泥在池底的停留时间。有些刮泥机在中心附近与主刮泥板的90°方向再增加几个副刮泥板,在污泥较厚的部位每回转一周刮4次泥。

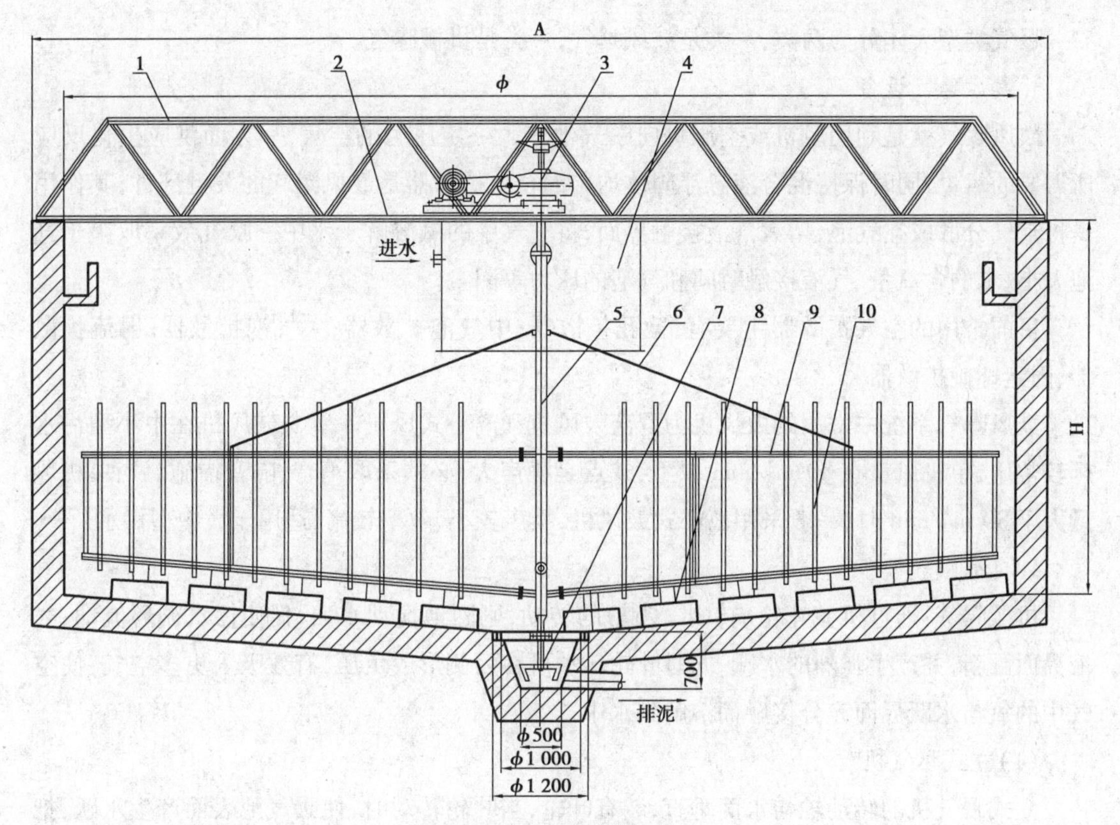

图5-21　回转式刮泥机

1—栏杆;2—主梁;3—传动装置;4—稳流筒;5—传动轴;
6—拉杆;7—小刮板;8—刮泥板;9—刮臂;10—浓缩栅条

知识点4　曝气设备

曝气是污水生物处理系统的一个重要工艺环节,其主要作用是向反应池内充氧,保证微生物好氧代谢所需的溶解氧,并保持反应器内的混合和物质传递,为微生物培养提供必要的条件。要提高氧气在水中的传质效率可以通过两个途径:减小气泡粒径,增大气相与液相的接触面积;提高氧气分压或采用纯氧曝气。

1. 曝气原理

曝气是使空气与水强烈接触的一种手段,其目的在于将空气中的氧溶解于水中,或者将水中不需要的气体和挥发性物质放逐到空气中。曝气设备正是基于这一目的而在污水处理中被广泛采用。

2. 曝气类型与曝气设备功能

所有的曝气设备,都应该满足下列3种功能:

①产生并维持有效的气水接触,并且在生物氧化作用不断消耗氧气的情况下保持水中一定的溶解氧浓度。

②在曝气区内产生足够的混合作用和水的循环流动。

③维持液体的足够速度,以使水中的生物固体处于悬浮状态。

曝气类型大体分为两类:一类是鼓风曝气,一类是机械曝气。

3. 鼓风曝气设备

鼓风曝气就是利用风机或空压机向曝气池充入一定压力的空气,一方面供应生化反应所需要的氧量,同时保持混合液悬浮固体均匀混合。扩散器是鼓风曝气的关键部件,其作用是将空气分散成空气泡,增大气液接触界面,将空气中的氧溶解于水中。曝气效率取决于气泡大小、水的含氧量、气液接触时间和气泡的压力等因素。

目前常用的空气扩散器主要有:微孔扩散器;中气泡扩散器;大气泡扩散器;射流扩散器;固定螺旋扩散器。

鼓风曝气系统中常用的鼓风机为罗茨鼓风机和离心式风机。罗茨鼓风机在中小型污水厂较常用,单机风量在 80 m^3/min 以下,缺点是噪声大,必须采取消音、隔音措施。当单机风量大于 80 m^3/min 时,一般采用离心式鼓风机,噪声较小,效率较高,适用于大中型污水厂。

4. 机械曝气设备

机械曝气:通过机械叶轮(转刷、转碟)的转动,剧烈地搅动水面,促使污水循环流动、气液界面翻新,并产生强烈的水跃,同时叶轮转动可在后侧形成负压,有效吸入更多空气,使空气中的氧与水跃界面充分接触而溶解到水中。

(1)立式曝气机

立式曝气机的转动轴与水面垂直,装有叶轮,当叶轮转动时,使曝气池表面产生水跃,把大量的混合液水滴和膜状水抛向空气中,然后携带空气形成水气混合物回到曝气池中,从而使空气中的氧很快溶入水中。常用的立式表曝机有平板叶轮、倒伞形叶轮和泵型叶轮等。表曝机叶轮的充氧能力和提升能力同叶轮的浸没深度、转速等因素有关。在适宜的浸深和转速下,叶轮的充氧能力最大,并可保证池内污泥浓度和溶解氧浓度均匀。

(2)卧式曝气机

卧式曝气机的转动轴与水面平行,主要有转刷曝气机和转碟曝气机等,常用于氧化沟。

①转刷曝气机。

转刷曝气机适用于推流式氧化沟曝气、推流,对污水进行充氧,可以防止活性污泥的沉淀,有利于微生物的生长,是氧化沟污水处理系统的主要设备。转刷曝气机具有曝气充氧、混合、推流的多重作用,是理想的曝气设备,曝气转刷广泛应用于市政污水以及工业废水处理。

转刷曝气机(图 5-22)由电机、减速器、主轴、曝气转刷叶片、支座与联轴器、润滑密封系统等组成,主轴在传动装置的带动下以一定的速度回转,主轴上均匀布置着由碳钢、不锈钢材料或非金属材料制成的刷片,曝气转刷叶片在随主轴水平旋转的过程中,与水接触,将空气中的氧不断导入水中,并将水抛入空中,充分与空气接触,空气迅速溶入水中,完成充氧过程。同时曝气转刷对水的推动作用确保池底有 0. 15 ~ 0. 3 m/s 的流速,使活性污泥处于悬浮迁移状态,与进水混合良好。转刷曝气机具有动力效率高、充氧量大、寿命长、功率损耗低、低噪声、运行稳定可靠的特点。

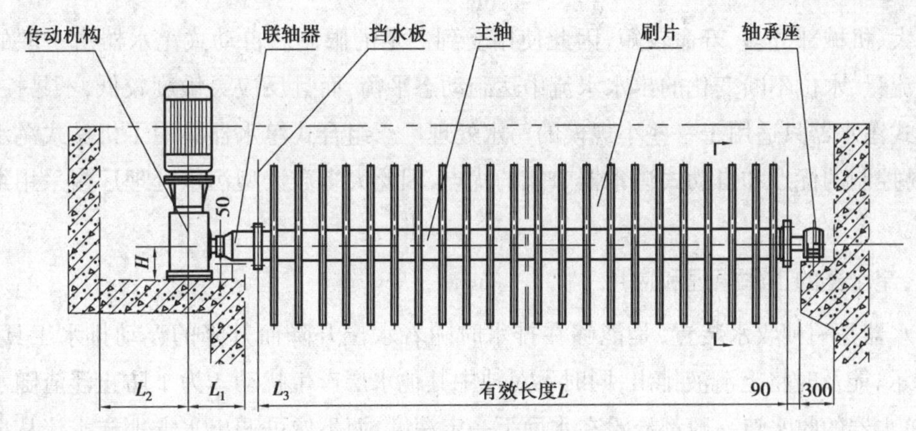

图 5-22　转刷曝气机

②转碟曝气机。

转碟曝气机又名曝气转盘(图 5-23),属于机械曝气机中的水平轴盘式表面推流曝气器。转碟曝气机是氧化沟的专用环保设备,对污水进行充氧,可以防止活性污泥的沉淀,有利于微生物的生长。转碟曝气机在推流与充氧混合功能上,具有独特的性能,SS 去除率较高,充氧调节灵活。在保证满足混合液推流速率及充氧效果的条件下,适用有效水深可达 4.3 ~5.0 m。随着氧化沟污水处理技术的发展,这种新型水平推流转盘曝气机的使用越来越广泛。转盘曝气机转盘的安装密度可以调节,便于根据需氧量调整机组上转盘的安装个数,每个转盘可独立拆装,设备维护保养方便。

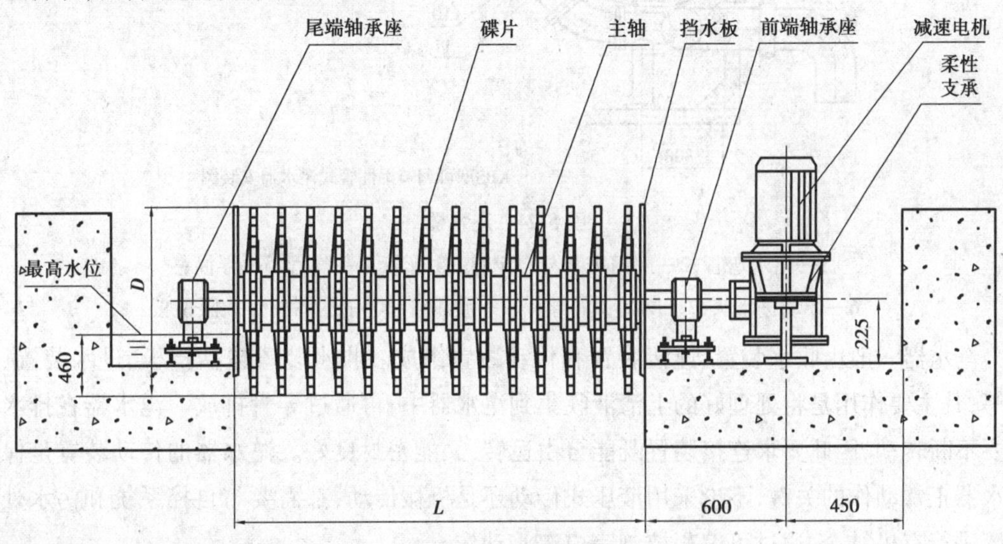

图 5-23　转碟曝气机

知识点 5　滗水器

一、滗水器的分类

滗水器从运行方式划分,可分为虹吸式、浮筒式、套筒式、旋转式等;从堰口形式划分,可分为直堰式和弧堰式等。除虹吸式滗水器只有自动式 1 种传动方式外,其余 3 种运行方式的滗水器都有机械、自动或机械自动组台的传动方式。单纯的机械式调节堰滗水器,由于动力消耗大、机械部分多、寿命较短,因此使用受到一定的限制。自动式滗水器由于堰的浮力很难在流量、水位不断变化的出水水流中达到动态平衡,而且反应灵敏度较低,不易控制,所以自动式滗水器只适用于一些小规模的污水处理厂。组合式滗水器集中了机械式滗水器准确、容易控制的优点和自动式滗水器节能的优点,因此大多数大型污水处理厂多采用组合式滗水器。

二、滗水器的工作原理和应用

滗水器是一种收水装置,是能够在排水时随着水位升降而升降的浮动排水工具,如图5-24所示,能及时将上清液排出,同时不对池中其他水层产生扰动。为了防止浮渣随水一起排出,滗水器的收水口一般都淹没在水面下一定深度,而不像可调出水堰那样水流从堰顶溢流出去。

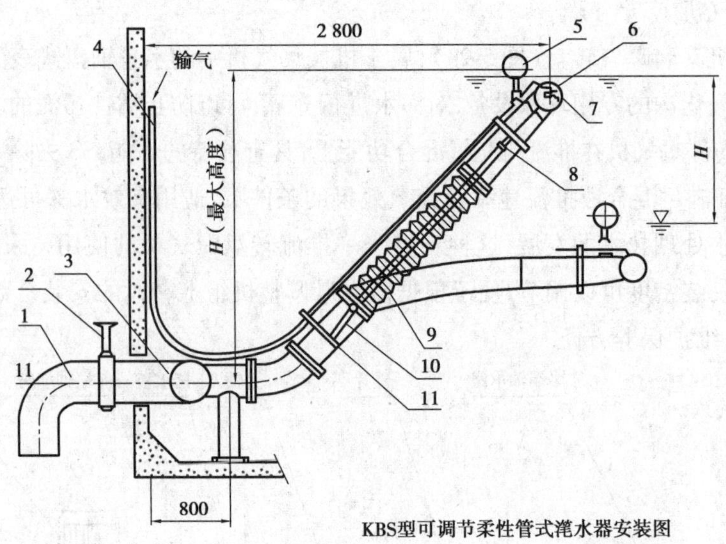

图5-24　滗水器

1—出水弯管;2—闸门安装与自定;3—T形管;4—气管;5—浮筒;
6—浮动进水头;7—闸门;8—导杆;9—波纹管;10—支撑杆;11—限位板

滗水器一般由收水装置、连接装置和传动装置组成。收水装置包括挡板、进水装置、浮子等,其主要作用是将处理好的上清液收集到滗水器中,再通过导管排放。滗水器在排水时需要不断转动,因此要求连接装置既能自由运转,又能密封良好。滗水器的传动装置是保证滗水器正常动作的关键,不论采用液压式传动还是机械传动,都需要与自控系统和污水处理系统进行有机结合,通过可编程控制完成滗水动作。

三、滗水器的运行管理

①经常检查滗水器收水装置的充气和放气管路以及充放气电磁阀是否完好,发现有管路开裂、堵塞或电磁阀损坏等问题,应及时予以清理或更换。

②定期检查旋转接头、伸缩套筒和变形波纹管的密封情况和运行状况,发现有断裂、不正常变形后不能恢复的问题时,应及时更换,并根据产品的使用要求,在这些部件达到使用寿命时集中予以更换。

③巡检时注意观察浮动收水装置的导杆、牵引丝杠或钢丝绳的形态和运动情况，发现有变形、卡阻等现象时，及时予以维修或更换。对长期不用的滗水器导杆，要加润滑脂保护或设法定期使其活动，防止因锈蚀而卡死。

④滗水器堰口以下都要求有一段能变形的特殊管道，浮筒式采用胶管、波纹管等实现变形，套筒式靠粗细两段管道之间的伸缩滑动来适应堰口的升降，而旋转式则是靠回转密封接头来连接两段管道以保证堰口的运动。使用滗水器时必须通过控制出水口的移动速度等方法，设法使组合式滗水器在各个运动位置的重力与水的浮力相平衡，这样既利用水的浮力，又能实现滗水器的随机控制。

▶项目评价

根据任务完成情况，如实填写表5-5。

表5-5　任务过程评价表

考核内容	考核标准	小组评	教师评
理论知识（30分）	不能掌握理论知识得0分		
	基本掌握理论知识得20分		
	掌握理论知识得30分		
操作技能（60分）	不能掌握污水处理机械操作技能得0分		
	基本掌握污水处理机械操作技能得40分		
	掌握污水处理机械操作技能得60分		
团队协作（10分）	无全局观、团结协作的能力，无职业道德素养及敬业精神得0分		
	具有一定的团结协作的能力，具有一定的职业道德素养及敬业精神得6分		
	分工明确，协调配合，各尽其职得10分		
合计			

▶自我检测5

一、选择题

1. 转碟和转刷属于(　　)。

A. 机械曝气设备　　B. 鼓风曝气设备

C. 底曝设备　　D. 以上都不是

2. 污水在格栅前渠道流速一般控制在(　　)。

A. 0.4 ~0.5 m/s　　B. 0.4 ~0.8 m/s

C. 0.6 ~ 0.8 m/s　　D. 0.6 ~ 1.0 m/s

3. 设备维护做到“三会”,是指(　　)。

A. 会使用、会保养、会原理　　B. 会保养、会原理、会排除故障

C. 会原理、会排除故障、会解决　　D. 会排除故障、会使用、会保养

4. 3L32WD 罗茨鼓风机第一个 3 表示(　　)。

A. 三叶型　　B. 风机代号　　C. 叶轮长度代号　　D. 叶轮直径代号

5. 下列关于格栅设置位置的说法正确的是(　　)。

A. 沉砂池出口处　　B. 泵房集水井的进口处

C. 曝气池的进口处　　D. 泵房的出口处

6. 污水厂常用的水泵是(　　)。

A. 轴流泵　　B. 离心泵　　C. 容积泵　　D. 清水泵

7. 潜水泵突然停机会造成(　　)现象。

A. 水锤　　B. 喘振　　C. 气蚀　　D. 以上都不是

8. 沉砂池前设置(　　)。

A. 粗格栅　　B. 中格栅　　C. 细格栅　　D. 以上都不是

9. 单级离心泵采取(　　)平衡轴向力。

A. 平衡鼓　　B. 叶轮对称布置　　C. 平衡孔　　D. 平衡盘

10. 8B29 离心泵的含义是(　　)。

A. 流量为 29 m^3/h,效率最高时扬程为 8 m

B. 效率最高时扬程为 29 m,流量为 8 m^3/h

C. 泵吸入口直径为 8 cm,效率最高时扬程约为 29 m

D. 泵吸入口直径为 200 mm,效率最高时扬程约为 29 m

二、判断题

1. 滗水器一般由收水装置、连接装置和传动装置组成。(　　)

2. 格栅的水头损失是指格栅前后的水位差,与污水的过栅流速有关。(　　)

3. 沉淀池的刮泥机水中部分每年应进行一次排空检查。(　　)

4. 为保证过栅流速在合适的范围内,当发现过栅流速过大时,应适当减少投入工作的格栅台数。(　　)

5. 水泵常用的轴封机构为填料密封。(　　)

6. 闸阀不适用于在含大量杂质的污水、污泥管道中使用。(　　)

7. 风机的主要参数是流量、风压、功率、转速。(　　)

8. 相同型号水泵并联时,流量增加,扬程不变。(　　)

9. 离心泵启动时需先灌水。(　　)

10. 选择鼓风机的两个原则是:①机型根据风压和供风量等选择;②采用在长期连续运

行的条件下不发生故障的结构。 (　　)

三、操作题

1. 离心泵启动与启动后的检查操作。

2. 水处理厂(站)维护管理一般要求与维护保养操作。

3. 鼓风机运行管理操作。

附录

污水处理厂规章管理操作制度

一、污水处理厂巡检制度

1. 调节池、污水提升泵

(1)每小时巡查一次,每次巡回检查时,要观察调节池水位、颜色变化、进水量大小,水解酸化池是否有溢流,做到心中有数,并做好记录。

(2)根据系统工艺运行情况,及时调整进水泵流量。

(3)每次巡回检查水泵、阀门有无漏水情况及运转水泵是否正常等。

(4)发现异常现象,立即停止水泵运转,启动备用水泵,并及时通知协助维修工维修,做好记录及交接班说明。

2. 罗茨鼓风机房

(1)每小时巡查一次,每次巡回检查运行风机的电流及风压,并观察运行风机是否足油或漏油,声音是否正常,观察风机是否有异响。

(2)发现异常情况,立即停止风机运转,启用备用风机并及时通知协助维修工维修,做好记录,和交接班说明。

3. 混凝反应池

(1)正常情况下每小时巡查一次。

(2)巡查时应观察混凝反应池反应情况、矾花形成情况,遇到异常情况应及时调整加药量。

(3)巡查时观察混凝系统设备运行是否正常,如遇设备运行不正常或异响应及时向值班领导汇报情况。

4. 气浮反应系统

(1)正常情况下每小时巡查一次。

(2)观察气浮反应效果,气泡形成情况,如遇情况异常应及时调整运行参数。

5. CASS 反应系统

(1)正常情况下每小时巡查一次。

(2)巡查时应观察在线监测仪表测试数据,观察曝气池曝气是否均匀、是否有泡沫、曝气池设施是否按规定正确开启、滗水器是否处理正常工作状态、每个池子处于哪段运行周期等,并及时向值班领导汇报情况。

(3)做好巡查记录。

6. 消毒渠、排污口

(1)正常情况下每小时巡查一次。

(2)检查排污口时,要认真查看排放水质、颜色是否有较大变化,各池清洁卫生状况,并及时处理和汇报现场情况。

(3)发现水质颜色异常要立即采取措施启动应急设备,并取样化验监测。

(4)及时清除排污口、清水池杂物,保持清洁。

7. 格栅井、阀门井等

(1)定期和不定期检查格栅井拦渣情况,及时清除杂物;洪水季节应加强巡检;

(2)定期巡检各阀门井,保持井内无积水、无杂物。

8. 污水处理站内各机房、配电房及周围管线和所有设施

(1)及时查看各机房设备运行是否正常,发现情况及时处理并做好记录。

(2)严禁闲杂人员出入,严禁烟火,发现情况立即处理并及时汇报。

注:巡检中严格检查各设备运行状况,自动化控制系统各设备指示情况是否和现场吻合,如发现异常,立即查找原因并报管理人员。

9. 加药间

(1)正常情况下每小时巡查一次。

(2)巡查时应观察药剂桶液位、药剂泵、搅拌机是否处于正常工作状态。药剂桶液位低于正常刻度线时应及时补充药剂和水。

(3)根据值班领导下达的加药量加药。

(4)及时做好巡检记录。

二、污水处理厂工作纪律

(1)遵守公司劳动纪律的有关规定,有事、生病按公司规定办理请假手续。无故不请假或事后请假者,一律按旷工处理,有关处理按公司规定执行。

(2)有下列违纪情形之一者,按公司有关规定进行严肃处理。

①迟到、早退、脱岗、睡岗,不按时交班而自行下班。

②无故不完成工作任务和操作内容。

③虚报、瞒报监测、化验数据和巡查次数。

④违章操作设备,不填报运行记录。

⑤分工卫生责任区不及时清理干净乱丢乱放杂物垃圾等。

(3)工作中不准做与工作内容无关的事,更不准做私活。当班期间严禁喝酒、下棋、打牌等。

(4)维护企业利益,减少浪费,对不服从工作分配或工作玩忽职守者,送公司行政部分处理。

(5)因工作责任心不强,损坏或丢失公物者,要赔偿损失。违章操作造成事故者要从重处罚。

(6)为了保证设备运转安全,倒班员工工作期间,一律在岗位就餐,违者按脱岗处理。

(7)凡违反污水处理站安全、设备、运行管理和操作规程任一条者,均按公司相关规定,提交行政部门进行处罚。

(8)着装要求:上班期间着装整齐,干净;并按公司规定穿戴工作服;女士不得披发,男士不得留长发,男女均不得染发;女士上班期间不得穿高跟鞋。

(9)本规定未尽事宜,以公司规定为准。

三、污水处理厂运行记录管理制度

(1)污水处理厂工作人员必须按规定记录好各自工作范围内的运行记录。

(2)工艺运行记录、药剂消耗记录由污水处理工完成,值班长签字;污水处理台账由污泥处理工完成,值班长签字;生产日报由值班长完成,污水处理厂厂长签字;生产月报由污水处理厂技术员完成,污水处理厂厂长签字;设备记录相关报表由设备管理人员完成,污水处理厂厂长签字;化验数据和台账由化验员完成,值班长签字。

(3)运行记录必须当班准确及时填报,不允许补填和随意更改相关数据。

(4)运行记录不得随意涂改。

(5)运行记录必须完整,不许漏项。

(6)运行记录字迹清晰和工整。

(7)运行记录按月交由档案管理人员归档管理。

四、运行班长岗位职责

(1)污水处理厂运行班长必须了解生产处理工艺,熟悉本厂设备、设施的运行要求和技术指标。熟悉工艺系统管道网络图、生产操作规程和安全操作规程。了解不同水质情况下的运行方式。

(2)运行班长必须熟悉生产操作规程、安全操作规程及有关规章制度,做到安全生产。

(3)在污水处理厂厂长和运营工程师、技术员的领导下负责污水处理厂日常生产,协调各岗位操作。

(4)检查各岗位的巡检、记录及安全情况。督促各岗位及时安全完成生产任务。

(5)具体组织安排设备维护保养及卫生工作。完成设备的检修和保养计划,使设备经常处于良好的状态。

(6)完成上级领导安排的其他工作。

五、污水处理工岗位职责

(1)污水处理值班员必须了解生产处理工艺,熟悉本岗位设备、设施的运行要求和技术指标。熟悉工艺系统管道网络图、生产操作规程和安全操作规程。了解不同水质情况下的运行方式。

(2)认真执行生产操作规程、安全操作规程及有关规章制度,做到安全生产。严格遵守劳动纪律,当班不离岗,不做与生产无关的事。

(3)值班员必须正确、及时记录各种运行数据,确保各项数据真实可靠,认真填写值班记录,做到记录清晰、完整。

(4)按照交接班制度进行生产交接。交接班必须准时,不迟到、不早退。交接班时应在交接班记录上注明遗留的问题及其他相关内容,有问题及时报告。

(5)认真贯彻"六勤"工作法(看、听、嗅、摸、捞、巡),严格执行巡回检查制度。发现问题及时处理和上报,如遇紧急情况应立即关闭紧急开关。

(6)负责设备间、所有管道、阀门、所有现场设备保洁工作。

(7)负责所有设备维护保养工作。

(8)根据污水处理厂厂长或班长下达的加药量正确配置药品。

(9)每小时检查各设备运行情况及在线数据一次,每班按时做好各种记录。

(10)正确穿戴劳动保护用品,上班期间必须穿工作服;工作服穿着整齐、干净。

(11)完成领导交办的其他工作任务。

六、污泥处理工岗位职责

(1)脱水机房人员的主要任务是实施污泥浓缩、污泥脱水,确保污泥处理过程的正常运转。

(2)熟悉公司污泥处理工艺流程,运行参数,熟悉和掌握有关构筑物、设备、仪表、管道系统的功能,确保正常运转,使污泥处理过程符合要求。

(3)熟悉脱水机及配套设备、机械、仪表、电器线路的各种性能,熟练掌握有关操作技术和一般维修保养技术。

(4)准时、如实、完整、清晰地做好值班记录,正确反映运行情况。

(5)严格遵守劳动纪律和考勤制度,生产时要集中精力,认真做好本职工作,做到不脱岗、不睡岗。

(6)认真执行安全操作规程,坚持安全操作、文明生产。上岗必须穿戴劳保用品,保持工作环境干净整洁,负责做好本区域保洁工作。

(7)遵照公司的设备保养条例,认真做好设备保养工作。

(8)及时向上级领导反映生产中出现的各种异常情况。

(9)负责完成领导安排的其他工作任务。

七、污水处理厂交接班管理制度

(1)交接班必须在现场进行。

(2)交班人员应做好下列工作:

①交班前应填好值班日志和工作表格;

②记录好当班期间设备的运行情况和设备变更情况;

③交代当班时有效的上级指示、命令；

④交代当班出现的设备故障及处理措施和本班所发生的设备缺陷；

⑤交代天气情况，整理工器具、仪表、备品、消防安全用具等；

⑥做好值班地点和设备的清洁工作；

⑦做好本班未完事项。

(3)接班人应做好下列工作：

①会同交班人全面检查所管辖设备情况，查阅交班记录的事项是否与实际相符；

②详细了解曾发生事故情况和设备缺陷情况；

③检查运行日志和各种记录内容是否完全正确，索取有效的上级指令、命令；

④检查接受的工器具是否齐全，完好；

⑤负责抄录交接班最后一次仪表指示读数；

⑥检查值班地点和设备的卫生是否符合要求。

(4)遇见下述情况不准进行交班：

①接班人刚喝过酒；

②发生事故或正在处理事故；

③正在进行其他不宜交接班的工作；

④未按规定做好清洁卫生。

(5)正式办理交接班手续，双方认为无疑问时共同在记录签字后交班人方可下班。因交接班手续不全或交接班不清而发生的问题由接班人负责。

八、污水处理站安全管理规定

1.通常情况

(1)污水处理站内严禁存放易燃、易爆、有毒有害物品，严禁烟火。站内如维修动火，必须有足够的安全措施，必须有严格的动火手续，有专人到现场监护，才能动火。

(2)厌氧池排气口、药品库房、二氧化氯发生器操作室等地严禁火源。

(3)污水处理站应有专人负责安全生产、监督安全规章制度的实施。

(4)当发生沼气中毒时，应立马将中毒者抬放至空气流通处，尽快通知医务人员到场抢救。由于沼气含有微量的硫化氢，而且比空气重，因此严禁在低凹处停留。

2.运行中的安全规范

(1)所有设备应处于良好的状态，无超荷及卡死的现象。

(2)备用设备应能随时投入运转。

(3)操作人员严禁站在排气口上风向。

(4)所有电机、配电设备、检测仪器、管路、管件等应经常巡视，发现问题及时解决，并按说明书和有关规范规程定期维护。

(5)操作严格遵守规程、规范和参数要求，认真准确，无人为事故。

(6)每班都必须对设备、水量、水温做好记录。

3. 仪表和自动控制安全操作

(1)凡与仪表和自控有联系的处理单元,在运行前必须将仪表和自控系统投入,并检查测试合格后方能运行。

(2)如发现仪表失常,产生不合常规的数据,并通过实际现象的检查属仪表事故时,应通知检查人员及时修复,并采取措施使系统能连续运行。

(3)不是仪表人员均不得擅自打开自控仪表进行内部操作,调整修理等。

4. 检修安全控制

(1)工作人员严格执行设备电器等安全操作规范。

(2)检修人员进入厌氧池前,应打开所有检修孔,用鼓风机连续吹入新鲜空气 24 h 以上。取样测定池内空气中甲烷、硫化氢、二氧化碳和氧气含量合格后方能进池。

(3)检修人员进池必须戴防毒面具,戴好安全帽,系好安全带(引出池外),整个过程必须有人监护,并不得停止鼓风。

(4)检修时进入池内的所有电动工具和照明设备必须防爆,如需明火作业,必须符合公安部门的防火要求。

(5)进池检修人员应配备便携式或袋装式有毒、有害气体及可燃气体监测器,以便保证人员的绝对安全。

(6)凡遇挂有"有人工作,禁止合闸"标志的设备,严禁乱动,只许原挂人员取下,如工作没结束,应该认真交接班并做好交接记录。

(7)机电设备维修时严格按机电设备安全检修规范进行作业。

(8)发现有事故隐患或已发生事故应积极采取措施并向上级领导和安全部门及时汇报,做好原始情况记录。

5. 事故处理中的安全控制

(1)事故发生后要冷静沉着、积极采取措施,同时向上级领导和有关部门汇报。

(2)发生事故要紧急停止系统运行。

(3)有下列事故之一时,必须停止。

①调节池内污水液位处于超低液位。

②突然停电。

③自控仪器和监测仪表失灵,且人为措施无法代替和实现工艺要求时。

④各池水位超低液位时,立即停止该系统设备的运行。

九、污水处理站巡检制度

1. 调节池、污水提升泵

(1)每次巡回检查时,要观察调节池水位、颜色变化、进水量大小、水解酸化池是否有溢流,做到心中有数,并做好记录。

(2)根据系统工艺运行情况,及时调整进水泵流量。

(3)每次巡回检查水泵、阀门有无漏水情况及运转水泵是否正常等。

(4)发生异常现象,立即停止水泵运转,起用备用水泵,并及时通知协助维修工维修,做好记录及交接班说明。

2. 风机房

(1)每次巡回检查运行风机的电流及风压,并观察运行风机是否足油或漏油、声音是否正常、观察风机是否有异响。

(2)发现异常情况,立即停止风机运转,起用备用风机并及时通知协助维修工维修,做好记录及交接班说明。

3. 水解酸化池、接触氧化池、沉淀池、污泥池、缺氧池

(1)每次巡回检查记录水温、pH 值及溶解氧,查看水解酸化池进水情况。

(2)观察接触氧化池泡沫、水质状态及颜色,仪表显示的水温、pH 值、溶解氧浓度是否正常;观察好氧池进气情况,布气是否均匀等。

(3)观察沉淀池水质状况、污泥是否上浮,及时调节回流量。

(4)观察各池水位情况,并根据工艺要求和水位情况,调节各设备启停时间。

(5)及时清除各池中杂物和泡沫。

4. 清水池、排污口

(1)检查清水池、排污口时,要认真查看排放水质、颜色是否有较大变化,各池清洁卫生状况,并及时处理和汇报现场出现的情况。

(2)发现水质颜色异常要立即采取措施启动应急设备,并取样化验监测。

(3)及时清除排污口、清水池杂物,保持清洁。

5. 格栅井、阀门井等

(1)定期和不定期检查格栅井拦渣情况,及时清除杂物;洪水季节应加强巡检。

(2)定期巡检各阀门井,保持井内无积水、无杂物。

6. 污水处理站内各机房、配电房及周围管线和所有设施。

(1)及时查看各机房设备运行是否正常,发现情况及时处理并做好记录。

(2)严禁闲杂人员出入,严禁烟火,发现情况立即处理并及时汇报。

注:巡检中严格检查各设备运行情况,自动化控制系统各设备指示情况是否和现场吻合,如发现异常,立即查找原因并报管理人员。

十、污水处理厂值班人员工作职责

(1)严格遵守公司及污水处理站的各种管理制度,认真执行各项安全及工艺和设备操作规程。

(2)工作时间不做与工作无关之事,认真操作,确保污水处理系统正常运转。

(3)服从安排、互相配合,定期和不定期巡检,及时观察各仪表数据是否正常,发现不正常现象立即处理并及时反映情况。

(4)严格按设备操作规程进行操作,并定期对设备进行维护保养,及时发现设备的异常情况,必要时,立即停车,通知有关人员并协助维修,杜绝人身和设备事故的发生。

(5)认真填写运行记录,搞好设备和责任区的环境卫生,并完成好领导交办的其他工作。

十一、污水处理厂主管工作职责

(1)在公司主管部门领导下,负责污水处理站的运行管理、设备管理、安全管理、化验室管理、场地卫生、绿化管理等工作,组织员工努力完成工作任务和各项工作指标;负责起草污水处理站安全、工艺、设备、化验等各项规章制度及操作规程。

(2)严格执行环保法规,认真落实公司各项管理规定和要求,带头遵守公司有关规章制度,接受主管部门和员工监督。

(3)主持和参与污水处理站工艺技术改造,应用和推广、运行调试等工作。

(4)及时查看化验、运行记录,随时掌握污水运行情况,及时解决工艺过程中出现的问题,确保污水处理系统运行正常并达标排放。

(5)及时查看和填报处理站运行过程的记录和数据,及时掌握各设备和工艺运行工况,做好污水处理站材料消耗记录及管理,设备维修、维护保养记录及管理,合理调整工艺,努力做到以最低的成本取得最大的收益。

(6)加强化验室管理,合理控制化验室有毒、有害药品的管理及消耗,加强化验设备仪器维护及化验室易耗品管理,认真做好各类统计报表工作。

(7)树立安全第一的意识,加强并组织值班人员及化验人员进行安全学习、业务技能学习,提高业务水平。同时加强自身学习,提高管理水平。

(8)做好材料消耗,设备维护维修,水质处理情况等各种记录和报表,加强成本管理和控制,在污水处理达标排放的基础上,优化工艺,努力降低成本消耗。

(9)及时向上级领导汇报工作,提出合理化建议,倾听员工意见,努力完成主管部门交办的其他任务。

十二、运行记录填写制度

(1)值班人员在填写记录时,应按照规定填写内容如实反映实际情况。

(2)运行记录应由值班人员填写,字迹工整、清晰,不得涂改、毁,保持记录表(本)干净整洁。

(3)认真填写值班日期、天气、交接时间和实际到岗人员。

(4)巡视记录:填写所辖的设备、设施运行状况,对未运行的设备设施应注明原因:如故障、检修、备用或停用等。

(5)操作记录:注明值班期间内对设施设备所进行的操作内容,对不经常开启的设备注明原因。

(6)记录表(本)填满后,由资料员负责整理上报、存档工作。

十三、中控室安全操作规程

(1)运行人员应熟悉监控系统及各种仪表的工作电压范围、工作原理、性能特点、检测点与检测项目。

(2)运行人员每天定时记录生产报表和监测报表,及时反映厂内的生产运行情况。

(3)根据生产运行参数及管理人员的指令,开启自动控制设备,以满足工艺要求,没有授权不得随意开停自控设备。

(4)阴雨天气到现场巡视检查仪表时,操作人员应注意防止触电。

(5)各类检测仪表的一次传感器均应按要求清污除垢。

(6)微机系统的打印机应根据说明书进行正常保养维护。

(7)检测仪表出现故障,不得随意拆、卸变送器和转换器。

(8)检修检测仪表,应做好防护措施。对长期不用或因使用不当被水浸泡的各种仪表,启动前应进行干燥处理。

(9)非厂内用于运行的计算机软件,严禁在联网的计算机上运行。在运行时,严禁退出计算机软件或插入软盘。

(10)定期检修仪表的各种元器件、探头、转换器、计算器、传导电视和二次仪表等。保持各部件完整、清洁、无锈蚀,表盘标尺刻度清晰,铭牌、标记、铅封完好;中心控制室整洁;微机系统工作正常;仪表并清洁、无积水。

(11)非工作人员不得随意进入中心控制室。

十四、污水处理厂工作职责

(1)在公司主管部门的领导下,严格执行环保法规,认真落实公司的各项管理规定和要求,对本站污水进行处理。

(2)在工作中,认真按照污水处理站《运行方案》的要求进行工作。保证污水处理系统正常运转,努力达到最佳运行状态,处理水质稳定,并按国家和地方环保部门要求,处理后排放达标。

(3)工作人员应熟知污水处理站工艺,认真学习环保法规和污水处理技术,熟练掌握各台设备操作规程和维护保养制度,保证工艺的正常运行,保证各台设备的正常运转。

(4)明确本岗位的职责范围,熟练掌握有关知识及操作技能。上岗人员必须着工作服,佩戴胸卡,要求服饰干净整齐。

(5)认真做好值班记录,工作内容与值班记录必须相符,内容要求真实,数据要求准确;执行好交接班制度,本班出现的问题应及时处理,交接班时,要详细说明运行情况,交清运行记录,接班人员了解清楚后方可换岗。

(6)定期巡回检查,巡视内容、顺序及具体操作按各污水站的具体规定。每1小时不少于一次。发现问题及时处理,并做详细记录。

(7)为了保证出水达标,必须加强各工艺单元的中控分析工作,实行量化管理,使各工艺单元达到最佳控制点。中控分析记录必须准确、真实、整齐。

(8)加强对设备、仪表、阀门的维护保养,定期加油、检修,设备严禁带“病”运行。设备维护、保养、检修有专人负责后,并做记录。

(9)保持室内及室外卫生,要求室内清洁,桌面、地面洁净,做到设备无积尘,池内无漂浮异物,场地清洁无杂物,无“跑冒滴漏”事故点,设备、仪表、管道、阀门见本色。因修理、清理设备影响设备及设备间卫生情况的,要及时打扫。

(10)提高自身素质,加强职业道德,认真接待有关部门的检查和监测,并做好与其他部门之间的协调,努力完成上级领导交办的其他任务。

(11)严格遵守公司劳动纪律和安全管理制度,确保安全生产。

十五、设备维护保养制度

(1)操作运行人员严格按照操作规程进行设备的开、停车。

(2)操作运行人员严格执行巡回检查制度,认真填写运行记录。

(3)维修人员认真做好设备润滑工作,做到“四定”(即定人、定点、定量、定时)。

(4)操作运行人员和维护人员应经常注意保持设备整洁,及时消除跑、冒、滴、漏,暂时不能消除的维修人员应作好记录并挂牌,正常运行中,消除漏点后摘牌也应作记录。

(5)所有设备均应定期检查,注意防尘、防潮、防冻、防腐蚀。

(6)操作人员发现设备异常应立即查找原因,及时汇报,在紧急情况下,应采取果断措施。不能排除的故障,不清楚故障原因,不能盲目开车。未处理的问题应认真记录,向接班人员交代清楚。

(7)维修人员必须按设备润滑油装置,润滑工艺条件规定使用润滑油品,不得混用和滥用。

(8)操作运行人员应经常检查润滑部位的温升情况,轴承温升应保持在规定范围内。

(9)维修人员保管好盛装润滑油、脂的工器具,经常检查,定期清洗或更换,对不同种类及牌号的润滑油、脂应分别存放,并写上明显的标记。

十六、设备、场地清洁卫生及绿化管理制度

(1)当班值班人员对污水处理站所有设备、设施和用具负有管理保护责任。包括:

①场地的所有设备、材料和配备的消防、安全和其他用具等。

②所有房屋构件,本岗位的各种装置设施和用具等。

③本岗位的各种记录、表格等。

④运行维护需用的材料、备件等。

⑤值班人员有责任保证上述设备和物品不得遗失、损坏,并做到完备整洁。

(2)本班设施应做到心中有数,逐班清点移交。

(3)当班值守人员按分工保证环境、设备的整洁卫生,每天必须对设备做一次清洁,保持设备本体、台板、基础上无油渍和灰尘,地砖及栏杆无泡沫无污泥等。

(4)对工作间、地面、门窗、桌椅等每班都要全面清扫、擦抹,并做好交班前的卫生工作,接班人员发现卫生不符合要求时,可拒绝接班,直到交班人员清扫干净。

(5)检修完毕后,检修人员必须把现场设备等清理干净。

(6)化验人员要保持各种仪器、设备的清洁、卫生,各类仪器放置整齐。

(7)对日常工作所产生的固体废弃物,按规定要求定点分类放置,能回收利用的,送废品库以旧换新。

(8)污水处理站运行人员应加强场地绿化管理,及时清除杂草,及时洒水。

十七、来宾参观接待制度

1. 参观种类

(1)定时参观:按公司安排的时间和范围参观。

①团体参观:机关学校或社会团体约定来参观者。

②贵宾参观:政府首长以及国际友好学者。

③普通参观:一般客户或业务有关人员来本厂参观者。

(2)临时参观:因业务需要临时决定来本厂参观者。

2. 接待方式

(1)团体参观、普通参观:凡参观人数能在办公室容纳者,以礼相待,陪同人员由公司安排。

(2)贵宾参观、临时参观:由业主单位通知,按照业主单位安排方式接待。

3. 参观规则

(1)所有参观均由公司安排后,提前通知班长人员,做好相关接待工作。

(2)未经核准的参观人员,一律拒绝参观,擅自率领参观人员参观者,按泄露商业机密论。

4. 参观前后工作

(1)运行记录整齐地放置在办公桌上。

(2)办公室、楼道、值班室、洗手间、污水处理站走道卫生打扫干净。

(3)进出水口垃圾清理干净,清洗清水池或出水口。

(4)准备三个干净的烧杯,用来取水、快渗出水、湿地出水水样。

(5)统一穿工作服,要整洁。

(6)参观人员离开后,妥善放置烧杯等迎检物品。

十八、带式压滤机安全操作规程

1. 准备

(1)按工艺要求调制好污泥絮凝剂。

(2)检查脱水机各部件润滑情况,按规定进行润滑。

(3)检查并打开各管路阀门。

2. 启动开机

(1)以上准备工作完成,即可启动系统,准备开机。

(2)开动空气压缩机,观察其工作情况,直至空压机停机。

(3)开动主机及冲洗水泵,让滤带冲洗 10 min。

(4)检查并调节气缸压力,手动检查纠偏情况。

(5)开动加药螺杆泵,按工艺要求调整好加药及稀释水流量。

(6)依次开动污泥泵、搅拌电机、布泥电机及皮带机。

3. 运行过程

(1)操作工必须对脱水机生产情况进行监视,并根据进泥情况、絮凝情况和出泥质量及时调整各部分运转情况。

(2)操作工必须随时注意脱水机运行状况。

①全机运转是否正常,自动纠偏是否有效,有无异常杂音和气味。

②空压机供气是否正常,自动开关是否有效。

③冲洗水供水情况是否正常,滤布冲洗效果;必要时刷洗上、下滤布冲洗喷管。

(3)工作时如出现报警或停机,操作工必须立即查明原因,排除故障,解决问题。如车间不能解决,应立即向主管部门汇报。

4. 停机

(1)停机时首先关闭污泥泵和加药泵。

(2)脱水机继续运转至机内污泥全部排出,滤布全部冲洗干净后,洗刷干净上下冲洗喷灌,再依次关闭搅拌电机、布泥电机、皮带机及空压机。

(3)放空气罐内气体,并填写工作记录。

5. 维护与保养

(1)每天检查驱动设备、滤布张紧功能、滤布纠偏功能、极限开关、轴承、集液槽、气孔箱和管路是否正常,出现故障应及时报修。

(2)每周检查滤布、泥饼刮板是否正常,出现故障应及时报修。

(3)每周检查润滑油油量,油量不足应及时添加或更换。

十九、带式压滤机操作规程

1. 开机前的检查

检查滤带上是否有杂物、滤带是否张紧到工作压力、清洗系统的工作是否正常、刮泥板的位置是否正确、油雾器的工作是否正常。

2. 开机步骤

(1)加入絮凝剂后,开始启动药液搅拌系统。

(2)启动空压机,然后打开进气阀,将进气的压力调整到0.3 MPa。

(3)启动清洗水泵后,再打开进水总阀,开始清洗滤带。

(4)启动主传动电机,使滤带运转正常。

(5)依次启动絮凝剂加药泵、污泥进料和絮凝搅拌电机。

(6)将进气压力调整到0.6 MPa,使两条滤带的压力一致。

(7)调整进泥量和滤带的速度,使处理量和脱水率达到最佳。

3. 开机后的检查

开机后检查滤带运转的是否正常、纠偏机构工作是否正常、各转动部件是否正常、有无异响。

4. 停机的步骤

(1)关闭污泥进料泵,停止供污泥。

(2)关闭加药泵、加药系统,停止加药。

(3)停止絮凝搅拌电机。

(4)待污泥全部排尽,滤带空转把滤池清洗干净。

(5)打开絮凝罐排空阀放尽剩余污泥。

(6)用清洗水洗净絮凝罐和机架上的污泥。

(7)一次关闭主传动电机、清洗水泵、空压机。

(8)将气路压力调整到零。

停机后保养关闭进料阀,待滤带运行一周清洗干净后再关主机。切断气源,用高压水管冲洗水盘和其他粘料处(电气件和电机除外),冲净后停水。

5. 维护保养、定期保养

定期给各轴承、链轮、齿轮、齿条、链条、滑道加润滑脂(大概是十天左右的时间),每三个月进行一次检修,及时给气动系统油雾器加润滑油,以保证气动元件得到充分润滑,气缸杆外露部分及时涂润滑脂。

二十、鼓风机安全操作规程

1. 启动前的准备

(1)罗茨风机启动前不许预先打开各曝气池通道阀门。

(2)检查润滑油箱油位,如不足必须补足。

(3)检查卸载装置口,应处于全开位置(色标为黑白各半)。

(4)鼓风机启动前,应先检查叶轮旋转是否均匀、有无碰撞现象、风道有无堵塞现象,或有无漏风现象,一切完好方可正常运行。

2. 风机启动规程

(1)罗茨风机的运行:罗茨风机的工作过程中,工作人员必须经常注意罗茨风机的工作有无异常,注意声音、温度的变化和油压的情况,电动机三相电流是否平衡、有无杂音和不正常振动。

(2)任何一个安全装置报警或切断机器运行后,必须查明原因,彻底排除故障后才允许重新投入工作,并做文字记录。

(3)工作人员应根据工艺需要随时进行曝气池送风量的调整,增大风量(减小调节池阀门开启度)或减小风量(增大调节池阀门开启度)。

(4)如有任何可能损坏罗茨风机的情况发生,值班人可迅速按下停车按钮,使罗茨风机停车。

3. 注意事项

(1)风机在正常运行时,电机温度不得超过60°,否则应进行检查修理。

(2)经常检查叶轮转动是否平衡、各连接处是否松动、机体是否振动,应随时检查纠正。

(3)不允许任何重量压在机身上。

(4)风机在启动时,开启电闸在15 s内不能及时运转,应立即拉开电闸进行检查。

二十一、行车式刮泥机操作规程

(1)运行按下“启动”按钮一次实现刮泥机运行,启动按钮按两次实现刮泥机运行停止。

手动时,必须选择开关是定为手动的位置。

(2)正向运行到终点,行程开关撞到原设定位置,即自动停止,停止后按电磁阀开关一次为破坏虹吸,1 min 后按第二次为关闭。

(3)如需进行反向运行,只要启动反向按钮一次即可。

(4)此电控柜是有远控、自动控制、手动控制的三用电控柜。手动时需要选择在手动位置。如需设在自动上,如合上电源后,行车不管在出水端还是在中间位置,都会反向行驶到起始点。到设定时间后自动进行,开虹吸泵形成虹吸关闭水泵,进行正向行走。行走到设定的距离半程自动停下破坏虹吸,自动返回至起点,到设定的延时后再次启动虹吸泵形成虹吸后关闭水泵,进行正向行走,行走至终点撞到行程开关后,自动打开电磁阀到设定时间后关闭。再次反向运行到起点延时工作。

二十二、机械格栅安全操作规程

(1)格栅开动前,操作者必须在断电情况下检查格栅各部分有无异常,并按规定对格栅进行润滑、保养。

(2)合上电源,将转换开关置于"现场"和"手动"位置,启动格栅运转,观察格栅运转情况,排渣和卸渣情况,有无杂音、异常。若有异常,应立即停车,按规定给予解决、排除。

(3)格栅手动运转正常后,可投入自动运转状态,操作者守机十分钟,观察运转情况,以后每半个小时至少对格栅进行一次巡视。

(4)机械传动部分及减速机必须进行定期的检查和加注润滑油或润滑脂。

(5)应经常检查运动部分有无卡、堵及紧固件有无松动等异常现象,如出现上述现象应立即解决,及时消除事故隐患。

(6)应定期检查操作控制系统的电气装置可靠性、安全性和控制动作的准确性。如发现问题,应及时停车检查,清除设备隐患。

二十三、加药系统操作规程

1. 加药前的检查

(1)检查加药系统阀门是否处于正确的开启状态。

(2)检查管路系统及各加药泵紧固件是否连接紧密。

(3)检查溶药箱及加药箱药液位置。

(4)检查控制柜指示灯是否正常。

2. 加药前的准备

(1)将溶药箱的水加至药箱刻度线。

(2)污水处理站负责人根据当班水质情况进行现场试验,并确定各类药剂的加药量。

(3)将准备好的药剂用勺缓慢加至加药箱并同时开启搅拌机进行搅拌。

(4)加药完毕观察搅拌情况直至药品混合均匀。

3. 加药操作细则

(1)将溶解均匀的药液放至加药箱(此时加药箱已根据需要浓度放好清水)。

(2)开启加药泵。

(3)观察控制柜电流电压指示是否正常。

(4)运行人员至混凝反应池测试 pH 值并观察反应效果,并根据反应情况及时调整加药量。

4. 加药注意事项

(1)加药时必须正确穿戴劳动保护用品。

(2)准确计算加药量。

(3)及时清洁加药系统设备设施,保持加药间清洁卫生。

二十四、潜污泵操作规程

1. 潜污泵的运行控制

潜污泵的运行控制分为手动控制和自动控制两种。

(1)手动控制:将机旁操作箱上控制挡打到“手动”挡,按下操作箱上的“启动”按钮或“停止”按钮,设备开始运转或停止。

(2)自动切换控制:

①将机旁操作箱上控制挡打到“自动”挡;

②再将 PLC 柜的操作面板上控制挡打到“自动”挡,潜污泵根据控制程序设定的水位变化进行自动启停切换,同时在操作面板上显示水池内水位变化和泵的运行情况(“绿色”代表运行,“红色”代表停止)。

2. 安全操作注意事项

(1)经常检查泵站内是否有较大的固态杂质,并及时清除。

(2)启动前检查电源电压是否与电极铭牌上标注的电源电压一致。当实际电压频率超出额定的 5%,电机不予启动。

(3)若长时间运行且发现提水能力明确下降,则需对泵进行清理,清理后的开机需试运行并观察其运行效果。提起泵体时,严禁将泵的线缆当吊线使用。

(4)水泵运行中出现下列情况时,应立即停机:电机发生严重故障;突然发生异常响声;轴承温度过高;水泵发生断轴故障。

(5)做好设备运行情况的各种详细记录。

二十五、旋流除砂器安全操作规程

(1)开机前必须对电控箱设置进行检查,检查三个切换钥匙开关:自动/手动、工作周期、远程/现场是否设于正确位置,液位检测开关是否已打开,并对系统各润滑点进行检查。

(2)在手动控制时,必须处于现场控制状态,操作人员通过面板按钮控制单台设备开、停,正常开机顺序为:搅拌电机→电磁阀→鼓风机→泵→砂水分离器,停机顺序相反;手动状态下系统无法周期性自动运行。

(3)在自动控制时,通过系统启动、停止按钮来起、停设备。各设备按程序控制顺序启停,周期自动运行。

(4)开机后,操作人员必须经常巡视检查,如发现有异响、温升等不正常现象,应马上停机处理。

(5)钥匙开关必须在系统启动前设定好,在系统正常工作时,绝对不允许切换。操作人员在系统正常工作后,锁闭柜门,防止意外事故发生。

(6)当搅拌机工作3 h候开始气冲,开始气冲时开气冲阀,气冲60 s,在关气冲阀前10秒开提升阀,提升约25 min,在提升阀开15 s后开砂水分离器,在关提升阀后10 min关砂水分离器,以上为一个周期。

二十六、阳离子PAM加药装置安全操作规程

1. 操作准备

(1)打开水源管道阀门,保证水路畅通。

(2)合上控制柜电源开关,"电源指示灯"亮。

(3)往干粉箱内加足够的PAM干粉。

(4)接通"报警消除"旋钮开关。

2. 自动溶药操作

(1)启动1号或2号搅拌机。

(2)将对应的1号或2号干投机工作方式旋钮拨至"自动"位置,进水电磁阀、加药螺杆根据液位自动启停。

(3)溶药时间1 h,1号罐投入使用,2号备用。

(4)使用时打开1号出药阀门。

(5)当"低液位报警"时,即打开2号出药阀门,关闭1号出药阀门。此时1号自动启动进水电磁阀、加药螺杆,继续溶药备用。

(6)1号、2号切换操作,确保药液连续输出。

3. 手动溶药操作

(1)启动1号或2号搅拌机。

(2)将对应的1号或2号干投机工作方式旋钮拨至"手动"位置,进水电磁阀自动打开,人工慢慢倒入定量的PAM干粉。水至高位自动停止进水。

(3)1号、2号切换操作,确保药液连续输出。

4. 操作调节、巡视

(1)观察进水压力是否波动。

(2)观察锥形预浸装置中水流情况,使干粉落至水膜上。

(3)观察干粉箱干粉量,及时添加。

(4)观察干粉出口、溶药罐内有无结块、药团,如发现要及时清理。

5. 加药量及加药次数

根据工艺运行需要确定,溶解后的PAM不能超过24 h。

二十七、气浮操作规程

加压溶气气浮的主要设备为加压泵、压力溶气罐、释放器和气浮池等设备组成。加压溶

气气浮主要作用是将反应池中所形成的絮体与微小气泡相结合，使其受浮力而浮上的方法，从而达到去除 COD_{Cr}、BOD_5、SS（水中悬浮物）等的目的。

（1）加压泵：加压泵用来供给一定压力的水量，压力与流量按照不同水处理要求决定。

（2）溶气罐：溶气罐采用密封耐压钢罐。其有效容积按加压水在罐区停留的时间计算，停留时间一般取 2 ~ 3 min。溶气罐的作用是实施高压水和空气的充分接触，加速空气的溶解。

（3）释放器：释放器的作用是通过减压，迅速将溶于水中的空气以极小的气泡形式释放出来，以满足浮上要求的重要器件。

（4）气浮池：气浮池可分为平流式和竖流式两种。常用的气浮池均为敞开式水池，分为接触室和分离室两个区域。接触室是溶气水与废水混合、微气泡与悬浮物混合的区域。分离室也称气浮区，是悬浮物以微气泡为载体上浮分离的区域。

1. 操作要点

（1）先开空压机、溶气罐，保证溶气罐压力在 0.35 ~ 0.4 MPa。

（2）开启溶气水泵，检查溶气效果，符合要求时再开启进水泵。

（3）开启进水泵前，备好所存药剂，开泵同时进行药剂投加，并保证反应效果。

（4）观察油渣液位，定时开动刮渣机，排清液面浮渣。

（5）关机时，应先停进水泵，再停溶气泵。

（6）定期打开气浮底部的放空阀，清除积泥，严重时应停机清泥。

（7）释放器是溶气气浮的关键，发现堵塞及时检修，保证处理效果。

2. 日常维护及管理

（1）定期检查空压机与水泵的填料及润滑系统，经常加油。

（2）根据反应池的絮凝、气浮区浮渣及出水水质，注意调节混凝剂的投加量等参数，特别要防止加药管的堵塞。

（3）经常观察气浮池池面情况，如果发现接触区浮渣面不平，局部冒出大气泡，则可能是释放器堵塞；如果分离区浮渣面不平，池面上经常有大气泡破裂，则表明气泡与絮粒吸附不好，应采取适当措施。

（4）经常观察溶气的水位指示管，使其控制在一定的范围内，以保证溶气效果。

二十八、管道泵（循环泵）操作规程

（1）手盘动水泵应转动灵活，无摩擦。点动电机确定旋转方向是否正确（从电机风扇端看应顺时针旋转）。点动时间不能超过 2 s，防止损坏机械密封。

（2）打开出水管上的闸阀。

（3）向泵内灌满水，待水从排气旋塞出来，停止注水，用手盘动电机风叶，直到泵内空气完全排出即可。

（4）手盘动几圈，以使机械密封摩擦副表面形成液膜。

（5）接通电源。当泵达到运转正常并吸水后，调节出水管路闸阀到泵铭牌所标示的压力（出口压力过低会使泵在大流量运行，造成超功率）。

二十九、计量泵操作规程

(1)启动前做好各项准备工作,检查各处连接螺栓是否松动,三阀油杯中的油位是否低于红色指示线,调整好安全阀。

(2)启动后应先空 5 min,正常后再进行负荷运转。

(3)运行中经常检查三阀油杯中的油面有无波动,如发现波动说明有泄漏现象,应予排除。

(4)经常清洗泵吸入口处的过滤器,保持三阀油杯内液的情景。

三十、螺杆泵操作规程

(1)开机前必须先确定运转方向,不得反转。

(2)严禁在无介质情况下空运转,以免损坏定子。

(3)新安装或停机数天的泵,不能立即启动,应先向泵体内注入适量机油,再用管子钳扳动几转后才可启动。

(4)输送高黏度或含颗粒及腐蚀性的介质后,应用水或溶剂进行冲洗,防止阻塞,以免下次启动困难。

(5)冬季应排除积液,防止冻裂。

(6)使用过程中轴承箱内应定期加润滑油,发现轴端有渗流时,要及时处理或调换油封。

(7)在运行中如发生异常情况,应立即停车检查原因,排除故障。

三十一、板框压滤机操作规程

1.操作前的准备工作

(1)机器经安装、调整、确认无误后方可投入使用。

(2)检查滤布状况,滤布不得折叠或破损。

(3)检查各关口接头是否接错,法兰螺栓是否均匀旋紧,垫片是否垫好。

2.操作过程

(1)操作按下列程序进行:

压紧滤板→开泵进料→关闭进料泵→拉开滤板卸料→清洗检查滤布→准备进入下一循环。

(2)操作方法:

①合上电源开关,电源指示灯亮。

②按“启动”按钮,启动油泵。

③将所有滤板移至止推板端,并使其位于两横梁中央。

④按“压紧”按钮,活塞推动压紧板,将所有滤板压紧,达到液压工作压力值后(液压工作压力值见性能表),旋转锁紧螺母锁紧保压,按“关闭”按钮,油泵停止工作。

⑤暗流:打开滤液间放液;明流:开启水嘴放液,开启进料阀,进料过滤。

⑥关闭进料阀,停止进料。

⑦可洗式:开启水嘴,再开启洗涤水阀门,进水洗涤(滤饼是否洗涤由用户自行决定)。

⑧启动油泵,按下“压紧”按钮,待锁紧螺母后,即将螺母旋至活塞杆前端(压紧板端),再按“松开”按钮,待活塞压紧板回至合适工作间隙后,关闭电机。移动各滤板卸渣。

⑨检查滤布、滤板,清除结合面上的残渣。再次将所有滤板移至止推板端并位居两横两中央时,即可进入下一个工作循环。

3. 维护与保养

(1)正确选用滤布。每次工作结束,必须清洗一次滤布,使布表面不留有残渣。滤布变硬要软化,若有破坏应及时修复或更换。

(2)注意保护滤板的密封面,不要碰撞,放置时立着为好,可减少变形。

(3)油箱通常 6 个月进行一次清洗,并更换油箱内的液压油,发现液位低于下限时,应即补油。

(4)待过滤料液的温度应≤100 ℃,料液中不得混有堵塞进料口的杂物和坚硬物,以免损坏滤布。

(5)料液和洗涤水等的阀门必须按操作程序开、关,料液和洗涤水不得同时进入。工作结束后应尽可能放尽管道内的剩余料液。

(6)保持机器的清洁,保持工作场所的卫生和道路畅通。切勿踩踏管道和阀门,以免弯曲造成接口滴漏。

三十二、计算机安全操作规程

(1)启动计算机应先启动不间断电源,再启动显示器和打印机,最后启动主机。

(2)当显示器上出现画面后不要马上进行操作,要等待系统对现场的报警全部接收后,即报警个数不再增加时方可进行操作。

(3)要对现场设备进行控制时,应确定“近控”“远控”转换开关在远程控制位置。

(4)对计算机进行操作时,不要在画面弹出过程中急于按键。应尽量避免在硬盘工作指示灯闪烁的情况下进行操作,以免损坏软件。

(5)在使用打印机记录报警信息的情况下应保证打印机不缺纸。计算机在正常工作时是连续运行的,没有特殊情况不允许随意关机。

(6)当供电系统出现故障或厂区停电时,应按关机步骤进行正面操作,并关主机,再关其他电源,最后关掉不间断电源的开关。

(7)当发现某些工艺参数已超过允许值,仪表不能反映工作情况时,运行人员需立即通知办公室,以便采取相应措施。

(8)当发现某些机电设备出现异常情况时,值班人员有责任及时将情况通知现场有关人员。

(9)运行执行人员不允许随便挪动主机及相关设备,不允许执行非权利范围的操作,避免对整个系统造成损坏。

(10)保证室内良好安静的环境,请勿堆放杂物,保持室内卫生。

三十三、化验室安全管理规定

保护化验人员的安全和健康,保护设备、财产的完好,防止环境污染,保证化验室安全是化验室管理工作的重要内容。化验室安全包括防火、防爆、防毒、压力容器和气瓶安全、电器安全环境污染等。

(1)化验室内必须备有灭火消防器材、消防用沙、急救箱和个人防护器材。

(2)禁止用火焰检查可燃气体泄漏的地方。

(3)操作、倾倒易燃液体时,应远离火源,加热易燃液体时必须在水溶液上或密封电热板上进行,严禁用火焰电炉直接加热。

(4)蒸馏可燃液体时,操作人员不能离开去做别的事情,要注意仪器和冷凝器正常运行,需往蒸馏器内外流液体时,应先停止加热,放冷后再进行。

(5)易燃液体的废液应设置专门容器收集,不得倒入下水道,以免引起爆炸事故。

(6)不能在木质可烧台面上使用超大功率的电器,如电炉、电热箱等。

(7)同时使用多台较大功率的电器,如干燥箱、电热板,应注意线路与电闸能承受的功率,最好将较大功率的设备安装于不同电路上。

(8)可燃性气体的高压气瓶应要放于化验室外专门建造的气瓶室。

(9)身上、手上、台面上、地上沾有易燃液体时,不能靠近火源,同时应立即清理干净。

(10)化验室对易燃易爆物品应限量分类,低温存放,远离火源。

(11)易发生爆炸的操作不能对着人进行。

(12)进行易烧实验时,应有两人以上在场,万一出事可以相互照应。

三十四、化验室内化学试剂使用管理制度

(1)化验室内使用的化学试剂应有专人保管,分类存放,并定期检查使用及保管情况。

(2)加强对剧毒、易燃、易爆物品、放射源及贵重物品的管理,将其放在远离实验室的阴凉通风处。凡属危险品必须由专人保管。剧毒药品或试剂应存储于保险柜中。要严格领用手续,随用随领,严格控制领用量,并做好使用记录,不准在化验室内任意存放。

(3)取用化学试剂的器皿应洗涤干净,分开使用。倒出的化学试剂不准倒回,以免玷污。

(4)使用易燃、易爆和剧毒化学试剂要先了解其物理性质,再遵守有关规定进行操作。

(5)配制各种试液和标准溶液必须严格遵守操作规程,配完后立即贴上标签,以免拿错用错,不得使用过期试剂。

(6)挥发性强的试剂必须在通风橱内取用。使用挥发性强的有机溶剂时要注意避免与明火接触。

(7)纯度不符合要求的试剂,必须经提纯后再用。

三十五、化验室危险化学品管理制度

(1)化验室危险化学品采取分类保管。

(2)需要采购危险化学品时,化验室负责人根据检测工作需要,每年度提出采购申请,紧急情况时可追加计划,统一报公司经领导批准后统一按采购程序购买。

(3)化验室工作人员负责危险化学物品的验收。

(4)化验室存放的危险化学品,不宜过多,满足日常分析使用需要即可。分析人员要充分了解所用危险化学品的特性，按要求使用。

(5)危险化学品的存放和使用场所应配备消防器材。

(6)危险化学品的存放房间由专人负责，加强管理，经常检查门、窗，做好防盗工作。

三十六、化验室卫生管理制度

(1)化验室内应保持清洁、整齐、明亮。

(2)各组成员每天清除本组各个岗位的工作台、试验台、仪器设备及器皿上的灰尘，保持清洁。室内窗户、墙壁自觉擦拭，保持清洁。

(3)分析检测人员在分析结束后将仪器、器皿等排列整齐，清洗干净，一切废物要倒入纸篓或废物箱内，并及时处理。

(4)化验室卫生划分卫生分担区，实行责任承包到人。分担区的卫生要每天进行，不得留死角。遇大检查时卫生由当日值日人员负责。

(5)化验室工作人员上检测岗时，要穿戴好工作服、帽等。

(6)将不定期进行卫生检查，检查不合格的，应马上清扫。

三十七、化验室仪器设备使用管理制度

(1)精密仪器及贵重器皿需专人保管，并做好相关记录。

(2)精密仪器的安装、调试和保养维修，均应严格遵照仪器说明书的要求进行。上机人员上岗前应经考试，合格后方可上机操作。

(3)使用仪器前，要先检查仪器是否正常。仪器发生故障时，要查清原因，排除故障后方可继续使用。绝不允许仪器带病运行。

(4)仪器用完后，要摆放到所要求的位置，做好清洁工作，盖好防尘罩。

(5)计量仪器要定期校验、标定，以保证测量值的准确度。

(6)对化验室内的仪器设备要妥善保管，经常检查，及时维修保养，使之随时处于完好状态。

三十八、化验员安全守则

(1)化验员必须认真学习化验操作规程和有关的安全技术规程，了解仪器设备的性能及操作中可能发生的事故及其原因，掌握预防和处理事故的方法。

(2)进行危险性操作时，如危险物料的现场取样，易燃易爆物，焚烧废液，使用剧毒物质等均应有陪伴者，陪伴者应能清楚地看到操作地点，并观察操作的安全过程。

(3)禁止在化验室内吸烟、进食、喝茶饮水。不能用实验器皿盛放食物，不能在化验室的冰箱内存放食物，离开化验室前用肥皂洗手。

(4)化验室严禁喧哗打闹，保持化验室秩序，进入时应穿工作服，长头发要扎起来或带上帽子，不能光脚或穿拖鞋进实验室，不能穿实验室工作服去食堂等公共场所，进行有危险的工作时要佩戴防护用具，如防护镜、防保护手套、防护口罩面具等。

(5)每日工作完毕时，应检查电、水、气、容器等后锁门。

(6)与化验无关的人员不应在化验室内久留，也不允许化验人员在化验室做与化验无关的事。

(7)化验人员应有安全用电、防火防爆预防中毒及中毒急救等基本安全常识。

三十九、化验员工作标准

(1)严格遵守公司及污水处理站各项规章制度,遵守劳动纪律。

(2)化验员必须熟悉本岗位分析操作规程及仪器使用方法,不得随意更改操作规程及搬动或拆卸仪器设备部件。

(3)按时完成当班分析任务,及时填写原始记录和报告单,确保分析数据准确可靠,并及时将分析结果报送污水处理站管理人员。

(4)禁止串岗、睡岗、聊天、干与工作无关的事情。

(5)正确穿戴劳保防护用品,保障其人身安全。

(6)未经公司批准,不准以任何理由替他人分析任何样品。

(7)保守秘密,严禁将本公司原料、产品及项目的分析结果及原始记录和报告单向外披露。

(8)保持室内清洁卫生,化验仪器及设备放置井然有序,离开化验室时必须关闭门窗、水管及电源。

(9)非化验室工作人员,未经许可不得进入化验室。

四十、人工快渗系统操作规程

1. 说明

(1)城镇小规模污水处理工艺,采用“预处理+人工快渗”处理工艺。

(2)污泥采用干化处理后外运或农用:出水采用漂白粉消毒。

(3)污水流向:市政污水→调节池→砂滤池→配水池→人工快渗池→消毒池→出水。

(4)污泥流向:调节池沉淀污泥、反冲洗污泥排至干化池。

(5)滤液流向:干化池底部滤液流至快渗池。

(6)反冲洗:采用污水泵抽配水池的水对砂滤池进行反冲洗。

(7)消毒管线:消毒池上的消毒加药罐直接加药消毒。

2. 日常运行重点注意事项

(1)污水处理厂工艺、电气设备运行情况;各种构建筑物、设备的完好及安全状况。

(2)污水处理厂进、出水水质状况;反冲洗泵的完好状况。

(3)人工快渗池填料翻晒松动、除青苔以及电磁阀门的日常维护情况。

(4)厂区所有管道、阀门的锈蚀、损坏情况。

(5)要经常进行常规性监测,视出水水质情况,调整具体运行参数,以达标排放。

3. 调节池

(1)根据水量变化和工艺运行情况调节水量,保证处理效果。

(2)调节池水位应保持正常。

(3)及时清理闸阀、管道的堵塞物,调节池根据水质情况应每年至少清掏一次。

(4)定期检查调节池水标尺或液位计及其转换装置。

(5)污水提升泵的开启水位应根据水量进行调整;备用泵应每月至少试运行一次。

(6)调节池内污泥每周至少排一次,每次开启阀门5~10 min。

(7)运行参数:停留时间4~6 h。

4. 砂滤池及配水池

(1)滤池为一座两格,主要作用是确保后续的快渗系统能够稳定运行。使用砂滤池的时候观察污水下渗的速度,要经常清理砂滤池中的漂浮物、裹泥较多的砂粒等杂质。

(2)反冲洗系统主要用于冲洗砂滤池悬浮物、污泥浆。反冲洗泵安装于配水池中。反冲洗水用配水池中处理后的污水;反冲洗周期为12 h,每天反冲洗2次,每次冲洗时间5~8 min。

(3)对于经多次反冲洗后,过滤速度仍较小的,可考虑翻晒或更换过滤介质。

(4)定期用移动潜水泵清理配水池池底污泥浆,严禁污泥浆进入快渗池内。

(5)应定期清洗砂滤池及配水池。

(6)主要运行参数:砂滤池滤速:$v=3.89$ m/h;滤池反冲洗强度:$q=15$ L/(m^2 · s);反冲洗时间:5~8 min。

5. 人工快渗池

(1)人工快渗池是主要污水处理构筑物,主要是利用滤池的物理、化学反应和生物膜去除水中的COD、SS、氨氮、总磷等。

(2)快渗池一般为四格,采用干湿交替的运转方式,每个池子交替运行。一个工作周期5~8 h,每天3~5个周期。一般情况下,单池工作时间为6 h:0.5 h布水,2.5 h排水,3 h落干。

(3)严禁四格快渗池连续布水或同时布水。

(4)布水的时候观察污水下渗的速度,如果下渗速度明显减慢,需考虑耙池。耙池后需晒池2 d,然后将填料进行平整。

(5)及时清理池内的杂草。

6. 干化池

砂滤池反冲洗水排至干化池进行沉淀、干化,干化后的污泥外运填埋或农用处理。同时,调节池沉淀污泥也排至干化池一同干化处理。

7. 消毒池

消毒,主要是杀灭各种致病菌,保证出水水质合格。采用投加漂白粉方式进行消毒。杀毒的接触时间为30 min,投加消毒剂量为6~15 mg/L。

四十一、人工湿地系统操作规程

1. 说明

(1)城镇小规模污水处理工艺,采用“预处理+人工湿地”处理工艺。

(2)污泥采用干化处理后外运或农用;出水消毒采用漂白粉消毒。

(3)污水流向:泵站→调节池→接触氧化池→沉淀池→人工湿地池→消毒池→出水。

(4)污泥流向:沉淀池污泥,部分回流至接触氧化池,氧化池、沉淀池污泥排至干化池。

(5)滤液流向:干化池底部滤液流至集水井,再由泵提升至调节池。

(6)消毒管线:检测池上的消毒加药罐直接加药消毒。

(7)在线监测:监测房配置 COD 在线监测仪动态监测出水水质。

2. 日常运行重点注意事项

(1)污水处理厂工艺、电气设备运行情况;各种构建筑物、设备的完好及安全状况。

(2)污水处理厂进、出水水质状况;接触氧化池填料、曝气设施的完好情况。

(3)人工湿地填料堵塞、填料翻晒松动、除草以及植物的日常养护、生长情况。

(4)厂区所有管道、阀门的锈蚀、损坏情况。

(5)要经常进行常规性监测,视出水水质情况,调整具体运行参数,以达标排放。

3. 调节池

(1)根据水量变化和工艺运行情况调节水量,保证处理效果。

(2)水泵设备保持良好状态,调节池水位应保持正常。

(3)及时清理叶轮、闸阀、管道的堵塞物,调节池应每年至少清掏一次。

(4)定期检查调节池水标尺或液位计及其转换装置;备用泵应每月至少试运行一次。

(5)污水提升泵的开启水位应根据水量进行调整。

(6)运行参数:停留时间 4 ~6 h。

4. 接触氧化池

(1)根据每天实际污水处理量调整曝气量,通过控制各阀门,调整鼓风进气量,应定期检测各区(池)的溶解氧浓度,当浓度值超过规定的范围时,应及时调节曝气量。

(2)宜根据实际运行的进水水量和水质,调节系统的出水回流比和污泥回流比。

(3)营养组合比(BOD_5 ∶氨氮∶磷)宜为 100∶5∶1。投加尿素补充碳源或氮源等营养物质。磷源为磷酸钠或磷酸氢二钠。

(4)接触氧化池曝气时有大量气泡,可通过喷水或添加消泡剂去除。

(5)应对微孔曝气器进行定期清洗,每天排泥 5 ~10 min。

(6)运行参数:

①水温宜为 12 ~37 ℃,pH 值宜为 6.0 ~9.0。

②2∶1 ~3∶1≤气水比≤15∶1 ~20∶1。

③水力停留时间:2 ~6 h。

④溶解氧浓度:缺氧区为 0.2 ~0.5 mg/L;好氧区为 2.0 ~3.5 mg/L。

5. 沉淀池

(1)定时巡察沉淀池的沉淀效果,及时清理出水堰及出水槽内截留杂物及漂浮物。

(2)根据污泥产量及贮泥时间及时排出污泥,一般存泥时间为 2 ~4 h。污泥排放量可根据污泥沉降比、混合液污泥浓度及沉淀池泥面高度确定。

(3)观察沉淀池出水水质,不允许沉淀池有污泥漂浮现象。

(4)沉淀池上清液的厚度一般为0.5~0.7 m。

(5)根据接触氧化池运行情况,确定合适的污泥回流比。污泥回流比一般为20%~50%。

6.人工湿地

(1)湿地植物管理:

①要将植物种植成3~4行为一垄,中间留出植物管理空当。植物种植后必须连续维护,根据植物大小,将植物密度控制在5~10棵/m^2,密度不宜太大。

②定期修剪和收割植物,确保足够多的阳光照射以及美观。

③对生长过多的植物进行整理,控制植物生物量,提高植物生长速率。

④定期捞除残花、落叶和废弃物,清除杂草;病虫害严重时,喷农药。

(2)湿地填料管理:

①需要经常对湿地表面进行松土,并清除表面出现的青苔或其他生物膜,保证表面不要出现板结。一般根据情况进行松土,每个季度至少松土一次。

②如湿地表面出现大量青苔,则需停止运行该单元,让表面得到充分光照,一般需要3~6 d。

③经常对湿地系统内垃圾等进行清理,以免影响整体景观效果。

④湿地内严禁种植与处理污水无关的其他植物。

参考文献

[1] 国家环境保护总局科技标准司. 污废水处理设施运行管理(试行)[M]. 北京:北京出版社,2006.

[2] 高艳玲. 城市污水处理技术及工艺运行管理[M]. 北京:中国建材工业出版社,2012.

[3] 李亚峰,晋文学. 城市污水处理厂运行管理[M]. 北京:化学工业出版社,2005.

[4] 陈碧美. 污水处理系统运行与管理[M]. 厦门:厦门大学出版社,2015.

[5] 李亚峰,马学文,刘强,等. 小城镇污水处理厂的运行管理[M]. 北京:化学工业出版社,2011.

[6] 任南琪,丁杰,陈兆波. 高浓度有机工业废水处理技术[M]. 北京:化学工业出版社,2012.

[7] 赵庆良,李伟光. 特种废水处理技术[M]. 哈尔滨:哈尔滨工业大学出版社,2004.